U0872543

普通高等教育系列教材

数据挖掘原理、算法与应用

梁亚声　徐　欣　成小菊　梁佳领　朱　霞　编著

机 械 工 业 出 版 社

本书系统介绍了数据挖掘原理、算法和应用的相关知识。主要内容包括数据挖掘的过程、数据存储技术、数据预处理技术和算法、异常数据检测技术和算法、数据分类算法和应用、数据聚类分析的算法及其应用、数据关联分析算法及其应用、模型的评估技术和算法、复杂数据类型的数据挖掘技术。本书涵盖了数据挖掘过程的各方面技术和算法，在内容安排上将理论知识和工程技术应用有机地结合起来，并介绍了许多数据挖掘的典型应用方法。

本书可作为高等院校计算机科学与技术、信息管理、数据分析等专业的教科书，也可作为企业管理、信息分析人员的技术参考书。

本书配有电子课件，需要的教师可登录 www. cmpedu. com 免费注册，审核通过后下载，或联系编辑索取（微信：15910938545，电话：010-88379753）。

图书在版编目（CIP）数据

数据挖掘原理、算法与应用/梁亚声等编著. —北京：机械工业出版社，2014.11（2025.7 重印）
普通高等教育系列教材
ISBN 978-7-111-49632-8

Ⅰ. ①数…　Ⅱ. ①梁…　Ⅲ. ①数据采集－高等学校－教材
Ⅳ. ①TP274

中国版本图书馆 CIP 数据核字（2015）第 049163 号

机械工业出版社（北京市百万庄大街 22 号　邮政编码 100037）
策划编辑：郝建伟
责任编辑：郝建伟　吴晋瑜　　责任校对：张艳霞
责任印制：刘　媛

北京富资园科技发展有限公司印刷
2025 年 7 月第 1 版第 8 次印刷
184mm×260mm · 20.75 印张 · 513 千字
标准书号：ISBN 978-7-111-49632-8
定价：69.00 元

电话服务
客服电话：010-88361066
010-88379833
010-68326294

网络服务
机　工　官　网：www. cmpbook. com
机　工　官　博：weibo. com/cmp1952
金　　书　　网：www. golden-book. com
机工教育服务网：www. cmpedu. com

封底无防伪标均为盗版

出 版 说 明

当前，我国正处在加快转变经济发展方式、推动产业转型升级的关键时期。为经济转型升级提供高层次人才，是高等院校最重要的历史使命和战略任务之一。高等教育要培养基础性、学术型人才，但更重要的是加大力度培养多规格、多样化的应用型、复合型人才。

为顺应高等教育迅猛发展的趋势，配合高等院校的教学改革，满足高质量高校教材的迫切需求，机械工业出版社邀请了全国多所高等院校的专家、一线教师及教务部门，通过充分的调研和讨论，针对相关课程的特点，总结教学中的实践经验，组织出版了这套“普通高等教育系列教材”。

本套教材具有以下特点：

1）符合高等院校各专业人才的培养目标及课程体系的设置，注重培养学生的应用能力，加大案例篇幅或实训内容，强调知识、能力与素质的综合训练。

2）针对多数学生的学习特点，采用通俗易懂的方法讲解知识，逻辑性强、层次分明、叙述准确而精练、图文并茂，使学生可以快速掌握，学以致用。

3）凝结一线骨干教师的课程改革和教学研究成果，融合先进的教学理念，在教学内容和方法上做出创新。

4）为了体现建设“立体化”精品教材的宗旨，本套教材为主干课程配备了电子教案、学习与上机指导、习题解答、源代码或源程序、教学大纲、课程设计和毕业设计指导等资源。

5）注重教材的实用性、通用性，适合各类高等院校、高等职业学校及相关院校的教学，也可作为各类培训班教材和自学用书。

欢迎教育界的专家和老师提出宝贵的意见和建议。衷心感谢广大教育工作者和读者的支持与帮助！

机械工业出版社

前　言

随着信息技术的普及和应用，各个领域产生了大量的数据，这些数据被获取、存储下来，其中蕴含着丰富的信息。人们持续不断地探索处理这些数据的方法，以期最大程度地从中挖掘有用的信息，面对如潮水般不断增加的数据，人们不再满足于数据的查询和统计分析，而是期望从数据中提取信息或者知识为决策服务。数据挖掘技术突破了数据分析技术的种种局限，它结合统计学、数据库、机器学习等技术解决从数据中发现新的信息，辅助决策这一难题，是正在飞速发展的前沿学科。一些大型企业对数据挖掘产品和工具的使用都超过 20 年，并已产生了期望的效应。此外，数据挖掘产品和工具在金融、商业、电信、医学等多个领域也得到广泛推广应用。

数据挖掘并不是要取代其他数据分析技术，而是将它们作为其工作的基础。尽管有些技术（如关联分析）是数据挖掘独有的，但是，另一些技术（如聚类、分类和异常检测）则建立在其他学科长期研究的基础之上。数据挖掘利用已有技术加速其发展，并一直与其他学科的技术紧密结合。成功地进行数据挖掘是综合使用多种技术，以及理解数据的专业人员和数据分析人员合作的成果。

本书结合数据挖掘技术的最新发展，系统地介绍了数据挖掘的基础理论、技术原理、算法和应用，以使读者对数据挖掘有一个系统、全面的了解。本书共 9 章，第 1 章主要介绍数据挖掘的基本概念和数据挖掘的过程。第 2 章主要介绍关系数据集和数据仓库等数据存储方式的基本概念、数据组织及其涉及的关键技术，以及分布式文件系统、NoSQL 等大数据存储方式的概念、结构、原理和数据组织方法等。第 3 章主要介绍了数据预处理的概念和必要性，以及数据清理、数据集成、数据转换、数据归约、数据离散化和特征选择等数据预处理技术。第 4 章主要介绍了相似度度量的基础知识和 5 种异常检测方法，并深入分析欧式距离等 6 种传统的度量方法和大数据度量方法。第 5 章主要介绍了数据分类和预测的基本概念，决策树分类、贝叶斯分类、神经网络等分类方法，以及预测算法与应用。第 6 章主要介绍了数据聚类分析的基本概念，以及基于划分、基于层次、基于密度、基于网格和基于模型的聚类算法，还介绍了聚类分析的评估方法及其应用。第 7 章主要介绍了关联分析的基本概念，分析了关联规则挖掘的两个子任务：频繁项集产生和规则产生，介绍了频繁项集的紧凑表示及产生频繁项集的其他方法、FP－growth 算法、关联评估及其应用等内容。第 8 章主要针对数据挖掘模型的评价和度量介绍了评分函数（包括常用的预测性评分函数和描述性评分函数）；介绍了针对数据挖掘模型的成本评价曲线；从评价模型复杂度角度介绍了最短描述长度原则等评价方法；针对模型有效性验证介绍了交叉验证和 Bootstrap 验证方法；从数据挖掘模型效率和准确率提升角度，介绍了云计算和集成学习方法。第 9 章主要介绍了针对文本、图像、语音识别、视频、网络拓扑、网络舆情、推荐系统、空间数据和数据流等复杂数据的数据挖掘技术，分析了各类复杂数据的特点，介绍了相关数据挖掘的关键技术。本书涉及的内容较为广泛，在教学时，可根据实际情况选择。

本书由梁亚声编写第 1、5 章，徐欣编写第 8、9 章，成小菊编写第 6、7 章，梁佳领编写第 2、3 章，朱霞编写第 4 章。何成宇为第 4 章的编写提供了部分资料。徐欣对全书进行了统稿。

本书编著得到了国家自然科学基金（61402426）资助。

由于作者水平有限，书中难免存在不妥之处，敬请读者批评指正。

编　者

目　录

第1章　概　　述

随着信息化的普及，各领域都积累和收集了大量数据，这些数据涵盖了商业、科技、政治等各类重要信息。但是，面对庞大的数据资源，人们所使用的只是其中一小部分。而借助数据挖掘技术，人们可以从浩瀚的数据海洋中，挖掘出有价值的信息和知识，以作决策支持之用。

1.1　从数据中获取知识

知识是人类对客观世界的观察和了解，是人类在实践中认识客观世界的成果。知识推动人类的进步和发展。人类所作出的正确判断和决策以及采取正确的行动都基于智慧和知识。在信息化的现代社会中，知识在各个方面都占据着中心地位，并起着决定性的作用。知识是事物的概念或规律，源于外部世界，所以知识是客观的。但是知识本身并不是客观现实，而是事物的特征与联系在人脑中的反映。

数据是反映客观事物的数字、词语、声音和图像等，是可以进行计算加工的“原料”。数据是对客观事物的数量、属性、位置及其相互关系的抽象表示，适于存储、传递和处理。随着信息技术的发展，每天数以亿计的海量数据被获取、存储和处理。这些海量数据蕴含着大量的信息、潜在的规律或规则。人们可以通过海量数据了解客户的需求、预测市场动向等。然而，数据仅仅是人们运用各种工具和手段观察外部世界所得到的原始材料，从数据到知识再到智慧，需要经过分析、加工、处理和精炼等一系列过程。

“啤酒与尿布”是沃尔玛利用数据获取知识的成功案例。1983 年，沃尔玛借助信息技术发明了条形码、无线扫描枪、计算机跟踪存货等新技术，使各部门、各业务流程运行得迅速、准确。同时，数据库系统中积累了包括大量顾客消费行为记录在内的海量经营数据。沃尔玛在对海量数据进行分析时意外发现：“跟尿布一起购买最多的商品是啤酒”。经过深入研究，人们发现这些数据揭示了“尿布与啤酒”这一现象背后所隐藏的美国人的一种行为模式，即年龄在 25 ~35 岁的年轻父亲下班后经常要到超市去给婴儿买尿布，其中 30% ~40% 的人会顺手买几瓶啤酒。沃尔玛立即采取了行动，将卖场内原本相隔很远的妇婴用品区与酒类饮料区的空间距离缩短，使顾客更加方便，然后对新生育家庭的消费能力进行了调查，对这两个产品的价格也做了调整，结果使尿布与啤酒的销售量大增。

随着计算机技术、数据库技术、传感器技术和自动化技术的飞速发展，数据的获取、存储变得越来越容易。这些数据和由此产生的信息如实地记录着事物的本质状况。但是海量数据的激增迫使人们不断寻找新的工具，以满足其对规律进行探索，进而为决策提供有效信息的需求。

1.2 数据挖掘的基本概念

数据挖掘是一种信息处理技术，是从大量数据中自动分析并提取知识的技术。数据挖掘是一个处理过程，是从大量数据中挖掘出隐含的、先前未知的、对决策有价值的知识的过程。数据挖掘的目的是从所获取的数据中发现新的、规律性的信息和知识，以辅助科学决策，利用各种分析工具对海量数据进行深入归纳、分析，从而获得对所研究对象更深层次的认识，发现隐藏在数据中的数据之间规律性的关系、发现可以预测趋势的数学模型，并用这些知识和规则建立用于决策支持的模型，用来分析风险、进行预测。

数据挖掘是通过仔细分析大量数据来揭示有意义的新的关系、模式和趋势的过程。它使用的技术包括模式认知技术、统计技术和数学技术。数据挖掘所获取的知识是以模型或数据概化的形式给出的。数据挖掘技术有许多种类，其方法都采用基于归纳的学习。基于归纳的学习是通过观察所学概念的特定实例形成一般概念的过程，例如，信用卡公司记录信用卡使用者购买习惯的常用模型，当其交易不符合习惯模型时，将怀疑信用卡已被盗用。

数据挖掘可以从大量的、不完全的、有噪声的、模糊的、随机的实际应用数据中，提取隐含在其中、人们事先不知道的、但又可能有用的信息和知识。一般情况下，数据挖掘的算法大多建立在统计学大数定律基础上。若数据量太小，则常常无法反映出真实世界中的普遍特性，利用挖掘算法所得出的结论也不可靠。但并非小数据量就不可以进行挖掘，近年来，研究者也提出了一些对小样本进行挖掘的方法，如支撑向量机方法就是基于小样本学习理论的非常实用的方法。数据量虽小，但数据总是事物特性一定程度的反映，只要建立的模型和算法得当，当然也可以从这些数据中获取一定的信息。

从理论上说，数据量越大越好。但随着数据量的增大，算法执行效率会越来越低，甚至无法计算。

在现实世界中，所获取数据往往具有不完全、有噪声、模糊、随机性等特点，例如，进行问卷调查时，不少人不填婚姻状况和年龄，这些不完全或缺失的数据会给数据挖掘增加一定的难度，进行数据挖掘时，我们可以删除这些样本或记录，也可以采用一定的方法将这些缺失数据补上，或者使用可以自动处理缺失数据的算法。

在实际工作中，还会遇到异常情况的干扰，使获得的数据偏离了真实值，这样的数据就是噪声数据。不光外界的干扰，测量仪器的故障、人工输入或抄写所致的失误等都可能形成噪声数据，实际问题中噪声数据往往难以避免。这些问题都需要在数据挖掘过程中予以解决。

1.3 数据挖掘的发展历程

20 世纪 60 年代，人们借助计算机以文件方式对数据进行管理。在 70 年代，关系数据库的发明和使用，使人们能够收集、存储、处理大量的数据。随着计算机网络的应用，人们逐渐采用联机事务处理（OnLine Transaction Processing，OLTP）对信息数据进行及时、高效的存储和处理。OLTP 重点在于业务操作，对当前数据进行及时处理。

提供决策支持建立在对大量历史数据进行分析处理的基础上。为了避免长时间占用系统资源，影响日常数据实时处理，我们需要把相关数据从事务处理系统中提取出来，并按照决策支持的需要进行重新组织，建立相应的分析环境。W. H. Inmon 于 1993 年出版了《Building the

Data Warehouse》，给出了数据仓库定义：数据仓库是一个面向主题的、集成的、稳定的、不同时间的数据集合，用于支持管理层的决策过程。

与数据仓库同时产生的还有对数据进行汇集、合并和聚集以及从不同角度观察信息的分析技术，即联机分析处理（OnLine Analytical Processing，OLAP）。人们通过 OLAP 技术可以对从数据库或数据仓库得到的经验、规则进行验证，也可以对数据挖掘结果的有效性进行检验和完善。

然而，数据库和数据仓库越建越大，通过直观的感觉、简单的统计分析和 OLAP 技术并不能完全发现隐藏在数据中有价值的信息和知识。“沉浸在数据的海洋中，却渴望着知识的淡水”这句话生动地描绘了人们面对海量数据的迷惘和无奈。沃尔玛“啤酒与尿布”的故事使人们看到了数据挖掘的作用。人们试图利用数据挖掘来解决所面临的问题，如客户分群、客户流失原因及预测、关联消费、指导生产和管理等。人们希望将商业管理、生产控制、市场分析、工程设计、科学探索等海量数据资源转换为信息和知识。20 世纪 90 年代中期以后，基于数理统计、人工智能、机器学习、神经网络等多种技术的出现和发展使关于数据挖掘软件的开发和应用成为热点。

在 1989 年 8 月第 11 届国际人工智能联合会议上，数据挖掘的概念被正式提出，即数据库中的知识发现（Knowledge Discovery in Database，KDD）。20 世纪 90 年代开始，学术界习惯沿用 KDD 这个术语，而在商用领域，因为“数据库中的知识发现”一词过于冗长，就普遍采用了更加简单的术语——“数据挖掘”。数据挖掘系统的发展见表 1–1。

表 1–1　数据挖掘系统的发展

	特　征	数据挖掘算法	集　成	分布计算模型	数据模型
第一代	数据挖掘作为一个独立的应用	支持一个或多个算法	单独的系统	单机	向量数据
第二代	与数据库以及数据仓库集成	多个算法：能够挖掘无法一次放进内存的数据	数据管理系统，包括数据库和数据仓库	同质/局部区域的计算机群集	有些系统支持对象、文本和连续的媒体数据
第三代	与预言模型系统集成	多个算法	数据管理和预言模型系统	Internet/Extranet 网络计算	支持半结构化数据和 Web 数据
第四代	与移动数据/各种计算数据联合	多个算法	数据管理、预言模型、移动系统	移动和各种计算设备	普遍存在的计算模型

第一代数据挖掘系统支持一个或少数几个数据挖掘算法，这些算法被用来挖掘向量数据（Vector - valued Data），这些数据模型在挖掘时，直接将需要挖掘的数据一次性调入内存。这些系统的成功依赖于数据的质量。许多这样的系统已经商业化。

第二代数据挖掘系统支持数据库和数据仓库，具有高性能的接口，具有高的可扩展性，例如，第二代系统能够挖掘大数据集、更复杂的数据集以及高维数据。这一代系统通过支持数据挖掘模式（Data Mining Schema）和数据挖掘查询语言（DMQL）增加系统的灵活性。第二代数据挖掘系统提供数据仓库和数据挖掘系统之间的有效接口。但是，数据仓库的设计目的是为了便于 OLAP 操作，而不是数据挖掘应用。这意味着第二代数据挖掘系统必须使用专门的数据管理系统，以此弥补数据库及数据仓库管理系统的缺陷。

第三代数据挖掘系统的特征是能够挖掘 Internet/Extranet 的分布式和高度异质的数据。这一代数据挖掘系统的关键技术之一是提供对建立在异质系统上的多个预言模型以及管理预言模型的元数据。第三代数据挖掘系统提供数据挖掘系统和预言模型系统之间的有效接口。在实施策略方面，如果使用多个预言模型，或者预言模型需要经常修改，那么应该选择第三代数据挖掘系统。第三代数据挖掘系统也能与数据库或数据仓库集成。

第四代数据挖掘系统能够挖掘嵌入式系统、移动系统和计算设备产生的各种类型的数据。随着移动计算的重要性日渐增加，第四代数据挖掘系统起到了关键的作用。

第一代数据挖掘系统还在发展，第二、三代以及第四代数据挖掘系统将与数据仓库合并，提供集成的系统用于各种应用。并且第二、三、四代数据挖掘技术将与各种应用集成，成为一种嵌入式技术。

1.4 数据挖掘的功能和数据挖掘系统的分类

数据挖掘技术的基本功能主要体现在分类与回归、聚类分析、关联规则、时序模式、异常检测等五个方面。尽管数据挖掘技术能够增强信息检索系统的能力，但是，利用数据的明显特征来创建索引结构，查找数据库中的个别记录以及通过因特网的搜索引擎查找特定的 Web 页面，这些均不属于数据挖掘的范畴。

1.4.1 分类与回归

分类与回归主要用于解决下列的问题：

① 将信用卡申请人分为低、中、高风险群。

② 预测哪些顾客在未来半年内会取消该公司的服务，哪些电话用户会申请增值服务。

③ 预测具有某些特征的顾客是否会购买一台新的计算机。

④ 预测病人应当接受 3 种具体治疗方案中的哪一种。

⑤ 预测一位顾客在一次销售期间将花多少钱。

⑥ 预测银行可以安全地贷给贷款人的贷款量。

⑦ 预测哪些使用 2G 通信网络的手机用户有可能转换到 3G 通信网络。

⑧ 预测房地产开发中存在的风险。

分类（Classification）是构造一个分类函数（分类模型），把具有某些特征的数据项映射到某个给定的类别上。因为在分析测试数据之前，类别就已经确定了，所以分类通常被称为“有监督的学习”。分类算法要求基于数据属性值来定义类别，通常通过已知所属类别的数据的特征来描述类别。分类过程由两步构成：模型创建和模型使用。模型创建是指通过对训练数据集的学习来建立分类模型；模型使用是指使用分类模型对测试数据和新的数据进行分类。其中的训练数据集是带有类标号的，也就是说，在分类之前，要划分的类别是已经确定的。通常分类模型以分类规则、决策树或数学表达式的形式给出。

1.4.2 聚类分析

聚类分析主要用于解决下列问题：

① 通过一些特定的症状归纳某类特定的疾病。

② 预测谁是银行信用卡的黄金客户。

③ 预测谁喜欢打国际长途，在什么时间，打到什么地方。

④ 对住宅区进行聚类，确定自动提款机 ATM 的安放位置。

⑤ 对用户 WAP 上网行为进行分析，通过对客户分群进行精确营销。

聚类（Clustering）与分类不同，聚类分析是在没有给定划分类的情况下，根据信息相似度进行信息聚类的一种方法，故聚类又称为“无监督的学习”。聚类就是将数据划分或分割成相交或者不相交的群组的过程。通过确定数据之间在预先指定的属性上的相似性就可以完成聚类任务。聚类的输入是一组未被标记的数据，根据数据自身的距离或相似度进行划分。划分的原则是保持最大的组内相似性和最小的组间相似性，即使得不同聚类中的数据尽可能地不同，而同一聚类中的数据尽可能地相似，比如根据股票价格的波动情况，股票可以被分成不同的类，总共可以分成几类，各类包含哪些股票，每一类的特征是什么，这对投资者尤其对投资基金者来说，可能就是很重要的信息。当然，聚类除了将样本分类外，还可以完成孤立点挖掘，如其在网络入侵检测或金融风险欺诈探测中的应用。

1.4.3　关联规则

关联规则主要用于解决下列问题：

① 商业销售方面：如何通过交叉销售得到更大的收入。

② 保险方面：如何分析索赔要求，以发现潜在的欺诈行为。

③ 银行方面：如何分析顾客消费行为，以便有针对性地向其推荐感兴趣的服务。

④ 哪些制造零件和设备设置与故障事件关联。

⑤ 哪些病人和药物属性与结果关联。

⑥ 哪些商品是已经购买商品 A 的人最有可能购买的。

这些都属于关联规则挖掘问题，关联规则挖掘的目的就是在一个数据集中找出项之间的关系，从大量的数据中挖掘出有价值的描述数据项之间相互联系的有关知识。随着收集和存储在数据库中的数据规模越来越大，人们可以从数据中挖掘出相应的关联知识。

关联规则（Association）揭示了数据之间的相互关系，而这种关系没有在数据中直接表示出来。关联分析的任务就是发现事物间的关联规则（或称相关程度）。

关联规则的一般形式是：若 A 发生，则 B 有百分之 C 的可能发生。C 被称为关联规则的置信度（Confidence）。

关联分析用以寻找数据库中大量数据的相关联系，其常用的两种技术为关联规则和序列模式。利用关联规则可以发现一个事物与其他事物间的相互关联性或相互依赖性，如分析客户在超市既买牙刷又买牙膏的可能性；序列模式则将重点放在分析数据之间的前后因果关系，如买了计算机的顾客会在 3 个月内买杀毒软件。

1.4.4　时序模式

时序模式主要用于解决下列问题：

① 预测下个月的商品销量、销售额或库存量。

② 预测明天广州市的最高用电负荷。

时序模式用于描述基于时间或其他序列的经常发生的规律或趋势，并对其建模。与回归一样，它也是用已知的数据预测未来的值，但这些数据的区别是变量所处时间的不同。时序模式重点考虑数据之间在时间维度上的关联性。时序模式包含时间序列分析和序列发现。

时间序列分析（Time Series）用已有的数据序列预测未来。在时间序列分析中，数据的属性值是随着时间不断变化的。回归不强调数据间的先后顺序，而时间序列要考虑时间特性，尤其要考虑时间周期的层次，如天、周、月、年等，有时还要考虑日历的影响，如节假日等。

序列发现用于确定数据之间与时间相关的序列模式。这些模式与在数据（或者事件）中发现的相关的关联规则很相似，只是这些序列是与时间相关的。

1.4.5 异常检测

异常是对差异和极端特例的表述，如分类中的反常实例、聚类外的离群值、不满足规则的特例等。大部分数据挖掘方法都将这种差异信息视为噪声而丢弃，然而在一些应用中，罕见的数据可能比正常的数据更有用。

异常检测（Outlier Detection），也被称为离群点检测，是用来发现与正常情况不同的异常和变化，并进一步分析这种变化是有意的诈骗行为，还是正常的变化。若是异常行为，则需提示预防措施，尽早防范。

1.4.6 数据挖掘系统的分类

根据不同标准，数据挖掘系统可以按不同的方式进行分类。

1. 根据数据源类型分类

针对不同的数据源，数据挖掘需要相应的挖掘技术，例如，根据数据模型，可以有关系的、事务的、对象-关系的或数据仓库的挖掘系统。如果根据所处理数据的特定类型，可以有空间的、时间序列的、文本的、流数据的、多媒体的数据挖掘系统以及 WWW 网页挖掘系统。

2. 根据数据挖掘的功能分类

数据挖掘系统可以根据挖掘的功能分类，如特征提取、区分、关联和相关分析、分类、预测、聚类、异常检测和演变分析。一个综合的数据挖掘系统通常提供多种数据挖掘功能。此外，数据挖掘系统还可以根据所挖掘知识的粒度或抽象层进行区分，包括广义知识（高抽象层）、原始层知识（原始数据层）或多层知识（考虑若干抽象层）。高级数据挖掘系统应当支持多抽象层的知识发现。数据挖掘系统还可以分为挖掘数据的规则性（通常出现的模式）系统与挖掘数据的奇异性（如异常或离群点）系统。一般来讲，概念描述、关联和相关分析、分类、预测和聚类等挖掘任务属于数据的规则性，而离群点被作为噪声排除。当然，这些方法也能帮助检测离群点。

3. 根据所用的技术分类

数据挖掘系统还可以根据用户交互程度（如自动系统、交互探查系统、查询驱动系统）以及所用的数据分析方法（如面向数据库或面向数据仓库的技术、机器学习、统计学、可视化、模式识别、神经网络等）进行分类。复杂的数据挖掘系统通常采用多种数据挖掘技术，或采用有效的、集成的技术，结合一些方法的优点。

4. 根据其应用分类

数据挖掘系统也可以根据其应用进行分类，例如，有的数据挖掘系统特别适合金融、电信、股票市场、E-mail 等。针对不同的应用，系统通常需要集成对该应用特别有效的方法。一般情况下，泛化的、全能的数据挖掘系统可能并不适合特定领域的挖掘任务。

1.5 数据挖掘的过程

数据挖掘的过程会随应用领域的不同而有所变化。每一种数据挖掘技术也有其各自的特性和使用步骤，针对不同问题和需求所制定的数据挖掘过程也会存在差异。此外，数据的完整程度、专业人员的支持程度等都会对数据挖掘的过程有所影响。这些因素造成了数据挖掘在不同领域中的运用、规划以及流程的差异性，即使在同一领域，数据挖掘也会因为分析技术和专业知识涉入程度的不同而不同。

1.5.1 数据挖掘的一般流程

数据挖掘的一般流程可以分为明确问题、数据收集和预处理、数据挖掘以及结果解释和评估。

1. 明确问题

数据挖掘的首要工作是研究发现何种知识，即明确问题。在此过程中，数据挖掘人员必须和领域专家紧密协作，一方面明确实际工作对数据挖掘的要求；另一方面通过对各种学习算法的对比进而确定可用的学习算法（后续的学习算法选择和数据集准备都是在此基础上进行的）。

例如，数据分析员面对客户的流失问题，需要利用数据分析找出原因，并且找出解决问题的办法。

2. 数据收集和预处理

数据收集和预处理阶段一般要完成 3 项工作：数据选取、数据预处理和数据变换。数据选取就是确定操作对象，即目标数据，一般是从原始数据库中抽取的组数据。数据预处理一般包括消除噪声、推导计算缺失值数据、消除重复记录、完成数据类型转换（如把连续值数据转换为离散型的数据，以便用于符号归纳，或是把离散型的转换为连续值型的，以便用于神经网络）等内容。当数据挖掘的对象是数据仓库时，一般来说，数据预处理已经在生成数据仓库时完成了。数据变换的主要目的是消减数据维数，即从初始特征中找出真正有用的特征，以减少数据挖掘时要考虑的特征或变量个数。

在进行数据挖掘技术的分析之前，我们还有许多准备工作要完成，通常有 80% 的时间和精力花费在数据预处理阶段。数据挖掘通常有 3 种访问数据的途径：

- 从数据仓库中访问数据。
- 从关系数据库中访问数据。
- 从简单文件或电子表格中访问数据。

就数据仓库而言，一般情况下，数据组合的数据来源于一个或多个操作型数据库。操作型数据库是基于事务的，往往采用关系数据库模型进行设计。使用关系模型的操作型数据库包含若干个规范化的表。这些表进行了规范化以减少冗余，并加快了对记录的访问，例如，一个特定客户的数据可能在几个关系表中出现，每个表反映从不同角度看待客户的数据。

如果没有数据仓库，我们可以使用数据库查询语言（如 SQL）书写查询语句，构建适合数据挖掘的表。无论挖掘的数据是从数据仓库中提取，还是通过查询语言提取，都可能需要一个实用程序将提取出的数据转换为所选数据挖掘工具要求的格式。如果还没有设计存储数据的数据库结构，并且收集的数据量是较小的，那么我们可以将数据存储在一个平面文件或电子表格中。

数据挖掘需要访问的数据可以是包含在几个数据库文件的大量记录，也可以是包含在一个文件中的几百条记录。一种普遍存在的误解是，为了建立数据挖掘算法必须具备上万条实例。实际上，即便只有几百条或几千条相关记录，大多数数据挖掘工具也能工作得很好。例如，数据分析员为了找出流失客户的原因，就要收集公司内部和外部的大量数据，包括有关持有保险单时间长短的数据，客户所持有的保险单种类（房屋保险、汽车保险或人身保险）的数据，有关客户的人口统计数据，以及其他有关地区情况的数据。这些数据的数据源各不相同，有的是公司的操作性数据，有的则是公司的外部数据。为了操作方便，分析员将这些数据集成于数据仓库中（这样做还避免了数据一致性等问题的出现）。

为了在不影响可信度的情况下尽可能缩短分析过程，需要对数据进行选择和预分析，即利用相关的抽样工具对过去几年的几百万条客户数据进行抽样，以便得到一个用于以后进行分析的样本集。

可视化在数据挖掘的整个过程都起重要的作用。特别是在数据准备阶段，可以使用散点图、直方图等统计可视化技术来显示有关数据，以便对数据有一个初步的了解，从而为更好地选取数据打下基础。

3. 数据挖掘

在将数据提交给数据挖掘工具前，我们要根据具体情况考虑下列问题：

- 学习应该是有监督的还是无监督的。
- 在组合的数据中，哪些实例将用于建立模型，哪些实例将用于检验模型。
- 从可用的属性清单中选择哪些属性。
- 数据挖掘工具需要使用者指定单个或多个学习参数，什么样的参数设置可以最好地表示数据，从而用于建立模型。

根据所需解决问题的类型，确定数据挖掘的任务，例如分类、聚类、关联规则发现或序列模式发现等。确定了挖掘任务后，就要决定使用什么样的算法。选择算法时要考虑两个因素：一是不同的数据有不同的特点，因此需要用与之相关的算法来挖掘；二是用户或实际运行系统的要求，例如有的用户可能希望获取容易理解的描述型知识（采用规则表示的挖掘方法显然要好于神经网络之类的方法），有的用户则只是希望获取预测准确度尽可能高的预测型知识，而并不在意获取的知识是否易于理解。

例如，数据分析员在挖掘工具的帮助下，发现很多客户在一年后就不再想继续持有该公司保险单。将客户按保险单的种类进行分类，发现真正一年后就放弃该公司保险单的是那些持汽车保险单的客户。通过分析竞争对手的情况，分析员了解到这主要是由于很多新出现的直接承保公司都给出了很有竞争力的价格。

应用挖掘工具提供的模型分析技术，分析员提取出了影响客户保有率的因素，并计算出它们的相关度——保险单的种类和新的直接承保公司都是能解释客户保有率的显著因素。但总体来说，这次分析所得出模型的解释度只有40%。

4. 结果解释和评估

数据挖掘质量的好坏有两个影响要素：一是所采用数据挖掘技术的有效性；二是用于挖掘的数据的质量和数量（数据量的大小）。若选择了错误的数据或不恰当的属性，或对数据进行了不适当的转换，则挖掘不出好的结果。对于数据挖掘出来的模式，要进行评估，删除冗余或无关的模式。如果模式不满足要求，需要重复先前的过程，例如重新选取数据、采用新的数据变换方法、设定新的参数值改变算法等，甚至重新开始。数据挖掘过程是一个不断反馈的过程。

另外，要对发现的模式进行可视化，把结果转换为容易理解的表示形式，以使得发现的知识更易于理解，例如，把分类决策树转换为“if... then...”规则。

结果解释就是检查数据挖掘工具的输出，确定所发现结果是否有用或有价值。如果结果不理想，可以使用新属性或实例重新进行数据挖掘；还可以选择返回到数据仓库，重新进行数据提取过程。

结果应用强调的是将所发现的知识应用于解决问题。一个典型的例子就是，当发现了“啤酒与尿布”后，沃尔玛就将啤酒放在买尿布的消费者容易看到的地方。

在保险分析员的例子中，假设分析员对挖掘出的结果不满意，通过分析，他发现在某些特定地区与直接承保公司签约的客户尤其多。因此，他重新运用挖掘工具进行分析，发现在中等城镇里缺少该公司的代理商。这个分析结果提供了两个解决方案：在这些中等城镇里增加代理商的数量，或开设直接承保。需要强调的是，这两个方案都要特别关注某些特定的保险单，特别是汽车保险。在得出分析结果并拟出解决方案之后，分析员便报告给有关人员。

在上述实例中，这个数据分析员使用了数据仓库和数据挖掘工具，并将它们很好地与专业保险知识相融合，找到了公司失去客户的原因并提出了相应的解决方案。

1.5.2 跨行业数据挖掘标准过程

跨行业数据挖掘标准过程（CRoss – Industry Standard Process for Data Mining，CRISP – DM）如图 1-1 所示，它是由欧洲几家在数据挖掘应用上有经验的公司共同筹划组织的一个特别小组所提出的。经过几年的发展，CRISP – DM 模型在各种模型中占据领先位置，采用量达到近 60%（数据引自 Cios 和 Kurgan 于 2005 年合著的论文“Trends in Data Mining and Knowledge Discovery”）。

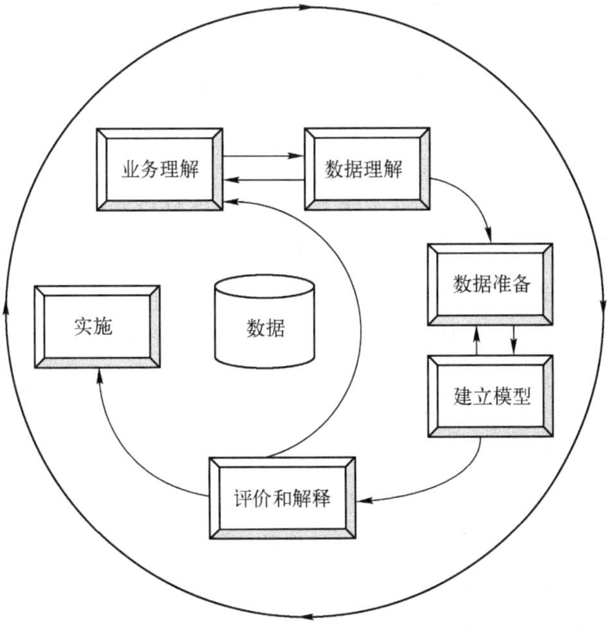

图 1-1　跨行业数据挖掘标准过程（CRISP – DM）

1996 年，数据挖掘市场已经起步，虽然还不成熟，可是却呈现出了爆炸式的发展。三个在这方面经验丰富的公司（数据仓储供货商 NCR、德国汽车航天公司 Daimler – Chrysler、统计分析软件供货商 SPSS）建立了社团，目的是建立数据挖掘方法和过程的标准。该社团获得了 EC（European Commission）的资助，征集到了业界的广泛意见，创建了 CRISP – DM 特别小组（Special Interest Group，简称 SIG）。

1999 年，SIG 开发并提炼出 CRISP－DM，同时在 Mercedes－Benz 和 OHRA（保险领域）企业进行了大规模数据挖掘项目的实际试用。SIG 还将 CRISP－DM 和商业数据挖掘工具集成起来。目前，SIG 组织在伦敦、纽约、布鲁塞尔已经发展到 200 多个成员。2000 年，正式推出 CRISP－DM 1.0 版。CRISP－DM 是实际项目的经验总结和理论抽象，其强调数据挖掘不单是数据的组织或者呈现，也不仅是数据分析和统计建模，而是一个从理解业务需求、寻求解决方案到接受实践检验的完整过程。因此，CRISP－DM 从方法学的角度强调了实施数据挖掘项目的方法和步骤，同时独立于每种具体数据挖掘算法和数据挖掘系统。

CRISP－DM 分为 6 个阶段和 4 个层次，这 6 个阶段的顺序是不固定的，经常需要前后调整，这主要取决于每个阶段或阶段中特定任务的产出物是不是下一个阶段必需的输入。图 1-1 中的箭头指出了最重要的和依赖度高的阶段关系，其中外圈象征数据挖掘自身是循环的，在一个解决方案发布之后一个数据挖掘的过程才可以继续。在这个过程中得到的知识可以触发新的，经常是更受关注的问题。后续的过程可以从前一个过程得到益处。

1. 业务理解（Business Understanding）

业务理解是对数据挖掘的需求进行了解确认，对目标有一个清晰明确的定义，针对不同的需求做深入的了解，将其转换成数据挖掘的问题，并拟定初步计划。在此阶段中，数据分析员需要与企业各层次进行讨论，了解相关领域的有关情况，熟悉背景知识。只有对要解决的问题有了非常清楚和全面的了解，明确到底想干什么，才能正确地针对问题拟定分析过程。

2. 数据理解（Data Understanding）

在明确了需要进行数据挖掘的预测目标后，下一步工作就是要建立数据库与分析数据。在这个阶段中，数据分析员必须先收集数据，了解数据的含义与特性，并过滤出所有可能有用的数据，然后进行数据整理并评估数据的质量，必要时再将分属不同数据库的数据加以合并或整合。针对海量数据，数据分析员要考虑下列问题：

① 用哪些数据源，哪些数据与当前问题相关。

② 取样数据是否满足数据挖掘目标，样本属性与挖掘目标之间是否存在相关性。

③ 如何保证取样数据的质量，是否在足够范围内有代表性。

④ 数据样本取多少合适，如何分类（训练集、验证集和测试集）。

⑤ 抽样数据是否存在明显的规律和趋势，数据是否存在周期性。

⑥ 样本数据是否按时间顺序排列，不同时间粒度数据是否存在明显分组。

⑦ 数据中是否存在缺失值和异常值。

数据库建立完成后再进行数据分析，并找出影响最大的数据，进而判断是否有必要进一步收集更为详细的数据。抽取数据的标准有 3 个：一是相关性，二是可靠性，三是最新性。并非需要使用全部数据。通过数据样本的精选，不仅能减少数据处理量，节省系统资源，而且能通过数据的筛选，使其反映的规律性更加凸显出来。即使是从一个数据仓库中进行数据取样，也要检查其质量如何。如果原始数据有误，就很难从中探索其规律。若从正在运行着的系统中进行数据取样，则更要注意数据的完整性和有效性。

衡量取样数据质量的标准包括资料完整无缺，各类指标项齐全；数据准确无误，反映的都是正常（而不是反常）状态下的水平。对获取的数据，可进行抽样操作。抽样的方式包括随机抽样、等距抽样、分层抽样、从起始顺序抽样和分类抽样等。

1）随机抽样。在采用随机抽样方式时，数据集中的每一组观测值都有相同的被抽样的概率。若按 10% 的比例对一个数据集进行随机抽样，则每一组观测值都有 10% 的机会被抽到。

2）等距抽样。若按 5% 的比例对一个有 100 组观测值的数据集进行等距抽样，即 100/5 = 20，则等距抽样方式是取第 20、40、60、80 和 100 共 5 组观测值。

3）分层抽样。在采用分层抽样方式时，首先将样本总体分成若干层次（或者说分成若干个子集）。每个层次中的观测值都具有相同的被选用的概率，但对不同的层次可设定不同的概率。这样的抽样结果可能具有更好的代表性，进而使模型具有更好的拟合精度。

4）从起始顺序抽样。这种抽样方式是从输入数据集的起始处开始抽样。抽样的数量可以给定一个百分比，或者就直接给定选取观测值的组数。

5）分类抽样。在前述几种抽样方式中，抽样的单位都是一组观测值。分类抽样的单位是一类观测值。这里的分类是按观测值的某种属性进行区分的，如按客户名称分类、按地址区域分类等。显然在同一分类中可能会有多组观测值。分类抽样的选取方式类似于前面所述的几种方式，只是抽样以类为单位。

当拿到了一个样本数据集后，首先要确定它是否达到设想的要求，有无什么明显的规律和趋势、有没有出现从未设想过的数据状态、因素之间有什么相关性、可区分成怎样一些类别等。

这种数据探索过程就是进行深入调查的过程。最终要达到的目的就是要搞清多因素相互影响的、十分复杂的关系。但是，这种复杂的关系不可能一下子建立起来。开始时，数据分析员可以先观察众多因素之间的相关性；再按其相关的程度，了解它们之间相互作用的情况。这些探索、分析并没有一成不变的操作规律性；相反，它要有耐心地、反复地试探，仔细地观察。在此过程中，专业技术知识会帮助数据分析员进行有效的观察，但是，也不要受专业知识束缚，因为其中可能实际存在着先验知识认为不存在的关系。假如数据真实可靠，那么绝对不要轻易地否定数据呈现出的新关系，很可能就是发现的新知识。有了它，也许会导引在此后的分析中，得出比原有的认识更加符合实际的规律性知识。假如在操作中出现了这种情况，应当说，数据挖掘已挖到了有效的矿脉。

3. 数据预处理（Data Preparation）

采样数据中常常包含许多含有噪声、不完整甚至是不一致的数据，因此必须对数据挖掘所涉及的数据对象进行预处理。对所抽取样本数据进行探索、审核和必要的加工处理，是保证挖掘质量所必需的。

此阶段和数据理解阶段为数据准备阶段的核心，这是建立模型前的最后一步数据准备工作。数据预处理任务很可能要反复执行多次，并且没有任何既定的顺序，其目的是把各种不同来源的数据加以清理、整理和归并，以适合数据挖掘技术的使用。

数据预处理主要包括数据清理、数据集成、数据转换、缺失值处理、坏数据处理和属性选择等。

4. 建立模型（Modeling）

建立模型是数据挖掘工作的核心环节，即应用各种数据挖掘技术建立分析模型，以发现问题的根源。模型的构建主要包括模型建立、模型训练和模型预测 3 个步骤。预测模型是对采样数据轨迹的概括，它反映的是采样数据内部结构的一般特征，与该采样数据的具体结构并不完全吻合。模型的具体化就是预测公式，公式可以产生与观察值有相似结构的输出，这就是预测值。预测模型是多种多样的，可以适用于不同结构的样本数据。因此，对任一个具体采样数据，就有选择适当预测模型的问题。正确选择预测模型在数据挖掘过程中是关键的一步。有时由于模型选择不当，造成预测误差过大，就需要改换模型。必要时，可同时采用几种预测模型进行运算，以便对比、选择。建立模型是一个反复的过程。需要仔细考察不同的模型以判断哪个模型对问题最有用。

5. 评价和解释（Evaluation and Explanation）

在这一阶段，数据分析员已经从数据分析的角度建立了看似高质量的模型，模型评估的目的就是从建立的模型中自动找出一个最好的模型出来。实际应用中，随着应用数据的不同，模型的准确率会发生变化。在最后部署模型之前，要评估模型，检查构造模型的步骤，确保模型可以完成目标任务，还要对挖掘结果加以评价和解释。

模型效果评价的办法之一就是直接使用原来建立模型的样本数据来进行检验。假如这一关都通不过的话，那么所建立的决策支持信息价值就不太大了。一般来说，在这一步应得到较好的评价，即说明确实从这批数据样本中挖掘出了符合实际的规律。

另一种办法是另外找一批数据，已知这些数据是反映客观规律的。这次的检验效果可能会比前一种差。差多少是要注意的，若是差到不能容忍的程度，那就要考虑第一次构建的样本数据是否具有充分的代表性，或是模型本身是否够完善。若这一步也得到了肯定的结果，就表示所建立的数据挖掘模型应得到很好的评价了。

6. 实施（Deployment）

一般而言，完成模型创建并不意味着任务的结束。模型的作用是从数据中找到知识，获得的知识应该便于用户重新组织和展现。模型建立并经验证后，有两种主要的使用方法：一种是提供给分析人员做参考，由分析人员通过查看和分析这个模型，而后提出行动方案建议；另一种是把此模型应用到不同的数据集上。此外，在应用了模型后，分析人员还要不断监控它的效果。

1.6 数据挖掘与其他学科的关系

数据挖掘的思想和技术来源于统计学、人工智能、模式识别、信息论、信号处理、可视化和信息检索等学科。数据挖掘需要数据库系统提供有效的存储、索引和查询处理支持。需要借助高性能（并行）计算和分布式技术对海量数据进行处理。对于特定问题，是否可以采用数据挖掘来解决，一般要考虑：是否能够清楚地定义问题、是否存在潜在的有意义的数据、所获取的数据是否包含隐藏的知识或者数据是否真实并且仅对报表有用、处理数据的费用是否低于因应用数据挖掘所获得的潜在知识而增加的利益。

1.6.1 数据挖掘与数据库知识发现

数据挖掘（Data Mining）与数据库知识发现（Knowledge Discovery in Database，KDD）在定义与使用上比较混乱。

这两个概念含义相近，有人认为它们是同一含义的不同名词术语，只是学术界更多地用KDD，商业界更偏爱用数据挖掘。也有人认为，这两个概念有所区别：一是数据源有差异。数据挖掘系统可以在关系数据库、事务数据库、数据仓库、文本数据、Web 等数据组织形式中挖掘知识，数据源比 KDD 更加广泛。二是任务内容有差异。KDD 是从数据库发现知识的全部过程，包括数据清洗、数据集成、数据选择、数据转换、数据挖掘、模式生成及评估等一系列步骤。数据挖掘是在数据集上完成知识的提炼，是 KDD 中一个重要的步骤。

随着知识发现理论研究的不断深入和应用的泛化，知识发现这一概念的内涵和外延得以不断地丰富和拓展，并形成了许多新的分支，文本挖掘（Text Mining）、复杂数据对象挖掘（Complex Data Object Mining）以及信息挖掘（Information Mining）等概念随之产生。

1.6.2 数据挖掘与数据库查询

就获取的知识来看，数据挖掘和数据库查询的区别如下：

① 浅知识本质是真实的。数据分析师可以很容易地在数据库中存储和操作浅知识，数据库查询则是提取数据中浅知识的优秀工具。

② 多维知识也是真实的。然而这种数据以多维格式存储，联机分析处理（OLAP）工具用于处理多维数据。

③ 隐含知识表示数据中的模式或规则，这些模式或规则不容易用数据库查询语言查询出来。然而，数据挖掘算法却可以轻易地找到它们。

④ 深知识是存储在数据库中的，仅在给出要查找内容的方向时才能找到的知识。目前数据挖掘工具还不能定位深知识。

当确切地知道要找什么时，数据库查询语言和 OLAP 工具就是发现并报告数据库中信息的优秀工具。数据库查询很容易提取下列信息：

① 所有使用信用卡购买煤气烤炉的客户列表。

② 年龄超过 40 岁，并且平均每年生病 5 天或少于 5 天的职员列表。

③ 至少发作过一次心脏病，并且血液胆固醇浓度低于 200 的病人列表。

④ 一月份使用信用卡消费超过 300 元的信用卡持有者列表。

这些查询的输出能够为决策提供很有价值的信息。数据挖掘向前迈进了一步，它将提供潜在有用的知识，尽管对正在寻找的东西只有些模糊的想法。通过数据挖掘人们可以发现未曾想到的问题或答案。下面的例子说明了数据挖掘的主要作用：

① 开发利用信用卡账单促销的信用卡客户的一般特征文件。

② 将不良信用风险的个人与很可能按时还贷的个人区别开来。

③ 对天空图像数据中发现的模糊对象进行分类。

④ 判断某个背部动过手术的病人什么时候可能重新工作。

1.6.3 数据挖掘与统计分析

从理论来源来看，数据挖掘与统计分析在很多情况下都是同根同源的，比如，在属于典型数据挖掘技术的决策树里，CART、CHAID 等理论和方法都是基于统计理论所发展和延伸的；数据挖掘中的技术有相当一部分是用统计学中的多变量分析来支撑的。相对于传统的统计分析技术，数据挖掘有如下一些特点：

① 数据挖掘特别擅长处理大数据，尤其是几十万行、几百万行，甚至更多更大的数据。

② 进行数据挖掘都会借助数据挖掘工具，而这些挖掘工具的使用，很多时候并不需要特别专业的统计背景。不过，基本的统计知识和技能是必需的。

数据挖掘不是为了替代传统的统计分析，相反，它是统计分析方法学的延伸和扩展。数据挖掘利用了统计学的抽样、估计和假设检验及人工智能、模式识别和机器学习的搜索算法、建模技术和学习理论等领域的思想。大多数统计分析技术都基于完善的数学理论和高超的技巧，预测的准确度是令人满意的，但对使用者的要求很高。而随着计算机计算能力的不断增强，有可能只需通过相对简单和固定的方法就能完成同样的功能。如果一定要加以区分，数据挖掘在如下几个方面与统计分析形成了比较明显的差异，见表 1-2。

表 1-2　数据挖掘与统计分析的对比

数 据 挖 掘	统 计 分 析
数据挖掘不需要假设	统计分析通常是从假设出发
数据挖掘可以自动建立方程	统计分析需要自己建立方程或模型来与假设吻合
数据挖掘能够处理不同类型的数据，比如文本、声音等	统计分析需要面对数字化的数据
数据挖掘依赖于噪声小、记录完整的数据	统计分析在过程中可以发现并过滤数据
数据挖掘的结果有可能不容易解释，但其最终用途仍是面向用户的，并把发现的成果告知管理人员	统计分析可直接对所产生的结果进行解释并把它们传给业务人员

统计分析的基础之一就是概率论，在对数据进行统计分析时，分析人员常常需要对数据分布和变量间的关系做假设，确定用什么概率函数来描述变量间的关系，以及如何检验参数的统计显著性；但是，运用数据挖掘是要发现那些不能靠直觉发现的信息或知识，甚至是违背直觉的信息或知识，挖掘出的信息越是出乎意料，就可能越有价值。分析人员不需要对数据分布做任何假设，数据挖掘中的算法会自动寻找变量间的关系。因此，面对海量、杂乱的数据，数据挖掘技术有明显的应用优势。数据挖掘所得到的信息应具有先前未知、有效和可实用 3 个特征。

统计分析在预测中的应用常表现为一个或一组函数关系式，而数据挖掘在预测应用中的重点在于预测的结果，很多时候并不会从结果中产生明确的函数关系式，有时候甚至不知道到底是哪些变量在起作用以及如何起作用的。最典型的例子就是“神经网络”挖掘技术，它里面的隐蔽层就是一个“黑箱”，没有人能在所有情况下读懂里面的非线性函数是如何对自变量进行组合的。在实践应用中，这种情况常会让习惯统计分析公式的分析师或者业务人员感到困惑，这也确实影响了模型在实践应用中的可理解性和可接受度。不过，如果从实践的角度考虑，只要模型能正确预测客户行为，能为精细化运营提供准确的细分人群和目标客户，业务部门、运营部门又何必去了解模型的技术细节呢？

在实践应用中，统计分析常需要分析人员先做假设或判断，然后利用数据分析技术来验证该假设是否成立。但是，在数据挖掘中，分析人员并不需要对数据的内在关系做任何假设或判断，而是会让挖掘工具中的算法自动去寻找数据中隐藏的关系或规律。两者的思维方式并不相同，这给数据挖掘带来了更灵活、更宽广的思路和舞台。

虽然统计分析与数据挖掘有区别，但是在实践应用中，不应该把两者割裂开来，也无法割裂，没有哪个分析师会说，“我只用数据挖掘技术来分析”或者“我只用统计分析技术来分析”。正确的思路和方法应该是：针对具体的业务分析需求，数据分析员应先确定分析思路，然后根据这个分析思路去选择和匹配合适的分析算法和分析技术，而且一个具体的分析需求一般都会有两种以上不同的思路和算法可以去探索，最后可根据验证的效果和资源匹配等一系列因素进行综合权衡，从而决定最终的思路、算法和解决方案。

1.6.4　数据挖掘与数据仓库

一般情况下，数据挖掘是把数据从数据仓库中拿到数据库或数据集市中。从数据仓库中直接得到进行数据挖掘的数据有许多好处。数据仓库的数据清洗和数据挖掘的数据清洗差不多，如果数据在导入数据仓库时已经清洗过，很可能在做数据挖掘时就没必要再清洗一次了。

数据挖掘库可能是数据仓库的一个逻辑上的子集，而不一定必须是物理上单独的数据库。

如果数据仓库的计算资源很紧张，最好建立一个单独的数据挖掘库。

当然不必为了数据挖掘建立数据仓库。因为，建立一个巨大的数据仓库—把各个不同源的数据统一在一起—解决所有数据冲突问题—把所有数据导到一个数据仓库内，这是一项巨大的工程，需要花费大量的时间和经费才能完成。为了数据挖掘，数据分析员可以把一个或几个事务数据库导到一个只读的数据库中，就把它当作数据集市（不是必须构建数据仓库），就可以进行数据挖掘。

数据挖掘与数据库及数据仓库系统的耦合程度可以分为零耦合、松散耦合、半紧密耦合及紧密耦合 4 种。零耦合是指数据挖掘与数据仓库及数据库没有任何关系，输入数据是从文件中取出的，存放结果也是存放在文件中，这种结构一般很少使用。松散耦合是指利用数据仓库或数据库作为数据挖掘的数据源，其结果写入文件、数据库或数据仓库中，但不使用数据库及数据仓库提供的数据结构及查询优化方法。半耦合是指部分数据挖掘原语出现在数据仓库或数据库中。紧密耦合是将数据挖掘集成到数据库或数据仓库中，作为其中的一个组成部分。目前的发展趋势是紧密耦合的系统结构。

1.6.5　数据挖掘与联机分析处理

数据挖掘和联机分析处理（OnLine Analytical Processing，OLAP）是不同的工具，两者基于的技术也不相同。传统的查询和报表工具给出了数据库中都有什么（What happened），OLAP 则更进一步指出下一步会怎么样（What next）以及如果采取这样的措施又会怎么样（What if）。先建立一个假设，然后用 OLAP 检索数据库来验证这个假设是否正确，比如，一个分析师想找到什么原因导致了贷款拖欠，可能先做一个初始的假定，认为低收入的人信用度也低，然后用 OLAP 来验证这个假设。如果这个假设没有被证实，可能去查看那些高负债的账户，如果还不行，也许要把收入和负债一起考虑，这样一直进行下去，直到找到想要的结果或放弃。

也就是说，OLAP 分析师是建立一系列的假设，然后通过 OLAP 来证实或推翻这些假设来最终得到结论。OLAP 分析过程在本质上是一个演绎推理的过程。但是如果分析的变量达到几十或上百个，那么再用 OLAP 手动分析验证这些假设将是一件非常困难和痛苦的事情。

数据挖掘与 OLAP 不同的地方是，数据挖掘不是用于验证某个假定的模式（模型）的正确性，而是在数据库中自己寻找模型，在本质上是一个归纳的过程，比如，一个用数据挖掘工具的分析师想找到引起贷款拖欠的风险因素。数据挖掘工具可能帮他找到高负债和低收入是引起这个问题的因素，甚至还可能发现一些分析师从来没有想过或试过的其他因素，比如年龄。

数据挖掘和 OLAP 具有一定的互补性。在利用数据挖掘出来的结论采取行动之前，分析师如果要验证一下如果采取这样的行动会给公司带来什么样的影响，那么 OLAP 工具能“回答”这些问题。

利用 OLAP 工具还可以帮助分析师在数据挖掘过程中探索数据，找到哪些是对一个问题比较重要的变量，发现异常数据和互相影响的变量。这都能帮助分析师更好地理解数据，加快知识发现的过程。

1.6.6　数据挖掘与人工智能、专家系统、机器学习

数据挖掘与人工智能（Artificial Intelligence，AI）都致力于模式发现和预测。数据挖掘就是利用了人工智能技术的应用程序，把这些高深复杂的技术封装起来，使人们不用掌握这些技

术也能完成同样的功能，并且更专注于自己所要解决的问题。

专家能解决困难的问题，诸如能够快速诊断疾病的医生，能够及时做出决策的执行官，擅长解决个人问题的法律顾问。专家通过教育和经验获取技能。多年的经验有助于专家发展技能，使他们能够快速并有效地解决问题。专家系统（Expert System）具有模仿特定领域中人类专家解决问题的技能。由于对人类大脑工作机制的理解相当贫乏，专家系统只是注重模仿人类专家的知识，而不是他们运用知识来解决特定问题的方法。因为人类专家经常使用规则来描述他们所知道的东西，所以大部分专家系统结合规则作为存储知识的主要载体。

在机器学习和基于案例的推理中，分类和聚类算法着重于启发式搜索和非参数模型，对于其结果，并不像模式识别和统计学在数学上的精确和要求严格分析。随着计算机学习理论的发展，人工智能把注意力集中在了表达广义分类的模糊边缘上。机器学习主要是对数据挖掘过程中的数据变量选择处理极有帮助，在通过大量搜索表达式和选择变量上有很大作用。专家系统方法借助专家、工程师获取知识，并使用自动化工具创建新知识的计算机模型。数据挖掘和专家系统可以协作来解决疑难问题。

数据挖掘受到了很多学科领域的影响，其中受数据库、机器学习、统计学影响最大。数据库提供数据管理技术，机器学习和统计学提供数据分析技术。统计学界提供的很多技术通常在机器学习界进一步研究，变成有效的机器学习算法之后才能再进入数据挖掘领域。从这个意义上说，统计学主要是通过机器学习来对数据挖掘发挥影响，而机器学习和数据库则是数据挖掘的两大支撑技术。

虽然从数据分析的角度来看，绝大多数数据挖掘技术都来自机器学习领域。但数据挖掘并不是机器学习的简单应用。传统的机器学习研究并不把海量数据作为处理对象，很多技术是为处理中小规模数据设计的，如果直接把这些技术用于海量数据，效果可能很差，甚至可能用不起来。因此，数据挖掘必须对这些技术进行专门的、不简单的改造，例如，决策树是一种很好的机器学习技术，不仅有很强的泛化能力，而且结果具有一定的可理解性，很适合数据挖掘任务的需求。但传统的决策树算法需要把所有数据都读到内存中，在面对海量数据时这显然是无法实现的。为了使决策树能够处理海量数据，数据挖掘做了很多工作，例如，通过引入高效的数据结构和数据调度策略等来改造决策树学习过程，而这其实正是在利用数据库界所擅长的数据管理技术。实际上，在传统机器学习算法的研究中，在很多问题上，能找到多项式时间的算法可能就已经很好了，但在面对海量数据时，可能连 $O(n^3)$ 算法都是难以接受的，这给算法设计带来了巨大的挑战。

另外，关联分析是数据挖掘“独特”的东西。关联分析就是希望从数据中找出看起来匪夷所思但可能很有意义的模式。如果在 100 位顾客中有 20 位购买了尿布，购买尿布的 20 位顾客中有 16 位购买了啤酒，那么就可以写成“尿布→啤酒[支持度 = 20%，置信度 = 80%]”这样的一条关联规则。挖掘出这样的规则可以有很多用处，例如，商家可以考虑把尿布展柜和啤酒展柜放到一起以促进销售。实际上，在面对少量数据时，关联分析并不难，可以直接使用统计学中有关相关性的知识，这也正是机器学习没有研究关联分析的一个重要原因。关联分析的困难其实是由海量数据造成的，因为数据量的增加会直接造成挖掘效率的下降，当数据量增加到一定程度，问题的难度就会产生质变，例如，在关联分析中必须考虑因数据太大而无法承受多次扫描数据库的开销、可能产生在存储和计算上都无法接受的大量中间结果等。

1.7 数据挖掘的应用和发展趋势

作为一门应用技术，数据挖掘可谓涵盖广泛，其在各领域的应用也非常广泛，只要拥有分析价值与需求的数据仓储或数据库，皆可利用挖掘工具进行有目的的挖掘分析，在互联网、金融、电信、商业、交通、电力、政府机关、工业生产等领域都有很多成功的应用案例。具体数据来源可以分为三类：第一类，商业与电子商务数据。银行、管理部门、网络应用在商业运作过程中产生大量数据，这些行业需要通过数据分析做出有效的决策。第二类，科学、工程学和卫生保健数据。工程领域的数据往往比商业数据更复杂，此外，科学家和工程师越来越多地使用模拟系统。第三类：网络数据。网络数据不仅在数量上日益剧增，在内容上也越来越复杂。网络数据已经不仅仅包括图像、文本，还包括数据流和数值数据。

1.7.1 商业的数据挖掘

由于数据挖掘能分析出数据中的有用信息，可给企业带来显著的经济效益，这使得数据挖掘技术越来越普及。在金融领域，数据挖掘技术的应用水平已经达到或接近70%；在营销领域，数据挖掘技术的应用水平也达到了50%。商业是数据挖掘的主要应用领域，因为这一领域积累了大量的销售数据，如顾客购买历史记录，货物进出，消费与服务记录等。其数据量在不断地迅速膨胀，为数据挖掘提供了丰富的资源。数据挖掘可有助于识别顾客购买行为，发现顾客购买模式和趋势，改进服务质量，提高客户保持率和满意程度，提高货品销量比率，设计更好的货品运输与分销策略，减少企业成本。商业的典型数据挖掘可以细分为以下几类：

1）关于销售、顾客、产品、时间和地区的多维分析。企业需要实时知道顾客的需求、产品的销售，以及商品的质量、价格、利润和服务等多维信息。因此，要有多维分析和可视化工具，根据数据分析的需要构造复杂的数据立方体。数据挖掘中的多特征数据立方体是商业数据分析中适用的数据结构，可以进行复杂条件的聚集上的分析。

2）分析促销活动的有效性。利用多维分析技术，比较促销活动期间与促销活动前后商品的销售量和交易数量。利用关联分析，找出顾客可能随降价商品一同购买哪些商品，特别是与促销活动前后的销售情况进行比较。

3）分析顾客的忠诚度。根据顾客购买序列的记录，按系统的方式分析顾客的忠诚度和购买趋势。将同一顾客在不同时期购买的商品分组为序列。序列模式挖掘可用于分析顾客的购买或忠诚度的变化，商家可据此对价格和商品的花样加以调整，以便留住老客户、吸引新顾客。

4）向顾客推荐商品。通过从销售记录中挖掘关联信息，可以发现购买某一品牌商品的顾客很可能购买其他一些商品。这类信息可用于购买推荐、帮助顾客选择商品和增加销售额。

1.7.2 金融业的数据挖掘

在银行和金融机构中产生的金融数据通常相对比较完整、可靠，并且质量高，便于系统化地进行数据分析和数据挖掘。金融业的典型数据挖掘主要有以下几类：

1. 多维数据分析和数据挖掘

多维数据分析可以分析金融数据的一般特性，例如，可以按月、按地区、按部门等查看负债和收入的变化情况以及最大、最小、总和、平均等统计信息。多特征和发现驱动数据立方体、特征和比较分析以及孤立点分析等在金融数据分析和挖掘中发挥重要作用。

2. 预测贷款偿还和分析客户信用

贷款偿还预测和分析客户信用对银行来说是相当重要的。有很多因素会对贷款偿还效能和客户信用等级计算产生不同程度的影响。特征选择和属性相关性计算等数据挖掘方法有助于识别重要因素、剔除非相关因素，例如，与贷款偿还风险相关的因素包括贷款率、贷款期限、负债率、偿还收入比、客户收入水平、受教育水平、居住地区、信用历史等。通过分析客户偿还的历史信息可以发现：偿还收入比是主导因素，而受教育水平和负债率则不是。银行可以据此调整贷款发放政策，以便将贷款发放给那些以前曾被拒绝，但根据关键因素分析，其基本信息显示是相对低风险的申请客户。

3. 客户的分类与聚类

分类与聚类的方法可用于用户群体的识别和目标市场分析，例如，通过多维聚类分析，可以将具有相同储蓄和贷款偿还行为的客户分为一组。有效的聚类和协同过滤方法（使用各种技术滤出信息，如邻近分类、决策树等）有助于识别客户组，将新客户关联到适合的客户组，以及推动目标市场。

1.7.3 欺诈侦测中的数据挖掘

电话公司、信用卡公司、保险公司以及股票交易行业每年因欺诈行为造成的损失都非常可观，数据挖掘可以从一些信用不良的客户数据中找出相似特征并预测可能的欺诈交易，达到减少损失的目的。

要侦测洗黑钱和其他金融犯罪行为，重要的一点是要把多个与侦破工作有关的数据库的信息（如银行交易数据库、犯罪历史数据库等）集成起来。然后可以采用多种数据分析工具来找出异常模式，例如，在某段时间内，某一组人产生大量现金流量等。可用的工具包括数据可视化工具（用图形的方式按一定时间、一定人群显示交易活动）、链接分析工具（识别不同人和活动之间的联系）、分类工具（滤掉不相关的属性，对高度相关属性排级）、聚类分析工具（将不同案例分组）、孤立点分析工具（探测异常资金量的转移或其他行为）和序列模式分析工具（分析异常访问模式的特征）。这些工具可以识别出一些重要的活动关系和模式，有助于调查人员聚焦可疑线索，做进一步的处理。

1.7.4 DNA 数据分析中的数据挖掘

DNA 分析的研究成果发现了许多导致疾病和残疾的基因，由此研究出了许多诊断、预防、治疗疾病的新药物和新方法。此类数据挖掘的关键问题是从中找出导致各种疾病的特定基因序列模式。而数据挖掘涵盖了许多序列模式分析和相似检索技术，因此成了 DNA 数据分析中的强有力工具。DNA 数据分析中的典型数据挖掘有以下几类：

1. 异构、分布基因数据库的语义集成

由于 DNA 数据高度分散，且形式多样，需要对异构的和分散的 DNA 数据库进行语义集成，以便对 DNA 数据库进行系统和协同使用。必须开发集成式数据仓库和分布式联邦数据库，用于存储和管理原始和导出的基因数据。数据挖掘中的数据清理和数据集成方法将有助于基因数据集成和构造用于基因数据分析的数据仓库。

2. DNA 序列间相似搜索和比较

基因分析中一个最为重要的搜索问题是 DNA 序列中的相似搜索和比较。对分别来自带病和健康组织的基因序列进行比较，以识别两类基因间的主要差异。先从两类基因中检索出基因序列，然后找出并比较每一类中频繁出现的模式。通常，在带病样本中出现频度超出健康样本的序列，即导致疾病的基因因素；在健康样本中出现频度超出带病样本的序列，即抗疾病的因素。此外，频繁序列模式的分析在基因序列相似与非相似分析中非常重要。

3. 用关联分析来识别同时出现的基因序列

大部分疾病不是由单一基因引起的，而是基因组合起来共同起作用的结果。关联分析方法可用于帮助确定在目标样本中同时出现的基因种类。此类分析将有助于发现基因组和对基因间的交叉与联系的研究。

4. 用路径分析来发现在疾病不同阶段的致因基因

引起一种疾病的基因可能不止一个，不过不同基因可能在疾病的不同阶段起着作用。如果能找到疾病发展的不同阶段遗传因素序列，就有可能研制出针对疾病不同阶段的治疗药物，从而取得更为有效的治疗效果。因此，在遗传研究中，路径分析会起到重要的作用。

5. 用可视化工具分析遗传数据

基因的复杂结构和序列模式通常可以由各种可视化工具以图、树、立方体和链等形式展现。这种可视化的结构和模式方便了模式理解、知识发现和数据交互。可视化工具在生物医学的数据挖掘中起着重要的作用。

1.7.5 电信业中的数据挖掘

随着电信业新兴计算与通信技术的发展，电信市场正在迅速扩张，且竞争越发激烈。利用数据挖掘技术可以帮助理解商业行为、确定电信模式、捕捉盗用行为以及更好地利用资源和提高服务质量。电信业中的典型数据挖掘有以下一些：

1. 电信数据的多维分析

电信数据本身具有多维性，如呼叫时间、持续时间、呼叫者位置、被呼叫者位置、呼叫类型等。对此类数据的多维分析有助于识别和比较数据通信情况、系统负载、资源使用、用户组行为、利润等，例如，分析人员希望经常查看有关呼叫源、呼叫目标、呼叫量和每天使用模式等方面的图表。

2. 盗用模式和识别异常模式分析

分析盗用和识别异常模式即指：确定潜在的盗用者和非典型的使用模式，检测想侵入用户账户的企图，发现需要引起注意的异常模式。这些模式包括总是占线无法接入、转换和路由阻塞、从被恶意篡改过的自动拨出设备（如传真机）发出的周期性呼叫。通过多维分析、聚类分析和孤立点分析可以发现许多这类模式。

3. 多维关联和序列模式分析

多维分析中关联和序列模式的发现可以用来推动电信服务的发展，例如，假设想发现一系列电信服务的使用模式（按用户组、月或日历分组），按客户分组的呼叫记录可以表现为如下形式：

(customer_id, residence, office, time, date, service_1, service_2, …)

为了决定呼叫是否在两个特定的城市之间或特定的人群间发生，假设这样一个序列模式：如果一个地区的客户在和他居住地不同的另一个城市工作，可能在每个工作日的下午 5 点先使用两个地区之间的长途服务，然后在接下来的时间里使用 30 分钟的蜂窝电话，这可以通过向上钻取和向下钻取检测到。这有助于促进特定的长途销售额和蜂窝电话结合。

4. 电信数据分析中可视化工具的使用

OLAP 可视化、链接可视化、关联可视化、聚类和孤立点可视化等工具对电信数据分析是非常有用的。

1.7.6 科学和统计数据挖掘

数据挖掘技术通常是面向数据库的，用于处理大量的多维和各种复杂类型的数据。然而还有很多数据挖掘技术用于统计数据，尤其是数值数据分析，这些技术已经被扩展应用到科学（如心理学、医学、电子工程和制造业的实验数据）以及经济或社会科学数据中。科学和统计数据挖掘中的典型方法和技术如下：

1. 回归

回归用来预测从一个或多个预测器响应变量的值，它们是数值类型的。回归方法有很多种，包括线形回归、多回归、加权回归、多项式回归、无参数回归、强回归（当错误不满足通常的条件或者数据包含重要的外层时，强回归方法非常有用）等。

2. 概化线性模型

线性模型和它们的概化模型（概化的可加模型），允许一个分类响应变量（或它的一些变种）和一系列预测器变量相关，这与使用线性回归的模型中的数值响应变量类似。

3. 回归树

回归树用于分类和预测，构造成的树是二叉树。回归树和决策树的主要区别在叶子层：决策树是通过大众选举产生的类标号作为叶子；回归树则是通过计算目标属性的平均值作为预测值。

4. 方差分析

方差分析即用一个数值响应变量和一个或多个分类变量描述的两个或多个群体的实验数据。通常，一个 ANOVA（单因素分析）问题通过 k 个群体或对待方式的比较，来决定是否至少有两种方式是不同的，当然，更复杂的 ANOVA 问题也存在。

5. 混合效应模型

混合效应模型用来分析分组数据，也就是那些用一个或多个组变量分类的数据。它们通过一个或多个因素来描述一个响应变量和一些共变量之间的关系。该模型应用的公共领域包括多层数据、重复值数据、块设计数据和纵向数据。

6. 判别分析

判别分析技术用来预测分类响应变量，不像通用的线性模型。该技术假定独立变量遵循多元正态分布，这个过程企图决定几个判别函数（自变量的线性组合），用来区别由响应变量定义的组。判别分析常用于社会科学领域。

7. 时间序列分析

时间序列分析方法用来分析时间序列数据，例如自动回归方法、单变量 ARIMA 模型和长记忆的时间序列模型。

8. 生存分析

用于生存分析的方法有好多种，起初用于预测一个病人经过治疗后至少能活多长时间。生存分析的方法也用于设备制造行业，用于估计设备的生命周期。用于生存分析的主要方法有 Kaplan－Meier 生存估计法、Cox 比例危险回归模型等。

9. 质量控制

准备质量控制的图表可以用到各种统计方法，例如 Shewhart 图表和 Cusum 图表（两者都用于显示组合统计）。这些统计方法包括平均值、标准差、区间、计数、移动平均、移动标准差和移动区间等。

1.7.7 数据挖掘系统和软件

尽管数据挖掘是一个新兴的领域，但已经有了很多现成的数据挖掘系统产品和特定领域的数据挖掘应用软件。基础相对稳定的现已存在的系统在不断地增加新功能、新特性和可视化的工具。而对数据挖掘语言的标准化工作刚刚开始。要选择适合任务需要的数据挖掘系统，应从多个角度考察。一般来说，数据挖掘系统应该包括如下几个方面：

1. 数据类型

大多数数据挖掘系统处理的是格式化的数据，或者是带有数字、分类和符号属性的类似于关系的数据。数据形式可以是 ASCII 文本，也可以是关系数据库的数据或数据仓库数据。某些特殊的系统可以挖掘文本文档、地理数据、多媒体数据、时间序列数据、DNA 序列、Weblog 记录及其他 Web 数据，或者用于特定应用（如金融、零售业、电信业等）的数据。

2. 支持的操作系统类型

有的数据挖掘系统只能在一种操作系统上运行，有的则可以在多个操作系统上运行。支持数据挖掘系统的操作系统有 UNIX 和 Microsoft Windows，也有数据挖掘系统运行在 OS/2、Macintosh 和 Linux 上。大型的面向工业的数据挖掘系统一般支持 C/S 结构。数据挖掘系统提供基于 Web 的接口是趋势，允许输入和输出 XML 数据。

3. 数据源

数据源是指数据挖掘系统操作的特定的数据格式。一些系统只能操作 ASCII 文本，另外一些可以操作关系数据，访问多个关系数据源。数据挖掘系统支持 ODBC 连结和 OLEDB 是非常重要的，这保证了它能与数据库进行开放连结，也就是具有访问关系数据（包括 DB2，Informix，Microsoft SQL Server，Microsoft Access，Microsoft Excel，Oracle，Sybase 等）的能力。与数据仓库一同工作的数据挖掘系统必须遵循 OLAP 标准的 OLEDB 规范，这样才能保证系统不仅能够访问由 Microsoft SQL Server 7.0 提供的数据仓库，也能访问支持这个标准的其他数据仓库产品。

4. 数据挖掘的功能和方法

数据挖掘功能是数据挖掘系统的核心，一些数据挖掘系统只提供一种数据挖掘功能，例如分类。而有些数据挖掘系统能够支持多种数据挖掘功能，例如描述、发现驱动的 OLAP 分析、关联、分类、预测、聚类、孤立点分析、相似性查找、序列模式分析、可视化数据挖掘等。对于一个给定的数据挖掘功能如分类，一些系统可能只支持一种方法，有些可能支持多种方法（例如决策树、贝叶斯网、神经网、遗传算法、基于案例的推理等）。支持多种数据挖掘功能，同时每一种功能又支持多种方法的数据挖掘系统，能提供很大的灵活性和很强的分析能力，因为许多问题需要尝试不同的数据挖掘功能或者把几种功能集成起来使用，不同的数据集使用不同的方法，非常有效。当然，由于系统更加灵活，用户可能需要先接受培训或者有相关的经验。因此，这些系统应该给初级用户提供方便，使其能访问最通用的功能和方法，或将最通用的功能和方法作为默认设置。

5. 数据挖掘系统和数据库或数据仓库系统的结合

一个数据挖掘系统应该和数据库或数据仓库系统结合起来，以各种组件形式无缝地集成到一个信息处理环境中。其结合方式有4种形式：无耦合、松耦合、半松耦合和紧耦合。某些只操作ASCII数据文件的数据挖掘系统不与数据库或数据仓库系统结合，这样的系统在使用大的数据集或者存储在关系数据库中的数据时会有困难。在和数据库或数据仓库松散结合的数据挖掘系统中，数据首先被数据库或数据仓库返回到缓冲区或主内存，然后利用数据挖掘功能进行分析，这样的系统伸缩性不好，执行某些数据挖掘查询时不是很有效。和数据库或数据仓库半松散结合的数据挖掘系统只对少数几个数据挖掘原操作（例如排序、索引、聚集、直方图分析、多路联接、一些统计值的预计算等）提供了有效的实现。

最理想的是，数据挖掘系统应该和数据库或数据仓库在以下意义上进行紧密结合，即通过把数据挖掘查询优化成循环的数据挖掘和获取过程，将二者结合起来。数据挖掘和基于OLAP的数据仓库紧密结合也是非常必要的，这样数据挖掘和OLAP操作就能集成起来提供OLAP挖掘功能。

6. 可伸缩性

数据挖掘有两种可伸缩性问题：行（数据库大小）伸缩和列（维）伸缩。若一个数据挖掘系统行数扩大了10倍，而执行同样的数据挖掘查询的时间最多也不超过其原来时间10倍，则说这个系统是行可伸缩的；若执行数据挖掘查询的时间和列数呈线性增长关系，则说这个系统是列（属性或维）可伸缩的。由于多维性的原因，使一个系统成为列可伸缩的比让其成为行可伸缩的更具有挑战性。

7. 可视化工具

数据挖掘的可视化分为数据可视化、挖掘结果可视化、挖掘过程可视化和可视化数据挖掘。

8. 数据挖掘查询语言和图形用户接口

数据挖掘是一个探测的过程。许多数据挖掘系统都提供了友好的用户挖掘界面。在关系数据库系统中，许多图形用户接口是在SQL（作为一个标准，SQL是良好的基于数据的查询语言）的基础上搭建的。但是，大多数数据挖掘系统不共享任何底层的数据挖掘查询语言。由于缺少标准的数据挖掘查询语言，要使数据挖掘产品标准化和使不同的数据挖掘系统进行互操作是很困难的。

1.7.8 数据挖掘的发展趋势

数据挖掘将是极为重要的成长领域，数据挖掘的应用越来越广泛，数据挖掘技术和方法还在不断发展。数据挖掘研究人员以及系统和应用开发人员所面临的问题包括数据挖掘语言的设计，高效而有效的数据挖掘方法和系统的开发，交互和集成的数据挖掘环境的建立以及应用数据挖掘技术解决大型应用问题等。

1. 发展针对特定应用的数据挖掘系统

早期的数据挖掘主要用于帮助企业提升竞争能力。随着数据挖掘的日益普及，其应用范围也日益扩展，如生物医学、金融分析和电信等领域。此外，随着电子商务和电子市场逐渐成为零售业的主流因素，数据挖掘也在不断扩展其在商业领域的应用。通用数据挖掘系统在处理特定应用问题时有其局限性，因此目前的一种趋势是开发针对特定应用的数据挖掘系统。

2. 可伸缩的数据挖掘方法

与传统的数据分析方法相比，数据挖掘必须能够有效地处理大量数据，而且尽可能是交互式的。由于数据量是在不断地激增的，因此针对单独的和集成的数据挖掘功能的可伸缩算法显得十分重要。一个重要的发展趋势就是所谓基于约束的挖掘，即在增加用户交互的同时如何提高挖掘处理的总体效率。它提供了额外的控制方法，允许用户说明和使用约束，进而引导数据挖掘系统对感兴趣模式的搜索。

3. 数据挖掘与数据库系统，数据仓库系统和 Web 数据库系统集成

数据库系统、数据仓库系统和 WWW 已经成为信息处理系统的主流。保证数据挖掘作为基本的数据分析模块能够顺利地集成到此类信息处理环境中，是十分重要的。数据挖掘系统的理想体系结构是与数据库和数据仓库系统的紧耦合方式，即将事务管理、查询处理、联机分析处理和联机分析挖掘应集成在一个统一框架中。这将保证数据的可获得性、数据挖掘的可移植性、可伸缩性、高性能以及对多维数据分析和扩展的集成信息处理环境。

4. 数据挖掘语言的标准化

标准的数据挖掘语言或其他方面的标准化工作将有助于数据挖掘的系统化开发；有助于改进多个数据挖掘系统和功能间的互操作；有助于促进数据挖掘系统在企业和社会中的教育和使用。

5. 可视化数据挖掘

可视化数据挖掘是从大量数据中发现知识的有效途径。系统地研究和开发可视化数据挖掘技术将有助于推进数据挖掘作为数据分析的基本工具。

6. 复杂数据类型挖掘的新方法

复杂数据类型挖掘是数据挖掘中一项重要的前沿研究课题。虽然在地理空间挖掘、多媒体挖掘、时序挖掘、序列挖掘以及文本挖掘方面取得了一些进展，但它们与实际应用的需要仍存在很大的距离。对此需要进行进一步的研究，尤其是把针对上述数据类型的现存数据分析技术与数据挖掘方法集成起来的研究。

7. Web 挖掘

由于 Web 上存在大量信息，并且 Web 在信息时代中的地位日渐重要，有关 Web 内容挖掘、Weblog 挖掘和因特网上的数据挖掘服务，将成为数据挖掘中一个极为重要的子领域。

8. 数据挖掘中的隐私保护与信息安全

随着数据挖掘工具和电信与计算机网络的日益普及，数据挖掘要面对的一个重要问题就是隐私保护和信息安全。需要进一步研究开发有关方法，以便在适当的信息访问和挖掘过程中确保隐私与信息的安全。

1.8 小结

数据挖掘是从数据中获取知识的技术，是信息技术的自然进化，可适应当今社会对有效的、可伸缩的和灵活的数据分析的迫切需求。数据挖掘包括分类与回归、聚类分析、关联规则、时序模式、异常检测等技术。数据挖掘是从海量数据中发现知识模型的过程，是通过业务理解、数据理解、数据预处理、建立模型、评价和解释、实施等一系列步骤来完成的。数据挖掘的思想和技术来源于多个学科，与数据库知识发现、数据查询、统计分析、数据仓库、联机分析处理、人工智能、专家系统、机器学习等有着密切关系，也有一定的差异。数据挖掘已经有许多成功的应用实例，在商业、金融业、电信业以及 DNA 数据分析、科学和统计数据等方面都取得了很好的效果。数据挖掘研究还存在许多挑战性问题，诸如挖掘方法、用户交互、有效性与可伸缩性以及处理多样的数据类型等。

1.9 习题

1. 什么是数据挖掘？
2. 简述数据挖掘的功能和技术。
3. 描述数据挖掘的流程及步骤。
4. 简述数据挖掘与哪些学科有比较密切的关联。
5. 简述数据挖掘对工商企业有什么作用。
6. 简述数据挖掘的发展趋势。

第2章　数据存储

数据是数据挖掘的起点，数据的有效存储是数据挖掘的基础。传统的数据存储技术是以数据库或关系数据集等单一的数据资源为中心，进行事务处理、批处理、决策分析等各种数据处理工作，处理的类型主要分为操作型处理和分析型处理。由于传统数据库系统专注于企业的日常事务处理工作，在对支持决策而进行的数据分析处理上逐渐难以满足多样化的要求，因此人们尝试对数据库中的数据进行再加工，形成一个综合的、面向分析的环境，以更好地支持决策分析。随着信息社会的发展，越来越多的信息被数据化。数字图书馆、电子商务、多媒体等应用不断发展，数据以 GB、TB 乃至 PB 量级急速增长。数据的爆炸式增长，对数据存储量的需求越来越大。数据的多样化、地理上的分散性、对重要数据的保护等，都对数据管理提出了更高的要求。海量存储技术已成为继计算机浪潮和互联网浪潮之后的第三次浪潮。

2.1　关系数据集

在数据挖掘中，通常要把进行分析的数据处理成一张表的形式。表的每一行称为一个实例、对象或样本，表的每一列称为属性、特征或变量。而且通常这张表在不同的挖掘算法中还被冠以不同的名称，如数据集、信息系统、样本集等。同一事物有这么多名称，是因为各种数据挖掘方法对数据集的假设不一样。有些算法认为，数据的每一行被视为一个对象，每一列被视为该对象的属性或特征；有些算法则认为，每一行被视为来自某一个待处理群体的一个实例，每个实例有若干种属性或特征；还有些来源于统计学的算法认为，列是一些变量，行是从这些变量形成的分布的总体中抽取的样本。

有些数据集有一个被称为类标签的特殊属性，该属性指明实例所属的类。类标签在进行分类或聚类等数据挖掘任务时会用到。在分类时，类标签是数据挖掘学习算法的指导，数据挖掘算法根据类标签学习各类的区分规则，从而对没有类标签的新的实例进行分类。在聚类时，数据集的类标签初始为空，数据挖掘算法根据数据内在的规律给每个实例赋予合适的类标签值。

表 2-1 为一个数据集实例。这是一个简化后的网络宽带客户流失预测的数据集，类标签标示客户是否流失。该数据集用于数据挖掘算法学习客户流失的模式，以便用于在业务中对客户在流失前进行预测，确认网络服务是否出现异常。

表 2-1　一个数据集实例

实例号	客户号	客户类型	年龄/岁	月网络流量/GB	…	类标签
1	1591 ×××××××	集团客户	33	3	…	未流失
2	1382 ×××××××	个人客户	22	2.8	…	未流失
3	1339 ×××××××	集团客户	33	1.6	…	未流失

（续）

实 例 号	客 户 号	客户类型	年龄/岁	月网络流量/GB	…	类 标 签
4	1590 ×××××××	个人客户	38	0.0	…	流失
5	1591 ×××××××	个人客户	43	3.5	…	未流失
6	1515 ×××××××	集团客户	30	2.4	…	未流失
7	1397 ×××××××	个人客户	49	1.0	…	未流失
8	1379 ×××××××	个人客户	29	2.6	…	未流失
…	…	…	…	…	…	…

在实际问题中，数据挖掘所需的数据往往分布在多个来源中，数据分析员需要在正式进行建模工作前将数据集中到一个数据集中，并进行缺失值处理、异常点处理、变量合并和变换等工作，这一步骤被称为预处理。

和编程语言中的变量数据类型不同，在数据挖掘过程中，数据集的属性并不是整数、浮点、布尔、字符等基本类型。这是因为数据挖掘并不强调数据之间的精确计算，而是强调发现属性或属性数据之间的关系。当然，这并不是说计算不重要，相反，计算是发现数据之间关系的重要手段。

最基本的数据挖掘将数据分为如下两大类：

1）离散型数据。离散型数据的特点是属性的数据之间没有确定的顺序，不能进行常规的运算。典型的离散型数据包括商品的类别、电话号码、汽车品牌等。

2）连续型数据。连续型数据的特点是属性的数据一般是数值，数据之间有确定的顺序，可以互相比较和计算。典型的连续性数据包括商品价格、电话拨打次数或时长、汽车的平均时速等。

这两种类型的区别并不在于它们是不是用数值表示，而在于它们本身的特征和意义，例如，电话号码也是以数值形式表示的，但一般情况下，电话号码之间并不存在绝对的大小运算关系，因此它应该归为离散型数据。根据属性数据的特征，在上述类型的基础上还可以进一步细分。

离散型数据可细分如下：

1）名称型数据。名称型数据是事物的名称或者称号，如信用卡数据中的持卡人姓名、电话数据中的电话号码，它们的作用仅仅是为了命名。这类数据所含信息量较少，在数据挖掘过程中往往被丢弃。

2）类别型数据。类别型数据是一组对象的名称，也称为集合型，如汽车品牌、信用卡的类型等。

3）序数型数据。序数型数据具有一定的顺序关系，和连续型数据不同的是，序数型数据的顺序只是相对的顺序，数据之间的具体差距无法计算，如一场比赛的选手排名、信用卡风险级别、客户的等级等。

连续型数据可细分如下：

1）范围型数据。范围型数据在一定的范围内连续取值。

2）比例型数据。比例型数据表示两个变量的比例，实际表达了两个属性之间的关系，因而具有较多的信息量，如年龄与月网络流量之比。

有些数据挖掘算法对能处理的属性数据类型，或者说对处理起来比较容易的属性数据类型有要求。在这种情况下，数据分析员可能需要对属性数据类型进行转换。比较常见的是将连续型数据转换为离散型数据，方法是找到连续数据中的若干个分点，使用这些分点将数据划分成若干个区间，每个区间看作一个新的属性值。此过程也称为连续属性离散化，有时候也需要对离散属性进行数据编码，使智能处理数值数据的算法可以处理这种数据。

2.2 数据仓库

20 世纪 80 年代至 90 年代初，联机事务处理一直是数据库应用的主流。然而，联机事务处理系统应用到一定阶段后，用户便发现单靠联机事务处理已经不足以获得市场竞争的优势，他们需要对自身业务的运作以及整个市场相关行业的情况进行分析，进而做出有利的决策。这种决策需要对大量的业务数据包括历史业务数据进行分析才能得到。这种基于业务数据的决策分析被称为联机分析处理。联机分析处理在激烈的市场竞争环境下显得更为重要。如果说传统联机事务处理强调的是更新数据库——向数据库中添加信息，那么联机分析处理就是从数据库中获取、利用信息。

事实上，将大量的业务数据应用于分析和统计原本是一个非常简单和自然的想法。但在实际的操作中，人们却发现要获得有用的信息并非如想象的那么容易，这主要表现在以下几点：

① 所有联机事务处理强调的是密集的数据更新处理性能和系统的可靠性，并不关心数据查询的方便与快捷。联机分析和事务处理对系统的要求不同，同一个数据库在理论上都难以做到两全。

② 业务数据往往存放于分散的异构环境中，不易统一查询访问，而且还有大量的历史数据处于脱机状态，形同虚设。

③ 业务数据的模式针对事务处理系统而设计，数据的格式和描述方式并不适合非计算机专业人员进行业务上的分析和查询。

针对这一问题，人们设想专门为业务的统计分析建立一个数据中心，它的数据从联机的事务处理系统中来、从异构的外部数据源来、从脱机的历史业务数据中来。这个数据中心是一个联机的系统，它是专门为分析统计和决策支持应用服务的，通过它可以满足决策支持和联机分析应用的需求。这个数据中心就是数据仓库。

2.2.1 数据仓库的概念和特点

数据仓库没有一个公认的、标准化的定义。不过随着人们对大型数据系统研究、管理和维护等方面的认识日渐深刻，在总结、丰富并集中多个企业信息的经验之后，都或多或少地达成了共识。数据仓库之父 W. H. Inmon 在其著作《Building the Datawarehouse》中对数据仓库是这样定义的："数据仓库是用于支持企业或组织的经营管理中决策分析处理的，面向主题的、集成的、稳定的、随时间不断变化的数据集合。" 数据仓库中的数据 "面向主题"，与传统数据库 "面向应用" 相对应。数据仓库的建立并不是要取代数据库，而是要在一个较全面和完善的信息应用的基础上用于支持高层决策分析，而事务处理数据库在企业的信息环境中承担的是日常操作性的任务。

数据仓库有以下 4 个特点，这些特点也是数据仓库与传统操作性信息系统的主要区别：

(1) 数据仓库的主题性

面向主题性是数据仓库中数据组织的基本原则，数据仓库中的所有数据都是围绕着某一主题组织展开的。主题是一个在较高层次上归类数据的标准，每一个主题一般对应一个宏观分析领域。简单地说，主题就是用户使用数据仓库进行决策时所关心的主要内容。由于数据仓库的用户大多数是企业的管理决策者，这些人所面对的往往是一些比较抽象的、层次较高的管理分析对象。从信息管理的角度看，主题就是在一个较高的管理层次上对信息系统中的数据按照某一具体的管理对象进行综合、归类所形成的分析对象。从数据组织的角度看，主题就是一些数据集合，这些数据集合对分析对象进行比较完整的、一致的数据描述，这种描述不仅涉及数据自身，还涉及数据之间的联系。这就使面向主题的数据组织可以独立于数据之间的处理逻辑，可以很方便地在这种数据环境上进行管理决策的分析处理。面向主题的数据组织方式从宏观分析的角度对某一主题有了一个完整一致的描述，这样决策者可以非常方便地在数据仓库中的一个位置检索到包含某个主题的所有数据，极大地简化了数据分析过程，提高了数据分析效率。

（2）数据仓库的集成性

操作型系统由于是面向过程或功能的，因此在不同的应用系统会出现一些不合理的现象，如数据编码不一致、数据描述有歧义、数据度量标准不一致等。通过数据仓库可以很好地解决这一问题。数据仓库的集成性是指数据仓库中的数据不是从各个业务处理系统中简单收集而来，而是根据决策分析的要求，将分散于各处的源数据在抽取、筛选、清理的基础上，进行系统加工、汇总、综合等集成工作，使数据更适合支持决策，保证了数据仓库内的信息是全局一致的整体信息。数据仓库中的数据集成工作是建设数据仓库步骤中最复杂、最关键的一步。

（3）数据仓库的稳定性

操作型数据库中的数据通常实时更新，数据根据需要及时发生变化。数据仓库的数据主要供企业决策分析之用，所涉及数据操作主要是数据查询，反映的是历史数据的内容，不是处理联机数据。数据仓库最根本的特征是存放数据，而且这些数据并不是最新的，而是来源于其他数据库并经过抽取和集成的。一旦某个数据进入数据仓库以后，一般情况下将被长期保留，即数据仓库中一般有大量的查询操作，但修改和删除操作很少，通常需要定期地加载、更新，而进行这些操作的周期一般会很长。

（4）数据仓库的时变性

数据仓库的时变性是指数据应该随着时间的推移而发生变化。这似乎与前面所述数据仓库的稳定性矛盾，其实不然。数据仓库中的数据稳定性是针对应用而言，数据仓库的用户进行分析处理时不可进行更新操作，但并不是说，在从数据集成载入到数据仓库开始，到最终被删除的整个数据生存周期中，数据仓库的所有数据都是永不改变的。数据仓库必须能够不断地捕捉业务系统中的变化数据，将那些变化的数据追加到数据仓库中去，即在数据仓库中不断地生成业务数据库的快照，以满足决策分析的需要。数据仓库数据的变化不仅反映在数据的追加方面，而且还反映在数据的删除上和概括数据的变化上。数据仓库中的数据存储期限还是有限的，一般为 5 ~ 10 年，在超过期限以后，数据就需要被删除。数据仓库中的概括数据是与时间有关的，概括数据需要按照时间进行综合、抽取。因此，在数据仓库中的概括必须随着时间的变化而重新进行概括处理。

一个完整的数据仓库系统主要由 4 个部分组成：数据源、数据仓库和数据集市、OLAP 服务器以及前台分析工具，如图 2-1 所示。数据源是构建数据仓库系统的基础，是整个系统的数据来源。前台分析工具主要包括各种报表工具、查询工具、数据分析工具、数据挖掘工具以及各种基于数据仓库或数据集市的应用开发工具等。

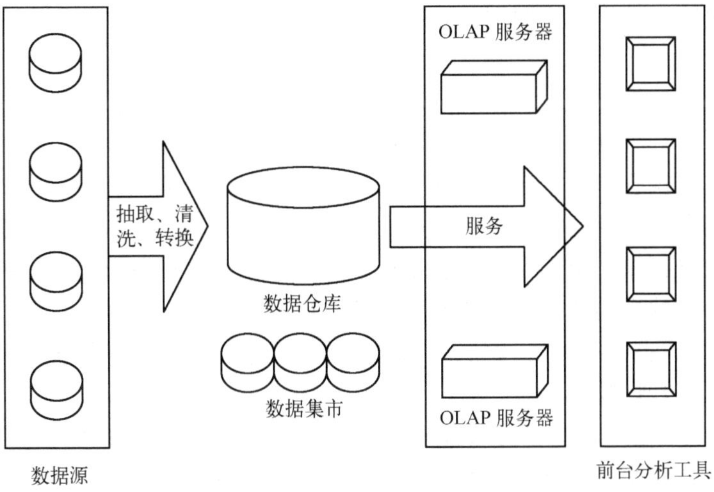

图 2-1　数据仓库系统的结构

数据仓库由数据库演变发展而来，但是在实际应用中，二者还是有很大的差别的。数据仓库具有联机分析处理功能，可以根据用户的需求组织和提供面向主题的数据。数据仓库对于从许多存储格式不同、版本不同、数据语义不同的数据库中取得的数据具有集成和关联机制，并以易于用户理解的方式表示出来。数据库和数据仓库的区别见表 2-2，从中可以看出，数据仓库和数据库在数据内容、数据目标、数据特性、数据结构、使用频率、数据访问量以及响应要求等方面都有着本质的不同。

表 2-2　数据库和数据仓库的区别

对比内容	数　据　库	数据仓库
数据内容	当前值	历史的、归纳的、计算的数据
数据目标	面向业务操作程序，重复处理	面向主题域，面向分析应用
数据特性	动态更新，按字段变化	不能直接更新，只能定时添加、更新
数据结构	高度结构化，结构复杂，适合操作计算	简单、清晰，适合分析
使用频率	较高	相对较低
数据访问量	只需要访问少量记录	有可能需要访问大量记录
响应要求	以秒为单位	时间长

2.2.2　数据仓库的数据组织

数据仓库中的数据分为 4 个级别：早期细节级、当前细节级、轻度综合级和高度综合级。源数据经过综合后，首先进入当前细节级，并根据具体需要进行进一步的综合，从而进入轻度综合级乃至高度综合级，老化的数据将进入早期细节级。由此可见，数据仓库中存在着不同的综合级别，一般称之为“粒度”。粒度越大，表示细节程度越低，综合程度越高。数据仓库中还有一种重要的数据——元数据（Metadata）。元数据是“关于数据的数据”，如在传统数据库中的数据字典就是一种元数据。数据仓库环境下主要有两种元数据：第一种元数据是为了从操作性环境向数据仓库转化而建立的元数据，包含了所有源数据项名、属性及其在数据仓库中的转化；第二种元数据在数据仓库中是用来和终端用户的多维商业模型/前端工具之间建立映射，此种元数据称为决策支持系统元数据（DSS 元数据），常用来开发更先进的决策支持工具。

1. 粒度与分割

粒度是数据仓库的重要概念。粒度可以分为两种形式。第一种粒度形式是对数据仓库中数据的综合程度高低的一个度量，它既影响数据仓库中的数据量的多少，也影响数据仓库所能回答询问的种类。在数据仓库中，多维粒度是必不可少的。由于数据仓库的主要作用是决策支持分析，因此绝大多数查询都是基于一定程度的综合数据之上的，只有极少数查询涉及细节。所以应该将大粒度数据存储于快速设备上，小粒度数据存于低速设备上。第二种粒度形式是样本数据库。它根据给定的采样率从细节数据库中抽取出一个子集。这样样本数据库中的粒度就不是根据综合程度的不同来划分的，而是由采样率的高低来划分，采样粒度不同的样本数据库可以具有相同的数据综合程度。

分割是数据仓库中的另一个重要概念，它的目的同样在于提高效率。它是将数据分散到各自的物理单元中去，以便能分别独立处理。有许多数据分割的标准可供参考，如日期、地域、业务领域等，也可以是其组合。一般而言，分割标准总应包括日期项，它十分自然而且分割均匀。

2. 数据仓库中的元数据

元数据（Metadata）在数据仓库中有重要的应用，它是对数据描述的基础，是数据的数据。长期以来，由于元数据本身较强的实践性，且元数据这个概念的定义比较复杂，学术界对元数据的定义的认可只限于其本质，但对实际应用中的元数据定义一直争论不休。比较具有代表性的定义主要有以下几种：

1）元数据是关于数据的结构化的数据。这个概念突出了元数据的结构化特征，从而使作为信息组织方式的元数据同全文索引区分开来。

2）元数据是与对象相关的数据，此数据使其潜在的用户不必预先具备对这些对象的存在或特征的完整认识。它支持各种操作，用户可能是程序，也可能是人。

3）元数据是对信息包裹的编码描述，其目的在于提供一个中间级别的描述，使得人们据此就可以做出判断，确定哪个为用户想要浏览或检索的信息包，而不必检索大量不相关的全文文本。

4）元数据，即代表性的数据，通常被定义为关于数据的数据。

5）据国际图联（IFLA）对元数据的定义："元数据就是关于数据的数据，此术语指任何用于帮助网络电子资源的识别、描述和定位的数据。"这一定义意味着元数据能够采用多种形式，以不同的级别存在。为了满足不同用户的期望，元数据可以通过多种方式生成。

6）欧洲标准化委员会将元数据定义为：元数据是关于数据内容、质量、条件以及其他特征的数据。

7）美国联邦地理数据委员会和国际标准化组织地球信息技术委员会认为：元数据是描述地球数据集内容，表示空间参考体系、质量以及管理的数据。

元数据在各个领域中起着重要的作用。元数据在实际应用中主要有以下几个功能：

1）用来对数据仓库中的各种数据进行描述。元数据对信息对象的内容、属性等进行详细、全面的描述，这是它最基本的功能。衡量元数据描述能力很重要的一点是看它能否通过描述来准确地区别不同的具体数据对象。还包括对资源集合的基本描述和对资料集合的知识组织体系的描述。

2）用来组织和管理并挖掘信息资源。因为它支持对资料利用和管理过程的政策与控制机制的描述，且通过它可以在因特网上准确地识别、定位和访问信息，因此可以帮助数据使用者迅速有效地检索、查询和确认所需信息。元数据库还可以用来建立信息的数据目录和数据交换中心。数据目录和数据交换中心提供有关数据生产单位数据存储、数据分类、数据内容、数据质量、数据交换网络及数据销售等方面的信息，通过这些信息，用户可以共享资源、维护数据结果以及对它们进行优化等。

3）在数据仓库中，元数据描述了系统的具体功能要求、执行程序和系统的整体过程，支持对功能及其执行过程的自动识别和匹配，还支持基于系统模型的模块搜寻和嵌套，这样就可以使用户对系统的了解比较容易，优化了交互界面，并且使数据向信息和知识的转化更加快捷。

4）由于元数据的存在，使得数据仓库系统具有了很好的扩展性。元数据为数据模型提供了存储说明和存储格式。企业的工作流、数据流和信息流完全可以保存在元数据库中，使源程序的开发基于元数据，这样通过系统所提供的元数据管理工具，管理员就能够方便地扩展现有的信息系统。

由此可见，元数据是使数据充分发挥作用的重要条件之一。它可以用于许多方面，包括数据文档建立、数据发布、数据浏览和数据转换等。有了元数据的这些功能，用户就可以更好地促进数据的管理、使用和共享，最有效地利用数据仓库。

在数据仓库中，元数据用来记录其中的对象。元数据记录的主要内容有：

① 对数据仓库中数据的描述。

② 程序员和决策支持系统的分析员所熟知的数据结构。

③ 数据仓库的数据源。

④ 数据加入数据仓库时的转换。

⑤ 数据质量信息、空间数据组织信息、空间参考信息和实体属性信息。

⑥ 数据模型。

⑦ 数据模型和数据仓库的关系。

⑧ 抽取、选择、查询数据的历史记录。

常见的元数据格式有 4 种，分别是 MARC、DC、XML 以及 RDF。

3. 数据仓库的数据组织形式

数据仓库中常见的数据组织形式如下：

1）简单堆积文件。它将每日由数据库中提取并加工的数据逐天积累并存储起来。

2）轮转综合文件。数据存储单位被分为日、周、月、年等几个级别。在一个星期的 7 天中，数据被逐一记录在每日数据集中；7 天的数据被综合并记录在周数据集中；接下来的一个星期，日数据集被重新使用，以记录新数据。同理，周数据集达到 5 个后，数据再一次被综合并记入月数据集，以此类推。轮转综合结构十分简捷，数据量较简单堆积结构大大减少。当然，它是以损失数据细节为代价的，越久远的数据，细节损失越多。

3）简化直接文件。它类似于简单堆积文件，但它是间隔一定时间的数据库快照，比如每隔一星期或一个月进行一次。

4）连续文件。通过两个连续的简化直接文件，可以生成另一种连续文件，它是通过比较两个简单直接文件的不同而生成的。当然，连续文件同新的简单直接文件也可生成新的连续文件。

对于各种文件结构的最终实现，在关系数据库中仍然要依靠“表”这种最基本的结构。

4. 数据仓库的数据追加

如何定期向数据仓库追加数据也是一种十分重要的技术。数据仓库的数据是来自联机事务处理数据库，那么如何知道究竟哪些数据是在上一次追加过程之后新生成的呢？常用的技术和方法有：

1）时标方法。如果数据含有时标，对新插入或更新的数据记录可以加上更新时的时标，那么只需根据时标判断即可。但并非所有数据库中的数据都含有时标。

2）DELTA 文件。它是由应用生成的，记录了应用所改变的所有内容。利用 DELTA 文件效率很高，可避免扫描整个数据库。但同样的问题是生成 DELTA 文件的应用并不普遍。此外，虽然更改应用代码的方法，使得应用在生成新数据时可以自动将其记录下来，但应用成千上万，且修改代码十分烦琐，这种方法其实很难实现。

3）前后映像文件的方法。在抽取数据前后对数据库各作一次快照，然后比较两幅快照的不同从而确定新数据。该方法占用大量资源，对性能影响极大，因此并无多大实际意义。

4）日志文件。最可取的技术大概是利用日志文件了，因为它是数据库的固有机制，不会影响联机事务处理的性能。同时，它还具备 DELTA 文件的优越性质，提取数据只要限定于日志文件即可，不用扫描整个数据库。当然，原来日志文件的格式是依据数据库系统的要求确定的，它包含的数据对于数据仓库而言可能有许多冗余，比如，对于一个记录的多次更新，日志文件将全部变化过程都记录下来；而对于数据仓库，只需要最终结果。但比较而言，日志文件仍然是最可行的一种选择。

2.2.3 数据仓库的关键技术

与关系数据库不同，数据仓库并没有严格的数学理论基础，它更偏向于工程。由于这种工程性，因此，数据仓库在技术上可以根据其工作过程分为数据的抽取、数据的存储和管理、数据的表现以及数据仓库设计的技术咨询。

1. 数据的抽取

数据的抽取是数据进入仓库的入口。由于数据仓库是一个独立的数据环境，它需要通过抽取过程将数据从联机事务处理系统、外部数据源、脱机的数据存储介质中导入到数据仓库。数据抽取在技术上主要涉及互连、复制、增量、转换、调度和监控等几个方面。数据仓库的数据并不要求与联机事务处理系统保持实时的同步，因此数据抽取可以定时进行，但多个抽取操作执行的时间、相互的顺序、成败对数据仓库中信息的有效性则至关重要。

在技术发展上，数据抽取所涉及的单个技术环节都已相对成熟，其中有一些需要编程，但整体的集成度还很不够。数据抽取工具通过用户选定源数据和目标数据的对应关系，会自动生成数据抽取的代码。但数据抽取工具支持的数据种类是有限的；同时数据抽取过程涉及数据的转换，这是一个与实际应用密切相关的部分，其复杂性使得不可嵌入用户编程的抽取工具往往不能满足要求，因此，实际的数据仓库实施过程往往不一定使用抽取工具。整个抽取过程能否因工具的使用而纳入有效的管理、调度和维护则更为重要。

2. 数据的存储和管理

数据仓库的真正关键是数据的存储和管理。数据仓库的组织管理方式决定了它有别于传统数据库的特性，同时也决定了其对外部数据的表现形式。而要决定采用什么产品和技术来建立数据仓库核心，则需要从数据仓库的技术特点着手分析。

数据仓库遇到的第一个问题是对大量数据的存储和管理。这里所涉及的数据量比传统事务处理大得多，且会随时间的推移而累积。关系数据库经过多年的发展，在数据存储和管理方面已经非常成熟，非其他数据管理系统可比，因此关系数据库系统能够担当此任。由于许多关系数据库系统支持数据分割技术，能够将一个大的数据库表分散在多个物理存储设备中，因此进一步增强了系统管理大数据量的扩展能力。采用关系数据库管理数百 GB 甚至 TB 级的数据已是一件平常的事情，一些厂商为此还专门考虑大数据量的系统备份问题，好在数据仓库对联机备份的要求并不高。

数据仓库要解决的第二个问题是并行处理。在传统联机事务处理应用中，用户访问系统的特点是短小而密集；就一个多处理器系统而言，能够将用户的请求进行均衡分担是关键，这便是并发操作。而在数据仓库系统中，用户访问系统的特点是庞大而稀疏，每一个查询和统计都很复杂，但访问的频率并不是很高。此时，系统需要有能力将所有处理器调动起来为这一个复杂的查询请求服务，将该请求并行处理。因此，并行处理技术在数据仓库中比以往更加重要。

数据仓库要解决的第三个问题是针对决策支持查询的优化。这个问题主要针对关系数据库而言，因为其他数据管理环境连基本的通用查询能力都不完善。在技术上，针对决策支持的优化涉及数据库系统的索引机制、查询优化器、连接策略、数据排序和采样等诸多部分。普通关系数据库采用 B 树类的索引，对于性别、年龄、地区等具有大量重复值的字段几乎没有效果。扩充的关系数据库则引入了位图索引的机制，以二进制位表示字段的状态，将查询过程变为筛选过程，单个计算机的基本操作便可筛选多条记录。由于数据仓库中各数据表的数据量往往极不均匀，普通查询优化器所得出的最佳查询路径可能不是最优的，因此，面向决策支持的关系数据库在查询优化器上也做了改进，同时根据索引的使用特性增加了多重索引扫描的能力。

以关系数据库建立的数据仓库在应用时会遇到大量的表间连接操作，而连接操作对关系数据库来说是一件耗时的操作。在扩充的关系数据库中对连接操作可以做预先的定义（称为连接索引），使得数据库在执行查询时可直接获取数据而不必实施具体的连接操作。数据仓库的查询常常只需要数据库中的部分记录，如最大的前 50 家客户等。普通关系数据库没有提供这样的查询能力，只能将整个表的记录进行排序，从而耗费了大量的时间。决策支持的关系数据库对此做了改进，增加了这一功能。此外，数据仓库的查询并不需要像事务处理系统那样精确，但在大容量数据环境中需要有足够短的系统响应时间。因此，一些数据库系统增加了采样数据的查询功能，在精确度允许的范围内，大幅度提高了系统查询的效率。

总之，将普通关系数据库改造成适合担当数据仓库的服务器有许多工作需要做，它已成为关系数据库技术的一个重要研究课题和发展方向。对决策支持的扩充是传统的关系数据库进入数据仓库市场的重要技术措施。

数据仓库要解决的第四个问题是支持多维分析的查询模式，这也是关系数据库在数据仓库领域遇到的最严峻的挑战之一。用户在使用数据仓库时的访问方式与传统的关系数据库有很大的不同。对数据仓库的访问往往不是简单的表和记录的查询，而是基于用户业务的分析模式，即联机分析。它的特点是将数据想象成多维的立方体，用户的查询便相当于在其中的部分维（棱）上施加条件，对立方体进行切片、分割，得到的结果是数值的矩阵或向量，并将其制成图表或输入数理统计的算法。

关系数据库本身没有提供这种多维分析的查询功能，而且在数据仓库发展的早期，人们发现采用关系数据库实现这种多维查询模式非常低效，查询处理的过程也难以自动化。为此，人们提出了多维数据库的概念。多维数据库是一种以多维数据存储形式来组织数据的数据管理系统，它不是关系数据库，在使用时需要将数据从关系数据库中装载到多维数据库中方可访问。

采用多维数据库实现的联机分析应用称为 MOLAP。多维数据库在针对小型的多维分析应用有较好的效果，但它缺少关系数据库的并行处理及大规模数据管理扩展性，因此难以承担大型数据仓库应用。这样的状态直到“星型模式”在关系数据库设计中得到广泛的应用才彻底改变。关系数据库若采用“星型模式”来组织数据就能很好地解决多维分析的问题。“星型模式”只不过是数据库设计中数据表之间的一种关联形式，其巧妙之处在于能够找到一个固定的算法，将用户的多维查询请求转换成针对该数据模式的标准 SQL 语句，而且该语句是最优化的。“星型模式”的应用为关系数据库在数据仓库领域打开了绿灯。采用关系数据库实现的联机分析应用称为 ROLAP。大多数厂商提供的数据仓库解决方案都采用 ROLAP。

在数据仓库的数据存储管理领域，从当今的技术发展来看，面向决策支持扩充的并行关系数据库将是数据仓库的核心。在市场上，数据库厂商将成为数据仓库的中坚力量。

3. 数据的表现

数据表现是数据仓库的门面。它们主要集中在多维分析、数理统计和数据挖掘方面。

多维分析是数据仓库的重要表现形式。由于 MOLAP 系统是专用的，因此，关于多维分析领域的工具和产品大多是 ROLAP 工具。这些产品更加注重提供基于 Web 的前端联机分析界面，而不仅仅是网上数据的发布。

数理统计原本与数据仓库没有直接的联系，但在实际应用中，客户需要通过对数据的统计来验证他们对某些事物的假设，以进行决策。在数据仓库应用中，有效地利用数理统计能够获得可观的效益。

与数理统计相似，数据挖掘与数据仓库也没有直接的联系。数据挖掘强调的不仅仅是验证人们对数据特性的假设，而且它更要主动地寻找并发现蕴藏在数据之中的规律，因此，数据挖掘应用的实现难度远远大于数理统计和多维分析这两种应用。

4. 数据仓库设计的技术咨询

在数据仓库的实施过程中，有一些更为基本的问题需要解答。这些问题包括数据仓库供哪些部门使用？不同的部门怎样发挥数据仓库的决策效益？数据仓库需要存放哪些数据？这些数据以什么样的结构存放？数据从哪里装载？装载的频率多少为合适？需要购置哪些数据管理的产品和工具来建立数据仓库？等等。这些问题依赖于特定的数据仓库系统，属于技术咨询的范畴。

事实上，数据仓库绝不是简单的产品堆砌，它是综合性的解决方案和系统工程。在数据仓库的实施过程中，技术咨询服务至关重要，它是一个不可或缺的部分，甚至比购买产品更为重要。数据仓库的技术咨询主要来自数据仓库软件产品的供应商和独立的针对数据仓库技术的咨询公司。

2.2.4 数据仓库与数据挖掘的关系

数据仓库是用于支持管理中决策分析处理的，面向主题的，集成的、稳定的，随时间不断变化的数据集合。数据挖掘则是从大量数据中发现模式的过程。在一般情况下，进行数据挖掘之前，应用开发者都会先用各个数据库中的数据构建数据仓库，再在数据仓库的基础之上进行挖掘。数据仓库中的数据一般已经经过了清洗、整理、转换、集成等预处理操作，因此数据的完整性、有效性和一致性比较好，数据质量高，这为数据挖掘的成功实施夯实了基础。

从另一个方面说，数据仓库用于数据存储，目的是建立一个全局一致的数据分析环境，把事物处理和分析处理分离开来，但数据仓库并不会把大量的数据变为有实际价值的信息。数据仓库从事务型和操作型数据库中抽取并集成得到分析型数据后，需要各种决策分析工具对这些数据进行分析和挖掘，才能从数据中得到有用的决策信息。而数据挖掘技术就具备了这种从大量数据中发现有用信息的能力，于是，数据挖掘成为数据仓库中进行深层数据分析的一种必不可少的手段。

然而，数据仓库并不是进行数据挖掘的必需条件，数据挖掘可以不在建立数据仓库的基础上进行。数据挖掘所需数据不一定非要来源于数据仓库，而是可以直接从原有分散的各种数据源中挖掘信息。但是，数据仓库在规模、历史数据、数据集成和综合性、查询支持等方面都和传统的数据库有着本质的区别，所以为数据挖掘提供了更为广阔的活动空间。一方面，数据仓库完成了数据的收集、集成、存储、管理等工作，这样，数据挖掘面对的就是经过了初步加工的数据，从而使得数据挖掘更专注于对知识的发现上；另一方面，由于数据仓库所具有的新特点，又对数据挖掘技术提出了更高的要求，因此，数据仓库技术的发展需要和数据挖掘技术有机地结合起来，这样就能更好地发挥两者的强大作用。

2.3 NoSQL 数据库

自 20 世纪 90 年代以来，互联网应用从过去的主要是用户获取信息的 Web 1.0 时代，发展为更注重用户交互的 Web 2.0 时代。在 Web 2.0 时代，网站信息的提供者由传统的网站信息管理员变成了普通用户，用户提供的信息是海量的。应用内容从严谨的业务流程，例如航班预订、股票交易，扩展到如今的通信、购物、娱乐、社交等诸多领域。数据量也从以前的 TB 级升至 PB 级，并仍持续爆炸式增长，互联网应用已进入大数据时代。在这期间，计算机网络和硬件水平得到了飞速的发展。针对互联网应用的转变，应用架构也从集中处理、纵向扩展的交互式系统架构，演变为现代 Web 应用的分布式、横向扩展的系统架构，它可以通过添加更多的 Web 服务器来支持更多的用户。面对大数据时代海量数据的分析处理，基于大规模廉价计算平台的云计算和分布式大数据集处理模型应运而生。与快速转换的应用架构和数据处理技术相比，关系数据库技术在这几十年间发展缓慢。关系数据库在当前越来越多的互联网应用下优势渐无，而 NoSQL 就是在解决这样的应用需求下产生的一种非关系数据库技术的总称。NoSQL 没有像传统关系型数据库那样将数据的组织方式定义为关系型，因此只要内部数据的组织采用了非关系型的方式，便可以称为 NoSQL 数据库。NoSQL 数据库并不是要取代现在广泛应用的关系数据库，而是采用一种非关系型的方式解决数据的存储和计算问题。自其概念提出以来，NoSQL 数据库发展迅速，已出现十多种流行的数据库产品，并广泛使用在互联网应用中。

2.3.1 NoSQL 概念与理论

NoSQL 的发展最早可以追溯到 1991 年 Berkeley DB 第一版的发布，Berkeley DB 是一个键 - 值（Key - Value）类型的 Hash 数据库，这种类型的数据库适用于数据类型相对简单、但需要极高的插入和读取速度的嵌入式场合。NoSQL 真正的快速发展始于 2007 年，Google 和 Amazon 的工程师们分别发表了有关 BigTable 和 Dynamo 数据库的论文，描述他们已经在使用的新型数据库的设计思想。从 2007 年至今，先后出现了十多种比较流行的 NoSQL 产品，BigTable 提出了列存储模型，证明了数据持久存储可以扩展到数以千计的结点，Dynamo 则提出了“最终一致性”的思想以达到更高的可用性和扩展性。分布式缓存系统 Memcached 证明了内存分布式数据存储可以具备极高的性能。事实上，Google 的 BigTable、Amazon 的 Dynamo 和分布式缓存系统 Memcached 这三者可以说是所有 NoSQL 数据库的启蒙者。很多公司和组织受到它们思想观点的启发，开发了自己的开源 NoSQL 数据库产品。目前 Google、Yahoo、Facebook、Twitter、Amazon，新浪微博等国内外公司都在大量应用 NoSQL 数据库。

1. NoSQL 概念

NoSQL 多被认为是“Not Only SQL”的简称，今天，NoSQL 泛指这样一类数据库和数据存储——它们不遵循经典的 RDBMS 原理，且通常与 Web 规模的大数据集有关，即 NoSQL 并不单指一个产品或一种技术，而是代表一类产品以及一系列不同的、有时相互关联的、有关数据存储及处理的概念。其意义在于：适用关系数据库时，就使用关系数据库；不适用时，也没必要非使用关系数据库不可，可以考虑使用更合适的数据存储。

NoSQL 非关系数据库技术使用松耦合的数据模式，支持水平伸缩，拥有在磁盘和内存中的数据持久化能力，支持多种“Non - SQL”接口来进行数据访问。NoSQL 的数据模型包括键 - 值（Key - Value）对、面向文档的存储、列式存储和图结构存储等。NoSQL 支持复杂的查询、弱事务机制，支持冗余备份保证单机可靠性、多种数据同步方式实现多机可靠性，支持散列分区和范围分区来进行分布式扩展，强调最终一致性。

2. NoSQL 相关理论

（1）CAP 理论

CAP 理论最早由 Berkeley 的 Eric Brewer 教授提出，后由 MIT 的 Seth Gilbert 和 Nancy Lynch 证明。CAP 理论首先把分布式系统中的 3 个特性进行了如下归纳：

1）一致性（Consistency）：系统中的所有数据备份在同一时刻都是同一值。

2）可用性（Availability）：每个操作总能在确定的时间内返回，即系统随时都是可用的。

3）分区容错性（Tolerance to Network Partitions）：在出现网络分区的情况下，例如断网，分离的系统也能正常运行。

CAP 理论指出，分布式系统不可能同时实现这 3 个特性，系统必须做出权衡，至少牺牲一个特性以成全其他两个。图 2-2 对侧重点不同的数据库产品进行了说明。

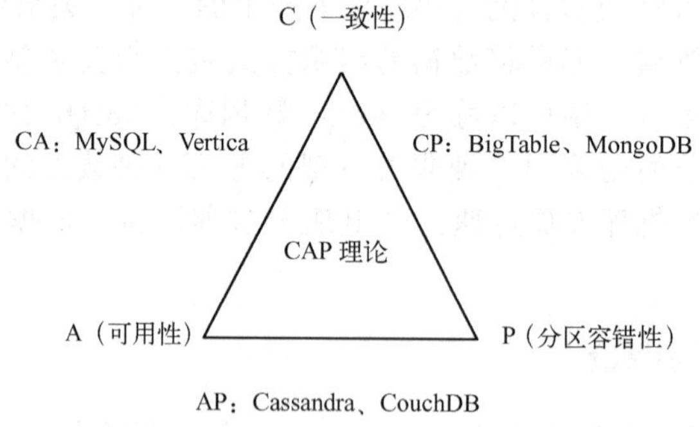

图 2-2　不同数据库产品在 CAP 连线上的位置

（2）最终一致性

NoSQL 中通常有两个层次的一致性：第一种是强一致性，即集群中的所有计算机状态同步保持一致；第二种是最终一致性，即可以允许短暂的数据不一致，但数据最终会保持一致。根据 CAP 理论，强一致性无法和可用性、分区容错性同时实现。而最终一致性是考虑用户体验的折中办法，也是与传统的 RDBMS 最大的不同。

(3) BASE 思想

BASE 思想基于 CAP 理论，实际上是 CAP 理论中 AP 的延伸，是对一致性进行概化处理。这是因为在越来越多的应用和实际案例中，可用性和分区容错性被认为比一致性更需要严格设计。这些应用设计更多倾向于降低一致性，而强调可用性和数据冗余机制（即有序地将数据分散于不同结点中）。

(4) 分布式系统

分布式系统（Distributed System）是建立在网络之上的软件系统，具有高度的内聚性和透明性。内聚性是指每一个数据库分布结点高度自治，有本地的数据库管理系统。透明性是指每一个数据库分布结点对用户的应用来说都是透明的，看不出是本地还是远程。在分布式数据库系统中，用户感觉不到数据是分布的，即用户不需要知道关系是否分割、有无复本、数据存于哪个站点以及事务在哪个站点上执行等。

2.3.2 NoSQL 数据模型

数据模型是用来定义数据如何输入和输出的，其主要作用是为信息系统提供数据的定义和格式。数据模型是数据库系统的核心和基础，现有数据库系统都是基于某种数据模型建立起来的。

1. 基于键 - 值的数据模型

键值（Key - Value）存储是最简单的 NoSQL 存储，它是一种把“键”映射到相应“值”（数据）的算法，而不关心数据的内容，它是非结构化的数据存储模式。应用开发者需要自己组织和定义“值”的数据格式并解析。键 - 值存储系统不支持任何非“键”的查询。Dynamo 是典型的键 - 值存储系统。基于键 - 值的数据模型主要应用于内容缓存，处理大量数据的高访问负载，也用于一些日志系统等。

2. 面向文档的数据模型

面向文档的存储系统的代表有 CouchDB 和 MongoDB。文档存储的数据一般用 json 或类似 json 的格式，存储内容是文档型的。MongoDB 的文档数据以 bson 格式存储，CouchDB 的文档数据以 json 格式存储，文档可以存储列表、键 - 值对以及层次结构复杂的文档。文档型存储的灵活性和复杂性是一把双刃剑：一方面，开发者可以任意组织文档结构；另一方面，应用层的查询需求会变得比较复杂。面向文档的数据模型主要应用于 Web 应用。

3. 面向列的数据模型

这种数据模型的特点是列式存储，即每一行数据的各项被存储到不同的列中，这些列的集合称为列簇，它可以对大量行少数列进行读取和更新，代表系统有 BigTable 和 HBase 等。BigTable 是 Google 为了有效管理海量大规模结构化数据而设计的分布式存储系统，它可以用来处理 PB 级的海量数据，并能分布在数千台普通服务器上。HBase 和 Cassandra 的数据模型都借鉴自 Google 的 BigTable。面向列的数据模型主要应用于分布式文件系统。

4. 图结构数据模型

图结构存储是 NoSQL 的另一种存储形式。基于图理论的图数据库使用结点、属性和边的概念。结点类似于面向对象编程中的对象概念，代表类似于人、商业、账户或者其他任意项的实体。属性存储与结点有关的信息，例如使用 Wikipedia 作为结点，那么它的属性可以是网页、引用材料或者以 W 开头的单词，选择哪一个取决于实际应用。边被用来连接结点与结点或者结点与属性，表示两者之间的关系，最重要的信息存储在边上。图结构数据模型主要应用于社交网络、推荐系统等。

2.3.3 NoSQL与关系数据库

1. 关系数据库存在的问题

关系数据库假定数据的结构已明确定义，数据是致密的，并且很大程度上是一致的。关系型数据库构建在这样的先决条件上，即数据的属性可以预先定义好，它们之间的相互关系非常稳定且被系统地引用，但在松散结构的海量稀疏数据面前，关系数据库就显得力不从心了。

广泛采用的关系数据库管理系统应用于海量数据时，暴露出了一系列自身的问题。这些问题与高效的数据处理、高效的并行化、可扩展及成本有关。

关系数据库的不足主要表现在以下3个方面：

1）高并发的读写。对于并发访问高、动态显示信息的网站来说，无法使用静态化技术，因此数据库的并发负载非常高，往往要达到每秒上万次的读写请求，磁盘I/O将崩溃，关系数据库当然也会崩溃。

2）海量数据的高效存储和访问。尤其对于某些大型的SNS网站来说，一个月会产生上亿条数据。如果在一个关系数据库的表里存储1亿条数据记录，查询将非常低效，即关系数据库难以应付海量数据的高效存储和访问。

3）高扩展性和高可用性。单个关系数据库满足不了上万次的并发请求，那么只能考虑横向扩展，但是关系数据库的服务器很难做到横向扩展，当用户量和访问量增加时，关系数据库没有办法简单地通过添加更多的硬件和服务结点来扩展性能和负载能力，对于很多需要24小时不间断服务的网站来说，对数据库系统的升级和扩展往往需要停机维护。

2. 与关系数据库的比较

相较于RDBMS，NoSQL没有那么结构化并且不保证ACID性，即原子性（Atomicity）、一致性（Consistency）、隔离性（Isolation）和持久性（Durability）。由于ACID被放弃，灵活性、扩展性和数据存储应用性都得到提升，因此，对于爆炸性数量的数据来说，NoSQL是很适合的。NoSQL的应用优势主要表现在以下3个方面：

1）灵活的数据模型。在传统的RDBMS的领域，存储数据前必须分析数据和构建数据模型。构建数据模型就是建立数据表，确定表里的各个字段、字段的数据类型以及表之间、字段之间的关系。然而在实际企业中需求是随着时间的推移不断变化的，虽然传统的关系数据库支持一定程度的重构，但如果应用变化太大，重构也无济于事。NoSQL数据库产品的共同思想就是要打破这种数据模型的限制。NoSQL数据库允许应用在一个数据单元中存入其想要的任何结构，数据单元间一般没有模型的限制，它们之间的联系是扁平的，即添加或删除数据单元里的数据项并不会影响到其他数据单元。但在注重模式自由的同时，数据的完整性也是要注意管理的，否则模式自由也会带来灾难。

2）建立在低成本上的高性能。正如前面所说，NoSQL的简单数据模型令其本身的扩展性极强，结点的扩展也较为容易，并且由于分布式结构的设计理念就是建立在低成本的、不稳定的计算机上的，因此可以通过比较低廉的成本获取高性能。NoSQL数据库通常使用廉价服务器集群来管理暴增的数据与事务规模。廉价服务器集群的方案，相对高性能计算机的RDBMS的集群有更多的数据结点，提供了更廉价、更可靠、更多备份的服务。

3）易扩展。随着数据库的负载增加，RDBMS通常采用纵向扩展的方式提高性能，即购买性能更好的服务器代替旧服务器，这针对负载缓慢增加的情况是较为有效的。然而负载可能一直增加，每次都更换服务器是不现实的。于是，横向扩展的思想被提了出来，即把负载均衡地分到不同的主机上。虽然 RDBMS 提供了横向扩展的功能，但对程序来说是半透明的，在横向扩展时，会大量地修改程序，甚至停机。NoSQL 数据库在设计之初就考虑到了这一问题，因此，它对程序来说是透明的，可以随时添加结点、删除结点。

NoSQL 也有很多不成熟的地方，开发上也有不少劣势，主要表现在以下 3 个方面：

1）数据迁移技术不成熟，人力资源缺口大。虽然 NoSQL 的优势是开发成本低，但现在大部分公司用的都是关系型数据库系统框架，平稳迁移的方式尚不成熟。同时，目前 NoSQL 的专家级应用者还很少，公司很难寻找到合适的人员。就目前来说，人力资源的缺口还很大，人力成本并不会减少。而 NoSQL 的设计目标就是减少人力维护资源，但现阶段并没有达成，这显然是与现实相悖的，因此，相对关系型数据库，NoSQL 并没有特别明显的优势。

2）商业资源模式少，缺乏商业支持。关系数据库有着强大的商业支持。Oracle、Microsoft 和 IBM 等世界级的数据库厂商为关系数据库使用者提供了完善的服务。相比较而言，现阶段大多数 NoSQL 都是开源软件（Open Source Software），商业性的资源比较少。开源的 NoSQL 项目会使其缺乏供应商技术人员的正式支持。由于开放存储服务（Open Storage Service，OSS）本身的发展模式尚没有很完整的体系，研究也不够深入。此外，建立于其上的 NoSQL 开发也比较分散，商业资源集中度及力度都比较小。这虽然能让其无束缚地发展，但同时也是一个限制，需要相关领域研究的支撑。

3）功能不够齐全，缺乏稳定性。相对于关系数据库，NoSQL 还是新生代，大部分 NoSQL 的产品都还处于实验阶段，成熟度不高，仍需要时间进行改进。而对企业来说，稳定压倒一切，关系数据库的成熟度是可以让人放心的，而且它运行稳定，功能也很丰富。正因如此，NoSQL 从出现到被用户接受再到普及需要一个漫长的过程。对于需要大量功能性操作的数据库，NoSQL 也并不一定是个好选择。

从以上描述可以看出，NoSQL 非关系数据库与传统的关系数据库的区别如下：

1）数据模式。NoSQL 使用松耦合、可扩展的数据模式，例如键 - 值对、列式、文档、图表等，而不是关系数据库中固定的二维表元组。NoSQL 的数据模式没有严格的定义，不要求在存储数据前就确定数据模式，在系统运行中也可以动态更改。这有利于存储现代 Web 应用中占绝大部分的半结构化和非结构化数据。

2）可扩展性。NoSQL 本质上就是为分布式系统设计的，支持横向扩展，能够适应现代 Web 应用飞速增长的海量数据，并且在分布式架构下可以具备很好的性能。

3）事务完整性。关系数据库通过 ACID 保证数据的完整性，ACID 特性也是关系数据库事务完整性最高级别的黄金标准。而对 NoSQL 数据库来说，对性能的考虑远在 ACID 的保证之上。表 2-3 显示了 NoSQL 与 RDBMS 各自的优缺点。

表 2-3　NoSQL 与 RDBMS 优缺点的比较

	NoSQL	RDBMS
优点	易扩展、读写性能高、数据模式灵活	容易理解、使用方便、概念单一、数据结构简单、清晰
缺点	缺乏商业支持、成熟度不高、设计时难以真实反映实际	并发效率低、不适于大量数据的管理和存取

根据以上描述可以看出，NoSQL 数据库在以下 5 种情况下比较适用：

① 需要灵活性更强的系统。

② 数据模型比较简单。

③ 对于给定 Key，比较容易映射复杂值的环境。

④ 对数据库性能要求较高。

⑤ 不需要高度的数据一致性。

2.4 分布式文件系统

文件系统是操作系统的一个重要组成部分，通过对操作系统所管理存储空间的抽象，向用户提供统一的、对象化的访问接口，屏蔽对物理设备的直接操作和资源管理。根据计算环境和所提供功能的不同，文件系统可划分为 4 个层次，从低到高依次是：① 单处理器单用户的本地文件系统，如 DOS 的文件系统；② 多处理器单用户的本地文件系统，如 OS/2 的文件系统；③ 多处理器多用户的文件系统，如 UNIX 的本地文件系统；④ 多处理器多用户的分布式文件系统。本地文件系统是指文件系统管理的物理存储资源直接连接在本地结点上，处理器通过系统总线可以直接访问。分布式文件系统是指文件系统管理的物理存储资源不一定直接连接在本地结点上，而是通过计算机网络与结点相连。上述按照层次的分类中，高层次的文件系统都是以低层次的文件系统为基础实现更高级的功能，比如，②需要比①多考虑并发控制，因为可能存在多个处理器同时访问文件系统的情况；③需要比②多考虑数据安全访问方面的设计，因为多个用户存在于同一个系统中，保证数据的授权访问是一个关键；④需要比③多考虑分布式体系结构带来的诸多问题，比如同步访问、缓冲一致性等。随着层次的提高，文件系统在设计和实现方面的难度也会成倍提高。但是现在的分布式文件系统一般还是保持与最基本的本地文件系统几乎相同的访问接口和对象模型，这主要是为了向用户提供向后的兼容性，也为了保持原来简单的对象模型和访问接口，但这并不说明文件系统设计和实现的难度没有增加。恰恰由于它对用户透明地改变提供结构，满足用户的需求，以掩盖分布式文件操作的复杂性，反而大大增加了分布式文件系统的实现难度。

2.4.1 分布式文件系统的历史

文件系统最初被用来管理本地磁盘，提供用户访问接口。某些数据的集合叫作一个“文件”，并赋予每一个文件一定的属性以标识该数据集合的某些属性。文件按照树（Tree）结构层次进行管理和检索。最初的文件系统只能管理本地磁盘空间。主机之间的文件共享与传输则通过文件传输协议（FTP）实现。但 FTP 没有提供与本地文件系统一致的访问接口和对象模型。

随着计算机应用范围的扩展，通过文件访问接口在不同主机之间共享文件的需求日益增强。最初的分布式文件系统的尝试出现于 20 世纪 70 年代。20 世纪 80 年代中期，网络文件系统（Network File System，NFS）的出现使得分布式文件系统逐渐发展并应用到各个领域。从早期的 NFS 到 StorageTank，分布式文件系统在体系结构、系统规模、性能、可扩展性、可用性等方面有了较大的变化。下面介绍分布式文件系统的几个发展阶段。

(1) 1980—1990 年

早期的文件系统以 NFS 和 AFS（Andrew File System）最具代表性，它们对以后的文件系统的设计也最有影响。NFS 从 1985 年出现至今，已经经历了 4 个版本的更新，被移植到了几乎所有主流的操作系统，成为分布式文件系统事实上的标准。NFS 利用 UNIX 系统中的虚拟文件系统（Virtual File System）机制，将客户机对文件系统的请求，通过规范的文件访问协议和远程过程调用，转发到服务器端进行处理；服务器端在 VFS 之上，通过本地文件系统完成文件的处理，实现了全局的分布式文件系统。卡耐基梅隆大学在 1983 设计开发的 AFS 将分布式文件系统的可扩展性放在了设计和实现的首要位置，并且着重考虑了在不安全的网络中实现安全访问的需求，因此它在位置透明、用户迁移、与已有系统的兼容性等方面进行了特别设计。AFS 具有很好的扩展性，它能够很容易地支持数百个结点，甚至数千个结点的分布式环境。同时，在大规模的分布式文件系统中，AFS 利用本地存储作为分布式文件的缓存，在远程文件无法访问时，依然可以部分工作，提高了系统可用性。早期的分布式文件系统一般以提供标准接口的远程文件访问为目的，在受网络环境、本地磁盘、处理器速度等方面限制的情况下，更多地关注访问的性能和数据的可靠性。AFS 在系统结构方面进行了有意义的探索。它们所采用的协议和相关技术，为后来的分布式文件系统设计提供了很多借鉴。

（2）1990—1995 年

20 世纪 90 年代初，随着磁盘技术的进步，单位存储的成本不断下降；Windows 的出现极大地推动了处理器的发展和微型计算机的普及；因特网的出现和逐渐普及，使得在网络中传输实时多媒体数据的需求和应用逐渐流行起来；大规模的并行计算和数据挖掘等应用也需要大容量高速度的分布式存储环境。

面对广域网和大容量存储应用的需求，借鉴当时先进的高性能对称多处理器的设计思想，加利福尼亚大学设计开发的 XFS 克服了以往分布式文件系统一般都是运行在局域网（LAN）上的弱点，同时还很好地解决了在广域网上进行缓存以减少网络流量的难题。它所采用的多层次结构很好地利用了文件系统的局部访问的特性，无效写回（Invalidation - Based Write Back）缓存一致性协议减少了网络负载。对本地主机和本地存储空间的有效利用，使它具有较好的性能。

Tiger Shark 并行文件系统是针对大规模实时多媒体应用设计的。它采用了多种技术策略保证多媒体传输的实时性和稳定性：采用资源预留和优化的调度手段，保证数据实时访问性能；通过加大文件系统数据块的大小，最大限度地发挥磁盘的传输效率；通过将大文件分片存储在多个存储设备中，取得尽量大的并行吞吐率；通过复制文件系统元数据和文件数据克服单点故障，提高系统可用性。

基于虚拟共享磁盘 Petal 的 Frangipani 分布式文件系统采用了一种新颖的系统结构——分层次的存储系统。Petal 提供一个可以全局统一访问的磁盘空间。Frangipani 基于 Petal 的特性提供文件系统的服务。这种分层结构使两者的设计实现都得到了简化。在 Frangipani 中，每一个客户端也是文件系统服务器，参与文件系统的管理，可以平等地访问 Petal 提供的虚拟磁盘系统，通过分布式锁实现同步访问控制。分层结构使系统具有很好的扩展性，可以在线动态地添加存储设备、增加新用户、备份等，同时系统具有很好的机制来处理结点失效、网络失效等故障，提高了系统的可用性。

Slice File system（SFS）考虑标准的 NFS 在容量、性能方面存在的限制，在客户机和服务器之间架设一个 μproxy 中间转发器，以提高性能和可扩展性。它将客户端的访问分为小文件服务、元数据服务、大文件数据服务三类请求。通过 μproxy 将前两种请求转发到不同的文件服务器上，将后者直接发送到存储服务器上。这样 SFS 系统就可以支持多个存储服务器，提高整个系统的容量和性能。μproxy 根据请求内容的转发是静态的，对于整个系统中负载的变化难以做出及时的反应。

由于应用对性能的需求，在这个阶段，分布式文件系统采用了多种方法提高系统性能，比如多级的缓存策略、资源管理的优化、采用多个存储设备、更好的调度算法等。同时，Frangipani 的分层设计思想、SFS 系统结构对后来的文件系统结构设计都有较大的影响。

(3) 1995—2000 年

在这个阶段，计算机技术和网络技术有了飞速的发展，单位存储的成本不断降低，这为信息数字化提供了坚实的基础。而数据总线带宽、磁盘速度的增长无法满足应用对数据带宽的需求，存储子系统成为计算机系统发展的瓶颈。

网络技术的发展和普及极大地推动了网络存储技术的发展，基于光纤通道的存储区域网（Storage Area Storage）、网络附加存储（Network Attached Storage）技术得到了广泛的应用，这也推动了分布式文件系统的研究。这个阶段出现了多种体系结构，充分利用了网络技术。

Global File System（GFS）吸收了对称多处理器（SMP）系统设计和实现思想，将系统中的每一个客户机类比于 SMP 中的一个处理器。客户机间没有任何区别，可以平等地访问系统中的所有存储设备，就像处理器可以机会均等地访问主存一样。这样的设计可以更好地利用系统中的资源，消除单个服务器带来的性能瓶颈和单点失效问题。因为客户端之间无需通信，可以很好地消除客户机失效带来的威胁。GFS 采用特殊设计的 DLOCK 锁机制来同步多个客户机对同一设备的访问，具有很高的效率。

General Parallel File System（GPFS）是从 Tiger Shark 发展过来的，是目前应用范围较广的一个系统，在系统设计中采用了多项先进技术。它是一个共享磁盘的分布式并行文件系统，客户端采用基于光纤通道或者 iSCSI 与存储设备相连，也可以通过通用网络相连。GPFS 的磁盘数据结构可以支持大容量的文件系统和大文件，通过采用分片存储、较大的文件系统块、数据预读等方法获得了较高的数据吞吐率；采用扩展散列技术来支持含有大量文件和子目录的大目录，提高文件的查找和检索效率。GPFS 采用不同粒度的分布式锁解决系统中的并发访问和数据同步问题：字节范围的锁用于用户数据的同步，动态选择元数据结点（Metanode）进行元数据的集中管理；具有集中式线索的分布式锁管理整个系统中空间分配等。GPFS 采用日志技术对系统进行在线灾难恢复。每个结点都有各自独立的日志，且单个结点失效时，系统中的其他结点可以代替失效结点检查文件系统日志，进行元数据恢复操作。GPFS 还有效地克服了系统中任意单个结点的失效、网络通信故障、磁盘失效等异常事件。此外，GPFS 支持在线动态添加、减少存储设备，然后在线重新平衡系统中的数据。这些特性在需要连续作业的高端应用中尤为重要。

HP 公司的 DiFFS 和 SGI 公司的 CXFS 都是基于 SAN 的分布式文件系统。DiFFS 通过将存储系统划分成不同的区域，把对资源的共享访问冲突限制在各个区域内部，来解决集群文件系统的可扩展性问题。DiFFS 采用了动态分配策略、SoftUpdates 和文件级的负载平衡等多项技术。CXFS 是在 XFS 的基础上开发的。它实现了元数据服务器内置的失效接替和恢复功能；采用快速元数据算法，包括优秀的缓存机制，精心组织的存储结构和优化的搜索算法，来提高元数据访问性能。CXFS 采用令牌（Token）来管理和控制元数据和数据的访问，采用了“多人读一个人写”的策略保证数据和元数据的一致性。CXFS 客户机通过 SAN 直接访问文件数据，具有很好的传输效率。

此外，还有多种体系结构，如 EMC 的 HighRoad、SUN 的 qFS、XNFS 等。数据容量、性能和共享的需求使得这一时期的分布式文件系统管理的系统规模更大、系统更复杂，对物理设备的直接访问、磁盘布局和检索效率的优化、元数据的集中管理等都反映了对性能和容量的追求。规模的扩展使得系统的动态性如在线增减设备、缓存的一致性、系统的可靠性需求逐渐增强，更多的先进技术被应用到系统实现中，如分布式锁、缓存管理技术、SoftUpdates 技术、文件级的负载平衡等。

（4）2000 年以后

随着 SAN 和 NAS 两种体系结构逐渐成熟，分布式文件系统在这一阶段的发展表现为：一方面，研究人员开始考虑如何将两种体系结构结合起来以充分利用两者的优势；另一方面，基于多种分布式文件系统的研究成果，人们对体系结构的认识不断深入，Grid 的一些研究成果等也推动了分布式文件系统体系结构的发展。这一时期，IBM 的 StorageTank、Cluster 的 Lustre、Panasas 的 PanFS、蓝鲸文件系统（BWFS）是这种体系结构的代表。而且随着信息数字化的深入，各种应用对存储系统提出了更多的需求：

1）大容量（Capacity）。现在的数据量比以前任何时期更多，生成的速度更快。

2）高性能（High Performance）。数据访问需要更高的带宽。

3）高可用性（High Availability）。不仅要保证数据的高可用性，还要保证服务的高可用性。

4）可扩展性（Scalability）。应用在不断变化，系统规模也在不断变化。这就要求系统提供很好的扩展性，在容量、性能、管理方面都能适应应用的变化。

5）可管理性（Manageability）。随着数据量的飞速增长，存储的规模越来越庞大，存储系统本身也越来越复杂，这给系统的管理运行带来了很高的维护成本。

6）按需服务（On - Demand）。能够按照应用需求的不同提供不同的服务，如不同的应用、不同的客户端环境、不同的性能等。

IBM 公司在 GPFS 的基础之上发展进化来的 Storage Tank 以及基于 Storage Tank 的 TotalStorage SAN File System 又将分布式文件系统的设计理念和系统架构向前推进了一步。它们除了具有一般的分布式文件系统的特性之外，采用 SAN 作为整个文件系统的数据存储和传输路径。它们采用带外（Out - of - Band）结构，将文件系统元数据在高速以太网上传输，由专门的元数据服务器来处理和存储。文件系统元数据和文件数据的分离管理和存储，可以更好地利用各自存储设备和传输网络的特性，提高系统的性能，有效降低系统的成本。Storage Tank 采用积极的缓存策略，尽量在客户端缓存文件元数据和数据。即使打开的文件被关闭，都可以在下次使用时利用已经缓存的文件信息，整个文件系统由管理员按照目录结构划分成多个文件集（Fileset）。每一个文件集都是一个相对独立的整体，可以进行独立的元数据处理和文件系统备份等。不同的文件集可以分配到不同的元数据服务器处理，形成元数据服务器机群，提供系统的扩展性、性能、可用性等。在 TotalStorage 中，块虚拟层将整个 SAN 的存储进行统一的虚拟管理，为文件系统提供统一的存储空间。这样的分层结构有利于简化文件系统的设计和实现。同时，它们的客户端支持多种操作系统，是一个支持异构环境的分布式文件系统。在 SAN File System，采用了基于策略的文件数据位置选择方法，能有效地利用系统的资源、提高性能和降低成本。

Panasas 公司的 PanFS 是一个基于对象存储（Object - based Storage）的 Linux 分布式集群文件系统。它是该公司的存储集群的核心部分。由于采用了基于对象的磁盘设备，元数据服务器的很大一部分负载（据分析有 90%）都转移给了基于对象的存储设备。同时由于存储设备可以很好地理解和应用对象（也就是文件或者目录），因此可以更好地组织对象的数据布局，也能很好地满足对象的性能要求。文件系统的数据由客户端通过网络直接和对象磁盘交换；元数据通过元数据服务器进行管理。客户端文件系统向应用提供符合 POSIX 标准的文件接口，可以缓存数据，并且对数据进行分片存储。元数据服务器维护整个系统的元数据一致性，维护系统缓存的一致性等。因为文件系统的很大一部分工作已经由对象磁盘分担，元数据服务器可以服务于更多的客户端，具有更好的性能。

Cluster File Systems 公司的 Lustre 是面向下一代存储的分布式文件系统。它采用基于对象的磁盘作为整个文件系统的存储设备，但又不限于对象磁盘，因为它可以通过软件的形式来模拟。它使用了 Sandia 开放的 Portals 网络传输协议，支持多种网络（TCP/IP、Quadrics、Myrinet、InfiniBand 等）。它也采用数据和元数据分开传输和存放的机制提供系统的性能。Lustre 创造性的带意图的锁（Intent Lock），明显减少了客户机和文件系统元数据服务器之间的消息传递，也缩小了每次操作的延迟。它采用标准的 XML、LDAP、SNMP 等来进行系统管理；还增加了失效接替等特性，提高了系统的可用性。

这个阶段的系统尚在研究中，但从中也可以看出一些发展趋势，如体系结构的研究逐渐成熟，表现在不同文件系统的体系结构趋于一致；系统设计的策略基本一致，如采用专用服务器的方式等。每个系统在设计细节上各自采用了很多特有的先进技术，也都取得了很好的性能和扩展性。另外，在协议方面的探索也是研究的热点之一，如 Direct Access File System 利用了远程内存直接访问（Remote Direct Memory Access，RDMA）的特性，借鉴了 NFS 第四版本和 Common Internet File System（CIFS）等协议，设计了一套新的网络文件访问协议，同时添加了一些 NFS 和 CIFS 中不存在的协议，并改进了一些关于锁的语义。根据测试结果，相较于 NFS 等传统网络文件系统，DAFS 的性能比较好。

2.4.2 分布式文件系统的体系结构

大部分计算都是在单处理器、内存、高速缓存和本地磁盘构成的单个计算结点（Compute Node）上完成。过去需要并行化处理的应用（如大规模科学计算）都是使用专用的并行计算机来完成的，这些计算机包含多个处理器和专用硬件。然而，大规模 Web 服务的流行使得越来越多的计算式在拥有几千个计算结点的计算装置上完成，这些结点之间或多或少相互独立。上述计算装置中，计算结点都由普通硬件构成，这与采用专用硬件的并行计算机相比，大大降低了硬件开销。

这些新的计算设备促发了新的编程系统的产生。这些系统能够发挥并行化的优势，同时可以避免可靠性问题。当计算硬件由成千上万个部件构成时，可靠性问题就会凸显，这是因为任何一个部件在任何时刻都有可能出现故障。下面讨论上述计算装置的特点以及为利用这些特点而开发的专用文件系统。

1. 计算结点的物理结构

上述新的并行计算架构有时也被称为集群计算（Cluster Computing），它的组织方式如下。计算结点安放在机架中，每个机架可以安放 8 ~ 64 个结点。单个机架上的结点之间能通过网络互联，这里通常采用千兆以太网。计算结点可能需要多个机架来安放，这些机架之间采用另一级网络或交换机互联。机架间的通信带宽一般略高于机架内以太网的带宽，但是考虑到机架间可能需要通信的结点对数据，这样的带宽可能是必要的。图 2-3 给出了一个大规模计算系统的架构。不过，实践中可能有更多的机架，而每个机架上也可能安放更多的计算结点。

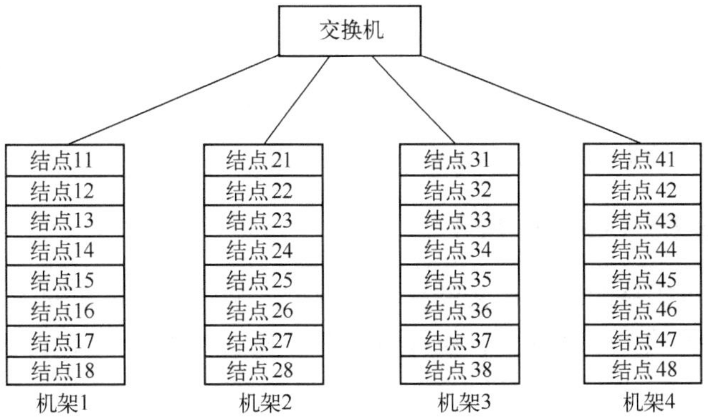

图 2-3　计算结点安放在机架上，机架通过交换机互连

在现实生活中部件会出现故障，而且系统的部件（如计算结点和互联网络）越多，在任意给定时间内系统非正常运行的频度也越高。就图 2-3 给出的系统来说，主要的故障模式包括单结点故障（比如某结点上的硬盘发生崩溃）和单机架故障（比如机架内结点间的互联网络及当前机架到其他机架的互联网络发生故障）。

一些重要的计算会在上千个计算结点上运行数分钟甚至数小时，如果一旦某个部件出现故障，必须终止并重启计算过程的话，那么该计算过程可能永远都不会成功完成。上述问题的解决方式有两种。

1）文件必须多副本存储。如果不把文件在多个计算结点上备份的话，那么一旦某个结点出现故障，在结点被替换之前它上面的所有文件将无法使用。如果根本不备份文件，那么一旦硬盘崩溃，文件将会永久丢失。

2）计算过程必须分成多个任务。这样一旦某个任务失败，可以在不影响其他任务的情况下重启这个任务。

2. 大规模文件系统的结构

为了使用集群计算，这里的文件系统不论在外观上还是行为方式上都必须有别于单机上的传统文件系统。这种新的文件系统就是分布式文件系统（Distributed File System，DFS），它的典型使用方式如下。

1）文件非常大。比如 TB 级的文件。如果文件很小，那么使用 DFS 就毫无意义。

2）文件极少更新。更确切地说，文件作为某些计算的数据读入，并且没有额外的数据追加到文件尾部。举例来说，机票预定系统的数据量虽然很大，但是由于其数据变化过于频繁，并不适合采用 DFS。

在 DFS 中，文件被分成文件块（Chunk），文件块的大小通常为 64MB。文件块会被复制多个副本（比如复制三份）放在多个计算结点上。另外，存放同一文件块不同副本的结点应分布在不同机架上，这样在某个机架发生故障时就不至于丢失所有副本。通常来讲，文件块的大小和复制的次数可以由用户指定。

为寻找某个文件的文件块，存在另一个被称为主结点（Master Node）或名字结点（Mame Node）的小文件为该文件所用。主结点本身可以有多个副本，文件系统的总目录可以用于寻找主结点的副本。总目录本身也可以由多个副本，所有使用 DFS 的用户都知道这些目录副本的所在位置。

上面提到的分布式文件系统已经有多个在实际中得到应用，主要有：

1）谷歌文件系统（Google File System，GoogleFS）。GoogleFS 是这种分布式文件系统的原型。

2）Hadoop 分布式文件系统（Hadoop Distributed File System，HDFS）。HDFS 是 Apache 软件基金会发布的一个开源 DFS，它和 Hadoop 一起使用。

2.4.3 谷歌文件系统（GoogleFS）

GoogleFS 是一个可扩展的分布式文件系统，用于大型的、分布式的、对海量数据进行访问的应用。它运行于廉价的普通硬件上，但提供了容错复制功能，可以给大量的用户提供总体性能较高的可靠服务。

1. 系统概述

（1）主要特点

GoogleFS 与传统的分布式文件系统有很多相同的目标，但 GoogleFS 的设计受到了当前及预期的应用方面的工作量以及技术环境的驱动，因而形成了它与传统的分布式文件系统明显不同的设想。这就需要对传统的选择进行重新检验，并进行完全不同的设计观点的探索。GoogleFS 与以往的文件系统的不同的特点如下：

1）硬件错误（包括存储设备或是存储结点的故障）不再被认为是异常情况，而是被作为常见情况加以处理。因为文件系统由成千上万个用于存储的机器结点构成，而这些机器是由廉价的普通硬件组成并被大量的客户机访问。硬件的数量和质量使得一些机器随时都有可能无法工作并且有一部分还可能无法恢复，所以实时监控、错误检测、容错、自动恢复对系统来说必不可少。

2）按照传统的标准，文件都非常大，长度达几个 GB 的文件是很常见的。每个文件通常包含很多应用对象。因为经常要处理快速增长的、包含数以万计的对象、长度达 TB 的数据集，即使底层文件系统提供支持，人们也很难管理成千上万的 KB 规模的文件块。因此，设计中操作的参数、块的大小必须重新考虑。对大型文件的管理一定要做到高效，对小型的文件也必须支持，但不必优化。

3）大部分文件的更新是通过添加新数据完成的，而不是改变已存在的数据。在一个文件中随机的操作在实践中几乎不存在。一旦写完，文件就只可读，很多数据都有这些特性。一些数据可能组成一个大仓库以供数据分析程序扫描。有些是运行中的程序连续产生的数据流，有些是档案性质的数据，有些是在某个机器上产生、在另外一个机器上处理的中间数据。由于这些对大型文件的访问方式，添加操作成为性能优化和原子性保证的焦点。而在客户机中缓存数据块则失去了吸引力。

4）工作量主要由两种读操作构成：对大量数据流的读操作和对少量数据的随机方式的读操作。在前一种读操作中，可能要读几百 KB、1MB 甚至更多。来自同一个客户的连续操作通常会读文件的一个连续的区域。随机的读操作通常在一个随机的偏移处读几个 KB。性能敏感的应用程序通常将对少量数据的读操作进行分类并进行批处理，以使读操作稳定地向前推进，而不要让它来来回回地读。工作量还包含许多对大量数据进行的、连续的、向文件添加数据的写操作。所写数据的规模和读相似。一旦写完，文件很少再作改动。在随机位置对少量数据的写操作也支持，但不必非常高效。

5）系统必须高效地实现定义完好的大量客户同时向同一个文件的添加操作的语义。

（2）系统接口

虽然 GoogleFS 没有像 POSIX 那样实现标准的 API，但它提供了一个类似的文件系统界面，文件在目录中按层次组织起来并由路径名标识。

（3）体系结构

一个 GoogleFS 集群由一个主服务器（Master）和大量的块服务器（Chunk Server）构成，并被许多客户端（Client）访问，如图 2-4 所示。主服务器和块服务器通常是运行用户层服务进程的 Linux 机器。只要资源和可靠性允许，块服务器和客户端可以运行在同一个机器上。

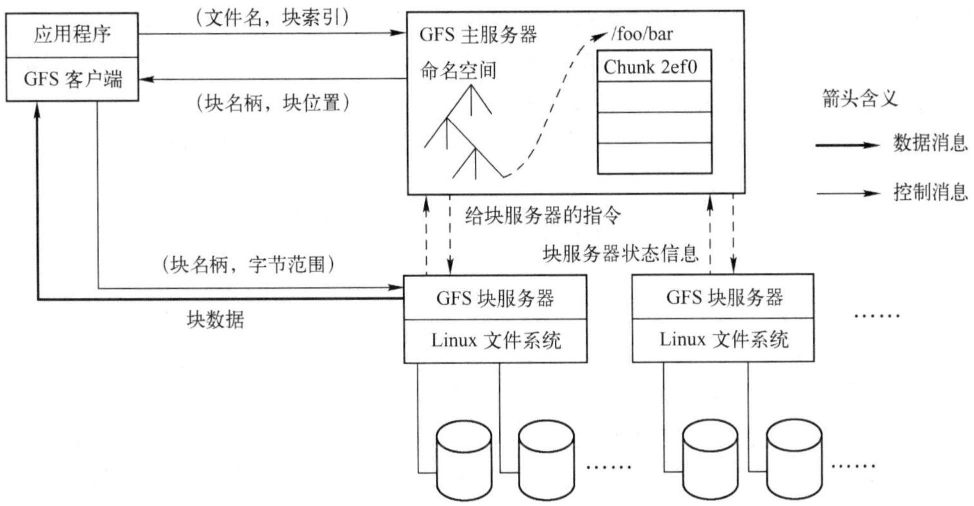

图 2-4　GoogleFS 架构

文件被分成固定大小的块（Block）。每个块由一个不变的、全局唯一的 64 位的块句柄（Chunk - handle）标识，块句柄是在块创建时由主服务器分配的。块服务器将块当作 Linux 文件存储在本地磁盘，并可以读和写由块句柄和位区间指定的数据。出于可靠性考虑，每一个块被复制到多个块服务器，默认情况下，保存 3 个副本，但这可以由用户指定。

主服务器维护文件系统的所有元数据（Metadata），包括命名空间、访问控制信息、从文件到块的映射以及块的当前位置。它也控制系统范围的活动，如块租约管理，孤儿块的垃圾收集，块服务器间的块迁移。主服务器定期通过心跳（Heartbeat）消息与每一个块服务器通信，给块服务器传递指令并收集它的状态。

与每个应用程序相连的 GoogleFS 客户端实现了文件系统的 API，并与主服务器和块服务器通信，以访问文件系统的数据。客户端与主服务器的交换只限于对元数据（Metadata）的操作，所有数据方面的通信都直接和块服务器联系。

客户端和块服务器都不缓存文件数据。用户缓存的益处微乎其微，因为数据太多或工作集太大而无法缓存。不缓存文件数据策略简化了客户端程序和整个系统，因为不必考虑缓存的一致性问题。但客户端缓存元数据（Metadata）。块服务器也不必缓存文件数据，因为块是作为本地文件存储的。

（4）单一主服务器

单一主服务器也极大简化了设计，并使得主服务器可以根据全局情况做出高级的块放置和复制决定。但是必须将主服务器对读和写的参与减至最少，这样它才不会成为系统的瓶颈。客户端从来不会在主服务器上读和写文件数据。客户端只是询问主服务器它应该和哪个块服务器联系。客户端在一段限定的时间内将这些信息缓存，在后续操作中，客户端直接和块服务器交互。

下面通过图 2-4 解释一个简单的读操作的交互：

1）客户端使用固定的块大小将应用程序指定的文件名和字节偏移转换成文件的一个块索引（Chunk Index）。

2）给主服务器发送一个包含文件名和块索引的请求。

3）主服务器回应对应的块句柄和块位置（多个副本）。

4）客户端以文件名和块索引作为键值缓存这些信息（句柄和副本的位置）。

5）客户端向其中一个副本（很可能是最近的一个副本）发送一个请求。请求指定了块句柄（块服务器以块句柄标识块）和块内的一个字节范围。

除非缓存的信息不再有效或文件被重新打开，否则以后对同一个块的读操作不再需要客户端和主服务器间的交互。

通常客户端可以在一个请求中询问多个块的位置，而主服务器也可以很快回应这些请求。

（5）块规模

块规模是设计中的一个关键参数。一般选择的是 64MB ，这比一般文件系统的块规模要大得多。每个块的副本作为一个普通的 Linux 文件存储，在需要时可以扩展。

块规模较大的好处如下：

1）减少客户端和主服务器之间的交互。因为读写同一个块只是要在开始时向主服务器请求块位置信息。对于读写大型文件这种减少尤为重要。即使对于访问少量数据的随机读操作也可以很方便地为一个规模达几个 TB 的工作集缓存块位置信息。

2）客户端在一个给定的块上很可能执行多个操作，和一个块服务器保持较长时间的 TCP 连接可以减少网络负载。

3）减小了主服务器上保存的元数据的规模，从而使得元数据可以被放在内存中。

块规模较大也有其不利的一面：一个小文件可能只包含一个块，如果很多客户端访问该文件，存储这些块的块服务器将成为访问的热点。但在实际应用中，应用程序通常顺序地读包含多个块的文件，所以这不是一个主要问题。

（6）元数据

主服务器存储了 3 种类型的元数据：文件的命名空间和块的命名空间、从文件到块的映射以及块的副本的位置。所有元数据都放在内存中。前两种类型的元数据通过向操作日志登记修改而保持不变，操作日志存储在主服务器的本地磁盘并在几个远程机器上留有副本。使用日志使得人们可以很简单地、可靠地更新主服务器的状态，即使在主服务器崩溃的情况下也不会有不一致的问题。相反，主服务器在每次启动以及当有块服务器加入时会询问每个块服务器的所拥有块的情况。

内存数据结构：因为元数据存储在内存中，所以主服务器的操作很快。进一步来讲，主服务器可以轻易而且高效地定期在后台扫描它的整个状态。这种定期的扫描被用于实现块垃圾收集、块服务器出现故障时的副本复制以及为平衡负载和磁盘空间而进行的块迁移。

对于这种方法，一个潜在的问题就是块的数量也即整个系统的容量是否受限于主服务器的内存。实际上，这并不是一个严重的问题。主服务器为每个 64 MB 的块维护的元数据不足 64 Byte。除了最后一块，文件的所有块都是满的。类似的，每个文件的命名空间数据也不足 64 Byte，因为文件名是以一种事先确定的压缩方式存储的。如果要支持更大的文件系统，那么增加一些内存的方法对于将元数据保存在内存中所获得的简单性、可靠性、高性能和灵活性来说，只是一个很小的代价。

块位置：主服务器并不为块服务器所拥有块的副本保存一个不变的记录。它在启动时通过简单的查询来获得这些信息。主服务器可以保持这些信息的更新，因为它控制所有块的放置并通过 HeartBeat 消息来监控块服务器的状态。

这样做的好处：因为块服务器可能加入或离开集群、改变路径名、崩溃、重启等，一个集群中有成百个块服务器，这些事件经常发生。这种方法就排除了主服务器与块服务器之间的同步问题。

另一个原因是：只有块服务器才能确定它自己到底有哪些块，由于错误，块服务器中的一些块可能会很自然地消失，这样在主服务器中就没有必要为此保存一个不变的记录。

操作日志：操作日志包含了对元数据所做修改的历史记录。它作为逻辑时间线定义了并发操作的执行顺序。文件、块以及它们的版本号都由它们被创建时的逻辑时间而唯一地、永久地被标识。

操作日志是如此重要，因此必须将它可靠地保存起来，并且只有在元数据的改变固定下来之后才将变化呈现给用户。所以应将操作日志复制到数个远程的机器上，并且只有在将相应的日志记录写到本地和远程的磁盘上之后才回答用户的请求。

主服务器可以用操作日志来恢复其文件系统的状态。为了将启动时间缩至最短，日志就必须比较小。每当日志的长度增长到超过一定的规模后，主服务器就要检查它的状态，它可以从本地磁盘装入最近的检查点来恢复状态。

创建一个检查点比较费时，主服务器的内部状态是以一种在创建一个检查点时并不耽误即将到来的修改操作的方式来组织的。主服务器切换到一个新的日志文件并在一个单独的线程中创建检查点。这个新的检查点记录了切换前的所有修改。在一个有数十万文件的集群中用一分钟左右就能完成这一操作。创建完后，将它写入本地和远程的磁盘。

（7）数据完整性

命名空间的修改必须是原子性的，它们只能由主服务器处理。命名空间锁保证了操作的原子性和正确性，而主服务器的操作日志在全局范围内定义了这些操作的顺序。

文件区间的状态在修改之后依赖于修改的类型，不论操作成功还是失败，也不论是不是并发操作。如果不论从哪个副本上读，所有客户都看到同样的数据，那么文件的这个区域就是一致的。如果文件的区域是一致的，并且用户可以看到修改操作所写的数据，那么它就是已定义的。如果修改是在没有并发写操作的影响下完成的，那么受影响的区域是已定义的，所有客户端都能看到写的内容。成功的并发写操作是未定义但一致的。失败的修改将使区间处于不一致的状态。

写（Write）操作在应用程序指定的偏移处写入数据，而添加记录（Record Append）操作使得数据（记录）即使在有并发修改操作的情况下也至少原子性地被加到 GoogleFS 指定的偏移处，偏移地址被返回给用户。

在一系列成功的修改操作后，最后的修改操作保证文件区域是已定义的。GoogleFS 通过对所有副本执行同样顺序的修改操作，并使用块版本号检测过时的副本（因块服务器退出而导致丢失修改）来做到这一点。

因为用户缓存了块位置信息，所以在更新缓存之前有可能从一个过时的副本中读取数据。但这因有缓存的截止时间和文件的重新打开而受到限制。

在修改操作成功后，部件故障仍可以使数据受到破坏。GoogleFS 通过主服务器和块服务器间定期地反馈检验（Handshake），借助校验和来检测对数据的破坏。一旦检测到，就通过一个有效的副本尽快重新存储。只有在 GoogleFS 检测前，所有副本都失效，这个块才会丢失。

2. 系统交互

（1）租约（Lease）和修改顺序

GoogleFS 上的文件数据都保存了多个备份，一旦需要修改，必须对这多个备份都进行修改。GoogleFS 使用租约来实现不同副本之间的数据一致性，即对于某一个数据块，主服务器首先选定一个包含该数据块的块服务器作为原始结点（Primary），原始结点先执行一系列操作，再把这些操作在所有结点上重新执行一次，从而保证了所有数据副本之间的数据一致性。

（2）数据流

GoogleFS 的目标是充分利用每个机器的网络带宽，避免网络瓶颈和延迟。为了有效地利用网络，GoogleFS 将数据流和控制流分离。数据是以流水线的方式在选定的块服务器链上线性传递的。每个机器的整个对外带宽都被用作传递数据。为避免瓶颈，每个机器在收到数据后，将它收到的数据尽快传递给离它最近的机器。

（3）原子性的添加记录操作（TecordAppend）

GoogleFS 提供了一个原子性的添加操作——添加记录。在传统的写操作中，客户端指定被写数据的偏移位置，向同一个区间的并发的写操作是不连续的：区间有可能包含来自多个客户端的数据碎片。在添加记录中，客户端只是指定数据。GoogleFS 在其选定的偏移处将数据至少原子性地加入文件一次，并将偏移返回给客户端。

在分布式的应用中，不同机器上的许多客户端可能会同时向一个文件执行添加操作，添加操作被频繁使用。如果用传统的写操作，可能需要额外的、复杂的、开销较大的同步，例如通过分布式锁管理。在 GoogleFS 的实际应用中，这些文件通常以多个生产者/单个消费者队列的方式提供服务，或是包含多个客户端的归并结果。

添加记录操作和前面讲的写操作的控制流差不多，只是在原始结点上多了一些逻辑判断。首先，客户端将数据发送到文件最后一块的所有副本上；其次，向原始结点发送请求。原始结点检查添加操作是否会导致该块超过块大小限制（64 MB）。如果这样，它将该块扩充到最大规模，并告诉其他副本做同样的事，同时通知客户端该操作需要在下一个块上重新尝试。如果记录满足块大小限制的要求，原始结点就会将数据添加到它的副本上，并告诉其他副本在同样的偏移处写数据；最后，原始结点向客户端报告写操作成功。如果在任何一个副本上添加记录操作失败，客户端将重新尝试该操作。这时，同一个块的副本可能包含不同的数据，因为有的可能复制了全部的数据，有的可能只复制了部分。GoogleFS 不能保证所有副本每个字节都是一样的。它只保证每个数据作为一个原子单元被写过至少一次。这个结论是这样得出的：操作要是成功，数据必须在所有副本上的同样的偏移处被写过。进一步来讲，从这以后，所有副本至少和记录一样长，所以后续的记录将被指定到更高的偏移处或者一个不同的块上，即使另一个副本成了原始结点。根据一致性保证，成功的添加记录操作的区间是已定义的，而受到干扰的区间是不一致的。

（4）快照（Snapshot）

快照操作几乎在瞬间构造一个文件和目录树的副本，同时将正在进行的其他修改操作对它的影响减至最小。

系统使用写时复制（Copy - on - Write）技术来实现快照操作。当主服务器收到一个快照请求时，它首先撤销或终止将要进行快照操作的文件块上的租约。这使得任何一个向这些块写数据的操作都必须和主服务器交互以找到拥有租约的副本。这就给了主服务器一个创建这个块的副本的机会。

租约被撤销或终止后，主服务器在磁盘上登记执行的操作，然后复制源文件或目录树的元数据以对它的内存状态实施登记的操作。这个新创建的快照文件和源文件（其元数据）指向相同的块。

快照操作之后，客户第一次向数据块 c 写时，它发一个请求给主服务器以找到拥有租约的副本。主服务器注意到数据块 c 的引用记数比 1 大，它延迟对用户的响应，选择一个块句柄 c′，然后要求每个有数据块 c 的副本的块服务器创建一个数据块 c′。每个块服务器在本地创建数据块 c′避免了网络开销。这之后和对别的块的操作没有什么区别。

3. 主服务器操作

主服务器执行所有命名空间的操作，除此之外，它还在系统范围管理数据块的复制：决定数据块的放置方案；产生新数据块并将其备份；协同其他系统操作来确保数据备份的完整性，在所有数据块服务器之间平衡负载并收回没有使用的存储空间。

（1）命名空间管理和加锁

与传统文件系统不同的是，GoogleFS 没有与每个目录相关的能列出其所有文件的数据结构，它也不支持别名（UNIX 中的硬连接或符号连接），不管是对文件或是目录。GoogleFS 的命名空间逻辑上是从文件元数据到路径名映射的一个查用表。

主服务器在执行某个操作前都要获得一系列锁，例如，它要对/d1/d2…/dn/leaf 执行操作，则它必须获得/d1/d2/…/dn/leaf 的读锁或写锁（其中 leaf 可以是文件，也可以是目录）。主服务器操作的并行性和数据的一致性就是通过这些锁来实现的。

（2）备份存储放置策略

一个 GoogleFS 集群文件系统可能是多层分布的。一般情况下是成千上万个文件块服务器分布于不同的机架上，而这些文件块服务器又被分布于不同机架上的客户来访问。因此，不同机架上的两台机器之间的通信可能通过一个或多个交换机。数据块冗余配置策略要达到两个目的：最大的数据可靠性和可用性，最大的网络带宽利用率。因此，如果仅仅把数据的副本置于不同的机器上很难满足这两个要求，必须在不同的机架上进行数据备份。这样即使整个机架被毁或是掉线，也能确保数据的正常使用。这也使数据传输，尤其是读数据，可以充分利用带宽，访问到多个机架；而写操作，则不得不涉及更多的机架。

（3）产生、重复制、重平衡数据块

当主服务器产生新的数据块时，如何放置新数据块，要考虑如下几个因素：①尽量放置在磁盘利用率低的数据块服务器上，这样，慢慢地各服务器的磁盘利用率就会达到平衡；②尽量控制在一个服务器上的“新创建”的次数；③需要把数据块放置于不同的机架上。

主服务器在可用的数据块备份低于用户设定的数目时需要进行重复制。这种情况源于多种原因：服务器不可用，数据被破坏，磁盘被破坏，或者备份数目被修改。每个需要重复制的数据块的优先级根据以下几项确定：①现在的数据距目标的距离，对于能阻塞用户程序的数据块，也提高它的优先级；②主服务器按照产生数据块的原则复制数据块，并把它们放到不同机架内的服务器上。

主服务器周期性地平衡各服务器上的负载：它检查块分布和负载平衡，通过这种方式来填充一个新的服务器而不是把其他内容统统放置到它上面带来大量的写数据。数据块放置的原则与上面讨论的相同，此外，主服务器还决定哪些数据块要被清除，原则上它会清除空闲空间低于平均值的那些服务器。

（4）垃圾收集

在一个文件被删除之后，GoogleFS 并不立即收回磁盘空间，而是等到垃圾收集程序在文件和数据块级的检查中收回。

当一个文件被应用程序删除之后，主服务器会立即记录下这些变化，但对文件所占用的资源却不会被立即收回，而是重新给文件分配一个隐藏的名字，并附上删除的时间戳。在主服务器定期检查命名空间时，它删除超过三天（可以设定）的隐藏的文件。在此之前，可以以一个新的名字来读文件，还可以用以前的名字恢复。当隐藏的文件在命名空间中被删除以后，它在内存中的元数据即被擦除，这就有效地切断了它和所有数据块的联系。

在一个相似的定期的命名空间检查中，主服务器确认孤儿数据块（不属于任何文件）并擦除它的元数据，在和主服务器的心跳信息交换中，每个服务器报告它所拥有的数据块，主服务器返回元数据不在内存的数据块，服务器即可以删除这些数据块。

（5）过时数据的探测

在数据更新时，如果服务器停机了，那么它所保存的数据备份就会过时。主服务器对每个数据块设置了一个版本号来区别更新过的数据块和过时的数据块。

当主服务器授权一个新的租约时，它会增加数据块的版本号并会通知更新数据备份。主服务器和备份都会记录下当前的版本号，如果一个备份当时不可用，那么它的版本号不可能提高，当块服务器重新启动并向主服务器报告它的数据块集时，主服务器就会发现过时的数据。

主服务器在定期的垃圾收集程序中清除过时的备份，在此以前，出于效率考虑，在各客户端访问数据块，主服务器应答时，它会认为根本不存在过时的数据（也就是说，主服务器不知道数据过时了，而是照常应答，这样会导致错误）。为此，作为另一个安全措施，主服务器在给客户机关于数据块的应答，或主服务器在给客户端另外一个读取数据服务器的数据时，都会带上版本信息，在操作前客户机和服务器会验证版本信息，以确保得到的是最新的数据。

4. 容错和诊断

（1）高可靠性

1）快速恢复。不管如何终止服务，主服务器和数据块服务器都会在几秒钟内恢复状态和运行。实际上，GoogleFS 不对正常终止和不正常终止进行区分，服务器进程都会被切断而终止。客户机和其他服务器会经历一个小小的中断，然后它们的特定请求超时，重新连接重启的服务器，重新请求。

2）数据块备份。如上文所讨论的，每个数据块都会被备份到不同机架上的不同服务器上。对不同的命名空间，用户可以设置不同的备份级别。在数据块服务器掉线或是数据被破坏时，主服务器会按照需要来复制数据块。

3）主服务器备份。为确保可靠性，主服务器的状态、操作记录和检查点都在多台机器上进行了备份。一个操作只有在数据块服务器硬盘上刷新并被记录在主服务器和其备份上才算是成功的。如果 MASTER 或是硬盘发生故障，系统监视器会发现并通过改变域名启动它的一个备份机，而客户机则仅仅是使用规范的名称来访问，并不会发现主服务器的改变。

（2）数据完整性

每个数据块服务器都利用校验和来检验存储数据的完整性。原因是每个服务器随时都有发生崩溃的可能性，并且在两个服务器间比较数据块也是不现实的，同时，在两台服务器间复制数据并不能保证数据的一致性。

每个数据块按 64 KB 的大小分成块，每个块有 32 位的校验和，校验和与日志存储在一起，与用户数据分开。

在读数据时，服务器首先检查与被读内容相关部分的校验和，因此，服务器不会传播错误的数据。如果所检查的内容与校验和不符，服务器就会给数据请求者返回一个错误的信息，并把这个情况报告给主服务器。客户机就会通过读其他服务器来获取数据，而主服务器则会从其他副本来复制数据，等到一个新的副本完成时，主服务器就会通知报告错误的服务器删除出错的数据块。

附加写数据时的校验和计算优化了，因为这是主要的写操作。GoogleFS 只是更新增加部分的校验和，即使末尾部分的校验和数据已被损坏而没有检查出来，新的校验和与文件块的数据会不相符，这种冲突在下次使用时将会被检查出来。

相反，如果是覆盖现有数据的写操作，在写之前，GoogleFS 必须检查第一个和最后一个数据块，然后才能执行写操作，最后计算并记录校验和。如果 GoogleFS 在覆盖以前不先检查首位数据块，计算出的校验和则会因为没被覆盖的数据而产生错误。

在空闲时间，服务器会检查不活跃的数据块的校验和，这样可以检查出不经常读的数据的错误。一旦错误被检查出来，服务器会复制一个正确的数据块来代替错误的。

(3) 诊断工具

广泛而细致的诊断日志在问题隔离、诊断、性能分析方面起到了重大的作用。GoogleFS 服务器用日志来记录显著的事件（例如服务器停机和启动）和远程的应答。远程日志记录机器之间的请求和应答，通过收集不同机器上的日志记录，并对它们进行分析恢复，可以完整地重现活动的场景，并用此来进行错误分析。

2.4.4 Hadoop 分布式文件系统（HDFS）

Hadoop 是由 Apache 软件基金会维护的一个开源的海量数据并行处理框架。它主要由两大模块组成：Hadoop 分布式文件系统（Hadoop Distributed File System, HDFS）和 MapReduce（Google MapReduce 的开源实现）。HDFS 在集群上实现了海量数据的分布式存储，MapReduce 在集群上实现了海量数据的并行处理。HDFS 在 MapReduce 任务处理过程中提供了对文件的读/写等操作的支持，MapReduce 在 HDFS 的基础上实现任务的分发、跟踪、执行、收集结果等，二者相互作用，完成了 Hadoop 集群的核心任务。用户可以利用 Hadoop 轻松地组织计算机资源，搭建自己的分布式计算平台，并且可以充分利用集群的计算和存储能力，完成海量数据的处理。鉴于 Hadoop 的这些特点，经过十多年的发展，它已经成为业界和学术界使用得最为广泛的并行处理框架。

作为 Hadoop 的核心之一，HDFS 采取了主/从（Master/Slave）的架构模式。集群中的名称结点（NameNode）作为整个集群的主服务器，管理整个 HDFS 的命名空间和客户端对集群数据的访问，保证集群中的数据结点（DataNode）正常运行和故障恢复等。集群中的众多数据结点则扮演数据的存储者和维护者，同时它还需要及时与名称结点保持心跳联系，报告自己的状态和资源使用情况。下面介绍 HDFS 的整体架构和设计上的一些思路。

1. 特点和目标

(1) 硬件错误

硬件错误是正常而非异常事件。一个 HDFS 实例有时会包含成百上千台服务器，每个服务器都存储有文件系统的部分数据。事实上，集群中组件的数量是庞大的，并且每个组件出现无法工作的概率都是不可忽略的。因而，快速地检测到硬件错误并且自动地从中恢复是 HDFS 的核心架构目标。

（2）流式数据访问

运行在 HDFS 上的应用程序需要能够获得对其数据的流式访问。这些应用程序不是运行在普通文件系统上的普通应用程序。HDFS 被设计用于批处理而非交互式应用。HDFS 的重点是提供高数据吞吐量而不是低数据访问延迟。可移植操作系统接口（POSIX）标准中的许多限制对于运行在 HDFS 上的应用程序来说是不适合的。可移植操作系统接口的一些关键性规范要求被修改以获得在 HDFS 上更高的数据吞吐速率。

（3）海量数据支持

运行在 HDFS 上的应用程序一般需要处理海量数据。在 HDFS 中一个典型的文件大小是 GB 甚至 TB 级别。因而，HDFS 被优化来支持大文件。它应该能提供集中式的高数据带宽并且能够扩展到单个集群支持上百个结点。在一个单独的 HDFS 实例中应能支持数千万的文件。

（4）简单一致模型

HDFS 应用程序需要一个“只写一次，读取多次”的文件访问模型。一个文件一旦被创建、写入、关闭后，就不应再被修改。这个假设简化了数据一致性问题，因而保证了高数据访问吞吐量。一个 MapReduce 应用程序或者一个 Web 爬虫程序都能够很好地适应这个模型。

（5）移动计算而非移动数据

一个应用程序的一次计算请求如果在操作数据的本地附近执行将会更有效率，这在待操作数据数量庞大时尤为正确。这种设计可以有效地减轻网络拥塞，增加系统的总数据吞吐量。这个假设等效于在待处理数据“最近处”进行计算总是优于将待处理数据移动到应用程序处计算。HDFS 提供一个将应用程序自身移动到数据附近进行计算的接口。

（6）可移植于异构硬件和软件平台

HDFS 已经被设计为可以简单地从一个平台移植到另一个平台。这促进了 HDFS 在更多应用程序平台的普及。

2. 名称结点和数据结点

HDFS 是主/从架构。一个安装好的 HDFS 包括一个单独的名称结点，一个主服务器用于文件系统命名空间管理和客户端的文件访问管理。除此之外，还有很多个数据结点，在集群中的每个结点都有一个数据结点用于存储该结点运行时的数据。名称结点通过 RPC 接口支持文件系统命名空间中文件和目录的打开、关闭和重命名等操作。它也决定了数据块和数据结点的映射关系。数据结点负责提供文件系统客户端的读写请求，除此之外也提供来自名称结点的数据块创建、删除和复制指令。

HDFS 的名称结点和数据结点实际上是设计用于在普通廉价个人计算机上运行的软件。这些计算机一般运行着 GNU/Linux 操作系统。HDFS 本身采用 Java 语言开发，任何支持 Java 运行环境的机器都可以运行名称结点或数据结点软件。使用高度可移植的 Java 语言作为 HDFS 的开发语言意味着 HDFS 可以部署到多种类型的平台和机器。一个典型的部署情况是一个专门的机器仅仅用于运行名称结点软件。集群中的其他机器则分别运行一个数据结点软件。这种架构也不排除在同一台机器上同时运行多个数据结点软件，只是在实践中很少会遇到这种部署案例。

在一个集群中只有一个名称结点服务器可以极大地简化系统架构。名称结点服务器既是仲裁者也是 HDFS 所有元数据的仓库。HDFS 被设计为任何数据都不会流经名称结点。

图 2-5 是 HDFS 架构中名称结点和数据结点之间的运行时关系图。

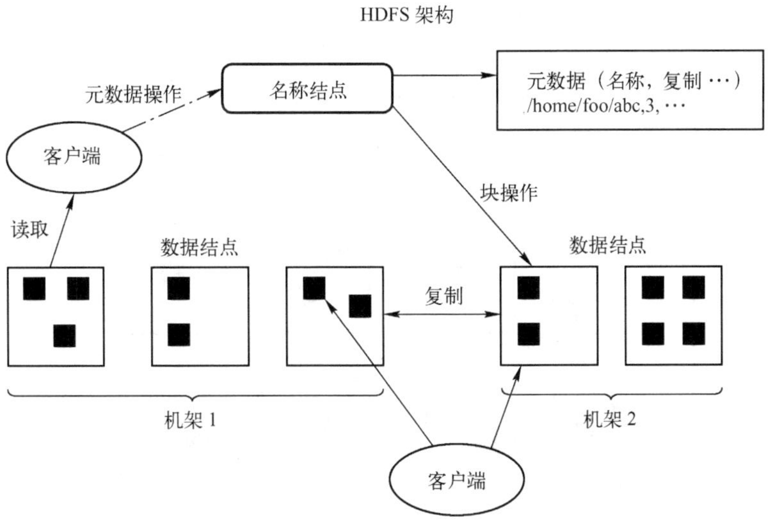

图 2-5　HDFS 架构中名称结点和数据结点之间的运行时关系

3. 文件系统命名空间

HDFS 支持传统的层次化文件操作。用户或应用程序可以创建目录并将文件存储在目录中。文件系统的命名空间层次类似于现有的大多数文件系统，支持创建和删除文件，将文件从一个目录移动到另一个目录，或者重命名一个文件。HDFS 目前还未实现用户磁盘限额配置或者访问权限控制。HDFS 不支持文件的硬链接或软链接。

名称结点负责维护文件系统的命名空间。任何对文件系统命名空间或者属性的改动都会被命名结点所记录。应用程序可以指定一个文件应用被 HDFS 维护的复制数。一个文件的复制数被称为这个文件的复制因子。这个信息被存储在名称结点。

4. 数据复制

HDFS 被设计用于可靠的存储海量文件遍布于一个大集群中的计算机。每个文件在 HDFS 中都是以一个数据块串序列的形式存储，单个文件中的所有数据块除去最后一个数据块之外都是大小相同的。出于容错性考虑一个文件中的数据块会被复制。数据块大小和复制因子都可以按单个文件进行配置。复制因子既可以在文件创建时指定也可以在以后修改。HDFS 中的文件是严格的“只写一次”并且在任何时候只有一个写文件操作者。

名称结点决定数据块复制相关所有操作，它还会周期性地从集群中的每个数据结点收到一个“心跳”回应和一个“块报告”。收到一个“心跳”回应表示数据结点当前运行正常。“块报告”包含当前数据结点上的所有数据块的一个列表。图 2-6 是一个“块报告”的结构示意图。

（1）复制点选择

在何处进行复制操作对于 HDFS 的稳定性和性能是一个关键的影响。优化复制操作点位置是 HDFS 与现有的其他分布式系统的不同之处。这一特性需要丰富的经验，还需要不断地进行调整。使用机架式感知复制策略的目的是为了提高数据可靠性、可用性和网络带宽利用率。

大的 HDFS 实例通常运行在一个由多个机架组成的计算机集群中。不同机架上的两个结点之间的通信需要经过交换机。在绝大多数的情况下，在同一个机架上的不同计算机之间的网络带宽要大于在不同机架上的不同计算机之间的网络带宽。

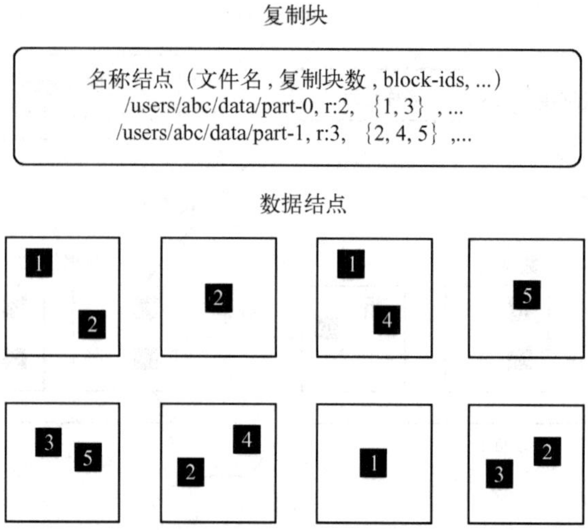

图 2-6 “块报告”示意图

在系统启动时，每个数据结点会探测其属于的机架并将机架 ID 在注册时通知名称结点。HDFS 提供了一些 API，以方便可插拔模块用来探测自己所在机架的 ID。一个简单但并不是最优的策略是在单独的机架上进行复制操作。这避免了整个机架故障时的数据丢失并且在读取数据时充分利用了多个机架的网络带宽。这个策略均匀地将复制内容分布到集群中从而使得在部件故障时能够负载均衡。尽管如此，由于写操作需要将数据块转移到多个机架，使得这个策略增加了写操作的代价。

最常见的是复制因子为 3 的情况，在这种条件下，HDFS 复制点选择策略会将一份数据备份存储在本地机架中的一个结点，另一份备份存储在本地机架的另一个不同的结点，而最后一份备份存储在不同机架上的一个结点上。这个策略减小了机架间的写操作所带来的网络流量，从而在整体上提高了写操作的性能。机架故障的概率要远小于结点故障的概率。这个策略不会影响到数据的可靠性和可用性保证。然而，这种策略会降低读数据时的汇总网络带宽，这是因为数据是放在两个不同的机架中而不是 3 个不同的机架中。在这种策略条件下，一个文件的复制也不是平均分布在不同的机架中。三分之一的备份存储在一个结点上，三分之二的备份存储在一个机架上，剩下的三分之一备份均匀分布在剩余的机架中。这个策略改善了写操作的性能，同时并没有牺牲数据的可靠性或者读取操作的性能。

（2）复制对象选择

为了减小全局带宽消耗和读取延迟，HDFS 会使用离读请求的发起者最近处的复制块内容去响应。读请求所在机架上的复制块会被优先用于响应，若一个 HDFS 集群跨越多个数据中心，则本地数据中心的复制块内容会被优先考虑用于响应。

（3）安全模式

HDFS 在启动时，名称结点会进入一个称为“安全模式”的特殊状态。当名称结点处于“安全模式”时，数据块的复制不会发生。名称结点接收数据结点的“心跳”响应和“块报告”消息。一个“块报告"消息包含当前运行的一个数据结点上的数据块的列表。每个数据块都有一个最小的被复制块数值。只有当数据块的最小被复制块数值达到了之后，这个数据块才会被认为是“已安全地被复制”。当一定比例（可配置大小）的“已安全地被复制”数据块被名称结点服务器检查到后，名称结点就会退出安全模式状态。然后名称结点服务器会让那些没有达到“已安全地被复制”状态的数据块继续被复制到剩下的数据结点。

5. 持久化文件系统元数据

HDFS 的命名空间存储在名称结点上。名称结点使用一个被称为 EditLog 的事务日志去记录文件系统元数据所发生的每一次改变，例如，在 HDFS 中创建一个新文件会导致名称结点插入一条记录到 EditLog 来对应。类似的，改变复制因子的值也会产生一个新记录被插入到 EditLog 中。名称结点使用本地主机操作系统中的一个文件来存储 EditLog。整个文件系统命名空间，包括数据块到文件的映射和文件系统属性，都存储在一个叫作 FsImage 的文件中。FsImage 也存储在名称结点服务器上的一个本地文件系统的文件中。

名称结点在内存中保留整个文件系统命名空间的镜像和文件 Blockmap。关键元数据在设计上是紧凑的，因而一个拥有 4 GB 内存的名称结点就足够支持海量的文件和目录。当名称结点服务器启动时，名称结点会读取磁盘上的 FsImage 和 EditLog，将 EditLog 中的所有事务应用到内存中的 FsImage 对象，并将新的 FsImage 对象的内容更新到磁盘上的新 FsImage 对象。旧的 EditLog 文件在随后会被清除掉因为事务变更已经更新到持久化的 FsImage 对象。这个过程被称为一个“检查点”。在当前的 HDFS 实现中，一个检查点只会在名称结点启动时创建。在未来版本的 HDFS 中将会支持周期性的检查点。

数据结点在其本地文件系统中存储 HDFS 的数据。数据结点对 HDFS 文件一无所知。它将 HDFS 数据的数据块存储在一个单独的文件中，保存在其本地文件系统中。数据结点不会在一个目录中创建所有的文件，而是使用一个启发式算法去确定每个文件夹的最佳文件个数，然后依此去创建子目录。不在一个文件夹中创建所有本地文件是因为本地文件系统有可能无法有效地支持在单独一个文件夹中存储数量过大的文件。当数据结点启动时，它会遍历其本地文件系统，产生一个包含所有 HDFS 数据分块对应其本地文件的列表，并将这个列表以报告的形式发送到名称结点——这个报告就是“块报告”。

6. 通信协议

所有 HDFS 通信协议都位于 TCP/IP 协议层之上。客户端建立一个到名称结点服务器的可配置的 TCP 端口的连接。它使用客户端协议与名称结点通信。数据结点和名称结点之间的通信使用数据结点协议。一个远程过程调用（Remote Procedure Call，RPC）抽象打包了这两个协议。从设计的角度来说，名称结点从来不会初始化任何 RPC 连接。它只会响应数据结点或者客户端的 RPC 请求。

7. 健壮性

HDFS 的主要目标是即使在出现故障的情况下仍然能够可靠地存储数据。3 个常见的故障类型包括名称结点故障、数据结点故障和网络故障。

（1）磁盘数据损坏、在线状态和重试复制

每个数据结点都会周期性地发送“心跳”响应消息到名称结点。网络故障会引起部分数据结点失去与名称结点服务器的连接。名称结点能够通过没有接收到“心跳”响应检测到这种情形的发生。名称结点会将近期没有收到“心跳”响应消息的数据结点标记为“死亡”，然后不会将任何新的 I/O 请求转发给它们。被标记为“死亡”的数据结点服务器上的数据对于 HDFS 来说就是不再可用的了。数据结点的死亡会导致部分数据块的复制因子下降到低于指定值。名称结点会定时追踪到这些数据块并随时进行复制操作。重新开始复制操作有如下几种可能：一个数据结点可能变为不可用状态，一个复制操作可能会失败，数据结点上的硬盘可能发生故障，或者一个文件的复制因子变大。

（2）二次负载平衡

HDFS 架构是和数据的二次负载均衡策略兼容的。如果一个数据结点上的可用磁盘空间低于某个阈值时，数据有可能自动地被调度策略从一个数据结点转移到另一个数据结点。当对某一个文件的请求数量突然增大时，也会有相应的策略动态地创建多个被请求资源的备份，然后重新在集群中均衡分布这些备份。不过需要注意的是，上述这些类型的数据二次负载均衡策略在目前的 HDFS 中还未实现。

（3）数据完整性

一个已获取的数据块内容有可能是已损坏的。这种损坏产生的原因有可能是存储设备故障、网络故障、软件 bug 等。HDFS 客户端软件会校验 HDFS 文件内容的校验和。当一个客户端创建一个 HDFS 文件时，它会计算这个文件的每个数据块内容的校验，并将这些校验和存储在一个单独的隐藏文件中，并将这个隐藏文件存储在同样的 HDFS 命名空间中。当一个客户端获取到一个文件时会自动校验这个文件的校验和是否正确。若校验失败，则会选择从其他数据结点获取该文件的备份。

（4）磁盘元数据损坏

FsImage 和 EditLog 是 HDFS 的核心数据结构。这些文件的损坏会导致 HDFS 实例无法工作。基于这个原因，名称结点可以被配置为支持维护多个 FsImage 和 EditLog 的备份。任何对这两个文件所发生的改动都会同步更新到备份文件。这种同步更新多个备份的操作会降低命名结点每秒支持的命名空间事务处理速率。尽管如此，这种性能降低是可以接受的，这是因为 HDFS 虽在本质上是数据为中心的，但它们并未以元数据为中心。当名称结点重启时，它会使用最新的 FsImage 和 EditLog。名称结点服务器是 HDFS 集群中的一个单点故障点。如果名称结点服务器出现故障，就需要手动干预。

（5）快照

快照功能支持在特定时间存储数据的一个备份。快照特性的一个用处是将一个损坏的 HDFS 实例回滚到一个之前时间点的已知功能正常的实例。

8. 数据组织

（1）数据块

HDFS 被设计用于支持海量文件。兼容 HDFS 的应用程序就可以处理海量数据。这些应用程序只写一次数据但会读取一次或多次，读取请求需要满足流式速度。HDFS 支持文件的写一次读取多次机制。HDFS 使用的典型的数据块大小是 64 MB。因此，一个 HDFS 文件最多会被截短到 64 MB，如果有可能，每个文件块都会存储在一个不同的数据结点。

（2）分段传送

一个客户端创建文件的请求不会立刻到达名称结点。事实上，HDFS 客户端会将文件数据缓存在一个临时的本地文件。应用程序的读操作会被透明地重定向到这个临时的本地文件。当本地文件累积的数据大小超过一个 HDFS 数据块大小时，客户端就会联系名称结点。名称结点将文件名插入到文件系统然后分配一个数据块给这个文件。名称结点把数据结点标识和目的数据块位置信息响应给客户端请求。然后客户端将数据块内容从本地临时文件转移到指定的数据结点。当一个文件关闭时，剩余的未写完的数据也会被转移到数据结点。客户端会在随后通知数据结点文件已关闭。这时，名称结点提交文件创建操作到一个持久化的存储。如果名称结点在文件关闭之前发生故障，这个文件就丢失了。

在对运行 HDFS 上的目标应用程序仔细考量后，上述方法已被采纳。这些应用程序需要支持流式写入文件。如果客户端不通过缓存直接写入远程文件，网络速度和网络拥塞会对数据的输入/输出影响很大。这种方法也不是没有先例，早期的分布式文件系统（例如 AFS）就已经采用客户缓存去改进性能。为了得到更好的数据上传性能，POSIX 规范的相关要求已经放弃不用了。

（3）复制操作管道化

当一个客户端写数据到一个 HDFS 文件时，它的数据会像本节之前所说的那样首先会被写到一个本地文件。假设 HDFS 的文件复制因子等于 3。当本地文件累积到一个完整的数据块大小时，客户端从名称结点获取一个数据结点列表。这个列表包含了将要存储该数据块复制内容的数据结点。客户端然后会将数据块先写到列表中的第一个数据结点。第一个数据结点开始以很小的单元（4 KB）接收数据，把每个数据单元写到它本地的磁盘中并且将该数据单元传输到列表中的第二个数据结点。第二个数据结点随后开始接收这个数据块的每个数据单元，写入本地磁盘，然后将数据单元传输到列表中的第三个数据结点。最终，第三个数据结点将数据写入到其本地磁盘。因此，一个数据结点可以通过管道化的方式接收到之前数据结点的数据并将数据传递到管线上的下一个数据结点。因而，数据被管道化地从一个数据结点传输到另一个数据结点。

9. 空间回收

（1）文件的删除和反删除

当一个文件被用户或应用程序删除时，其并没有被立刻从 HDFS 中删除掉。与此相反的是，HDFS 会先重命名该文件为/trash 目录中的一个文件。只要该文件仍然在/trash 目录中，它就可以被快速地还原。一个文件可以在/trash 目录中存留一段可配置的时间长度。当时间过期之后，名称结点就会从 HDFS 命名空间中删除这个文件。一个文件的删除意味着与该文件关联的数据块会被释放。需要注意的是，在文件被用户删除和 HDFS 空余空间的增长之间会有一个等待时间延迟。

用户可以在删除文件后反删除这个文件，只要这个文件仍然保留在/trash 目录中。如果想反删除一个已经被删除的文件，用户可以直接浏览/trash 目录并获取这个文件。/trash 目录仅仅包含最近被删除文件的备份。/trash 目录的一个特性是 HDFS 会应用策略自动从该目录删除文件。目前默认的策略是删除/trash 目录中 6 小时之前的文件。在未来的 HDFS 版本中，这个时间将通过一个设计好的接口来配置。

（2）减小复制因子

当文件复制因子减小时，名称结点会选择可以被删除的备份。在下一个“心跳”响应时，这个信息会被传输到指定的数据结点。该数据结点就会删除相应的数据块，然后释放集群中对应的磁盘空间。同样的，在 setReplicationAPI 执行结束和集群增加剩余空间之间会有一个时间延迟。

2.5 小结

数据是数据挖掘的起点，数据的有效存储是数据挖掘的基础。传统的数据存储技术是以关系数据集、关系数据库等为中心进行各种事务处理。为了更好地支持决策分析，操作型处理和分析型处理逐渐分离，形成了数据仓库技术。数据仓库是面向主题的、集成的、稳定的、随时间不断变化的数据集合。随着信息社会各类数据的爆炸式增长，对数据存储量的需求越来越大，对海量数据进行有效管理的需求越来越迫切，NoSQL 数据库、GFS、HDFS 等大数据存储和管理技术便相继出现了。

2.6 习题

1. 简述关系数据集的属性数据类型。
2. 数据仓库的主要特点有哪些？
3. 简述数据仓库与数据库的区别和联系。
4. 数据仓库中元数据记录的内容主要有哪些？
5. 简述数据仓库与数据挖掘的关系。
6. GoogleFS 与以往文件系统的不同有哪些？
7. 简述 GoogleFS 系统中快照操作的技术原理。
8. 简述 HDFS 系统中名称结点和数据结点之间的关系。

第3章 数据预处理

现实世界中的数据大多是不完整、不一致的脏数据，无法直接进行数据挖掘，或挖掘结果不能令人满意。为了提高数据挖掘的质量，数据预处理技术应运而生。数据预处理包括数据清理、数据集成、数据变换、数据归约等。数据预处理技术可以改进数据的质量，从而有助于提高之后挖掘过程的精度和性能。由于高质量的决策必然依赖于高质量的数据，因此数据预处理是知识发现过程的重要步骤。检测数据异常、尽早调整数据，并归约待分析的数据，将在决策制定时得到高回报。

3.1 数据预处理的必要性

最初为数据挖掘准备的所有原始数据集通常很大，且比较杂乱、受限，其中许多问题是由人为因素造成的。初始数据集有缺失值、失真、误记录和不当样本等问题。看起来没有这些问题的原始数据应该马上引起怀疑。要得到高质量的数据，必须在分析者看到它们之前，先整理和预处理数据，使其就像设计合理、准备充分的数据仓库中的数据一样。

下面讨论杂乱数据的来源和含义。首先，数据杂乱是由数据丢失造成的。测量或记录在很多情况下无法获得全部数据的值。在数据挖掘过程中要处理这个问题，必须能根据已有的数据甚至是丢失的数据来建模。后面将介绍一些对缺失值或多或少敏感的数据挖掘技术。如果这些方法足够健壮，值的缺失就不是问题。否则，在应用所选的数据挖掘技术之前，必须解决缺失值的问题。其次是数据的误记录，这在大数据集中非常常见。所以必须有能发现这些“异常”值的机制。某些情况下，甚至要用这些机制消除“异常”值对最终结果的影响。此外，数据可能并不来自假定的样本母体。这里，异常点就是典型的例子，分析人员要对它们进行仔细的分析，才能决定是将它们作为异常从数据挖掘过程中剔除，还是将它们保留为所研究样本母体的异常样本。

在采取进一步措施之前要彻底地检查数据，这在正式分析中相当重要。传统上，数据挖掘分析者在开始对数据建模或应用数据挖掘算法之前，必须先熟悉数据。然而，对于现代的大型数据集来说，这么做的可行性很小，甚至在很多情况下是完全不可能的，而必须依赖计算机程序来自动检查数据。

失真数据、方法上错误的步骤选择、滥用数据挖掘工具、模型过于理想化、未考虑数据中各种不确定性和模糊性的模型——所有这些都可能在数据挖掘过程中导致方向错误。因此，数据挖掘不只是简单地对已知问题应用一系列工具，而是一个批判性的鉴定、考查、检验和评估过程。数据在本质上应该是定义明确的、一致的和非易失性的。数据量要足够大，以支持数据分析、查询、汇报以及与长期历史数据进行比较。

许多数据挖掘专家认为，数据挖掘过程中一个最关键的步骤是初始数据集的准备和转换。这个步骤在很多时候并没有引起人们足够的注意，主要是因为许多人认为它与数据挖掘的应用高度相关。但在大多数数据挖掘应用中，数据准备过程的某些部分，有时甚至是整个准备过程，可以独立于应用和数据挖掘方法来描述。一些公司拥有相当大的、常常是分布式的数据集，此时，大多数数据准备过程都可以在数据仓库的设计阶段完成，但是只能在需要进行数据挖掘分析时，才能进行很多专门的转换。

原始数据并不总是，甚至很少是，能进行数据挖掘的最佳数据集，要对其进行许多转换，才能产生对所选的数据挖掘方法（如预测或分类）更有用的特征。用不同的方式计算，采用不同的样本大小，选择重要的比率，针对时间相关数据改变数据窗口的大小等，所有这些都可能有助于获得更好的数据挖掘结果。计算机不可能在没有人的辅助下找到最好的转换集合，用于一个数据挖掘应用的转换也不一定能很好地用于另一个应用。

数据准备有时会作为数据挖掘文献中一个不重要的话题而不予考虑，或者仅作为数据挖掘过程的一个阶段。在数据挖掘应用的现实世界中，事实恰恰相反，数据准备比应用数据挖掘方法需要耗费更多的精力。数据准备阶段有两个中心任务：

1）把数据组织成一种标准形式，以便数据挖掘工具和其他基于计算机的工具处理（标准形式是一个关系表）。

2）准备数据集，使其能得到最佳的数据挖掘效果。

3.2 数据清理

数据挖掘者都不希望使用数据挖掘技术分析的数据是不完整的（如有些感兴趣的属性缺少属性值，或仅包含聚集数据），含噪声的（包含错误，或存在偏离期望的局外者），并且是不一致的（例如，用于商品分类的部门编码存在差异）。但是，存在不完整的、含噪声的和不一致的数据是大型的、现实世界的数据库或数据仓库的共同特点。不完整数据的出现可能有多种原因。有些感兴趣的属性，如销售事务数据中顾客的信息，并非总是可用的。其他数据没有包含在内，可能只是因为输入时认为是不重要的。相关数据没有记录则可能是由于理解错误，或者因为设备故障。此外，记录历史或修改的数据可能被忽略。与其他数据不一致的数据可以删除。遗漏的数据，特别是某些属性上缺少值的元组可能需要推导出来。数据含噪声（具有不正确的属性值）可能有多种原因：收集数据的设备可能出了故障；人的或计算机的错误可能在数据输入时出现；数据传输中的错误也可能出现。还可能是由于技术的限制，如用于数据传输同步的缓冲区大小的限制。不正确的数据也可能是由命名或所用数据代码不一致而导致的。重复元组也需要进行数据清理。数据清理例程通过填写遗漏的值，平滑噪声数据，识别、删除局外者，并解决不一致来“清理”数据。脏数据造成挖掘过程陷入困惑，导致不可靠的输出。尽管大部分挖掘例程都有一些过程（用以处理不完整或噪声数据），但它们并非总是强壮的。相反，它们更致力于避免数据过分适合所建的模型。这样就需要一个有用的预处理步骤来清理数据中的各种问题。

3.2.1 缺失数据处理方法

对数据挖掘的实际应用而言，即使数据量很大，具有完整数据的案例子集可能相对较小。可用的样本和将来的事件都可能有缺失值。一些数据挖掘方法可以接受缺失值，并能进行圆满的处理，得到最终结论。其他方法则要求所有值都是可用的。一个明显的问题是，在应用数据挖掘方法之前的数据准备阶段，能否把这些缺失值补上。最简单的解决办法是减小数据集，取出包含缺失值的所有样本。如果大型数据集是可用的，且只有一小部分样本包含缺失值，那么这是可行的。如果不想取出有缺失值的样本，就必须找到它们的缺失值。此时可以采用什么实用的方法呢？

第一种方法，数据挖掘者和领域内的专家可手动检查缺失值样本，再根据经验加入一个合理的、可能的、预期的值。对缺失值较少的小数据集来说，这种方法简单明了。但是，如果每个样本的值都不明显或似是而非，挖掘者就要手动生成一个值，从而把噪点值引入数据集。

第二种方法，这种方法给出了消除缺失值的一个更简单的解决方案，它基于一种形式，常常是用一些常量自动替换缺失值，例如：

1）用一个全局常量（全局常量的选择与应用有很大关系）替换所有缺失值。

2）用特征平均值替换缺失值。

3）用给定种类的特征平均值替换缺失值（此方法仅用于样本预先分类的分类问题）。

这些简单方法都具有诱惑力。它们的主要缺点是替代值并非正确值。用常量替换缺失值或改变少数不同特征的值，数据就会有误差。替代值会均化带有缺失值的样本，得到一个专注于有最多缺失值的类别（人工类别）的统一的子集。如果所有特征的缺失值都用一个全局常量来替代，可能会形成一个未经客观证明的、作用被不断放大的未知值。

对缺失值的一个可能的解释是它们是“无关紧要”的。换句话说，我们可以假定这些值对最终的数据挖掘结果没有任何影响，这样，一个缺失值的样本可以扩展成为一组人工样本，对这组样本中的每个新样本，都用给定区域中一个可能的特征值来替换缺失值。这样的解释也许看起来更自然，但这种方法的问题在于人工样本的组合爆炸。例如，如果有一个三维样本 $X=\{1,?,3\}$，其中第二个特征值缺失，这种处理会在特征域 $[0,1,2,3,4]$ 内产生 5 个人工样本：

$$X_1=\{1,0,3\},X_2=\{1,1,3\},X_2=\{1,2,3\},X_4=\{1,3,3\},X_5=\{1,4,3\}$$

最后，数据挖掘者可以生成一个预测模型，来预测每个缺失值。例如，如果每个样本给定 3 个特征 A、B、C，则数据挖掘者可以根据把 3 个值全都作为一个训练集的样本，生成一个特征之间的关系模型。不同技术的选择取决于数据类型，如衰减、贝叶斯形式体系、聚类、决策树归纳法。一旦有了训练好的模型，就可以提出一个包含缺失值的新样本，并产生“预测”值。例如，如果特征 A 和 B 的值已给出，模型会生成特征 C 的值。如果缺失值与其他已知特征高度相关，这样的处理就可以为特征生成最合适的值。当然，如果缺失值总是能准确地预测，就意味着这个特征在数据集中是冗余的，在进一步的数据挖掘中是不必要的。在现实世界的应用中，带有缺失值的特征和其他特征之间的关联应是不完全的。因此，不是所有自动补充缺失值的方法都是正确的。但这样的自动方法在数据挖掘界最受欢迎。与其他方法相比，它们能最大限度地使用当前数据的信息，预测缺失值。

一般来讲，用简单的人工数据准备模式来替代缺失值是有风险的，常常有误导作用。最好根据带有和不带有缺失值的特征生成多种数据挖掘解决方案，然后对它们进行分析和解释。

3.2.2 噪声数据平滑技术

数值型的特征 y 可能包括许多不同的值，有时跟训练案例数一样多。对许多数据挖掘技术来说，这些值之间的微小区别并不重要，但可能会降低挖掘方法的性能，并影响最终结果。这些值也可以被看作同一潜在值的随机误差。因此，有时对变量值进行平滑处理很有用。

很多简单的平滑方法可以计算类似测量值的平均值，例如，如果数据值是有小数的实数，那么把这些值平滑为给定的精度就是应用大量样本的一种简单平整算法，其中每个样本都有自己的实数值。如果给定特征 F 的值集是 $\{0.93,1.01,1.001,3.02,2.99,5.03,5.01,4.89\}$，显然平整后的值应该是 $F_{smoothed}=\{1.0,1.0,1.0,3.0,3.0,5.0,5.0,5.0\}$。进行这个简单转换没有降低数据集的质量，但是把特征中不同实数值的数目减少到了 3 个。

有些平整算法要复杂得多。减少一个特征中不同值的数目，意味着同时减少了数据空间的维度，减少的值对基于逻辑的数据挖掘方法特别有用。在这种情况下的平滑方法可用于将连续型特征分解成一些列只包含“真假”两个值的离散型特征。

3.2.3 时间相关数据的处理

实际的数据挖掘应用范围包括时间强相关、时间弱相关和时间无关。现实中的时间相关问题需要特殊的数据准备和数据转换，在很多情况下，这种准备和转换对数据挖掘的成功都是至关重要的。首先讨论最简单的情况——随一定的时间间隔测量的单个特征，这个特征的一系列值是在固定的时间间隔测量。例如，温度每小时测一次，产品销售量每天记录一次。这是个经典的一元时间序列问题，在这个问题中，变量 X 在指定时间的值应和它的以前值有关系。因为在固定的时间间隔测定时间序列，所以其值序列可表示为

$$X=\{t(1),t(2),t(3),\cdots,t(n)\} \tag{3-1}$$

其中，$t(n)$是最近测定的值。

许多时间序列问题的目标是根据特征的以前值预测 $t(n+1)$的值，以前的值和预测值直接相关。在预处理原始的时间相关数据时，最重要的一步是指定一个窗口或时延（时间间隔）。以前值的数目会影响预测值。每个窗口代表一个数据样本，以便进行进一步分析，例如，如果时间序列有 11 个测量值组成

$$X=\{t(0),t(1),t(2),t(3),t(4),t(5),t(6),t(7),t(8),t(9),t(10)\} \tag{3-2}$$

且该时间序列的分析窗口为5，就可以把输入数据重组为一个包含 6 个样本的表格，这种表格更便于（标准化）应用数据挖掘技术。表 3-1 中列出了转换后的数据。

表 3-1 时间序列转换为标准表格形式（窗口为 5）

样本	窗口					下一个值
	M1	M2	M3	M4	M5	
1	$t(0)$	$t(1)$	$t(2)$	$t(3)$	$t(4)$	$t(5)$
2	$t(1)$	$t(2)$	$t(3)$	$t(4)$	$t(5)$	$t(6)$
3	$t(2)$	$t(3)$	$t(4)$	$t(5)$	$t(6)$	$t(7)$
4	$t(3)$	$t(4)$	$t(5)$	$t(6)$	$t(7)$	$t(8)$
5	$t(4)$	$t(5)$	$t(6)$	$t(7)$	$t(8)$	$t(9)$
6	$t(5)$	$t(6)$	$t(7)$	$t(8)$	$t(9)$	$t(10)$

最佳时延必须用通常的评估技术来测定，这种技术利用独立的测试数据进行可变复杂度的测量。数据准备不是只进行一次，就交给数据挖掘程序进行预测，而是要反复进行多次。一般的目标是预测时间序列的下一个值，但在一些应用中，可以把目标改为预测未来几个时间单元的值。用公式来表示就是：给定与时间相关的值 $t(n-i),\cdots,t(n)$，要求预测 $t(n+j)$的值。在上例中，设 $j=3$，新样本在表 3-2 中给出。

表 3-2 标准表格形式（窗口为 5）中延迟预测（$j=3$）的时间序列样本

样本	窗口					下一个值
	M5	M1	M2	M3	M4	
1	$t(0)$	$t(1)$	$t(2)$	$t(3)$	$t(4)$	$t(7)$
2	$t(1)$	$t(2)$	$t(3)$	$t(4)$	$t(5)$	$t(8)$
3	$t(2)$	$t(3)$	$t(4)$	$t(5)$	$t(6)$	$t(9)$
4	$t(3)$	$t(4)$	$t(5)$	$t(6)$	$t(7)$	$t(10)$

通常 j 越大，预测就越困难、越不可靠。时间序列的目标很容易从预测时间序列的下一个值改为分类到某个预定义的类别中。从数据准备的观点看，这并没有什么显著的变化。例如，新分类的输出不是预测的输出值 $t(i+1)$，而是二元的：T 代表 $t(i+1) \geqslant$ 阈值，F 代表 $t(i+1) <$ 阈值。

时间单元可以相当小，在时间序列的表格中，这会增加相同周期内的人工特征数据量。这给高维带来的问题是在时间序列数据标准表达中，要为精度付出一定的代价。

实际上，特征数据的多数旧值都是一些历史残留数据，它们与分析无关，也不能用于分析。因此，对许多商业应用和社会应用来讲，新趋势可能会使旧数据更不可靠、更不能使用。于是，新近数据成为重中之重，可以去除时间序列中最老的部分。现在，不但时间序列的窗口是固定的，而且数据集的大小也是固定的。只有最近的 n 个样本可用于分析，即使这样，它们的加权也可能不一样。对这些决策时必须加以注意，它们有时依赖的是应用的知识和过去的经验，例如，使用 20 年前的癌症病人数据并不能正确描述目前癌症患者的存活率。

除时间序列的标准表格式表述外，有时在应用数据挖掘技术之前，必须对原始数据进行额外的预处理，总结它们的特征。多数情况下，把 $t(n+1)-t(n)$ 作为预测结果比 $t(n+1)$ 更好，同样，$t(n+1)/t(n)$ 比率揭示了变化率，有时用这个比值也能得到更好的预测结果。这些预测结果只特别适用于基于逻辑的数据挖掘方法，如决策树和决策规则。当用差值或比率来表示目标时，测量输入特征的差值或比率也是有利的。

时间相关的案例通过目标和时延或大小为 m 的窗口来指定。汇总数据集特征的一种方法是取平均，得出“移动平均数”（MA）。一个平均数汇总了每个案例中最新的 m 个特征值，对每一个时间增量 i，其值为

$$\mathrm{MA}(i,m) = 1/m \sum_{j=i-m+1}^{i} t(j) \tag{3-3}$$

应用知识可辅助指定 m 的合理大小。误差估计应该验证所选的 m。MA 对所有时间点的加权都是相等的。典型的例子是股票市场的移动平均数，例如道琼斯或纳斯达克 200 天的平均变动。目的是通过 MA 平整邻近时间点，从而减少随机变动和噪声干扰成分。

$$\mathrm{MA}(i,m) = t(j) = \mathrm{mean}(i) + \mathrm{error} \tag{3-4}$$

另一种平均数是指数移动平均数（EMA），它对最近的时间周期进行更大的加权。可采用递归方式将其表述为

$$\mathrm{EMA}(i,m) = pt(i) + (1-p)\mathrm{EMA}(i-1,m-1) \tag{3-5}$$

$$\mathrm{EMA}(i,1) = t(i) \tag{3-6}$$

其中 p 是 0 ~ 1 的值。例如，假设 $p=0.5$，最新的值 $t(i)$ 和窗口中所有以前值的计算加权相同，取序列中头两个值的平均值进行计算。从下列两个等式开始计算：

$$\mathrm{EMA}(i,2) = 0.5t(i) + 0.5t(i-1)$$

$$\mathrm{EMA}(i,3) = 0.5t(i) + 0.5[0.5t(i-1) + 0.5(i-2)]$$

按照惯例，p 的值是根据应用知识或经验实证来确定的。EMA 在很多与商业有关的应用中运用得非常成功，往往能得出优于 MA 的结果。

MA 对近期进行了概括，而对数据走向的定位又提高了预测性能。比较最近的测量结果和早期的测量结果，组成新特征，就可以测量出数据走向的特性。三个简单的比较特征是：

1）$t(i) - \mathrm{MA}(i,m)$，当前值和 MA 之差。

2）$MA(i,m)-MA(i-k,m)$，两个 MA 之差，它们的窗口大小通常相同。

3）$t(i)/MA(i,m)$，当前值和 MA 的比率，更适用于某些应用。

总之，时间序列的特征概括起来，其主要成分如下：

1）当前值。

2）应用 MA 平整得到的值。

3）导出走向、差值和比率。

单变量的时间序列可以简单地延伸为多变量。多变量的时间序列不是在时刻 i 测量单个 $t(i)$ 值，而是同时测量多个值 $t[a(i),b(j)]$。多变量时间序列的数据准备没有额外的步骤。每个序列都可转换成特征，特征在每个不同时刻的值 A(I) 组合成一个样本 i。合成变换生成数据的标准表格形式，例如图 3-1 所示的表格。

时间	a	b
1	5	117
2	8	113
3	4	116
4	9	118
5	10	119
6	12	120

a)

样本	$a(n-2)$	$a(n-1)$	$a(n)$	$b(n-2)$	$b(n-1)$	$b(n)$
1	5	8	4	117	113	116
2	8	4	9	113	116	118
3	4	9	8	116	118	119
4	9	10	12	118	119	120

b)

图 3-1　时间相关特征表

尽管一些数据挖掘问题可以用单个时间序列来表示，但现实问题中更常见的是混合使用时间序列和不依赖时间的特征。这种情况下，需要执行时间相关转换和属性概括的标准程序。在这些转换中产生的数据的高维性，可以在数据挖掘的下一个阶段——数据归约阶段进行简化。

一些数据集并未明确包含时间成分，但是整个分析在时间域内（一般是基于被描述实体的几个日期属性）进行。这类数据集中有一种非常重要的数据，叫作幸存数据。幸存数据用于描述某个事件需要多长时间才会发生。在很多医学应用中，该事件是指病人的死亡，所以应分析病人的生存时间。在工业应用中，该事件常常是指机器中的一个部件出现故障。因此，这类问题的输出是幸存数据。在医学应用中，输入的是病人的记录；而在工业应用中，输入的是机器部件的特性。幸存数据有两个区别于其他数据挖掘中的数据的特征。第一个特征是审查。在很多研究中，直到研究周期的最后，事件都没有发生。因此，在医学实验中，一些病人 5 年之后仍然活着，不知道他们什么时候死亡。这种观察叫作审查观察。如果审查有了结果，即使不知道结果值，也掌握了一些信息。第二个特征是输入值与时间相关。既然要一直搜集数据，直到事件发生，则在等待期间输入值可能会改变。如果病人在研究期间停止吸烟或开始服用新药，就必须知道研究中要包括哪些数据，怎样表示这些变化。数据挖掘对这类问题的分析集中在幸存率函数或故障率函数上。幸存率函数是幸存时间比 t 大的概率。故障率函数揭示了在 t 时刻之前机器零件故障没有出现故障，在 t 时刻故障发生的可能性。

3.3　数据集成

数据分析任务多半涉及数据集成。数据集成将多个数据源中的数据结合起来存放在一个一致的数据存储（如数据仓库）中。这些源可能包括多个数据库、数据立方体或一般文件。数据集成有助于减少结果数据的冗余和不一致，有助于提高之后挖掘过程的准确性和速度。

3.3.1 实体识别与匹配

在数据集成时，有许多问题需要考虑。模式集成和对象匹配可能需要技巧。来自多个信息源的现实世界的实体如何才能“匹配”？这涉及实体识别问题。例如，数据分析者或计算机如何才能确信一个数据库中的 customer_id 和另一个数据库中的 cust_number 指的是相同的属性？这就涉及了元数据的概念。每个属性的元数据包括名字、含义、数据类型和属性的允许取值范围，以及处理空白、零或 NULL 值的空值规则。这样的元数据可以用来帮助避免模式集成的错误。元数据还可以用来帮助变换数据（例如，pay_type 的数据编码在一个数据库中可以用“H”和“S”，而在另一个数据库中用 1 和 2）。因此，这一步也与前面介绍的数据清理有关。

在集成期间，当一个数据库的属性与另一个数据库的属性匹配时，必须特别注意数据的结构。这旨在确保源系统中的函数依赖和参照约束与目标系统中的匹配。例如，在一个系统中，discount 用于订单，而在另一个系统中，它用于订单内的商品。如果在集成之前未发现，则目标系统中的商品可能被不正确地打折。

3.3.2 冗余和相关分析

冗余是数据集成的另一个重要问题。一个属性（例如年薪）如果能由另一个或另一组属性“导出”，则这个属性可能是冗余的。属性或维命名的不一致也可能导致数据集中的冗余。

有些冗余可以被相关分析检测到。给定两个属性，这种分析可以根据可用的数据度量一个属性能在多大程度上蕴涵另一个。对于标称数据，可以使用χ^2（卡方）检验。对于数值属性，可以使用相关系数和协方差，它们都评估一个属性的值如何随另一个变化。

1. 标称数据的相关检验

对于标称数据，两个属性 A 和 B 之间的相关联系可以通过χ^2（卡方）检验发现。假设 A 有 c 个不同值 a_1，a_2，…，a_c，B 有 r 个不同值 b_1，b_2，…，b_r。用 A 和 B 描述的数据元组可以用一个相依表显示，其中 A 的 c 个值构成列，B 的 r 个值构成行。令（A_i，B_j）表示属性 A 取值 a_i，属性 B 取值 b_j的联合事件，即（$A=a_i$，$B=b_j$）。每个可能的（A_i，B_i）联合事件都在表中有自己的单元。χ^2值（又称 Pearson χ^2统计量）可以用下式计算

$$\chi^2 = \sum_{i=1}^{c} \sum_{j=1}^{r} \frac{(o_{ij} - e_{ij})^2}{e_{ij}} \tag{3-7}$$

其中，o_{ij}是联合事件（A_i，B_j）的观测频率（即实际计数），而 e_{ij}是联合事件（A_i，B_j）的期望频率，可以用下式计算

$$e_{ij} = \frac{\text{count}(A=a_i) \times \text{count}(B=b_j)}{n} \tag{3-8}$$

其中，n 是数据元组的个数，$\text{count}(A=a_i)$是 A 上具有值 a_i的元组个数，而 $\text{count}(B=b_j)$是 B 上具有值 b_j的元组个数。式（3-7）中的和在所有 $r \times c$ 个单元上计算。注意：对χ^2值贡献最大的单元是其实际计数与期望计数很不相同的单元。

χ^2统计检验假设 A 和 B 是独立的。检验基于显著水平，具有自由度$(r-1)\times(c-1)$。下面用例 3-1 解释该统计量的使用。如果可以拒绝该假设，则说 A 和 B 是统计相关的。

例 3-1 使用χ^2的标称属性的相关分析。假设调查了 1500 人，记录了每个人的性别。每

个人对他们喜爱的阅读材料类型是否为小说进行投票。这样，就有两个属性 gender 和 preferred_reading。每种可能的联合事件的观测频率（或计数）汇总在表 3-3 所显示的相依表中，其中括号中的数是期望频率。期望频率根据两个属性的数据分布，用式（3-8）计算。

表 3-3　例 3-1 的数据的 2×2 相依表

	男/人	女/人	合计/人
小说	250（90）	200（360）	450
非小说	50（210）	1000（840）	1050
合计	300	1200	1500

使用式（3-8），可以验证每个单元的期望频率。例如，单元（男，小说）的期望频率是

$$e_{ij}=\frac{\text{count}(男)\times\text{count}(小说)}{n}=\frac{300\times450}{1500}=90$$

注意：在任意行，期望频率的和必须等于该行总观测频率，并且任意行的期望频率的和也必须等于该列的总观测频率。

使用计算χ^2的式（3-7），得到

$$\chi^2=\frac{(250-90)^2}{90}+\frac{(50-120)^2}{210}+\frac{(200-360)^2}{360}+\frac{(1000-840)^2}{840}$$

$$=284.44+121.90+71.11+30.48=507.93$$

对于这个 2×2 的表，自由度为$(2-1)(2-1)=1$。对于自由度 1，在 0.001 的置信水平下，拒绝假设的值是 10.828（取自χ^2分布上百分点表，通常可以在任意统计学教科书中找到）。由于计算的值大于该值，因此拒绝 gender 和 preferred_reading 独立的假设，并断言对于给定的人群，这两个属性是（强）相关的。

2. 数值数据的相关系数

对于数值数据，可以通过计算属性 A 和 B 的相关系数（又称 Pearson 积矩系数）估计这两个属性的相关度 $r_{A,B}$。

$$r_{A,B}=\frac{\sum_{i=1}^{n}(a_j-\bar{A})(b_j-\bar{B})}{n}=\frac{\sum_{i=1}^{n}(a_ib_i)-n\bar{A}\,\bar{B}}{n\sigma_A\sigma_B} \tag{3-9}$$

其中，n 是元组的个数，a_i和 b_i分别是元组 i 在 A 和 B 上的值，$\bar{A}$和$\bar{B}$分别是 A 和 B 的均值，σ_A和 σ_B分别是 A 和 B 的标准差，而$\sum(a_ib_i)$是 AB 叉积和（即对于每个元组，A 的值乘以该元组 B 的值）。注意：$-1\leqslant r_{A,B}\leqslant+1$。如果 $r_{A,B}$大于 0，则 A 和 B 是正相关的，这意味着 A 值随 B 值的增大而增大。该值越大，相关性越强（即每个属性蕴涵另一个的可能性越大）。因此，一个较高的 $r_{A,B}$值表明 A（或 B）可以作为冗余而被删除。

如果该结果值等于 0，则 A 和 B 是独立的，并且它们之间不存在相关性。如果该结果值小于 0，则 A 和 B 是负相关的，一个值随另一个值的减少而增加。这意味着每一个属性都阻止另一个属性出现。

注意：相关性并不蕴涵因果关系。也就是说，如果 A 和 B 是相关的，这并不意味着 A 导致 B 或 B 导致 A。例如，在分析人口统计数据库时，可能发现一个地区的医院数与汽车盗窃数是相关的，但这并不意味前者导致后者，或后者导致前者。实际上，二者必然关联到第三个属性——人口。

3. 数值数据的协方差

在概率论与统计学中，协方差和方差是两个类似的度量，用以评估两个属性如何一起变化。考虑两个数值属性 A、B 和 n 次观测的集合$\{(a_1,b_1),\cdots,(a_n,b_n)\}$。$A$ 和 B 的均值又分别称为 A 和 B 的期望值，即

$$E(A) = \bar{A} = \frac{\sum_{i=1}^{n} a_i}{n}$$

$$E(B) = \bar{B} = \frac{\sum_{i=1}^{n} b_i}{n}$$

A 和 B 的协方差定义为

$$\mathrm{Cov}(A,B) = E((A - A) - (B - B)) = \frac{\sum_{i=1}^{n} (a_i - \bar{A})(b_i - \bar{B})}{n} \tag{3-10}$$

如果把 $r_{A,B}$（协相关系数）的（3-9）式与（3-10）式相比较，则可以看到

$$r_{A,B} = \frac{\mathrm{Cov}(A,B)}{\sigma_A \sigma_B} \tag{3-11}$$

其中，σ_A和 σ_B分别是 A 和 B 的标准差。还可以证明

$$\mathrm{Cov}(A,B) = E(A \cdot B) - \bar{A}\,\bar{B} \tag{3-12}$$

该式可以简化计算。

对于两个趋向于一起改变的属性 A 和 B，如果 A 大于$\bar{A}$（A 的期望值），则 B 很可能大于$\bar{B}$（B 的期望值）。因此，A 和 B 的协方差为正。反之，如果当一个属性小于它的期望值时，另一个属性趋向于大于它的期望值，则 A 和 B 的协方差为负。

如果 A 和 B 是独立的（即它们不具有相关性），则 $E(A \cdot B) = E(A) \cdot E(B)$。因此，协方差为 $\mathrm{Cov}(A,B) = E(A \cdot B) - \bar{A}\,\bar{B} = E(A) \cdot E(B) - \bar{A}\,\bar{B}$。然而，该式子逆向不成立。某些随机变量（属性）对可能具有协方差0，但不是独立的。仅在某种附加的假设下（如数据遵守多元正态分布），协方差0 蕴涵独立性。

例 3-2 数值属性的协方差分析。表 3-4 给出了在 5 个时间点观测到的 AllElectronics 公司和 HighTech 公司的股票价格的简化示例。如果股市受相同的产业趋势影响，它们的股价会一起涨跌吗？

表 3-4 AllElectronics 和 HighTech 的股票价格

时 间 点	AllElectronics/美元	HighTech/美元
*t*1	6	20
*t*2	5	10
*t*3	4	14
*t*4	3	5
*t*5	2	5

$$\mathrm{E(AllElectronics)} = \frac{6+5+4+3+2}{5}\text{美元} = \frac{20}{5}\text{美元} = 4\ \text{美元}$$

$$E(\text{HighTech}) = \frac{20+10+14+5+5}{5}\text{美元} = \frac{54}{5}\text{美元} = 10.80\text{ 美元}$$

于是，使用式（3-10）有

$$\text{Cov}(\text{AllElectronics}, \text{HighTech}) = \frac{6\times20+5\times10+4\times14+3\times5+2\times5}{5} - 4\times10.80$$

$$= 50.2 - 43.2 = 7$$

由于协方差为正，因此可以说两个公司的股票会同时上涨。

3.3.3 元组重复数据的检测

除了检测属性间的冗余外，还应当在元组级检测重复（例如，对于给定的唯一数据实体，存在两个或多个相同的元组）。去规范化表的使用（这样做通常是通过避免连接来改善性能）是数据冗余的另一个来源。不一致通常出现在各种不同的副本之间，导致不一致的原因为不正确的数据输入，或者只更新了数据的某些出现，但未更新所有出现。例如，如果订单数据库包含的是订货人的姓名和地址属性，而不是这些信息在订货人数据库中的编码，则差异就可能出现，因为同一订货人的名字可能以不同的地址形式出现在订单数据库中。

3.3.4 冲突数据的检测与处理

数据集成还涉及数据值冲突的检测与处理。例如，对于现实世界的同一实体，来自不同数据源的属性值可能不同。这可能是因为表示、比例或编码不同。例如，重量属性可能在一个系统中以公制单位存放，而在另一个系统中以英制单位存放。不同旅馆的价格不仅可能涉及不同的货币，而且可能涉及不同的服务（如免费早餐）和税。数据这种语义上的异种性，是数据集成的巨大挑战。

仔细将多个数据源中的数据集成起来，能够减少或避免结果数据集中数据的冗余和不一致性，有助于提高之后挖掘过程的精度和速度。

3.4 数据转换

数据转换是将数据整理成适合于挖掘的形式，数据转换涉及数据平滑、数据规范化或标准化以及特征构造等内容。数据平滑就是去掉数据中的噪声，是一种数据清洗形式，常用的技术包括分箱、聚类和回归。数据聚集是对数据进行汇总和聚合，用来为多粒度数据分析构造数据方，例如，可以通过聚集日销售数据来计算月和年销售额。这里主要介绍数据标准化和数据泛化，特征构造在 3.7 节介绍。

3.4.1 数据标准化

数据标准化是将数据按比例缩放，使之落入一个小的特定区间。在某些比较和评价的指标处理中经常会用到这种方法，去除数据的单位限制，将其转化为无量纲的纯数值，便于不同单位或量级的指标能够进行比较和加权。例如，在基于 n 维空间中的点间距离计算中，可能需要对数据进行标准化，以获得最佳结果。测量值可按比例对应到一个特定的范围。如[-1,1]或[0,1]。数据的标准化有许多方法，这里列举 3 个简单有效的标准化技术。

1. 小数缩放

小数缩放移动小数点，但仍保留大多数原始数据值。常见的缩放是使值在 -1 ~ 1 的范围

内。小数缩放可以表示为等式

$$v'(i) = v(i)/10^k \tag{3-13}$$

在这个等式中，$v(i)$是特征 v 对于样本 i 的值，$v'(i)$是缩放后的值，k 是保证$|v'(i)|$的最大值小于 1 的最小比例。

首先，在数据集中找出$|v'(i)|$的最大值，其次移动小数点，直到得出一个绝对值小于 1 的缩放新值。这个因子可用于所有其他的 $v(i)$。例如，数据集中的最大值为 455，最小值为 −834，那么特征的最大绝对值就是 0.834，所有 $v(i)$都用同一个因子 1000($k = 3$)。

2. 最小 – 最大标准化

假设特征 v 的数据的范围在 150 ~ 250，则前述的标准化方法使所有标准化后的数据取值在 0.15 ~ 0.25，但是这会让值堆积在整个取值范围的一个小的子区间中。要使值在整个标准化区间如[0,1]上获得较好的分布，可以用最小 – 最大公式：

$$v'(i) = (v( ) - \min[v(i)])/(\max[v(i)] - \min[v(i)]) \tag{3-14}$$

其中特征 v 的最小值和最大值是通过一个集合自动计算的，或者是特定领域的专家估算出来的。这种转换也可应用于标准化区间[−1,1]。最小值和最大值的自动计算需要对整个数据集进行另一次搜索，但是计算过程很简单。另一方面，最小值和最大值的专家估算可能导致标准化值的无意识的集中。

3. 标准差标准化

按标准差进行的标准化对距离测量值非常有效，但是把初始数据转化成了未被认可的形式。对于特征 v，平均值 mean(v)和标准差 sd(v)是针对整个数据集进行计算的。那么对于样本 i，用下述等式来转换特征的值

$$v(i) = (v[i] - \text{mean}[v])/\text{sd}(v) \tag{3-15}$$

例如，如果一个属性值的初始集合是 $v = \{1,2,3\}$，mean(v) = 2，sd(v) = 1，则标准化值的新集合为 $v^* = \{-1,0,1\}$。

为什么不把标准化看作数据挖掘方法的一个固有部分呢？答案很简单：标准化对几种数据挖掘方法来说很有用。还有一点也很重要：数据并不是一次性或一个阶段的事件。如果一种方法需要标准化数据，就要为所选的数据挖掘技术对可用的数据进行转换和准备，还必须对数据挖掘的所有其他阶段、所有新数据和未来数据进行同样的数据标准化。因此，必须把标准化的参数和方法一起保存。

3.4.2 数据泛化

数据泛化就是使用概念分层，用高层次的概念替换低层次的“原始”数据。例如，分类的属性（如 street），可以泛化为较高层的概念，如 city 或 country。类似地，对于数值属性（如 age），可以映射到较高层概念，如 young，middle – age 和 senior。通过这种泛化，尽管细节丢失了，但泛化后的数据更有意义、更容易解释，并且所需的空间比原数据少。在泛化后的数据上进行挖掘，与在大的、未泛化的数据上挖掘相比，所需的 I/O 操作更少，并且更有效。属性 price 的概念分层示例在图 3-2 给出。对于同一个属性，分析师可以定义多个概念分层，以满足不同用户的需要。

对于用户或领域专家来说，人工地定义概念分层可能是一项乏味、耗时的任务。幸而，许多分层蕴涵在数据库模式中，并且可以在模式定义级定义。概念分层常常自动地产生，或根据数据分布的统计分析动态地加以提炼。有一些典型的方法产生分类数据的概念分层。

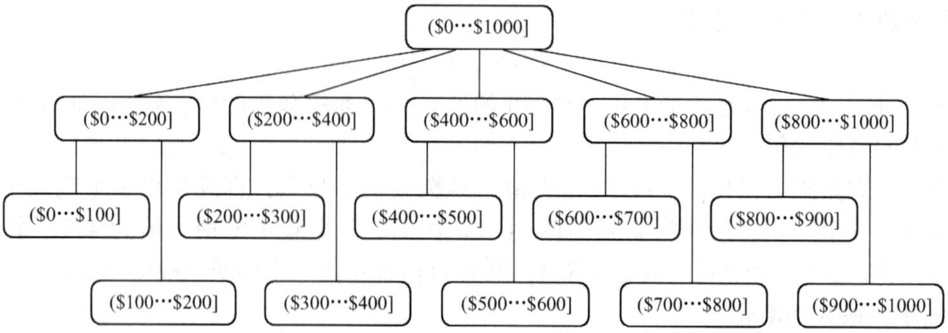

图 3-2　属性 price 的一个概念分层

1）由用户或专家在模式级显式地说明属性的部分序。通常，分类属性或维的概念分层涉及一组属性。用户或专家在模式级通过说明属性的部分序或全序，可以很容易地定义概念分层。例如，关系数据库或数据仓库的维 location 可能包含如下一组属性：street，city，province_or_state 和 country。用户或专家可以在模式级说明一个全序，如 street < city < province_or_state < country，来定义分层结构。

2）通过显式数据分组说明分层结构的一部分。这基本上是人工地定义概念分层结构的一部分。在一个大型数据库中，通过显式的值枚举定义整个概念分层是不现实的。然而，对于一小部分中间层数据，显式地指出分组是现实的。例如，在模式级说明了 province 和 country 形成一个分层后，可以人工地添加某些中间层，如显式地定义“{Albert，Sakatchewan，Manitoba}⊂prairies_Canada”和“{British Columbia，prairies_Canada}⊂Western_Canada”。

3）说明属性集，但不说明它们的偏序。用户可以说明一个属性集，形成概念分层，但并不显式说明它们的偏序。然后系统根据算法自动地产生属性的序，构造有意义的概念分层。

人们可能会问：“对于没有数据语义的知识，如何找出一个任意的分类属性集的分层序？”考虑下面的事实：由于一个较高层的概念通常包含若干从属的较低层概念，定义在高概念层的属性与定义在较低概念层的属性相比，通常包含较少数目的不同值。根据这一事实，可以根据给定属性集中每个属性不同值的个数，自动地产生概念分层。具有最多不同值的属性放在分层结构的最低层。一个属性的不同值的个数越少，它在所产生的概念分层结构中所处的层越高。在许多情况下，这种启发式规则都很有用。在考察了所产生的分层之后，如果有必要，局部层次的交换或调整可以由用户或专家来做。

例 3-3　假定用户对于 AllElectronics 的维 location 选定了属性集：street，country，province_or_state 和 city，但没有指出属性之间的层次序。

location 的概念分层可以按如下步骤自动产生：首先，根据每个属性的不同值个数将属性按降序排列。其结果如下（每个属性的不同值数目在括号中）：country（15），province_or_state（365），city（3567），street（674339）。其次，按照排好的次序，自顶向下产生分层，第一个属性在最顶层，最后一个属性在最底层。结果分层如图 3-3 所示。最后，用户可以考察所产生的分层，如果有必要，对其进行修改，以反映期望属性应满足的联系。在这个例子

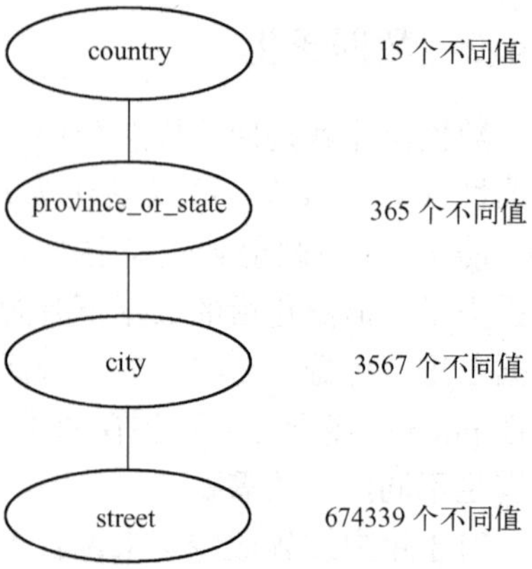

图 3-3　一个基于不同值个数的模式概念分层的自动产生

中，显然不需要修改产生的分层。

注意，不能把启发式规则推向极端，因为显然有些情况并不遵循该规则。例如，在一个数据库中，时间维可能包含 20 个不同的年，12 个不同的月，每星期 7 个不同的天。然而，这并不意味时间分层应当是“year < month < days_of_the_week”，days_of_the_week 在分层结构的最顶层。

4）只说明部分属性集。在定义分层时，有时用户可能不小心，或者对于分层结构中应当包含什么只有很模糊的想法。结果，用户可能在分层结构说明中只包含了相关属性的一小部分。例如，用户可能没有包含 location 所有分层的相关属性，而只说明了 street 和 city。为了处理这种部分说明的分层结构，重要的是在数据库模式中嵌入数据语义，使得语义密切相关的属性能够捆在一起。用这种办法，一个属性的说明可能触发整个语义密切相关的属性被“拖进”，形成一个完整的分层结构。然而，必要时，用户应当可以忽略这一特性。

例 3-4 关于 location 概念，假定数据库系统已将五个属性 number，street，city，province_or_state 和 country 捆绑在一起。如果用户在定义 location 的分层结构时只说明了属性 city，系统可以自动地拖进以上五个语义相关的属性，形成一个分层结构。用户可以去掉分层结构中的任何属性，如 number 和 street，让 city 作为该分层结构的最低概念层。

3.5 数据归约

假定由数据仓库选择了数据，用于分析。数据集将非常大！在海量数据上进行复杂的数据分析和挖掘将需要很长时间，使得这种分析不现实或不可行。

数据归约技术可以用来得到数据集的归约表示，它小得多，但仍接近地保持原数据的完整性。这样，在归约后的数据集上挖掘将更有效，并产生相同（或几乎相同）的分析结果。

数据归约的策略如下：

- **数据立方体聚集：**聚集操作用于数据方中的数据。
- **维度归约：**可以检测并删除不相关、弱相关或冗余的属性或维。
- **数据压缩：**使用编码机制压缩数据集。
- **数值归约：**用替代的、较小的数据表示替换或估计数据，如参数模型（只需要存放模型参数，而不是实际数据）或非参数方法，如聚类、选样和使用直方图。
- **离散化和概念分层产生：**属性的原始值用区间值或较高层的概念替换。概念分层允许挖掘多个抽象层上的数据，是数据挖掘的一种强有力的工具。

3.5.1 数据立方体聚集

假定已经分析收集了数据。这些数据由 AllElectronics 1997 年到 1999 年每季度的销售数据组成。然而，感兴趣的是年销售（每年的总和），而不是每季度的总和。可以对这种数据再聚集，使得结果数据汇总每年的总销售，而不是每季度的总销售。该聚集如图 3-4 所示。结果数据量小得多，并不丢失分析任务所需的信息。

数据立方体存放多维聚集信息。例如，图 3-5 所示数据方用于所有分部每类商品年销售多维数据分析。每个单元存放一个聚集值，对应于多维空间的一个数据点。每个属性可能存在概念分层，允许在多个抽象层进行数据分析。例如，branch 的分层允许分部按它们的地址聚集成地区。数据方提供对预计算的汇总数据进行快速访问，因此它适合联机数据分析和数据挖掘。

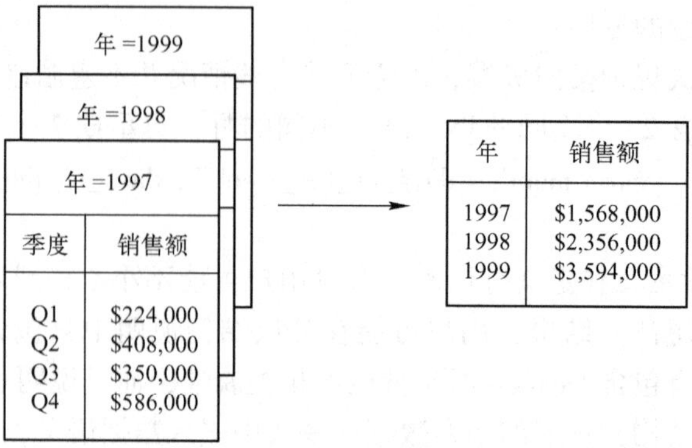

图 3-4 销售数据

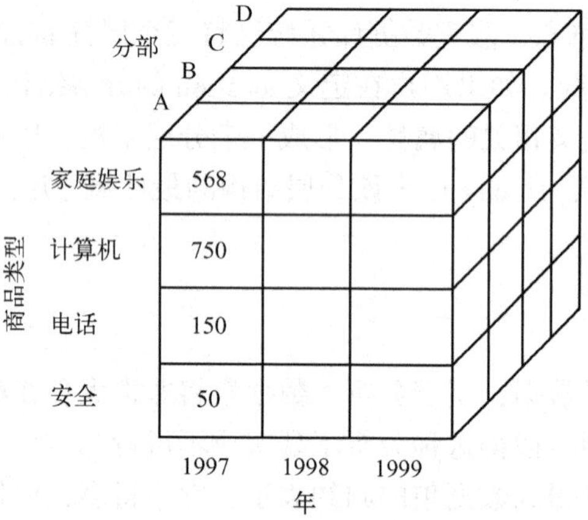

图 3-5 销售数据立方体

创建在最低层的数据方称为基本方体。最高层抽象的数据方称为顶点方体。对于图 3-5 的销售数据，顶点方体将给出一个汇总值——所有商品类型、所有分部三年的总销售额。对不同层创建的数据方称为方体，因此“数据方”可以看作方体的格。每个较高层的抽象将进一步减少结果数据。

基本方体应当对应于感兴趣的实体，如 sales 或 customer。换言之，最低层对于分析应当是有用的。由于数据方提供了对预计算的汇总数据的快速访问，在响应关于聚集信息的查询时应当使用它们。当响应 OLAP 查询或数据挖掘查询时，应当使用与给定任务相关的最小方体。

3.5.2 维度归约

用于数据分析的数据可能包含数以百计的属性，其中大部分属性与挖掘任务不相关，是冗余的。例如，如果分析任务是按顾客听到广告后，是否愿意购买流行的新款 CD 将顾客分类，与属性 age，music_taste 不同，诸如顾客的电话号码等属性多半是不相关的。尽管领域专家可以挑选出有用的属性，但这可能是一项困难而费时的任务，特别是当数据的行为不清楚的时候更是如此。遗漏相关属性或留下不相关属性是有害的，会导致所用的挖掘算法无所适从。这可能导致发现的模式质量很差。此外，不相关或冗余的属性增加了数据量，可能会减慢挖掘进程。

维归约通过删除不相关的属性（或维）减少数据量。通常使用属性子集选择方法。属性子集选择的目标是找出最小属性集，使得数据类的概率分布尽可能地接近使用所有属性的原分布。在压缩的属性集上进行数据挖掘还有其他优点。它减少了出现在发现模式上的属性的数目，使得模式更易于理解。

如何找出原属性的一个“好的”子集？d 个属性有 2^d 个可能的子集。穷举搜索找出属性的最佳子集可能是不现实的，当 d 和数据类的数目增加时更是如此。因此，对于属性子集选择，通常使用压缩搜索空间的启发式算法。通常，这些算法是贪心算法，在搜索属性空间时，总是做“看上去是最佳”的选择。它们的策略是做局部最优选择，期望由此导致全局最优解。在实践中，这种贪心方法是有效的，并可以逼近最优解。

“最好的”（或“最差的”）属性使用统计测试来选择，这种测试假定属性是相互独立的。也可以使用一些其他属性估计度量，如使用信息增益度量建立分类判定树。

属性子集选择的基本启发式方法包括以下技术，其中一些技术如图 3-6 所示。

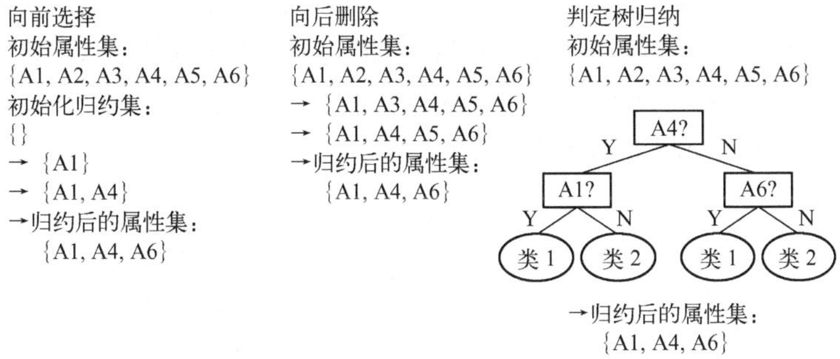

图 3-6　属性子集的选择方法

1）逐步向前选择。该过程由空属性集开始，选择原属性集中最好的属性，并将它添加到该集合中。其后的每一次迭代均将原属性集剩下的属性中的最好的属性添加到该集合中。

2）逐步向后删除。该过程由整个属性集开始。每一步均删掉尚在属性集中的最坏的属性。

3）向前选择和向后删除的结合。向前选择和向后删除方法可以结合使用，每一步均在属性集中选择一个最好的属性，并在剩余属性中删除一个最坏的属性。

方法 1）到 3）的结束条件可以有多种，可以使用一个阈值来判定是否停止属性选择过程。

4）判定树归纳。判定树算法（如 ID3 和 C4. 5）最初是用于分类的。判定树归纳构造一个类似于流程图的结构，其每个内部（非树叶）结点表示一个属性上的测试，每个分枝对应测试的一个输出；其每个外部（树叶）结点表示一个判定类。在每个结点，算法选择最好的属性，将数据划分成类。

当判定树归纳用于属性子集选择时，树由给定的数据构造。不出现在树中的所有属性假定是不相关的，出现在树中的属性形成归约后的属性子集。

3. 5. 3　数据压缩

在数据压缩时，应用数据编码或变换得到原数据的归约或“压缩”表示。如果原数据可以由压缩数据重新构造而不丢失任何信息，则所使用的数据压缩技术是无损的。如果只能重新构造原数据的近似表示，则该数据压缩技术是有损的。有一些很好的串压缩算法，尽管它们是无损的，但只允许有限的数据操作。这里介绍两种流行、有效的有损数据压缩方法——离散小波变换和主成分分析。

1. 离散小波变换

离散小波变换（Disperse Wavelet Transform，DWT）是一种线性信号处理技术，它可以将数据向量 D 转换成不同的数值向量小波系数 D′，且两个向量具有相同的长度。

如果离散小波变换后的数据与原数据的长度相等，这种技术如何用于数据压缩呢？——关键在于离散小波变换后的数据可以裁减。仅存放一小部分最强的小波系数，就能保留近似的压缩数据。例如，保留大于用户设定的某个阈值的小波系数，并将其他系数置为 0。这样，结果数据表示非常稀疏，使得在小波空间，利用数据稀疏特点进行的操作计算得非常快。该技术也能用于消除噪声，而不会平滑掉数据的主要特性，使得它们也能有效地用于数据清理。给定一组系数，使用所用的 DWT 的逆，可以构造原数据的近似。

DWT 与离散傅里叶变换（DFT）有着密切的关系。DFT 是一种涉及正弦和余弦的信号处理技术。然而，一般来说，DWT 是一种较好的有损压缩，即对于给定的数据向量，如果 DWT 和 DFT 保留相同数目的系数，DWT 将提供原数据更精确的近似。因此，对于等价的近似，DWT 比 DFT 需要的空间小。且小波空间的局部性相当好，有助于保留局部细节。

DFT 只有一种，但 DWT 有若干族。图 3-7 给出了一些小波族。流行的离散小波变换包括 Harr_2，Daubechies_4 和 Daubechies_6 变换。

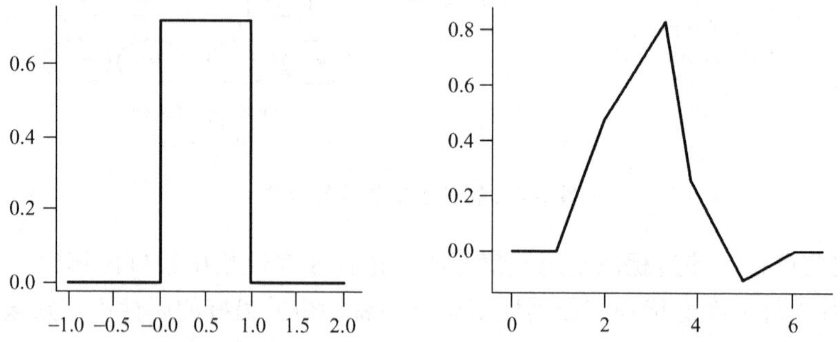

（a）Harr_2　（b）Daubechies_4

图 3-7　小波族的例子

应用离散小波变换的一般过程使用一种分层金字塔算法，它在每次迭代中将数据减半，具有很快的计算速度。该方法的步骤如下：

1）输入数据向量的长度 L 必须是 2 的整数幂。必要时，通过在数据向量后添加 0 来满足这一条件。

2）每个变换涉及应用两个函数。第一个使用某种数据平滑，如求和或加权平均。第二个进行加权差分，产生数据的细节特征。

3）两个函数作用于输入数据对，产生两个长度为 $L/2$ 的数据集。通常，它们分别代表输入数据平滑后的低频内容和高频内容。

4）两个函数递归地作用于前面循环得到的数据集，直到结果数据集的长度为 2。

5）从以上迭代得到的数据集中选择值，指定其为数据变换的小波系数。

同样，也可以将矩阵乘法用于输入数据，以得到小波系数。所用矩阵依赖于给定的 DWT。矩阵必须是标准正交的，即它们的列是单位向量并相互正交，使得矩阵的逆是它的转置。尽管这里不展开讨论，但这种性质允许由平滑与平滑 - 差数据集重构数据。通过将矩阵分解成几个稀疏矩阵，对于长度为 n 的输入向量，“快速 DWT”算法的复杂度为 $O(n)$。

离散小波变换可以用于多维数据，如数据立方体。具体步骤如下：先将变换用于第一个维，然后第二个，如此下去。计算复杂性相对于方中单元的个数是线性的。对于稀疏或倾斜数据、具有有序属性的数据，离散小波变换给出很好的结果。据报道，离散小波变换的有损压缩也比当前的商业标准 JPEG 压缩好。离散小波变换有许多实际应用，包括手写体图像压缩、计算机视觉、时间序列数据分析和数据清理等。

2. 主成分分析

主成分分析是一种将多个变量通过线性变换来选出较少个重要变量的多元统计分析方法。假定待压缩的数据由 N 个元组或数据向量组成，取自 k 维。主成分分析（Principal Component Analysis，PCA，又称 Karhunen－Loeve 或 K－L 方法）搜索 c 个最能代表数据的 k 维正交向量，这里 $c \leqslant k$。这样，原来的数据投影到一个较小的空间，导致数据压缩。PCA 可以作为一种维度归约形式使用。然而，不像属性子集选择那样通过保留原属性集的一个子集来压缩属性集的大小，PCA 通过创建一个替换的、较小的变量集"组合"属性的本质。原数据可以投影到该较小的集合中。基本过程如下：

1）对输入数据规范化，使得每个属性都落入相同的区间。此过程确保具有较大定义域的属性不会主宰具有较小定义域的属性。

2）PCA 计算 c 个规范正交向量，作为规范化输入数据的基。这些是单位向量，每一个都垂直于另一个。这些向量被称为主成分。输入数据是主成分的线性组合。

3）对主成分按"意义"或强度降序排列。主成分基本上充当数据的一组新坐标轴，提供重要的方差信息，即对轴进行排序，使得第一个轴显示的数据方差最大，第二个显示的方差次之，如此下去。例如，图 3-8 展示了对于原来映射到轴 X_1 和 X_2 的给定数据集的两个主成分 Y_1 和 Y_2。这一信息帮助识别数据中的分组或模式。

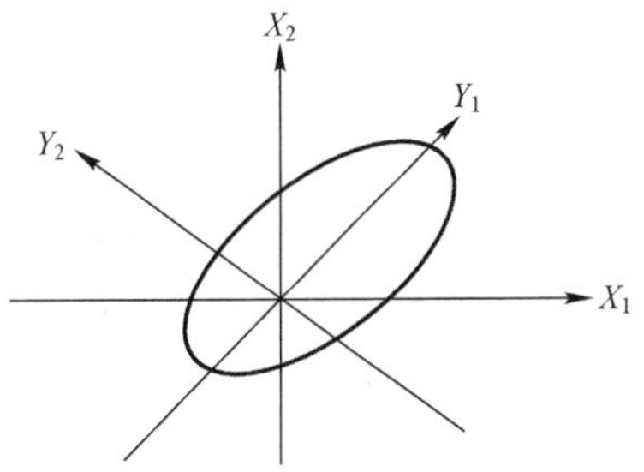

图 3-8　主成分分析

4）既然主成分根据"意义"降序排列，就可以通过去掉较弱的成分（即方差较小的那些）来压缩数据。使用最强的主成分，应当可以重构原数据的很好的近似值。

PCA 计算花费低，可以用于有序和无序的属性，并且可以处理稀疏数据和倾斜数据。对于多于 2 维的数据，可以通过将问题归约为 2 维来处理。例如，对于具有维 item_type，branch 和 year 的3－D 数据立方体，必须首先将它归约为 2－D 数据立方体，如具有维 item_type 和 branch × year 的数据立方体。与数据压缩的小波变换相比，PCA 能较好地处理稀疏数据，而小波变换更适合处理高维数据。

3.5.4　数值归约

能通过选择替代的、"较小的"数据表示形式来减少数据量吗？数值归约技术可以用于实现这一目的。这些技术可以是有参的，也可以是无参的。对于有参方法，使用一个模型来评估数据，即只需要存放参数，而不是实际数据。对数线性模型是一个例子，它估计离散的多维概率分布。存放数据归约表示的无参方法包括直方图、聚类和选样。

1. 回归和对数线性模型

回归和对数线性模型可以用来近似给定数据。在线性回归中，对数据建模，使之适合一条直线。例如，可以用以下公式，将随机变量 Y（称作响应变量）表示为另一随机变量 X（称为

预测变量）的线性函数

$$Y = \alpha + \beta X \tag{3-16}$$

这里假定 Y 的方差是常量。系数 α 和 β（称为回归系数）分别为直线的 Y 轴截距和斜率。系数可以用最小平方法求得，使得分离数据的实际直线与该直线间的误差最小。多元回归是线性回归的扩充，响应变量是多维特征向量的线性函数。

对数线性模型近似于离散的多维概率分布。基于较小的方体形成数据立方体的格，该方法可以用于估计具有离散属性集的基本方体中每个单元的概率。这允许由较低秩的数据立方体构造较高秩的数据立方体。因此，对数线性对于数据压缩是有用的（较低秩的方体总共占用的空间小于基本方体占用的空间），对数据平滑也是有用的（与用基本方体进行估计相比，用较低秩的方体对单元进行估计选样变化小一些）。

回归和对数线性模型都可以用于稀疏数据，尽管它们的应用可能是受限的。虽然两种方法都可以用于倾斜数据，但回归可望更好。当用于高维数据时，回归可能是计算密集的，而对数线性模型表现出很好的可绅缩性，可以扩展到 10 维左右。

2. 直方图

直方图使用分箱近似数据分布，是一种流行的数据归约形式。属性 A 的直方图将 A 的数据分布划分为不相交的子集或桶。桶安放在水平轴上，而桶的高度（和面积）是该桶所代表值的平均频率。如果每个桶只代表单个属性值/频率对，则该桶称为单桶。通常，桶表示给定属性的一个连续区间。

“如何确定桶和属性值的划分?”这里有一些划分规则：

1）等宽。在等宽的直方图中，每个桶的宽度区间是一个常数。

2）等深（或等高）。在等深的直方图中，这样创建，使得每个桶的频率粗略地为常数（即每个桶大致包含相同个数的临近样本）。

3）V－最优。给定桶个数，如果考虑所有可能的直方图，V－最优直方图是其中具有最小方差的直方图。直方图的方差是每个桶代表的原数据的加权和，其中权等于桶中值的个数。

4）MaxDiff。在 MaxDiff 直方图中，考虑的是每对相邻值之间的差。桶的边界是具有 $\beta-1$ 个最大差的对，这里的 β 由用户指定。

V－最优和 MaxDiff 直方图看来是最精确和最实用的。对于近似稀疏和稠密数据以及高倾斜和一致的数据，直方图是高度有效的。上面介绍的单属性直方图可以推广到多属性。多维直方图可以表现属性间的依赖关系，业已发现，这种直方图对于多达 5 个属性能够有效地近似表示数据。而对于存放具有高频率的“例外者”（孤立点），单桶则是有用的。

3. 聚类

聚类技术将数据元组视为对象。它将对象划分为群或类，使得在一个聚类中的对象“类似”，但与其他聚类中的对象“不类似”。通常，类似性基于距离，用对象在空间中的“接近”程度定义。聚类的“质量”可以用“直径”表示，而直径是一个聚类中两个任意对象的最大距离。质心距离是聚类质量的另一种度量，它定义为由聚类质心（表示“平均对象”，或聚类空间中的平均点）到每个聚类对象的平均距离。图 3-9 展示了关于顾客在一个城市中位置的顾客数据 2－D 图，每个聚类的质心用“+”显示。这里有 3 个数据聚类。

在数据归约时，用数据的聚类表示替换实际数据。该技术的有效性依赖于数据的性质。如果数据能够组织成不同的聚类，该技术会有效得多。

在数据库系统中，多维索引树主要用于提供对数据的快速访问。它也能用于分层数据的归

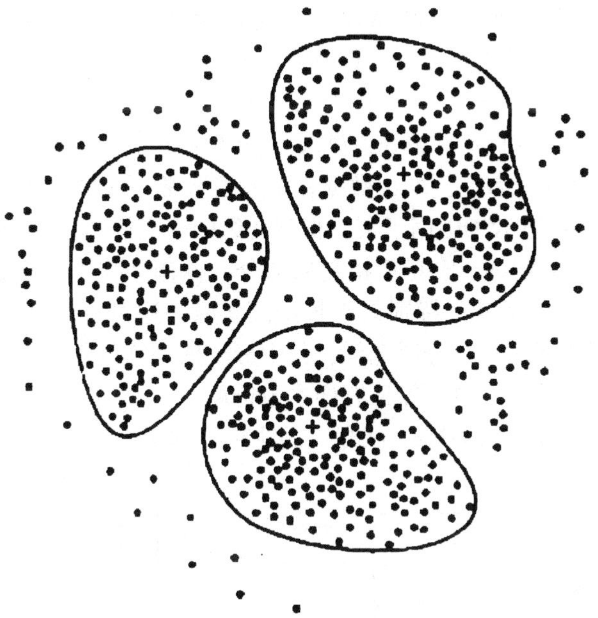

图 3-9　聚类图

约，提供数据的多维聚类。这可以用于提供查询的近似回答。对于给定的数据集合，索引树动态地划分多维空间，其树根结点代表整个空间。通常这种树是平衡的，由内部结点和树叶结点组成。每个父结点包含一些关键字和指向子女结点的指针，子女结点一起代表父结点代表的空间。每个树叶结点包含指向它所代表的数据元组（或实际元组）的指针。

这样，索引树可以在不同的清晰度或抽象层存放聚集和细节数据。它为数据集合的聚类提供了分层结构，其中每个聚类有一个标号，存放包含在聚类中的数据。如果把父结点的每个子女看作一个桶，则索引树可以看作一个分层的直方图。例如，考虑图 3-10 所示给定数据集的 B + 树的根，它具有指向数据键 986，3396，5411，8392 和 9544 的指针。假定树包含 10 000 个元组，其键值为 1 ~ 9999，则树中的数据可以用 6 个桶的等深直方图近似，其键值分别从 1 ~ 985，986 ~ 3395，3396 ~ 5410，5411 ~ 8391，8392 ~ 9543，9544 ~ 9999。每个桶大约包含 10 000/6 个数据项。类似地，每个桶被分成较小的桶，允许在更细的层次聚集数据。作为数据清晰度的一种形式，使用多维索引树依赖于每一维属性值的次序。多维索引树包括 R – 树、四叉树和它们的变形。它们都非常适合处理稀疏数据和倾斜数据。

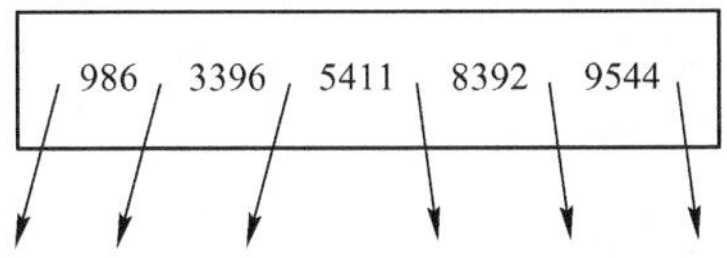

图 3-10　给定数据集的 B + 树的根

4. 选样

选样可以作为一种数据归约技术使用，因为它允许用数据的较小随机样本（子集）表示大的数据集。假定大的数据集 D 包含 N 个元组，D 的可能选样如下：

1）简单选择 n 个样本，不回放（SRSWOR）。由 D 的 N 个元组中抽取 n 个样本（$n < N$）；其中，D 中任何元组被抽取的概率均为 $1/N$，即所有元组是等可能的。

2）简单选择 n 个样本，回放（SRSWR）。该方法类似于 SRSWOR，二者的不同在于当一个元组被抽取并记录后，会被放回到数据集 D 中。这样，一个元组被抽取后，它又被放回 D，以便它可以再次被抽取。

3）聚类选样。如果 D 中的元组被分组放入 M 个互不相交的“聚类”，则可以得到聚类的 m 个简单随机选样，这里 $m < M$。例如，数据库中元组通常一次取一页，这样每页就可以视为一个聚类。又如，可以将 SRSWOR 用于页，得到元组的聚类样本，由此得到数据的归约表示。

4）分层选样。如果 D 被划分成互不相交的部分，称作“层”，则通过对每一层的简单随机选样就可以得到 D 的分层选样。特别是当数据倾斜时，这可以帮助确保样本的代表性。例如，可以得到关于顾客数据的一个分层选样，其中分层依顾客的每个年龄组创建。这样，即便是具有最少顾客数目的年龄组，也能保证有样本被选取。

这些选样是最常用的数据归约选样形式，如图 3-11 所示。

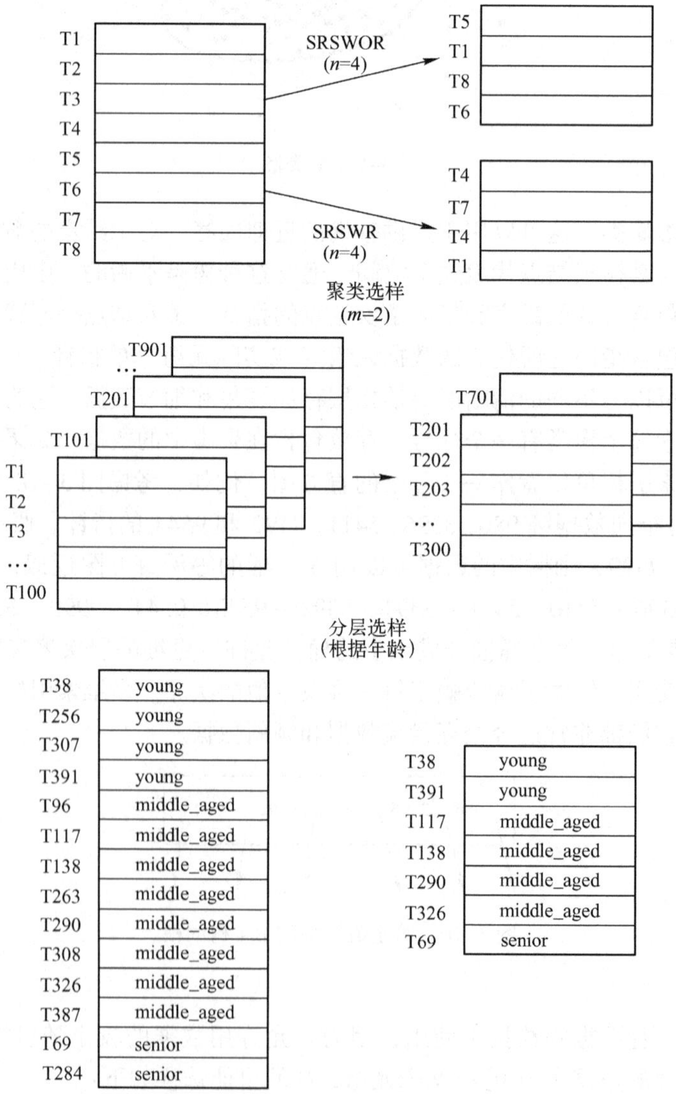

图 3-11　几种选样方式

采用选样进行数据归约的优点是：得到样本的花费正比例于样本的大小 n，而不是数据的大小 N。因此，选样的复杂性子线性于数据的大小。其他数据归约技术至少需要完全扫描 D。对于固定的样本大小，选样的复杂性仅随数据的维数 d 线性增加；而其他技术，如使用直方图，选样的复杂性随 d 指数增长。

用于数据归约时，选样最常用来回答聚集查询。在指定的误差范围内，通过选样可以确定（使用中心极限定理）估计一个给定的函数所需的样本大小。样本的大小 n 相对于 N 可能非常小。对于归约数据的渐进提炼，选样是一种自然选择。这样的集合可以通过简单地增加样本大小来进一步提炼。

3.6 数据离散化

通过将属性域划分为区间，离散化技术可以用来减少给定连续属性值的个数。区间的标号可以替代实际的数据值。如果使用基于判定树的分类挖掘方法，对减少属性值的数量特别有好处。通常这种方法是递归的，大量的时间花在每一步的数据排序上。因此，待排序的不同值越少，这种方法就应当越快。许多离散化技术都可以递归使用，以便提供属性值的分层或多分解划分——概念分层。

3.6.1 分箱方法

分箱方法通过考察“邻居”（即周围的值）来平滑存储数据的值。存储的值被分布到一些桶或箱中。由于分箱方法导致值相邻，因此它可以进行局部平滑。例如，通过将数据分布到箱中，并用箱中的平均值或中值替换箱中的每个值，可以将属性值离散化。就像用箱的平均值或中值平滑一样。这些技术可以递归地作用于结果划分，产生概念分层。图 3-12 为数据平滑的一些分箱技术。在该例中，price 数据首先被划分并存入等深的箱中（深度 3）。按平均值平滑就是箱中每一个值被箱中的平均值替换。例如，箱 1 中的值 4，8 和 15 的平均值是 9；这样，该箱中的每一个值被替换为 9。同理，也可以按中值平滑。此时，箱中的每一个值被箱中的中值替换。而按边界平滑就是箱中的最大和最小值同样被视为箱边界，箱中的每一个值被最近的边界值替换。一般来说，宽度越大，平滑效果越大。箱也可以是等宽的，每个箱值的区间范围是个常量。分箱方法也可以作为一种离散化技术使用。

*price*的排序后数据（元）：4, 8, 15, 21, 21, 24, 25, 28, 34
划分为（等深的）箱：
　箱 1：4, 8, 15
　箱 2：21, 21, 24
　箱 3：25, 28, 34
用平均值平滑：
　箱 1：9, 9, 9
　箱 2：22, 22, 22
　箱 3：29, 29, 29
用边界平滑：
　箱 1：4, 4, 15
　箱 2：21, 21, 24
　箱 3：25, 25, 34

图 3-12　数据平滑的一些分箱方法

3.6.2 直方图分析

3.5.4 小节讨论的直方图也可以用于离散化。图 3-13 给出了一个直方图，显示某给定数据集 price 属性的数据分布。例如，频率最高的价格大约在 \$300 ~ \$325。可以使用划分规则定义值的范围。例如，在等宽直方图中，将值划分成相等的部分或区间（如，(\$0，\$100]，(\$100，\$200]，…，(\$900，\$1,000]）。在等深直方图中，值被划分使得每一部分包括相同个数的样本。直方图分析算法递归地用于每一部分，自动地产生多级概念分层，直到到达一个预先设定的概念层数，过程终止。也可以对每一层使用最小区间长度来控制递归过程。最小区间长度设定每层每部分的最小宽度或每层每部分中值的最少数目。

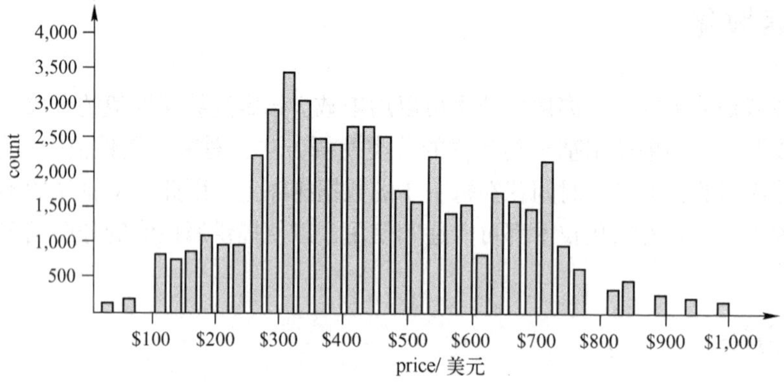

图 3-13　显示 price 属性的值分布的直方图

3.6.3 基于熵的离散化

熵是一种基于信息的度量，可以用来递归地划分数值属性 A 的值，产生分层的离散化。这种离散化形成属性的数值概念分层。给定一个数据元组的集合 S，基于熵对 A 离散化的方法如下：

1）A 的每个值可以认为是一个潜在的区间边界或阈值 T。例如，A 的值 v 可以将样本 S 划分成分别满足条件 $A<v$ 和 $A \geqslant v$ 的两个子集，这样就创建了一个二元离散化。

2）给定 S，所选择的阈值是这样的值——它使其后划分得到的信息增益最大。信息增益是

$$I(S,T)=\frac{|S_1|}{|S|}\mathrm{Ent}(S_1)+\frac{|S_2|}{|S|}\mathrm{Ent}(S_2) \tag{3-17}$$

其中，S_1和 S_2分别对应于 S 中满足条件 $A<T$ 和 $A \geqslant T$ 的样本。对于给定的集合，它的熵函数 Ent 根据集合中样本的类分布来计算。例如，给定 m 个类，S_1的熵是

$$\mathrm{Ent}(S_1) = -\sum_{i=1}^{m} p_i \log_2(p_i) \tag{3-18}$$

其中，p_i是类 i 在 S_1 中的概率，等于 S_1 中类 i 的样本数除以 S_1 中的样本总数。$\mathrm{Ent}(S_2)$的值可以类似地计算。

3）确定阈值的过程递归地用于所得到的每个划分，直到满足某个终止条件，如

$$\mathrm{Ent}(S)-I(S,T)>\delta \tag{3-19}$$

基于熵的离散化可以压缩数据量。与迄今为止提到的其他方法不同，基于熵的离散化使用类信息。这使得它更有可能将区间边界定义在准确位置，有助于提高分类的准确性。这里介绍的信息增益和熵也用于判定树归纳。

3.6.4 ChiMerge 技术

ChiMerge 是一种自动化的离散算法，它使用χ^2统计来分析已知特征的多个区间的质量。此算法根据输出样本的分类来确定两个相邻区间中的数据分布的相似性。如果χ^2的检验结果是输出类独立于特征的区间，就应该合并区间，否则就表示区间之间的统计差别很大，不能合并。

ChiMerge 离散算法包括 3 个步骤：

1）对已知特征的数据进行升序排列。

2）定义初始区间，使特征的每个值都在一个单独的区间内。

3）重复进行，直到任何两个相邻区间的χ^2都不小于阈值。

在每次合并后，计算剩余区间的χ^2检验值，找出具有χ^2值的两个相邻特征。如果计算出的χ^2比阈值小，就合并这两个区间。如果合并不可行，并且区间的数目远大于用户定义的最大值，就增大阈值。

在确定两个相邻区间独立性的方法中，使用χ^2检验或列联表检验。当数据在列联表（表 3-5 中给出的形式）中汇总时，χ^2检验值由公式给出：

$$\chi^2 = \sum_{i=1}^{2}\sum_{j=1}^{k}(A_{ij} - E_{ij})^2/E_{ij} \tag{3-20}$$

式中　K = 分类个数；

A_{ij} = 第 i 个区间第 j 类的实例数量；

E_{ij} = A_{ij}的期望频率，由$(R_iC_j)/N$ 计算可得；

R_i = 第 i 个区间中的实例数 $\sum A_{ij}, j = 1,\cdots,k$；

C_j = 第 j 类中的实例数 $\sum A_{ij}, i = 1,2$；

N = 总实例数 = $\sum R_i, i = 1,2$。

如果列联表中的R_i或C_j为 0，E_{ij}应设为一个较小值，如$E_{ij}=0.1$。进行这样修改的原因是避免检验数的分母太小，例如已知数据集的χ^2检验的自由度比类数少 1。当必须离散化一个以上的特征时，应该为每个特征单独定义最大区间数的阈值和χ^2检验的置信区间。如果区间数超过了最大值，就减小置信度，然后继续 ChiMerge 算法。

对分类个数为 2($K=2$)的分类问题，表 3-5 给出了 2×2 的列联表，其中分析了两个区间的合并。A_{11}代表第一个区间中属于第一类的样本数，A_{12}是第一个区间中属于第二类的样本数。A_{21}是第二个区间中属于第一类的样本数，A_{22}是第二个区间中属于第二类的样本数。

表 3-5　2×2 分类数据的列联表

	$K=1$	**$K=2$**	Σ
Interval - 1	A_{11}	A_{12}	R_1
Interval - 2	A_{21}	A_{22}	R_2
Σ	C_1	C_2	N

下面用一个比较简单的例子来分析 ChiMerge 算法，其中数据库由 12 个二维样本组成，只有一个连续性特征（F）和一个输出分类特征（K）。特征 K 的两个值 1 和 2 分别代表样本所属的两个类。初始数据集按连续性数值特征 F 进行排序，见表 3-6。

开始离散算法时，可以先在排好序的 F 上给区间选择最小的χ^2值。在已知的数据中定义一个中间值作为区间分割点。对本例来说，特征 F 的区间分割点是0，2，5，7.5，8.5 和10。根据这种区间分布，分析所有的相邻区间，试图找出最小的χ^2检测值。本例中，区间[7.5,8.5]和[8.5,10]的χ^2最小。这两个区间都只有一个样本，它们都属于 $K=1$ 类。初始的列联表见表3-7。

表3-6 按连续性特征 *F* 排序的数据表及相应分类 *K*

样本	*F*	*K*	样本	*F*	*K*
1	1	1	7	23	2
2	3	2	8	37	1
3	7	1	9	39	2
4	8	1	10	45	1
5	9	1	11	46	1
6	11	2	12	59	1

表3-7 区间[7.5,8.5]和[8.5,10]的列联表

	$K=1$	$K=2$	Σ
Interval[7.5,8.5]	$A_{11}=1$	$A_{12}=0$	$R_1=1$
Interval[8.5,10]	$A_{21}=1$	$A_{22}=0$	$R_2=1$
Σ	$C_1=2$	$C_2=0$	$N=2$

根据表中的值，可计算出期望值

$$E_{11}=2/2=1$$

$$E_{12}=0/2\approx 0.1$$

$$E_{21}=2/2=1 \quad 和 \quad E_{22}=0/2\approx 0.1$$

相应的χ^2检验值为：

$$\chi^2=(1-1)^2/1+(0-0.1)^2/0.1+(1-1)^2/1+(0-0.1)^2/0.1=0.2$$

对自由度 $d=1$，$\chi^2=0.2<2.706$（$\chi=0.1$ 的χ平方分布表的阈值），于是可以断定，相关类的频数间没有太大差别，可将所选区间合并。合并过程仅在一次迭代中应用于χ^2最小且χ^2小于阈值的两个相邻区间。迭代过程将继续处理χ^2最小的另外两个相邻区间。在合并过程中，分析区间[0,7.5]和[7.5,10]时，会添加一个步骤。列联表见表3-8，期望值为

$$E_{11}=12/5=2.4$$

$$E_{12}=3/5=0.6$$

$$E_{21}=8/5=1.6 \quad 和 \quad E_{22}=2/5=0.4$$

相应的χ^2检验值为：

$$\chi^2=(2-2.4)^2/2.4+(1-0.6)^2/0.6+(2-1.6)^2/1.6+(0-0.4)^2/0.4=0.834$$

所选区间应该合并为一个，因为对于自由度 $d=1$，$\chi^2=0.834<2.706$（$\chi=0.1$）。本例中，χ^2的阈值已知，算法将数据最终离散化为3个区间：[0,10]、[10,42]和[42,60]，其中60假定为特征 F 的最大值。这些区间可以赋予编码值1、2、3或描述性语言值低、中、高。

表3-8 区间[0,7.5]和[7.5,10]的列联表

	$K=1$	$K=2$	Σ
Interval[0,7.5]	$A_{11}=2$	$A_{12}=1$	$R_1=3$
Interval[7.5,10]	$A_{21}=2$	$A_{22}=0$	$R_2=2$
Σ	$C_1=4$	$C_2=1$	$N=5$

再进行合并是不可行的，因为χ^2检验显示，区间之间的差别很大。例如，如果试图合并[0,10]和[10,42]——表 3-9 给出了列联表——检验结果将是 $E_{11}=2.78$，$E_{12}=2.22$，$E_{21}=2.22$，$E_{22}=1.78$，$\chi^2=2.72>2.706$，则结论是两个区间之间存在较大的区别，合并是不可取的。

表 3-9　区间[0,10]和[10,42]的列联表

	K=1	**K=2**	Σ
Interval[0,10.0]	$A_{11}=2$	$A_{12}=1$	$R_1=3$
Interval[10.0,42.0]	$A_{21}=2$	$A_{22}=0$	$R_2=2$
Σ	$C_1=4$	$C_2=1$	$N=5$

3.6.5　人工划分分段

尽管分箱、直方图、基于熵的离散化和 ChiMerge 技术对于数值分层的产生是有用的，但是许多用户希望看到数值区域被划分为相对一致的、易于阅读、看上去直观或“自然”的区间。例如，更希望将年薪划分成像($50 000, $60 000]的区间，而不是像由某种复杂的聚类技术得到的($51 263.98, $60 872.34]那样。

3-4-5 规则可以用于将数值数据划分成相对一致的、“自然的”区间。一般地，该规则根据最高有效位上的值区域，递归地、逐层地将给定的数据区域划分为 3、4 或 5 个等宽区间。该规则如下：

1）如果一个区间在最高有效位上包含 3、6、7 或 9 个不同的值，则将该区间划分成 3 个区间（对于 3、6 和 9，划分成 3 个等宽的区间；而对于 7，按 2-3-2 分组，划分成 3 个区间）。

2）如果它在最高有效位上包含 2、4 或 8 个不同的值，则将区间划分成 4 个等宽区间。

3）如果它在最高有效位上包含 1、5 或 10 个不同的值，则将区间划分成 5 个等宽区间。

该规则可以递归地用于每个区间，为给定的数值属性创建概念分层。由于在数据集中可能有特别大的正值和负值，最高层分段简单地按最小和最大值可能导致扭曲的结果。例如，在资产数据集中，少数人的资产可能比其他人高几个数量级。按照最高资产值分段可能导致高度倾斜的分层。所以，顶层分段可以根据代表给定数据大多数的数据区间（例如，第 5 个百分位数到第 95 个百分位数）进行。越出顶层分段的特别高和特别低的值将用类似的方法形成单独的区间。下面是一个自动构造数值分层的例子，用以解释 3-4-5 规则的使用。

例 3-5　假定 AllElectronics 公司所有分部 1999 年的利润覆盖了一个很宽的区间，由 -$351 976.00 ~ $4 700 896.50。用户希望自动产生利润的概念分层。为了改进可读性，使用记号(l…r]表示区间(l,r]。例如，(-$1 000 000… $0]表示由 -$1 000 000（开的）到 $0（闭的）的区间。

假定数据的第 5 个百分位数到第 95 个百分位数在 -$159 876 ~ $1 838 761。使用 3-4-5 规则的结果如图 3-14 所示。

1）根据以上信息，最小和最大值分别为 MIN = -$351 976.00 和 MAX = $4 700 896.50。对于分段的顶层或第一层，要考虑的最低（第 5 个百分位数）和最高（第 95 个百分位数）值是：LOW = -$159 876，HIGH = $1 838 761。

2）给定 LOW 和 HIGH，最重要的数字在百万美元数字位（即 msd = 1 000 000）。LOW 向

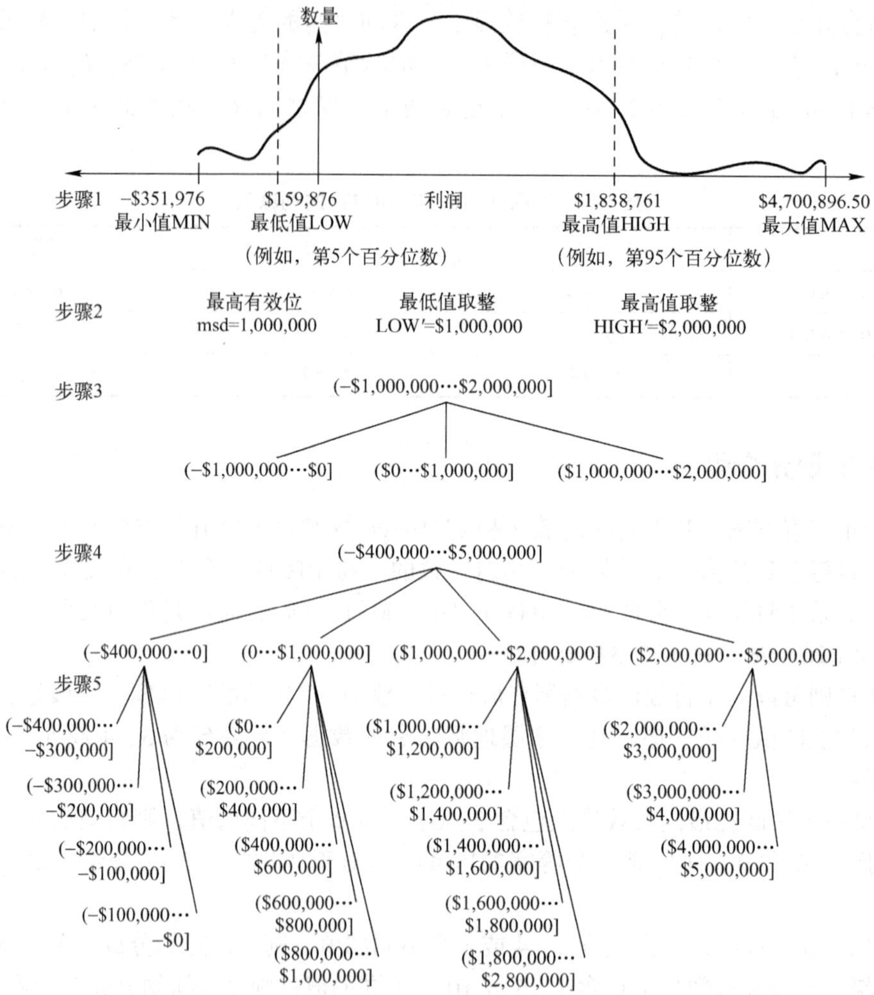

图 3-14　根据 3－4－5 规则，利润概念分层的自动产生

下对万美元数字位取整，得到 LOW′＝－$1 000 000；HIGH 向上对百万美元数字位取整，得到 HIGH′＝＋$2 000 000。

3）由于该区间在最高有效位上跨越了三个值，即(2 000 000＋1 000 000)/1 000 000＝3，根据 3-4-5 规则，该区间被划分成三个等宽的区间：(－$1 000 000… $0]，($0… $1 000 000]和($1 000 000… $2 000 000]。这代表分层结构的最顶层。

4）现在考察 MIN 和 MAX，看它们“适合”在第一层分划的什么地方。由于第一个区间(－$1 000 000… $0]覆盖了 MIN 值（即 LOW′＜MIN），可以调整该区间的左边界，使区间更小一点。MIN 的最高有效位在十万数字位。MIN 向下对十万数字位取整，得到 MIN′＝－$400 000。因此，第一个区间被重新定义为(－$400 000… $0]。

由于最后一个区间($1 000 000… $2 000 000]不包含 MAX 值，即 MAX＞HIGH′，需要创建一个新的区间来覆盖它。对 MAX 向上对最重要数字位取整，新的区间为($2 000 000… $5 000 000]。因此，分层结构的最顶层包含 4 个区间：(－$400 000… $0]，($0… $1 000 000]，($1 000 000… $2 000 000]和($2 000 000… $5 000 000]。

5）递归地，每一个区间可以根据 3-4-5 规则进一步划分，形成分层结构的下一个较低层：

第一个区间(－$400000… $0]划分成4个子区间：(－$400000… －$300000],(－$300000… －$200000],(－$200000… －$100000]和(－$100000… $0]。

第二个区间($0… $1000000]划分成5个子区间：($0… $200000],($200000… $400000],($400000… $600000],($600000… $800000]和($800000… $1000000]。

第三个区间($1 000 000… $2 000 000]划分成5个子区间：($1 000 000… $1 200 000],($1200000… $1400000],($1400000… $1600000],($1600000… $1800000]和($1800000… $2000000]。

最后一个区间($2 000 000… $5 000 000]划分成3个子区间：($2 000 000… $3 000 000],($3000000… $4000000]和($4000000… $5000000]。

类似地，如果有必要，3-4-5规则可以在较低层上继续迭代。

3.7 特征提取、选择和构造

特征提取、选择和构造是预处理任务，并且独立于数据挖掘。这样做有多个理由：第一，它有时只需处理一次，在其后的所有数据挖掘任务中重复使用；第二，它使用的评估度量的计算开销通常比数据挖掘算法小，因此它能够处理的数据量比数据挖掘大；第三，它是离线工作的。因此，如果有必要，可以尝试许多不同的算法。特征提取、选择和构造可以看作3个独立的问题，每一个问题都相当有难度。然而，除了是主要的预处理任务之外，它们还有一些其他共性：如前所述，它们都试图实现相同的数据归约目标；它们都需要某种标准来确保结果数据使得挖掘算法效率更高；它们的有效性需要从多方面度量，如数据的压缩量、压缩数据的相关性以及它们对数据挖掘算法的直接影响。

特征提取、选择和构造可以组合使用。在许多情况下，特征构造用新构造的、更具表达性的特征增加特征的数据，但这样可能包括冗余特征。特征选择可以自动帮助归约这些多余的特征。可能的组合包括特征选择后随特征提取和特征构造后随特征选择。到底如何使用取决于应用的多个因素，如数据挖掘的期望结果、所用的数据挖掘算法等。

3.7.1 特征提取

数据挖掘技术始于适当数据表达方式的设计。使用从初始输入中导出的特征，常常可以获得更高的性能。建立特征的表达方式，可以将领域知识合并到数据中，这种表达方式可能与具体的应用高度相关。把输入集转换为新的归约特征集称为特征提取。如果所提取的特征是精心选择出来的，新的特征集就可以从输入数据中提取出相关的信息，以便使用这个归约的表达方式来执行期望的数据挖掘任务。

特征转换技术的目标是将数据的维度减少到较小的数字，该维度是初始维度的线性或非线性组合。因此对应有两种主要的维度归约方法：线性和非线性。线性技术会得到 k 个新导出的特征，来替代初始的 p 个特征(k)($k << p$)。新特征的组成是初始特征的线性组合

$$S_i = W_{i,1}X_1 + \cdots + W_{i,p}X_p \qquad i = 1, \cdots, k$$

用矩阵表示为

$$\boldsymbol{s} = \boldsymbol{W}\boldsymbol{x} \tag{3-21}$$

其中 $\boldsymbol{W}_{kxp}$ 是线性转换加权矩阵。与考虑非线性转换的最新方法相比，这种线性技术更简

单，更容易实现。

一般而言，此过程通过合并特征（而不是删除特征）来减少特征维度。这种方法得到一个数量更少、有全新值的新特征集合。一个众所周知的方法是用主成分来合并特征，即对特征进行总体的检查、合并，并转换成一个新的特征集，用简化形式保留原有信息。基本转换是线性转换。对已知的 n 个特征，通过简单的加权可将它们转换为一个新特征 F'

$$F' = \sum_{j=1}^{n} w(j)f(j) \tag{3-22}$$

对于复杂的多维数据集，单个权集 $w(j)$ 的转换很可能是不够的，而必须进行 p 个转换。用加权 w 合并的每个 p 维特征向量叫作主成分，它定义了一个新转换的特征。m 加权的第一个权向量是最强的，其余的权向量则依据它们在重构初始数据时的期望作用来排列。取出排在后面的转换就可以降低维度。计算的复杂性随着特征数量的增加而急剧增加，这种算法的主要弱点是事先假定其为线性模型，导致特征方差最大化。

特征提取的其他方法包括因子分析（FA）、独立成分分析（ICA）和多维缩放（MDS）。其中 MDS 最流行，它是最近开发的新技术的基础。已知 p 维空间有 n 个样本，样本之间的距离用 $\boldsymbol{n} \times \boldsymbol{n}$ 矩阵标识，则 MDS 会生成数据项的 k 维（$k << p$）表示，使新空间中点之间的距离反映初始数据中的距离。在该技术中，可以使用各种距离度量值，这些度量值的主要特点是：两个样本越详细，它们之间的距离就越小。流行的距离度量值包括欧式距离（L2 范数）、曼哈顿距离（L1，绝对范数）和最大范数。MDS 一般用于把数据转换为二维或三维，把结果可视化地表达出来，从而可以看出数据中隐藏的结构。确定 k 的最大值时，一个经验法则是确保样本对的数量至少是待估参数的两倍，于是 $p \geqslant k+1$。在数据的平移、旋转和反射方面，MDS 技术的结果是不确定的。

ICA 和度量 MDS 都是线性维度归约的简单方法，MDS 的一个替代方法是 FastMap，这是计算效率很高的算法。最近开发出来的另一个变体 Isomap 是非线性维度归约的一个强大技术，它主要基于图形。

Isomap 会计算高维数据集的低维表达方式，它忠实地将输入样本对之间的距离保留为测量距离值。该算法可以理解为 MDS 的一个变体，它把测量距离的估计值替换为标准的欧式距离。

这个算法有 3 个步骤：第一步是计算每个输入样本的 k 个距离最近的邻近点，再绘制一个图形，其顶点表示输入样本，用无方向的线条连接 k 个距离最近的邻近点，再根据距离最近的邻近点之间的欧式距离，给这些线条指定加权值。第二步是根据图中的最短路径，计算所有结点对之间的距离。这可以使用著名的 Dijkstra 算法来完成。第三步是把结点对的距离值作为 MDS 的输入，确定一个新的归约特征集。

随着数据规模变得越来越大，且计算机的资源有限，所有特征选择（和归约）方法都面临超量数据的问题。但是，在数据挖掘的初始处理过程中，真的需要这么多的数据来选择特征吗？还是只需要较少的数据？实际上，大型数据集的一部分就可以很好地代表整个数据集。要点在于哪一部分可以代表整个数据集，这部分应该多大？可以不去寻找正确的那一部分，而是随机选择数据集的一个部分 P，用这部分来找出满足评估标准的特征子集，再在数据的不同部分检验这个子集。检验结果将会显示任务是否成功完成。如果出现不一致的情况，就必须选择稍微大一点的数据子集来重复此过程。数据子集 P 的初始大小应是多少呢？直观地讲，不能太小也不能太大。解决这个两难问题的一个简单方法是选择一定百分比的数据，比方说 10%。

合适的百分比可由实验确定。

特征归约处理的结果是什么？为什么每个特定的应用都需要这样的处理呢？其目的随实际问题而变化，但一般说来希望：

1）提高模型生成过程和所得模型的性能（典型标准有学习速度、预测精度和模型的简易程度）。

2）通过以下措施，在不降低模型质量的情况下减少模型的维度。

① 去除不相关的特征。

② 检测、去除冗余的特征和数据。

③ 识别高度相关的特征。

④ 提取确定模型的独立特征。

3）帮助用户可视化维度更少的可能结果，以改进决策。

3.7.2　特征选择

在数据挖掘中，特征选择也称为变量选择、特征归约或变量子集选择，这个技术会从数据中删除大多数非相关特征和冗余特征，选择出相关特征的一个子集，以建立健壮的学习模型。特征选择的目标有 3 个：①提高数据挖掘模型的性能；②提供更快、性价比更高的学习过程；③更好地理解生成数据的基本过程。特征选择的算法一般分为两类：特征排列算法和子集选择算法。特征排列算法根据特定的标准排列所有特征，去除没有获得足够分数的特征。而子集选择算法会在所有特征集中搜索最优子集，该子集中的特征是没有排序的。注意：不同的特征选择方法可以得出不同的归约数据集。

在特征排列算法中，特征等级列表是根据特有的评估测量标准来排序的。测量标准基于可用数据的精度、一致性、信息内容、样本之间的距离和特征之间的统计相关性。这些算法没有指出进一步分析的最小特征子集是什么，仅指出一个特征较其他特征的相关性。相反，最小子集算法返回一个最小特征子集，子集中的特征之间没有区别——所有特征的等级都是一样的。子集中的特征与挖掘过程相关，其余特征是不相关的。在这两种算法中，都需要建立特征评估方案，该方案会评估特征，然后排列它们，或把特征加到已选的子集中。

特征选择一般可以被看作一个搜索问题，搜索空间中的每个状态都指定了可能特征的一个子集。例如，若一个数据集有 3 个特征{A1,A2,A3}，在特征选择的过程中，若特征出现，则编码为 1，若特征不出现，则编码为 0，所以共有 2^3 个归约的特征子集，编码为{0,0,0}，{1,0,0}，{0,1,0}，{0,0,1}，{1,1,0}，{1,0,1}，{0,1,1}和{1,1,1}。如果搜索空间很小，特征选择问题就不重要，因为可以以任意的顺序分析所有子集，并很快完成搜索。但是，搜索空间往往都不小。当维数为 N 时，搜索空间就是 2^N，而在典型的数据挖掘应用中，N 的值都很大（$N>20$）。因此搜索起点和搜索策略相当重要。对所有特征子集进行穷举搜索常常用某个试探式搜索程序代替。根据已知问题，这些程序可以找出最优的特征子集，从而进一步提高了数据挖掘过程的质量。

特征选择的目标是找出特征的一个子集，此子集的数据挖掘性能优于整个特征集。已知一个大特征集 m，可进行列归约的子集数量有限，但对所有样本进行迭代分析，其数量还是相当大。由于实际的原因，最优的搜索并不可行，进行归约是为了得到合理的、可接受的、适时的结果。如果归约任务是生成一个子集，一种可能就是从空集开始，然后从初始的特征集中选择最相关的特征并写入——所谓的“自下而上”方法。这种方法基于一些试探式的特征评估标准。相反，自上而下方法从原始特征的完整集合开始，然后根据所选的试探式评估尺度，逐个去除不相关的特征。最优方法的其他近似方式有：

1）只检查有前景的特征子集——这种子集往往通过试探式方法得出，这为找出有竞争力的特征提供了足够的空间。

2）用计算简单的距离度量值替换错误的度量值——这种近似方法减少了计算时间，并给出了令人满意的结果，来比较备选的特征子集。

3）只根据大量数据的子集选择特征，但是随后的数据挖掘步骤将应用于整个数据集。

特征选择的应用及数据的维度归约可以用于数据挖掘过程的所有阶段，以成功地发现知识。它必须始于数据预处理阶段，但在很多情况下，即使特征选择和归约应用在后期处理，以更好地评估和巩固所得的结果，它也是数据挖掘算法的一部分。

下面分析有前景的特征子集。特征选择的一种可行技术是基于均值和方差的比较结果。要总结给定特征值的主要分布特点，必须计算均值和相应的方差。这种方法的主要缺点是特征的分布是未知的。如果假定其为正态分布，统计学可以计算出很好的结果，但实际上这个假设可能是毫无价值的。如果不知道分布曲线的形状，均值和方差就只是特征选择的试探式的、不严格的数据建模工具。

通常，如果一个特征描述了不同种类的实体，则可以检查不同种类的样本。用特征的方差对特征的均值进行标准化，然后比较不同种类的标准化值。如果均值相差很大，这个特征的重要性就增加，因为它可以区分两类样本。如果均值相差不大，这个特征的重要性就减弱。它是一种试探式的、非优化的特征选择方法，但是符合很多将数据挖掘技术应用于特征分类的实际经验。下面是检验公式，其中 A 和 B 是两个不同类的特征值集，n_1 和 n_2 是对应的样本数。

$$\mathrm{SE}(A-B)=\sqrt{(\mathrm{var}(A)/n_1+\mathrm{var}(B)/n_2)} \tag{3-23}$$

$$\text{TEST: }|\mathrm{mean}(A)-\mathrm{mean}(B)|/\mathrm{SE}(A-B)>\text{threshold value} \tag{3-24}$$

比较两类特征的均值，而不考虑它们与其余特征的关系。在这种特征选择方法中，假设已知特征独立于其他特征。均值比较适合于分类问题是很自然的。为了达到特征选择的目的，可以把回归问题看成伪分类问题。对 k 个类，可对其进行成对比较，比较每一个类和其补类。如果任一成对比较都很重要，就保留这个特征。下面通过一个例子来分析这种特征选择方法。

例 3-6 表 3-10 给出了一个简单的数据集，它有两个输入特征 X 和 Y，还有一个把样本分成 A、B 两类的附加特征 C。必须决定是否要对特征 X 或 Y 进行归约。假设所用检验阈值为 0.5。

表 3-10 有 3 个特征的数据集

X	***Y***	***C***
0.3	0.7	*A*
0.2	0.9	*B*
0.6	0.6	*A*
0.5	0.5	*A*
0.7	0.7	*B*
0.4	0.9	*B*

首先，需要计算这两个类的均值和方差以及特征 X 和 Y。分析后特征值的子集为：

$X_A=\{0.3, 0.6, 0.5\}$，$X_B=\{0.2, 0.7, 0.4\}$，$Y_A=\{0.7, 0.6, 0.5\}$，$Y_B=\{0.9, 0.7, 0.9\}$，

检验结果为：

$$SE(X_A-X_B)=\sqrt{var(X_A)/n_1+var(X_B)/n_2}=\sqrt{0.0233/3+0.0633/3}=0.1699$$

$$SE(Y_A-Y_B)=\sqrt{(var(Y_A)/n_1+var(Y_B)/n_2)}=\sqrt{0.01/3+0.0133/3}=0.0881$$

$$|mean(X_A)-mean(X_B)|/SE(X_A-X_B)=|0.4667-0.4333|/0.1699=0.1966<0.5$$

$$|mena(Y_A)-mean(Y_B)|/SE(Y_A-Y_B)=|0.6-0.8333|/0.0881=2.6481>0.5$$

分析显示，应选择 X 进行归约，因为它的各均值彼此接近，最终的检验结果在阈值以下。相反，特征 Y 的检验结果远大于阈值，Y 就不需要归约，因为它可能是两类间的区别特征。

基于相关条件的算法展示了特征排列的一个近似方式。先考虑连续结果 y 的预测。皮尔森相关系数定义为

$$R(i)=\frac{cov(X_i,Y)}{\sqrt{var(X_i)var(Y)}} \tag{3-25}$$

其中，cov 表示协方差，var 表示变量。对于给定的数据集，若样本的输入是 x_{kj}，输出是 y_k，则 $R(i)$ 的估值是：

$$R(i)=\frac{\sum_{k=1}^{m}(x_{ki}-\bar{x}_1)(y_k-\bar{y})}{\sqrt{\sum_{k-1}^{m}(x_{k,i}-\bar{x})^2\sum_{k=1}^{m}(y_k-\bar{y})^2}} \tag{3-26}$$

其中顶部有横线的符号表示索引 k 的平均值（整个样本集）。把 $R(i)^2$ 这样的相关条件只能检测输入特征和目标或输出特征（变量）之间的现行依赖关系。变量排序的一个常见缺陷是它会选择多余的子集。若使用一个较小的补充变量子集，则性能可能是相同的。

删除假定多余的变量可能提高性能吗？实践经验表明，有了假定多余的变量，可以降低噪声，得到更好的模型估值。因此，在预处理分析过程中必须非常小心。完全相关的变量的确是多余的，添加它们不会获得更多的信息。但甚至是高度相关（或逆相关）的变量，也不能保证缺乏变量的互补性。一些样本的特征看起来完全无用，其等级非常低，但与其他特征一起使用时，它们就可以给模型提供重要信息，并改进性能。这些特征本身可能与输出的目标概念毫不相干，但与其他特征一起使用时，它们就与目标特征强相关。如果不小心删除这些特征，模型的性能可能变得很差。

前面的简单方法逐个检验各个特征。当分别考虑时，一些特征可能是有用的，但是在预测时它们可能是冗余的。如果对特征进行总体检查而不是单个检查，就可获得它们的特点和彼此关系等额外信息。假设值为正态分布，就可以用一种有效的技术描述特征子集的选择。两个描述符体现了多元正态分布的特点：

1）$\boldsymbol{M}$——m 元特征均值向量。

2）$\boldsymbol{C}$——均值的协方差矩阵 $m\times m$，其中 $C_{i,i}$ 是特征 i 的方差，$C_{i,j}$ 是每对特征间的关系。

$$C_{i,j}=1/n\sum_{k=1}^{n}(((v(k,i)-m(i))\times(v(k,j)-m(j))) \tag{3-27}$$

其中 $v(k,i)$ 和 $v(k,j)$ 是下标为 i,j 特征的值，$m(i)$ 和 $m(j)$ 是特征均值，n 是维度数。

这两个描述符 $\boldsymbol{M}$、$\boldsymbol{C}$ 为检测特征集中的冗余提供了一个依据。如果数据集中存在两类特征，则试探式度量值 DM 可以过滤出区分两类的特征，其定义如下

$$DM=(\boldsymbol{M}_1-\boldsymbol{M}_2)(\boldsymbol{C}_1+\boldsymbol{C}_2)^{-1}(\boldsymbol{M}_1-\boldsymbol{M}_2)^T \tag{3-28}$$

其中$\boldsymbol{M}_1$和$\boldsymbol{C}_1$是第一类样本的描述符，$\boldsymbol{M}_2$和$\boldsymbol{C}_2$是第二类样本的描述符。假定目标是选出k个最好的特征，就必须评估所有从m个特征中选出的k个特征子集，以找出DM最大的子集。对有大量特征的大型数据集来说，搜索空间巨大，应该考虑其他试探方法。其他试探方法基于相关系数、协方差的分析和所有特征的等级，如下所述。

已有的高效特征选择算法在排列特征时，通常假设特征是独立的。在这个框架中，特征主要根据它们各自与输出特征的相关性来排序。原则上，特征彼此相关有两个原因：①这些特征与目标特征强相关，②这些特征构成了一个特征子集，该子集与目标强相关。于是人们开发出了试探式方法，在选择过程中分析类型②的特征。

在选择过程的第一部分，使用一个以前定义的技术，根据特征与输出的相关值，对特征降序排序。假定一个特征集S可以分解为子集S_1和S_2，S_1包含相关的特征，S_2包含不相关的特征。使用试探式方法，先删除S_2中的特征，则S_1中的特征更可能留在最终选择的特征集中。

在选择过程的第二部分，从S_2有序特征列表的末端开始，逐个评估每个特征。由单一属性可判定，反向删除搜索策略最适合这个特征选择过程。也就是说，可以从整个特征集开始，如果特征的相互关系无助于更好地形成特征与输出的关系，就从有序列表的底部开始，按顺序一次删除一个特征。例如，条件可以基于一个协方差矩阵。如果某个特征与以前选择的特征一起对输出的影响小于阈值（通过某个协方差矩阵因子来表示），就删除这个特征；否则就选择该特征。反向删除可以用与其相关的其他特征来评估每个特征。该算法会重复执行，直到检查完S_2中的所有特征为止。

3.7.3 特征构造

特征构造是一个过程，它通过推断或创建附加的特征来发现特征之间联系的缺失信息和扩展特征空间。特征构造的目标是自动将原来的表示空间变换为可以更好地实现数据挖掘目标的新空间：提高准确率、容易理解、真实的簇、揭示隐藏的模式等。假设有n个原特征$A_1, A_2, \cdots, A_n$，进行特征构造后，可能有m个附加的特征$A_{n+1}, A_{n+2}, \cdots, A_{n+m}$。例如，新特征$A_k(n<k<n+m)$可以通过在原特征集的$A_i$和$A_j$上执行逻辑操作得到。再看一个例子：一个二维问题（例如，A_1为宽度，A_2为长度）可以通过构造面积维B_1转换为一个一维问题（B_1为面积）。所有新构造的特征都用原来的特征定义。这样，本质上并没有通过特征构造增加新信息。特征构造试图提高原来特征的表达能力。通常，新特征集的维度扩大了，比原特征集的维度高。结果，它不可能直接减少特征数。然而，构造新特征之后，许多特征都成为多余的了。直观地，为了构造新特征，可能需要搜索指数多个原特征的组合，且并非所有组合都是需要的和有用的。尽管有人试图通过考察已有特征的简单的数据组合来自动地进行特征构造，但是最常见的方法还是使用专家的意见构造特征。

例 3-7 密度。为了解释特征构造概念，考虑一个包含人造用品信息的历史数据集。该数据集包含每个人造用品的体积和质量以及其他信息。为简单起见，假定这些人造用品使用少量材料（木材、陶土、铜、黄金）制造，并且希望根据制造材料对它们分类。在此情况下，由质量和体积特征构造的密度特征（即密度 = 质量/体积）可以很直接地产生准确的分类。

3.8 小结

高质量的决策依赖于高质量的数据。现实世界中的数据多为不完整、含有噪声、部分缺失、不一致的数据，无法直接利用数据挖掘系统对其进行信息的挖掘。数据预处理是保证数据挖掘任务顺利开展的一个关键环节，数据预处理技术的使用，大大提高了数据挖掘模式的质量，缩短了实际挖掘所需要的时间，保证了挖掘任务的顺利进行。本章首先阐述了数据预处理的概念和必要性，然后介绍了数预处理的内容，包括数据清理、数据集成、数据转换、数据归约、数据离散和特征选择等。

3.9 习题

1. 简述数据预处理的意义。
2. 缺失数据的处理方法都有哪些？
3. 冗余数据的相关检测方法都有哪些？
4. 简述数据标准化的目的及方法。
5. 简述对分类数据进行概念分层的典型方法。
6. 简述使用压缩搜索空间的启发式算法进行属性子集选择的方法。
7. 简述使用数值归约减少数据量的主要方法。
8. 简述 ChiMerge 自动化离散算法的步骤。
9. 简述利用 Isomap 算法进行特征提取的步骤。

第4章　数据相似度与异常检测

在数据分析和数据挖掘的过程中，经常需要知道数据间个体差异的大小，进而评价个体的相似度和类别。对数据的相似度进行度量，及通过对数据相似度的分析，找到在数据集中异常于大部分数据的异常点，这些数据挖掘技术用到的基础手段，将在本章进行详细阐述。

4.1　相似度度量

相似度的研究起源于心理学，是人类判断决策和解决问题的重要工具。相似度度量是衡量变量间相互关系强弱、联系紧密程度的重要手段，因此相似度度量经常用于数据挖掘技术，如聚类、最近邻分类和异常检测等。

4.1.1　对象与属性类型

对象与属性的定义及其之间的关系是相似度度量的基础知识。数据集由对象组成。一个对象代表一个实体，可以是物理对象（例如教室），也可以是抽象对象（例如写作风格）。例如，在销售数据库中，对象可以是顾客、商品或销售；在大学的数据库中，对象可以是学生、教授和课程；在医院的数据库中，对象可以是医生、患者。通常，对象用属性描述（例如患者可以用他们的症状来描述）。对象又称样本、实例、数据对象或数据点。若对象存放在数据库中，则数据库的行对应于对象，列对应于属性。

1. 什么是属性

属性（Attribute）表示对象的一个特征，是一个数据字段。在文献中，属性、特征（Feature）、维（Dimension）和变量（Variable）这几个术语可以互换使用。“特征”一般用在机器学习中，“维”一般用在数据仓库中；统计学家更倾向于使用“变量”，而数据挖掘的专业人士一般使用术语“属性”。例如，描述商品的属性可能包括商品 ID 号、商品名称、产地和价格。

一个属性的类型由该属性可能具有的值的集合决定。属性可以是名词型的、二值的、顺序型的或数值型的。

2. 名词型属性

名词型（Nominal）属性，也称为标称属性、无序型属性或名义型属性，顾名思义就是与名称相关的属性。名词型属性的值是一些符号或事物的名称。每个值代表某种类别或状态，因此名词型属性又被视为是分类的（Categorical）。这些值不需要具备有意义的顺序。在计算机科学中，这些值也被视为是枚举的（Enumeration）。

例 4-1　假设 skin_color（皮肤颜色）和 occupation（职业）是描述人的两个属性。属性 skin_color 的取值可能是白色、黄色、棕色和黑色。属性 occupation 的取值可能是医生、教师、程序员、营业员、农民等。

尽管名词型属性的值是一些名词符号，但可以用数值来表示这些符号或名称。例如，对于

skin_color，可以指定数值 0 表示白色，1 表示黄色，2 表示棕色，3 表示黑色。另一个例子是商品 ID 号，它的可能值可以是数值，但是对其进行数学运算没有意义，所以不需要定量地使用这些数，也就是说，数学运算对名词型属性的值来讲没有意义。与从一个体重值（这里体重是数值属性）减去另一个不同，从一个商品 ID 号减去另一个商品 ID 号毫无意义。尽管一个名词型属性可以取整数值，但并不能将其视为数值属性，因为我们并不会定量地去使用这些整数。

因为名词型属性不是定量的，并且不具备有意义的顺序，所以找出这种属性的均值或中值是没有任何意义的。

3. 二值属性

二值（Binary）属性也是一种名词型属性，但其只有两种类别或状态：0 或 1，其中 0 通常表示对象没有该属性，而 1 表示对象具备该属性。二值属性也被称为二元属性，当其属性的两种状态对应于 true 和 false 时，又被称为布尔（Bool）属性。

例 4-2 例如对患者进行医学化验，具有两种可能结果，属性 medical_test 值为 1 时，表示化验结果为阳性；属性 medical_test 值为 0 时，表示化验结果为阴性。

当二值属性的两种状态具有同等价值并且带有同等的权重时，这个二值属性被称作是对称的，如对性别 gender 这个属性取值男或女。

当二值属性的两种状态不是同等重要时，如乙肝病毒化验的阳性和阴性结果，这个二值属性就被称作是非对称的。为方便统计，我们通常用 1 来表示相对更重要（通常是比较少见的）的结果（例如乙肝病毒阳性），而用 0 表示另一种结果（例如乙肝阴性）。

4. 顺序型属性

顺序型（Ordinal）属性是这样一种属性——其可能的取值之间具有有意义的顺序或秩评定（Ranking），但是相邻值之间的差是未知的。

例 4-3 对于职位 professional_rank，在工程师领域，按从低到高的顺序分为助理工程师、工程师、高级工程师、研究员级高级工程师等，而对于教师有助教、讲师、副教授、教授等。

顺序型属性通常用于等级评定调查。例如，在一项用户满意度的调查表中，用户的满意度有如下的顺序类别：0—很满意，1—满意，2—一般，3—不太满意，4—很不满意。顺序型属性同名词型属性一样，可以通过将数值量的值域划分成有限个有序类别来表示。

值得注意的是，名词型属性、二值属性和顺序型属性都是定性的。这种定性属性的值通常是代表类别的词，对这些值进行运算是没有任何意义的。

5. 数值型属性

数值型（Numeric）型属性是定量的，用整数或实数值表示，它是可度量的量。数值型属性可以是区间型的或比率型的。

1）区间型属性。区间型（Interval）属性是用相等的单位尺度来度量的。区间型属性的值可以为正值、负值和 0，区间型属性的值是有顺序的。

例 4-4 温度（Temperature）属性是一个典型的区间型属性。假设南京一个月的所有温度，其中的每一天都被视作一个对象。将这些温度值进行排序，进而可以找出这个月的最高温度、最低温度、平均温度等。此外，还可以量化不同值之间的差。例如，最高气温 23℃ 比最低气温 8℃ 高 15℃。摄氏温度和华氏温度都没有真正的零点，即 0℃ 和 0℉ 都不表示“没有温度”（摄氏温度的度量单位是水在标准大气压下沸点与冰点之差的 1/100）。还可以计算温度值之差，但不能说一个温度值是另一个的几倍，因为温度没有真正的零值，例如，可以说20℃比10℃高10℃，但不能说20℃是10℃的2倍。也就是说，不能用比率来谈论这些值。同样，日历日期也没有绝对的零点，0年不对应于时间的开始。

2）比率型属性。比率型（Ratio）属性不同于区间型属性，它是具有固有零点的数值属性。也就是说，对于比率型属性的值，可以说一个值是另一个值的几倍，即比率型属性的度量是比率标度的。此外，这些值也是有顺序的，可以计算其差值、均值等。

例4-5 与摄氏和华氏温度不同的是，热力学温度具有绝对的零点（0K = -273.15℃）。在该点，构成物质的例子具有零动能。比率型属性的其他例子包括重量、高度、速度、长度、货币量、工作年限等。

属性按类型分为名词型属性、二值属性、顺序型属性和数值型属性。事实上，我们可以用多种方法来组织属性的类型，这些类型不是互斥的。

在机器学习领域的分类算法通常把属性分成连续的或离散的。顾名思义，离散属性具有有限个或无限个可数的值，可以用或不用整数来表示。例如，属性skin_color、medical_test都有有限个值，因此是离散的。离散属性可以具有数值值，如对于年龄取值0~100，对于成人身高取值130~190cm等。如果一个属性可能的值集合是无限的，但是可以与自然数一一对应，则称这个属性为无限可数的。例如，邮政编码（Post_code）是无限可数的，邮政编码的数量是无限增长，但实际上它的值集合是可数的。

如果属性不是离散的，它就是连续的。通常，术语“数值型属性”与“连续属性”通常可以互换使用（这可能令人困惑，因为一般的理解认为，连续值是实数，而数值值可以是整数或实数）。实际上，实数值一般用有限位数字表示，而连续属性一般用浮点数表示。

4.1.2 相似度度量的定义

非正式地，两个对象间的相似度是这两个对象相似程度的数值度量，两者越相似，它们的相似度就越高。当$\boldsymbol{x}$和$\boldsymbol{y}$是两个相似的对象时，相似度$s(\boldsymbol{x},\boldsymbol{y})$的值就很大；当$\boldsymbol{x}$和$\boldsymbol{y}$不相似时，相似度$s(\boldsymbol{x},\boldsymbol{y})$的值就很小。而且，相似度$s$具有对称性

$$s(\boldsymbol{x},\boldsymbol{y}) = s(\boldsymbol{y},\boldsymbol{x}) \tag{4-1}$$

大多数时候，相似度可以标准化为

$$0 \leqslant s(\boldsymbol{x},\boldsymbol{y}) \leqslant 1 \tag{4-2}$$

通常使用相异度（而不是相似度）作为度量标准。相异度用$d(\boldsymbol{x},\boldsymbol{y})$来表示。通常称相异度为距离。当$\boldsymbol{x}$和$\boldsymbol{y}$相似时，距离$d(\boldsymbol{x},\boldsymbol{y})$很小；当$\boldsymbol{x}$和$\boldsymbol{y}$不相似时，距离$d(\boldsymbol{x},\boldsymbol{y})$就很大。不失一般性，假定

$$d(\boldsymbol{x},\boldsymbol{y}) \geqslant 0 \tag{4-3}$$

距离也具有对称性

$$d(\boldsymbol{x},\boldsymbol{y}) = d(\boldsymbol{y},\boldsymbol{x}) \tag{4-4}$$

4.1.3 由距离度量变换而来的相似度度量

可以通过一个单调递减函数将距离转换成相似性度量，相似性度量的取值一般在区间[0，1]之间，值越大，说明两个对象越相似。例如，可以采用以下变换：

1）采用负指数函数，将距离转换为相似度度量，即

$$s(\boldsymbol{x},\boldsymbol{y}) = \mathrm{e}^{-d(\boldsymbol{x},\boldsymbol{y})} \tag{4-5}$$

2）采用距离的倒数作为相似度度量，为了避免分母为0的情况，在分母上加1，即

$$s(\boldsymbol{x},\boldsymbol{y})=\frac{1}{1+d(\boldsymbol{x},\boldsymbol{y})} \tag{4-6}$$

3）若距离在0和1之间，可采用与1的差作为相似系数，即

$$s(\boldsymbol{x},\boldsymbol{y})=1-d(\boldsymbol{x},\boldsymbol{y}) \tag{4-7}$$

4）若距离的取值在一个有限的范围内，可将距离映射到区间[0,1]内，此时的相似度为

$$s(\boldsymbol{x},\boldsymbol{y})=1-\frac{d-\min\_d}{\max\_d-\min\_d} \tag{4-8}$$

4.1.4 属性之间的相似度度量

通常，具有多个属性的两个对象间的相似度是以单个属性的相似度组合来定义的。因此，首先讨论具有单个属性的对象之间的相似度。

对于两个以名词型属性描述的对象，相似意味着什么？由于名词型属性携带了对象的相异性信息，因此，只能说两个对象有相同的值，或者没有。在这种情况下，如果属性值匹配，相似度一般定义为1，否则为0。相异度用相反的方法定义，如果属性值匹配，相异度为0，否则为1。

对于由一个顺序型属性描述的对象，由于顺序信息要被代入计算，情况就更复杂了。例如，考虑一个在范围{poor, fair, OK, good, wonderful}内测量产品（如糖块）质量的属性。一个评估为wonderful的产品$P1$，与一个评估为good的产品$P2$的相似度，应当比$P1$与评估为OK的产品$P3$间更为相似。为了量化这种观点，把这样的顺序型属性映射为一组由0或1开始的连续整数序列，{poor=0, fair=1, OK=2, good=3, wonderful=4}。于是，$P1$、$P2$与$P3$之间的相异度能够量化比较。也可以将相异度范围变换到0和1之间，得$P1$与$P3$间的相异度为$d(P1,P2)=(4-3)/4=0.25$异度为相异度计算$d(P1,P3)=(4-2)/4=0.5$，结果与观点相符。顺序型属性的相似度可以定义为$s=1-d$。

顺序型属性相异度的这种定义可能会引起读者的担忧，因为这里假定了相等的区间间隔，而事实并不一定如此，在那样的情况下，可能得到区间型或比率型属性。值fair和good之间的差与值OK和wonderful之间的差真的相同么？也许不相同，但是实际上的选择是有限的，并且在缺乏更多信息的情况下，这是定义顺序型属性之间相似度的标准方法。

对于区间型属性，两对象间的相异型的自然度量是它们值之差的绝对值。例如，体重与一年前相比重了10kg。在这种情况下，相异度通常在区间0和∞之间，而不是在0和1之间。比率型属性是在非线性尺度上取得的测量值，例如，指数比率Ae^{Bt}或Ae^{-Bt}，其中A和B为正的常数。典型的例子包括细胞繁殖增长的数目描述和放射性元素的衰变。

表4-1汇总了简单属性的相似度和相异度。在该表中，x和y是两个具有指定类型的属性值，$d(x,y)$和$s(x,y)$分别是x和y之间的相异度和相似度。

表4-1　简单属性的相似度和相异度

属性类型	相 异 度	相 似 度
名词型或无序型	$d=\begin{cases}0 & \text{if } x=y\\ 1 & \text{if } x\neq y\end{cases}$	$s=\begin{cases}1 & \text{if } x=y\\ 0 & \text{if } x\neq y\end{cases}$

（续）

属性类型	相异度	相似度
顺序型	$d=\|x-y\|/(n-1)$ （取值位于0和$n-1$之间， 其中n是所有值的个数）	$s=1-d$
区间型或比率型	$d=\|x-y\|$	$s=\frac{1}{1+d}, s=e^{-d}$, $s=1-\frac{d-min\_d}{max\_d-min\_d}$

4.1.5 对象之间的相似度度量

在现实生活中，一个对象通常由多个属性来描述。假定使用 n 个属性来描述数据记录，将每条记录看作 n 维空间中的一个点，该空间下的距离度量是一个函数 $d(\boldsymbol{x},\boldsymbol{y})$，以空间中的两个点作为参数，输出是一个实数值。该函数必须满足下列准则。

1）非负性。$d(\boldsymbol{x},\boldsymbol{y})\geqslant 0$：距离是一个非负的数值。

2）同一性。$d(\boldsymbol{x},\boldsymbol{y})=0$ 当且仅当 $\boldsymbol{x}=\boldsymbol{y}$：对象到自身的距离为0，其他距离都大于0。

3）对称性。$d(\boldsymbol{x},\boldsymbol{y})=d(\boldsymbol{y},\boldsymbol{x})$：距离是一个对称函数。

4）三角不等式。$d(\boldsymbol{x},\boldsymbol{y})\leqslant d(\boldsymbol{x},\boldsymbol{z})+d(\boldsymbol{z},\boldsymbol{y})$：从对象 $\boldsymbol{x}$ 到对象 $\boldsymbol{y}$ 的直接距离不会大于途经任何其他对象 $\boldsymbol{z}$ 的距离。

大多情况下，通过计算对象间的距离来评估相似度：距离越小，相似度越大。三角不等式是上述条件中最复杂的条件。它的直观意义是：如果从 $\boldsymbol{x}$ 点行进到 $\boldsymbol{y}$ 点，那么如果一定要求经过某个特定的第三点 $\boldsymbol{z}$，则不会有任何好处。三角不等式准则使得所有距离测度表现得如同其描述的是从一个点到另一个点的最短路径的长度。

满足以上准则的距离函数称为度量（Metric）。注意：非负性被其他三个性质所蕴含。

4.2 传统度量方法

针对不同类型的应用和数据类型，具有不同的相似度度量方法。传统的相似性度量方法有两种：距离度量和相似系数。当对象只包含二值属性时，称其之间的相似度度量为相似系数。而使用距离度量时，往往是将数据对象看作多维空间的一个点（向量），并在空间中定义点与点之间的距离。对象之间的相似度计算涉及描述对象的属性类型，需要将不同属性上的相似度整合成一个总的相似度来表示。

4.2.1 二值属性的相似度度量

一个二值属性只有两种状态：0 表示属性不存在，1 表示属性存在。假设 $\boldsymbol{x}$ 和 $\boldsymbol{y}$ 是两个包含 n 个二值属性的对象。对于这样的两个对象，二值属性有 4 种组合方式：①f_{00} 为在对象 $\boldsymbol{x}$ 和 $\boldsymbol{y}$ 中均取 0 的二值属性个数；②f_{01} 为在对象 $\boldsymbol{x}$ 中取 0 而在对象 $\boldsymbol{y}$ 中取 1 的二值属性个数；③f_{10} 为在对象 $\boldsymbol{x}$ 中取 1 而在对象 $\boldsymbol{y}$ 中取 0 的二值属性个数；④f_{11} 为在对象 $\boldsymbol{x}$ 和 $\boldsymbol{y}$ 中均取 1 的二值属性个数。

二值属性存在对称的和不对称的两种。若一个二值属性的两个状态值所表示的内容同等重要，则它是对称的，否则为不对称的。对于对称二值属性，常用的二值属性相似度计算方法为简单匹配系数（Simple Matching Coefficient，SMC），其定义如下

$$SMC = \frac{f_{11} + f_{00}}{f_{01} + f_{10} + f_{11} + f_{00}} \tag{4-9}$$

其中，$f_{11} + f_{00}$为取值相同的属性个数，$f_{01} + f_{10}$为取值不同的属性个数。这种度量方法计算了属性在两个对象中都存在和都不存在的情况。例如，用来查找某次考试中学生答案相似的题，即都答对的题和都答错的题。

给定属性变量 disease，它描述的检测结果是 positive（阳性）或 negative（阴性），显然这两个检测结果的重要性是不一样的。通常，将少见（重要）的情况用 1 表示（如乙肝阳性），而将其他（不重要）的情况用 0 表示（如乙肝阴性）。这种认为取值 1 比取值 0 更重要、更有意义的二值属性具有不对称性。在这种情况下，常用 Jaccard 系数来定义其对象间的相似度

$$J = \frac{f_{11}}{f_{01} + f_{10} + f_{11}} \tag{4-10}$$

例 4-6 计算下面两个二值向量之间的 SMC 系数和 Jaccard 系数。

$$\boldsymbol{x} = (1,0,0,0,0,0,0,0,0,1)$$

$$\boldsymbol{y} = (0,0,0,0,0,0,1,0,0,1)$$

$f_{01} = 1$，属性在 $\boldsymbol{x}$ 中取 0，在 $\boldsymbol{y}$ 中取 1；$f_{10} = 1$，属性在 $\boldsymbol{x}$ 中取 1，在 $\boldsymbol{y}$ 中取 0；$f_{00} = 7$，属性在 $\boldsymbol{x}$ 中取 0，在 $\boldsymbol{y}$ 中取 0；$f_{11} = 1$，属性在 $\boldsymbol{x}$ 中取 1，在 $\boldsymbol{y}$ 中取 1。

$$\mathrm{SMC} = \frac{f_{11} + f_{00}}{f_{01} + f_{10} + f_{11} + f_{00}} = \frac{1+7}{1+1+7+1} = 0.8$$

$$J = \frac{f_{11}}{f_{01} + f_{10} + f_{11}} = \frac{1}{1+1+1} = 0.33$$

4.2.2 欧氏距离

欧氏距离（Euclidean Distance）是最为人熟知的距离度量标准，也就是通常所想象的“距离”。在 n 维欧氏空间中，每个点是一个 n 维实数向量。该空间中的传统距离度量，即常说的 L_2 范式，定义如下

$$d(\boldsymbol{x},\boldsymbol{y}) = \sqrt{\sum_{i=1}^{n} (x_i - y_i)^2} \tag{4-11}$$

由式（4-11）可以看出，欧氏距离首先计算每一维上的距离，其次求它们的平方和，最后求算术平方根。

对于上述距离公式，很容易验证它满足距离四准则中的前三条。由于上面计算的是算术平方根，因此两点之间的欧氏距离不可能是负数。由于所有实数的平方非负，因此如果存在某个 i 满足 $x_i \neq y_i$，那么整个计算结果就严格大于 0。而另一方面，只有当所有 i 都满足 $x_i = y_i$ 时，距离才为 0。由于$(x_i - y_i)^2 = (y_i - x_i)^2$，因此对称性准则显然满足。至于欧氏距离是否满足三角不等式准则，则需要较多的代数学知识才能证明。但是欧氏空间有一个众所周知的特性，即一个三角形的两边之和大于第三边。

另一种常用的欧式空间距离度量标准是曼哈顿距离（Manhattan Distance），也称为城区距离（City - Block Distance），其定义如下

$$d(\boldsymbol{x},\boldsymbol{y}) = \sum_{i=1}^{n} |x_i - y_i| \tag{4-12}$$

这时，两个点的距离是每维距离的绝对值之和。曼哈顿距离也称为 L_1 范式，之所以称为“曼哈顿距离”或“城区距离”，是这里在两个点之间行进时必须沿着网格线前进，就如同沿着城市（如曼哈顿）的街道行进一样。

最后，Minkowski 距离则是一种拓展了欧氏距离和曼哈顿距离的通用距离度量标准，称为 Lr 范式。欧氏距离和曼哈顿距离可以看作 Minkowski 距离的特例

$$d(\boldsymbol{x},\boldsymbol{y}) = \left(\sum_{i=1}^{n} |x_i - y_i|^r\right)^{1/r} \tag{4-13}$$

其中，r 为变量。注意：不要将参数 r 与空间维数（属性个数）n 混淆。

另一个有趣的距离度量是 L_∞ 范式，也就是当 r 趋向于无穷大时 L_r 范式的极限值，即

$$d(\boldsymbol{x},\boldsymbol{y}) = \lim_{i\to\infty}\left(\sum_{i=1}^{n} |x_i - y_i|^r\right)^{1/r} \tag{4-14}$$

当 r 增大时，只有那个具有最大距离的维度在真正起作用，因此，正式来讲，L_∞ 范式定义为在所有维度 i 下 $|x_i - y_i|$ 中的最大值，也称为切比雪夫距离（Chebyshev Distance），定义如下

$$d(\boldsymbol{x},\boldsymbol{y}) = \max_{1\leqslant i\leqslant n} |x_i - y_i| \tag{4-15}$$

例 4-7 考虑二维欧式空间（即通常所说的平面）上的两个点(7,2)和(4,6)。计算其 L_1 范式、L_2 范式和 L_∞ 范式。

L_1 范式：　　$d(\boldsymbol{x},\boldsymbol{y}) = |7-4| + |2-6| = 3 + 4 = 7$

L_2 范式：　　$d(\boldsymbol{x},\boldsymbol{y}) = \sqrt{(7-4)^2 + (6-2)^2} = \sqrt{3^2 + 4^2} = 5$

L_∞ 范式：　　$d(\boldsymbol{x},\boldsymbol{y}) = \max(|7-4|, |2-6|) = 4$

Minkowski 距离的缺点是使用时量纲或度量单位对计算结果有影响，为避免不同量纲影响，通常要先对数据进行规范化处理。另外，Minkowski 距离没有考虑属性间的多重相关性。克服多重相关性的一种方法是慎重选择描述对象的属性，根据领域知识或采用属性选择方法来选择合适的属性，另一种方法是采用 Mahalanobis 距离。Mahalanobis 距离考虑了属性之间的相关性，详细内容参见 4.2.4 节。

4.2.3 余弦距离

余弦距离（Cosine Distance）在有维度的空间下才有意义，这些空间包括欧氏空间和离散欧氏空间，而后者包括坐标是只采用整数值或布尔值（0 或 1）来表示的空间。在上述空间下，点可以代表方向。这里并不区分一个向量及其多倍向量（即向量的每一维都放大相同的倍数得到的向量）。因此，两个点的余弦距离实际上是点所代表的向量之间的夹角，在任何维数空间下该夹角的范围都是 0°～180°。余弦距离忽略各向量的绝对长度，而着重从形状方面考虑它们之间的关系。当两个向量方向接近时，夹角余弦值较大，反之则较小。当两个向量平行时，夹角余弦值为 1，向量之间的匹配最大。而当两个向量正交时，夹角余弦值为 0，向量之间没有匹配。

先计算夹角的余弦值，然后用反余弦函数将结果转化为 0°和 180°之间的角度，最终得到余弦距离。给定向量 $\boldsymbol{x}$ 和 $\boldsymbol{y}$，其夹角的余弦值等于它们的点积（$\boldsymbol{x}\cdot\boldsymbol{y}$）除以两个向量的 L_2 范式（即它们到原点的欧氏距离）乘积。计算方法如下

$$\cos(\boldsymbol{x},\boldsymbol{y})=\frac{\boldsymbol{x}\cdot\boldsymbol{y}}{\|\boldsymbol{x}\|\ \|\boldsymbol{y}\|} \tag{4-16}$$

其中，·代表向量点乘，$\boldsymbol{x}\cdot\boldsymbol{y}=\sum_{i=1}^{n}x_i y_i$，$\|\boldsymbol{x}\|$代表向量的欧式距离，$\|\boldsymbol{x}\|=\sqrt{\sum_{i=1}^{n}x_i^2}=\sqrt{\boldsymbol{x}\cdot\boldsymbol{x}}$。

余弦距离也是一个距离度量。由于余弦距离定义在0°～180°，因此，余弦距离非负，当且仅当两个向量表示同一方向时向量的夹角为0。余弦距离的对称性非常明显：$\boldsymbol{x}$ 和 $\boldsymbol{y}$ 的夹角显然与 $\boldsymbol{y}$ 和 $\boldsymbol{x}$ 的夹角相等。至于三角不等式，则能够通过物理含义来诠释：如要将向量 $\boldsymbol{x}$ 旋转到 $\boldsymbol{y}$，可以先从 $\boldsymbol{x}$ 旋转到 $\boldsymbol{z}$，然后再从 $\boldsymbol{z}$ 旋转到 $\boldsymbol{y}$。两次旋转经过的夹角之和不会小于直接旋转所得到的夹角。

例 4-8 计算向量 $\boldsymbol{x}=(1,-1,2)$ 和向量 $\boldsymbol{y}=(2,1,1)$ 的余弦距离。

计算点积 $\boldsymbol{x}\cdot\boldsymbol{y}=1\times2+(-1)\times1+2\times1=3$，向量 $\boldsymbol{x}$ 的 L_2 范式 $\|\boldsymbol{x}\|=\sqrt{1^2+(-1)^2+2^2}=\sqrt{6}$，向量 $\boldsymbol{y}$ 的 L_2 范式 $\|\boldsymbol{x}\|=\sqrt{2^2+1^2+1^2}=\sqrt{6}$，由此可以计算 $\boldsymbol{x}$ 和 $\boldsymbol{y}$ 的夹角余弦 $\cos(\boldsymbol{x},\boldsymbol{y})=3/(\sqrt{6}\times\sqrt{6})=0.5$，从而得到 $\boldsymbol{x}$ 和 $\boldsymbol{y}$ 的余弦距离为60°。

余弦距离常用来比较文档，或针对给定的查询词向量对文档排序。

当属性是二值属性时，余弦距离函数可以用共享特征或属性解释。此时，$\boldsymbol{x}\cdot\boldsymbol{y}$ 是 $\boldsymbol{x}$ 和 $\boldsymbol{y}$ 共同具有的属性数，而 $\|\boldsymbol{x}\|\ \|\boldsymbol{y}\|$ 是 $\boldsymbol{x}$ 具有的属性数与 $\boldsymbol{y}$ 具有的属性数的几何均值。于是，此时 $\cos(\boldsymbol{x},\boldsymbol{y})$ 变为对公共属性的一种度量。

对于这种情况，余弦距离的一个简单变体如下

$$\cos(\boldsymbol{x},\boldsymbol{y})=\frac{\boldsymbol{x}\cdot\boldsymbol{y}}{\boldsymbol{x}\cdot\boldsymbol{x}+\boldsymbol{y}\cdot\boldsymbol{y}-\boldsymbol{x}\cdot\boldsymbol{y}} \tag{4-17}$$

这个函数也称为 Tanimoto 系数或 Tanimoto 距离，通常用于信息检索与生物学分类中。

4.2.4 Mahalanobis 距离

距离度量中的一个重要问题就是当对象中属性的量纲单位不同时，距离度量该如何计算。当传统的欧式距离被用来度量分析具有年龄和收入这两个属性的人的差距时，除非将这两个属性规范化，否则两个人之间的差距的距离度量将几乎被收入这个属性完全控制，即变差大的变量在距离中的贡献大。另一个相关问题是当对象中的某些属性具有相关性时，距离度量如何计算。当这两个问题同时存在时，如何计算距离度量呢？这种情况下，采用广义的欧式距离即 Mahalanobis 距离来解决此类问题。

Mahalanobis 距离适用于当属性各量的量纲单位不同且适用于属性间具有相关性的情况，其分布是近似高斯分布。通常，对象 $\boldsymbol{x}$ 和 $\boldsymbol{y}$ 间的 Mahalanobis 距离定义如下

$$d(\boldsymbol{x},\boldsymbol{y})=(\boldsymbol{x}-\boldsymbol{y})\Sigma^{-1}(\boldsymbol{x}-\boldsymbol{y})^{\mathrm{T}} \tag{4-18}$$

其中，Σ 是 $n\times n$ 的协方差矩阵，Σ^{-1} 是协方差矩阵的逆。

Mahalanobis 距离是对传统欧式距离的改进，对于一切线性变换是不变的，克服了欧式距离受量纲影响的缺点，也克服了属性之间的相关性。Mahalanobis 距离具备的上述两个优点使其成为一个好的距离标准选择，如在分类算法中经常使用，在分类算法中比较常用，但 Mahalanobis 距离的协方差矩阵难以确定，计算量较大，不适合大规模的数据集。

值得注意的是，若属性间没有相关性，只是量纲不同时，只需要规范化属性的量纲范围，而不需要通过耗费昂贵计算量的 Mahalanobis 距离来计算距离度量。

4.2.5 Jaccard 距离

Jaccard 距离用来度量两个对象的重叠程度，其广泛应用于信息检索和生物学分类中，在二值属性情况下简化为 Jaccard 系数，对于向量型对象，其相似度定义如下

$$s(\boldsymbol{x},\boldsymbol{y})=\frac{\boldsymbol{x}\cap\boldsymbol{y}}{\boldsymbol{x}\cup\boldsymbol{y}}=\frac{\boldsymbol{x}\cdot\boldsymbol{y}}{\|\boldsymbol{x}\|^2+\|\boldsymbol{y}\|^2-\boldsymbol{x}\cdot\boldsymbol{y}} \tag{4-19}$$

式（4-19）的几何含义很清晰，反映了对象 $\boldsymbol{x}$ 和 $\boldsymbol{y}$ 的重叠程度，值在 $[0,1]$ 中，若 $\boldsymbol{x}$、$\boldsymbol{y}$ 不相交，则值为0。Jaccard 距离可以定义为 $d(\boldsymbol{x},\boldsymbol{y})=1-s(\boldsymbol{x},\boldsymbol{y})$，也就是说，Jaccard 距离等于1 减去 $\boldsymbol{x}$、$\boldsymbol{y}$ 的交集与并集的比例。

一般来说，如果两个对象具有相同的属性，则这两个对象可能是相似的。Jaccard 相似度系数是 Jaccard 系数的延伸，可以用来测量两个对象属性之间的相似性。

Jaccard 函数也属于距离测度。由于交集的大小不可能大于并集的大小，因此 $d(\boldsymbol{x},\boldsymbol{y})$ 不可能为负值。若 $\boldsymbol{x}=\boldsymbol{y}$，则 $d(\boldsymbol{x},\boldsymbol{y})=0$，这是因为 $\boldsymbol{x}\cup\boldsymbol{y}=\boldsymbol{x}\cap\boldsymbol{y}=\boldsymbol{x}$。然而，如果 $\boldsymbol{x}\neq\boldsymbol{y}$，那么 $\boldsymbol{x}\cap\boldsymbol{y}$ 的大小严格小于 $\boldsymbol{x}\cup\boldsymbol{y}$ 的大小，因此，$d(\boldsymbol{x},\boldsymbol{y})$ 严格为正。由于交集和并集运算都是对称的，即 $\boldsymbol{x}\cup\boldsymbol{y}=\boldsymbol{y}\cup\boldsymbol{x}$ 和 $\boldsymbol{x}\cap\boldsymbol{y}=\boldsymbol{y}\cap\boldsymbol{x}$，因此 $d(\boldsymbol{x},\boldsymbol{y})=d(\boldsymbol{y},\boldsymbol{x})$。至于三角不等式准则，$s(\boldsymbol{x},\boldsymbol{y})$ 是一个随机最小散列函数将 $\boldsymbol{x}$ 和 $\boldsymbol{y}$ 映射为相同值的概率，因此，Jaccard 距离 $d(\boldsymbol{x},\boldsymbol{y})$ 为一个随机最小散列函数将 $\boldsymbol{x}$ 和 $\boldsymbol{y}$ 映射为不同值的概率。所以，三角不等式条件 $d(\boldsymbol{x},\boldsymbol{y})\leqslant d(\boldsymbol{x},\boldsymbol{z})+d(\boldsymbol{z},\boldsymbol{y})$ 可以变换为命题：如果 h 是一个随机的最小散列函数，那么 $h(\boldsymbol{x})\neq h(\boldsymbol{y})$ 的概率不高于 $h(\boldsymbol{x})\neq h(\boldsymbol{z})$ 的概率与 $h(\boldsymbol{z})\neq h(\boldsymbol{y})$ 的概率之和。然而，因为只要有 $h(\boldsymbol{x})\neq h(\boldsymbol{y})$，那么至少 $h(\boldsymbol{x})$ 和 $h(\boldsymbol{y})$ 中的一个一定与 $h(\boldsymbol{z})$ 不同，即不可能都是 $h(\boldsymbol{z})$，否则两者显然相等。

4.2.6 海明距离

给定一个向量空间，海明距离（Hamming Distance）定义为两个向量中不同分量的个数。海明距离是一种距离测度。显然，海明距离非负，当且仅当两个向量相等时，海明距离为0。海明距离在计算时与向量的先后顺序无关。海明距离也满足三角不等式准则：如果 $\boldsymbol{x}$ 和 $\boldsymbol{z}$ 有 m 个分量不同，$\boldsymbol{z}$ 和 $\boldsymbol{y}$ 有 n 个分量不同，那么 $\boldsymbol{x}$ 和 $\boldsymbol{y}$ 中不同的分量个数不可能超过 $m+n$ 个。海明距离往往应用于布尔向量，即这些向量仅仅包含0 和1。但是，理论上说，向量的分量可以来自任何集合。其定义如下

$$d(\boldsymbol{x},\boldsymbol{y})=\sum_{i=1}^{n}|x_i-y_i| \tag{4-20}$$

其中，向量 $\boldsymbol{x}$ 和 $\boldsymbol{y}$ 为二值向量，属性为二值属性，取值只能取0 或1。

例 4-9 计算二值向量 $\boldsymbol{x}=(1,0,1,0,1)$ 和 $\boldsymbol{y}=(0,1,0,0,1)$ 的海明距离。

显然，这两个向量的第1、2、3、5 位元素不同，而其他元素均相同，所以其海明距离为4。

4.3 大数据度量方法

随着移动通信、移动互联网、物联网和数据自动采集技术的飞速发展以及它们在各行各业的广泛应用，人类社会所拥有的数据正面临着前所未有的爆炸式增长。美国互联网数据中心指出，互联网上的数据每年以50%的速度增长，每两年翻一番，而目前世界上90%以上的数据

是最近几年才产生的，人类社会进入了“大数据”时代。因此，信息的获取变得尤其重要，在一定程度上，信息的拥有量已经成为决定和制约社会发展的重要因素。作为信息获取的关键技术，数据挖掘、信息检索和文本分类等信息处理技术应运而生。而作为这些技术的基础，文档相似性度量方法有着深刻的研究意义和广泛的应用前景。本节将详细介绍目前应用最广泛的文档相似度度量方法——Shingling。在相似项搜索中存在的另外一个重要问题是，在大数据环境下，即使对每项之间的相似度计算非常简单，但是由于项对数目过多，无法对所有项对进行相似度计算。局部敏感散列算法的出现正解决了这类问题，它能把搜索范围控制在那些可能相似的项对方面。

4.3.1 文档的 Shingling

文档的相似度度量，就是判断一个文件的内容与另外一个文件的相似程度，在检测抄袭文档、镜像页面、同源新闻稿等方面有着广泛的应用。注意：这里的相似程度主要侧重于字面上的相似，而非意义上的相似。

Shingling 算法将文档视作文字组成的字符串，一篇文档就是一个字符串。在对 Shingling 算法进行分析之前，首先来了解 shingle。文档的 shingle 是文档中一系列相邻连接的检索词集合，提取文档中 shingle 的过程就叫做 Shingling。给出一个文档 D，定义它的 w - shingling$S(D, w)$为 D 中所有大小为 w 不同的 shingle。

例 4-10 假设文档 D 为字符串（the past is in the past），那么文档 D 的 2 - shingle 组成的集合为{(the past)，(past is)，(is in)，(in the)}。

注意：子串（the past）在文档中出现两次，但是在集合中只出现一次。对于空白串（空格、〈Tab〉及〈Enter〉等）的处理存在多种策略。用单个空格来代替任意长度的空白串很合理，采用这种做法，会将覆盖 2 个或更多词的 shingle 和其他 shingle 区分开来。

1. Shingling 算法的基本思路

Shingling 算法的基本思路如下：先以窗口大小为 w 的滑动窗对全文本进行 shingle 划分（划分好的 shingle 代表着全文的文本信息），然后对 shingle 文本进行相似度计算。值得注意的是，在大规模文本中，文本划分出来的 shingle 数目很庞大，需要耗费大量的系统开支时间。因此，应采取一定的抽取策略来减少比较的 shingle 数量，具体方法为：先计算出两两比较文本中 shingle 的权值，然后设置一个权值门限值 P_{min}来选择权值高的 shingle，把这些经过某种策略选择出来的 shingle，称为特征 shingle，为了防止抽取的 shingle 数量太少而不足以比较两个文本的相似性，还设置了抽取率 r 这个参数，以便把特征 shingle 数量限定在一个最小值以上。具体处理流程如图 4-1 所示。

2. 中文分词技术

Shingle 的概念开始是针对英文文档提出的，因此划分的最小单元是英文单词，并且用空格隔开，但是对于中文文档，如果以字作为 shingle 划分的最小单元，那必然会出现许多毫无语义信息的冗余 shingle，即待比较的 shingle 数目增多，这样，算法相应的计算时间复杂度也随之增加，最后会严重地降低文档相似性度量的性能，因此中文分词的准确率直接影响到 shingle 对文档主题的反应程度。国内对中文分词技术有很多研究，开发出很多应用软件，其中较为成功的是基于 Lucene 2.0 的 IKAnalyzer，它实现了以词典分词为基础的正反向全切分算法，因此其召回率（召回率，也称查全率，指的是检索出的相关文档数和文档库中所有相关文档数的比率）比普通基于词典的算法要大得多，而且该软件是开源的，应用非常快捷。

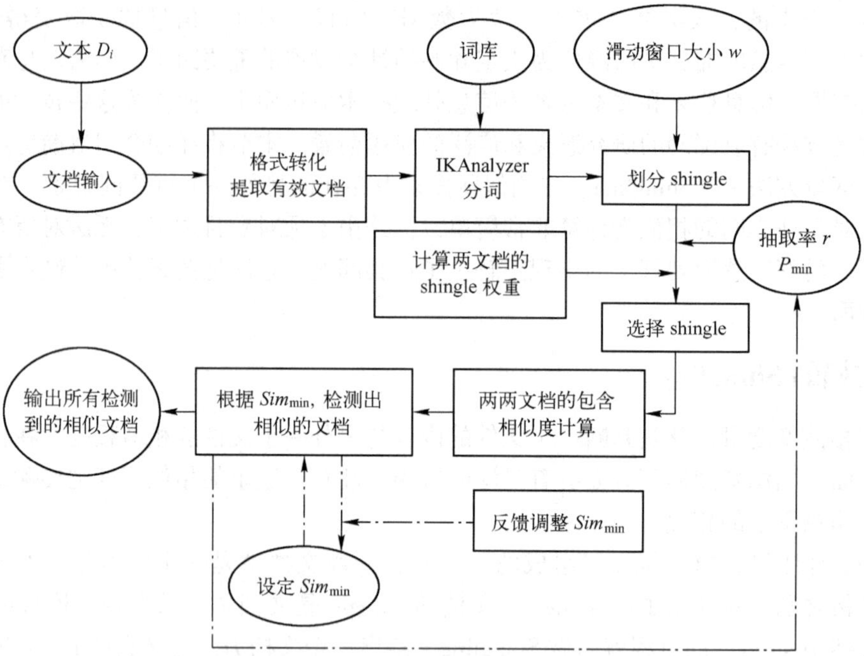

图 4-1　Shingling 算法的处理流程

例 4-11　待分词的文本：安保人员在火车站台独自强守着岗位。

一般的分词：安保｜人员｜在｜火车｜站台｜独自｜强｜守｜着｜岗位

IKAnalyzer：安保｜人员｜在｜火车｜火车站｜站台｜独自｜自强｜守着｜岗位

3. 滑动窗口大小的设置

Shingle 生成是 shingling 算法中最为关键的一步，也是最难的一步。滑动窗口大小 w 是组成特征元素的词语组合中词语的个数，它的大小直接决定了文档的特征元素的总数，从而影响到算法的时间复杂度。更重要的是，它还影响到字符串的语义包含度，因为多个词语组合比起一个到两个词语的组合，其对主题的反应力度要大。理论上，滑动窗口大小 w 可以取任意值。但是，如果 w 太小，那么可以推测大部分长度为 w 的字符串会出现在大部分文档中。譬如，当窗口大小 $w=1$ 时，大部分 Web 网页中都有很多常见字符，而其他字符很少，此时几乎所有 Web 网页之间都有较高的文档相似度。

到底要选择多大的 w 值依赖于文档的典型长度以及典型的字符表大小。需要注意的重要事项是，w 应该取得足够大，以保证任意给定的 shingle 出现在任意文档中的概率较低。

对实验数据的统计表明，当文档篇幅较短时，例如标题、关键词等文档，w 一般取 1 比较适宜，对于篇幅较长的正文文档，w 取 2 为最佳；而对于句子级的相似文档，即只有句子的组织顺序改变，而句子中的词语组织顺序不变，w 一般取大于 2 的值；对于段落级的相似文档，由于句子和句子中的语义元素组织顺序均未改变，这时滑动窗口的大小相比于句子级可以取得更大些。参照英文文本的常用窗口大小 $w=10$，中文文本 $w=5$ 左右，可保留句子的位置信息。

4. 基于权值的 shingle 抽取策略

计算 shingle 权值的公式如下，其中第二个公式是对权值的归一化处理。

$$P_{ki}=f_{ki}\times\log_2\left(\frac{f_{ki}}{f_k}\times N\right)+(n_i-f_{ki})\times\log_2\left(\frac{n_i-f_{ki}}{n-f_k}\times N\right) \tag{4-21}$$

$$P_{ki}=\frac{P_{ki}}{\sqrt{\sum_{j=1}^{N}P_{kj}}} \tag{4-22}$$

式中 P_{ki}：第 i 个文档的第 k 个 shingle 的权值；

f_{ki}：第 k 个 shingle 在第 i 个文档中出现的次数；

f_k：第 k 个 shingle 在文档集合中出现的总次数；

n_i：第 i 个文档总 shingle 数目；

n：整个文档集合的 shingle 总数。为避免与滑动窗口的符号有歧义，将文档 shingle 数目的符号取为 n；

N：文档总数。

抽取 shingle 时，只要设置一个 shingle 权值阈值 $P_{\min}$，当某个 shingle 的权值 $P>P_{\min}$时，就被选中为特征 shingle。为了防止抽取的 shingle 数目极少的情况出现，还设置了一个抽取率 r，以保证最后供比较的 shingle 数量的充足。

5. 相似度计算

基于 shingle 的算法最后供比较的是 shingle 字符串。利用 Jaccard 系数来计算文档间的相似度。

$$\mathrm{sim}(A,B)=\frac{|N(A)\cap N(B)|}{|N(A)\cup N(B)|} \tag{4-23}$$

式（4-23）为文档 A 和文档 B 中相同的 shingle 数目与它们总的 shingle 数目的比值，该值越接近于 1，说明两文档间的相似度就越高。

记 w - shingle$S(i,w)=\{S_{1i},S_{2i},\cdots,S_{ni}\}$，其中 S_{ni}是文档 i 中滑动窗口大小取 w 时所对应的第 n 个 shingle，并记$\{P_{1i},P_{2i},\cdots,P_{ni}\}$为$\{S_{1i},S_{2i},\cdots,S_{ni}\}$的权值系数，初始化为 0，shingle 在文档中的出现频率系数计算如下

$$P_{ki}=\sqrt{f_{ki}} \tag{4-24}$$

考虑到两个供比较文档的篇幅差异和包含关系，并参考包含相似度的计算方法，改进后的相似度计算公式如下

$$\mathrm{sim}(A,B)=\frac{\sum_{k=1}^{N_{ab}}P_{ka}P_{kb}}{\sum_{k=1}^{N_a}P_{ka}} \tag{4-25}$$

式中 $\mathrm{sim}(A,B)$：文档 A 相对于文档 B 的包含相似度，即 A 中有多少信息来自 B；

N_{ab}：A 和 B 相同的 shingle 数目；

N_a：A 中的 shingle 数目。

根据式（4-25）计算相似度所得的结果大于或等于 1 时，直接取 1；而小于 1 的保持不变。假设 A 包含在 B 中，如果简单地按照 Jaccard 系数的计算方法，相似度就不会是 1，即反应不出 A 包含在 B 中；而按照改进过的相似度的计算方法，包含相似度的结果便是 1，即 A 中所有文档信息来自 B，因此利用该式的计算方法还可以衡量出两个文档的相互包含度。

6. Shingling 算法描述

基于 shingle 的文档相似度度量算法描述如下。

算法：基于 shingle 的文档相似度度量算法。

输入：文档集合 $D\{d_1, d_2, \cdots, d_n\}$，初始化 w、r、$Sim_{\min}$和 $P_{\min}$。

输出：相似度大于 $Sim_{\min}$的所有文档。

方法：

```
for i = 1 to n do
    对文档 d_i 分词：d_i{s_1i, s_2i, …, s_m_di}//m_di：文档 d_i 中的分词个数
    for k = 1 to M_di − w + 1//M_di：文档 d_i 中的文本个数
        S_ki = S_ki + S_(k+1)i + … + S_(k+w−1)i
    end for
    根据归一化权值计算公式计算 P_ki
    if P_ki > P_min
        S_ki 选中为 S'_ki
    end if
    if S'_ki 的维度≥n * r
        统计 S'_ki 的 f_ki
    end if
end for
for i = 1 to n do
    for j = i + 1 to n do
        计算 d_i 和 d_j 的包含相似度 Sim_ij 和 Sim_ji
        if Sim_ij ≥ Sim_min
            判定第 i 个文档相对第 j 个文档是相似的
            并输出判定结果
        end if
    end for
end for
```

该算法只需要在抽取 shingle 时计算权值，这对以后的准确度影响较小，并且只要存储每个文档被抽取出来的 shingle 即可，不需要额外的存储空间。因为 Shingling 算法是比较两篇文档的相似度，所以其时间复杂度是 $O(N^2)$。

4.3.2 局部敏感散列算法

假定有 100 万篇文档，约有 $C_{1000000}^2$，即约等于 5000 亿个文档对需要比较，假设计算机计算每两篇文档之间的相似度为 1 μs，需要 6 天时间才能计算出所有相似度。即使采用并行机制来减少实际消耗时间，也无法减少计算量。但是，实际中往往需要得到那些最相似或者相似度超过某个下界的文档对，这时只需要关注那些可能相似的文档对，而不需要比较所有文档对的相似度。解决这类问题的主要技术手段为局部敏感散列算法（Locality – Sensitive Hashing，LSH）。

局部敏感散列又称为位置敏感散列，其算法的基本思想是针对空间中的点，通过选用适当的局部敏感散列函数对其进行散列，使得散列后的数据仍保持原来数据的位置关系，即原来距离较近的点以较大的概率散列到相同的散列桶中，反之，原来距离较远点以较小的概率散列到相同的桶中，如图 4–2 所示。

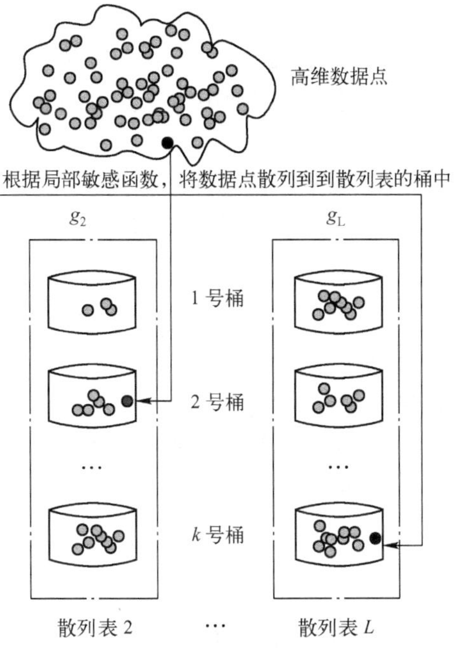

图 4-2　LSH 算法索引数据的过程

在给出局部敏感散列算法的定义前，先给出以下几个数学表示：

l_p^d 表示 l_p 范数下的 d 维空间 R^d，空间中的任意点 $\boldsymbol{x}\in R^d$，用 $\|\vec{\boldsymbol{x}}\|_p$ 表示 l_p 范数下的向量 $\boldsymbol{x}$，即 $\|\vec{\boldsymbol{x}}\|_p=\left(\sum_{i=1}^{d}x_i^p\right)^{1/p}$。令 $S=(X,d)$ 是任意的度量空间，$\boldsymbol{x}\in X$，以 $\boldsymbol{x}$ 为球心，r 为半径的球表示为 $B(\boldsymbol{x},r)=\{\boldsymbol{y}\in X\mid d(\boldsymbol{x},\boldsymbol{y})\leqslant r\}$。

局部敏感散列算法依赖于局部敏感散列函数族。定义 H 是一个由 R^d 映射到集合 U 的散列函数族，对于任意两个点 $\boldsymbol{x}$，$\boldsymbol{y}\in R^d$，对于任意的从散列函数族 H 中随机选择的一个散列函数 h，分析 $h(\boldsymbol{x})=h(\boldsymbol{y})$ 的可能性。如果满足以下两个性质，则称函数族是 (r_1,r_2,p_1,p_2) 敏感的：

1）如果 $\boldsymbol{x}\in B(\boldsymbol{y},r_1)$，则 $Pr_H[h(\boldsymbol{x})=h(\boldsymbol{y})]\geqslant p_1$。

2）如果 $\boldsymbol{x}\notin B(\boldsymbol{y},r_2)$，则 $Pr_H[h(\boldsymbol{x})=h(\boldsymbol{y})]\leqslant p_2$。

其中，p_1,p_2,r_1,r_2 满足不等式 $p_1>p_2$ 和 $r_1<r_2$。

由上述定义可知，如果两个空间向量距离较近，小于 r_1，那么它们被散列到同一个桶的概率至少是 p_1，反之，如果两个空间向量距离较远，大于 r_2，那它们被散列到同一个桶的概率不会超过 p_2，因此，可以通过选取以上定义中散列函数族中带有参数的一组映射，通过这种映射，尽量地增大 p_1 同时减小 p_2 来使得距离较近的点更容易落在一个桶中。

对于参数 k，定义一个函数族，$\zeta=\{g:S\rightarrow U^k\}$，其中

$$g(\boldsymbol{x})=(h_1(\boldsymbol{x}),h_2(\boldsymbol{x}),\cdots,h_k(\boldsymbol{x})),h_i(\boldsymbol{x})\in H\quad 1\leqslant i\leqslant k$$

函数族 $g(\cdot)$ 就是由 k 个散列函数组成的散列函数组。对于一个向量 $\boldsymbol{x}$ 利用函数组 $g(\cdot)$ 中的 k 个散列值 $h_1(\boldsymbol{x}),h_2(\boldsymbol{x}),\cdots,h_k(\boldsymbol{x})$ 生成散列索引键值。从 $\zeta=\{g:S\rightarrow U^k\}$ 中随机、独立地选择 L 个函数 $g_1,g_2,\cdots,g_L$，利用这一组函数创建散列索引。

根据局部敏感散列函数的原理，首先用训练数据集 P 对算法进行训练，创建局部敏感散列索引：随机地从局部敏感散列函数族 H 中选取 k 个散列函数 $h_1(\cdot),h_2(\cdot),\cdots,h_k(\cdot)$，组

成新的散列函数组 $g_i(h_1(\cdot),h_2(\cdot),\cdots,h_k(\cdot)),i=1,2,\cdots,L$，再随机从所组成的散列函数组中选择 L 个局部敏感散列函数 $g_1,g_2,\cdots,g_L$ 对训练集合中的每一个向量 $\boldsymbol{x}\in P$ 进行散列，将其散列键值存储在函数值 $g_i(\boldsymbol{x})$ 对应的桶中，建立散列表索引。在此过程中，需要合理地选择 k 和 L，算法如下。

算法： 局部敏感散列算法的数据处理存储过程。

输入： 点集合 $P\{p_1,p_2,\cdots,p_n\}$，初始化 L 和 k。

输出： 散列表 T_i，$i=1, 2, \cdots, L$。

方法：

```
for i = 1 to L do
    产生随机散列函数 g_i = (h_i1, h_i2, …, h_ik)
    //其中 h_i1, h_i2, …, h_ik 通过从 LSH 函数族 H 中随机地选择得到
    通过 g_i 初始化散列表 T_i
end for
for i = 1 to L do
    for j = 1 to n do
        在散列表 T_i 中的桶 g_i(p_j) 中存储点 p_j
    end for
end for
```

算法： 局部敏感散列算法的查询过程。

输入： 待查询点 q，散列表 T_i，$i=1,2,\cdots,L$，初始化 $Sim_{\min}$。

输出： 与 q 关联的数据。

方法：

```
初始化数据集 S 为空
for i = 1 to L do
    回收存储在桶 g_i(q) 中的数据(剔除重复数据),放入 S 中
end for
for i = 1 to S 中的数据个数 do
    计算 s_i 和 q 的相似度 Sim_i
    if Sim_i ≥ Sim_min
        判定 s_i 和 q 是相似的,报出 s_i
    end if
end for
```

怎样构建散列函数族是局部敏感散列算法中最基本的要素。选择不同的散列函数，对算法的处理有很大的影响。散列函数族是基于这样的原则构建的：如果两个点相距很近，那么，在经过映射操作后，它们仍然相距很近。根据应用的情况不同，在不同的距离测度下构造的散列函数族也不同。典型的局部敏感散列函数族包括面向海明距离的散列函数族、面向欧式距离的散列函数族、面向 Jaccard 距离的散列函数族、面向余弦距离的散列函数族。

1. 面向海明距离的散列函数族

海明距离下的局部敏感散列函数族中的散列函数的定义如下

$$h_i(\boldsymbol{x})=x_i,i\in\{1,d\} \tag{4-26}$$

其中，i 是向量 $\boldsymbol{x}$ 中一个随机坐标，对于每一个点，将它转换到海明空间。通过将 $\boldsymbol{x}=(x_1,x_2,\cdots,x_d)$转化为二进制向量 $v(\boldsymbol{x})$，令 M 为点集中所有点坐标中的最大值，有

$$v(\boldsymbol{x})=Unary(x_1)Unary(x_2)\cdots Unary(x_d) \tag{4-27}$$

其中，$Unary(x_i)$是由一连串连续的 x_i 个 1 和之后的 $M-x_i$ 个 0 组成的。这样，向量 $v(\boldsymbol{x})$ 就成为了海明空间 H^{Md} 中的点。例如，若最大指标值是 7，一个三维点 $\boldsymbol{x}$ 的坐标是(3,5,7)，则向量 $v(\boldsymbol{x})$就是

$$v(\boldsymbol{x})=111000011111001111111$$

应用上述局部敏感散列函数就可以进行数据处理了。根据局部敏感散列算法，形成 L 个散列表，每个散列表选择 k 比特大小的集合。对于每一个点 $v(\boldsymbol{x})$，散列函数族定义为 $h_i(\boldsymbol{x})=x_i,i\in\{1,d\}$，函数族 g 就是

$$g_i(\boldsymbol{x})=(h_{i1}(\boldsymbol{x}),h_{i2}(\boldsymbol{x}),\cdots h_{ik}(\boldsymbol{x})) \tag{4-28}$$

式（4-28）中，$h_{i1}(\cdot),h_{i2}(\cdot),\cdots h_{ik}(\cdot)$是从上述散列函数族中随机选择的。

局部敏感散列算法首次应用在实际中时，就是采用的上述局部敏感散列函数族。显然，面向海明距离下的散列函数族对高维数据进行散列的过程就是将多维空间点嵌入到海明空间的过程。采用这种局部敏感散列函数族的优点是过程简单容易实现，但当输入数据集和最大坐标值 M 比较大时，嵌入后得到的集合的维数相对较大，这会消耗很大的内存和处理成本。

2. 面向 Jaccard 距离的散列函数族

不同于海明距离，Jaccard 距离被用来衡量两个集合的相似性。Jaccard 局部敏感散列函数也称为最小散列函数，是将集合中的元素进行随机独立置换然后取最小。对于任意集合 $A\subseteq[n]$和任意 $x\in A$，F 属于 S_n 是最小独立的，在 F 中随机选择 π，有

$$\Pr(\min\{\pi(A)\}=\pi(x))=\frac{1}{|A|} \tag{4-29}$$

即集合 A 中的所有元素具有相同的概率转化为集合 A 在 π 下的最小的元素。此时，Jaccard 局部敏感散列函数为

$$h(A)=\min\{\pi(A)\}=\min\{\pi(x_1),\pi(x_2),\cdots,\pi(x_n)\} \tag{4-30}$$

例如，给定的两个文档 A 和 B 在经过 Jaccard 函数散列后，只有在 $\pi^{-1}(z)=A\cap B$ 时，才认为向量 A 和 B 冲突，即 $z=h(A)=h(B)$，在 Jaccard 距离定义的相似度下，向量 A 和 B 冲突的概率为

$$\Pr[h(A)=h(B)]=\mathrm{sim}(A,B)=\frac{|A\cap B|}{|A\cup B|} \tag{4-31}$$

3. 面向欧式距离的散列函数族

面向海明距离的散列函数族只能应用在范数 L_1 的距离下，这需要空间的嵌入，为了将局部敏感散列方法应用到欧式空间中，稳定分布被应用于散列函数中，这使得局部敏感散列算法可以在距离度量 $L_d(0\leqslant d\leqslant 2)$范数下应用，大大增强了算法的实用性。此时，散列函数表示如下

$$h_{r,b}(\boldsymbol{x})=\left|\frac{\boldsymbol{r}\cdot\boldsymbol{x}+b}{w}\right| \tag{4-32}$$

其中，$\boldsymbol{x}$ 是 R^d 中的 d 维向量，$\boldsymbol{r}$ 也是 d 维向量，参数 b 是随机均匀的从$[0,w]$选择的实数。

这种方法可以泛化为任何距离，对于 $L_d(0\leqslant d\leqslant 2)$，这个方法被证明是有效的。对于任意的 d，必须从 d 稳定分布中随机选取变量构成向量 $\boldsymbol{r}$，并使用该向量使用上述方式对高维数据

进行降维处理。

4. 面向余弦距离的散列函数族

随机地从 R^d 空间中选择一个单位向量 $\boldsymbol{u}$，定义 $h_u(\boldsymbol{x}) = \text{sign}(\boldsymbol{u}, \boldsymbol{x})$。这个散列函数可以被视作使用一个随机选择的超平面将空间划分为两半，单位向量 $\boldsymbol{u}$ 是这个超平面的法向量。给定两个向量 $\boldsymbol{x}$ 和 $\boldsymbol{y}$，其冲突的可能性为

$$\Pr_{\boldsymbol{u}}[h_{\boldsymbol{u}}(\boldsymbol{x}) = h_{\boldsymbol{u}}(\boldsymbol{y})] = 1 - \theta/180 \tag{4-33}$$

其中，θ 是余弦的距离。

4.4 异常检测

假设信用卡公司的交易核查员为了保护客户免受信用卡欺骗，特别关注不同于正常情况的信用卡使用。例如，一次购买交易的金额比平时的购买金额大很多，如果该购买地点又远离卡主的居住地，则该购买交易行为是可疑的。虽然大部分信用卡交易都是正常的，但是如果信用卡被盗，则交易模式通常会显著改变——购买金额和购买地点不同于真正的卡主。信用卡欺骗检测的基本思想是找出那些不同于正常情况的交易。

异常检测又称为异常数据挖掘或离群点检测，就是找出这些行为不同于预期对象的过程。异常检测在数据挖掘的四大任务中占据着非常重要的地位，与预测模型、聚类分析和关联分析相比，它更有价值，更能体现数据挖掘的初衷。例如，一万个正常的记录可能只蕴含一条规则，而10个异常记录很可能就包含了10条不同的规则。异常检测在某些领域很有应用价值，这些领域包括保险和信用卡欺骗、贷款审批、药物研究、医疗分析、消费者行为分析、气象预报、金融领域客户分类、网络安全、传感器/视频网络监视和入侵检测以及文本挖掘中的新颖主题发现等。

异常检测问题有两个子问题构成：①定义在一个数据集中什么是不一致或异常的数据；②找出异常的有效挖掘方法。异常检测问题可以概括为如何度量数据偏离的程度和有效发现异常的问题。

进行异常检测，首先要定义异常（Outlier）。由于应用领域和检测方法的不同，要精确地对异常进行定义，常常需要依赖于一些相关的假设。例如，从异常检测算法对异常的定义：异常是既不属于聚类也不属于背景噪声的点，其行为与正常的行为有很大不同。如果从聚类算法的角度对异常定义，那么异常是聚类嵌于其中的背景噪声。然而也有些通用的定义能符合不同类型的数据和检测方法。Hawkins 在 1980 年给出了异常的本质性定义："异常是在数据集中与众不同的数据，使人怀疑这些数据并非随机偏差，而是产生于完全不同的机制"。Barnet 和 Lewis 在 1994 年将异常定义为"异常事件或异常是与同类事件相比具有很大偏差的实例。"类似的，Johnson 也在 1992 年提出"一个异常事件是数据集中的一个观测实例，并且这个实例与其他实例相比看上去并不一致。"为了在对比各种异常算法时提供统一标准，建议采用 Hawkins 的定义，针对不同问题对异常事件进行统一定义。

例 4-12 在图 4-3 中，大部分对象都粗略地服从高斯分布。然而，区域 R 中的对象显著不同。它不太可能与数据集中的其他对象服从相同的分布。因此，在该数据集中，R 中的对象是异常。

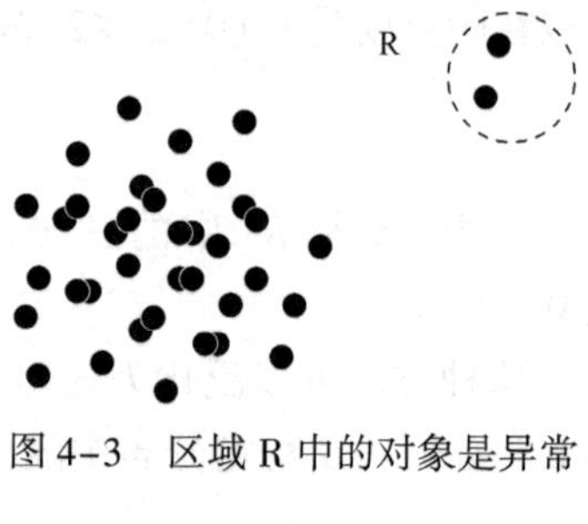

图 4-3 区域 R 中的对象是异常

异常不同于噪声数据。噪声是被观测变量的随机误差或方差。一般而言，噪声在数据分析中不是令人感兴趣的。例如，

在信用卡欺骗检测中，顾客的购买行为可以用一个随机变量建模。一位顾客今天早餐多买了一杯牛奶，这个行为可能会产生某些看上去像“随机误差”或“方差”的“噪声交易”。这种交易不应该视作异常，否则信用卡公司将因验证太多的交易而付出巨大的代价。公司也会因为过多的假警告而打扰到顾客，甚至失去顾客。与许多其他数据分析任务一样，应该在异常检测之前就删除噪声。

一般而言，异常根据其判断的标准以及和其他数据之间的关系，可以分为三类，即点异常、情境异常（条件异常）和聚集异常。

1. 点异常

在给定的数据集中，如果一个数据对象明显地偏离数据集中的其余对象，则该数据对象被称为点异常（Global Outlier）。点异常有时也被称为全局异常点或全局离群点，是最简单的一类异常。大部分异常检测方法都旨在找出点异常。

再次考虑图 4-3 中的点。区域 R 中的点显著地偏离数据集的其余部分，因此是点异常的实例。

在许多应用中，点异常检测都是非常重要的。例如，信用卡交易中，如果顾客的交易行为不同于正常模式（异地短时间内多笔高额消费），则该行为可以被看作点异常，该信用卡很可能被盗刷了。另一个例子，考虑计算机网络的入侵检测，如果一台计算机的通信行为不同于正常模式（短时间内大量的数据包被广播），则该行为也可以被视为点异常，而对应的计算机可能受到了黑客的攻击。

2. 情境异常

“今天的温度是2℃。这是一个异常吗?”这依赖于时间和地点。如图 4-4 所示，如果该温度是在南京的冬天出现，这是一个正常的温度；而如果出现在南京的夏天，这就是一个异常。与点异常不同，在这种情况下，今天的温度是否是一个异常依赖于情境——时间、地点和可能的其他因素。同样的例子有：一个人的身高为 210 cm，与普通人相比，这是一个异常，而在篮球运动员中这个身高是普遍的。

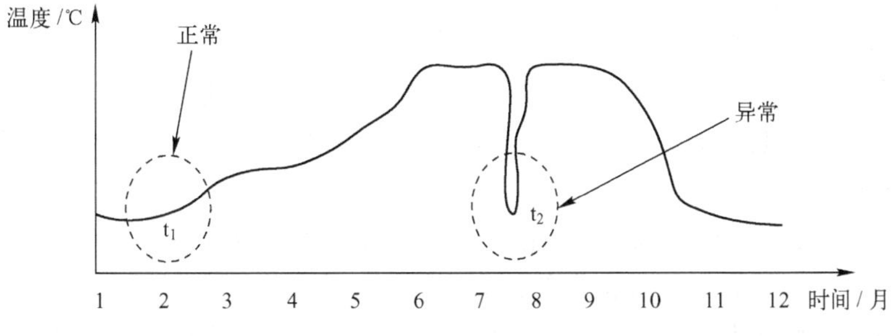

图 4-4　条件异常

在给定的数据集中，一个数据从本身的属性值来看属于正常范围，但是在特定的情境中这个属性值却不正常，则称这个数据对象为情境异常（Contextual Outlier）。情境异常又被称为条件异常或情境离群点，因为情境异常需要考虑的不仅仅是数据的属性值本身，而且考虑了数据出现的情境。因此，在情境异常中，情境必须作为问题定义的一部分加以说明。

一般地，在情境异常检测中，所考虑数据对象的属性可划分为两组：

1）情境属性：数据对象的情境属性定义对象的情境。在温度例子中，情境属性是时间和地点。

2）行为属性：数据对象的行为属性定义对象的特征，并用来评估对象关于它所处的情境是否是异常。在温度例子中，行为属性可以是温度、湿度和气压。

与点异常不同，在条件异常检测中，一个对象是否是异常不仅依赖行为属性，而且还依赖情境属性。行为属性的一个状态在某种情境下可能是异常（例如，对于南京的夏天来说，2℃是异常），但是在另一种情境下不是异常（例如，对于南京的冬天来说，2℃是正常的）。

点异常检测可以被视为情境异常检测的一个特例，即情境属性集为空的情况。也就是说，点异常检测使用整个数据集作为情境。情境异常分析为用户提供了灵活性，因为用户可以在不同的情境下考虑异常，这在许多应用中是非常需要的。

在信用卡欺骗检测中，除了点异常外，分析人员还可以考虑不同情境下的异常。假设有这样一位顾客，他使用了信用卡额度的 90%，考虑这位顾客属于具有低信用额度的顾客群，则这种行为不被视作异常。然而，高收入人群顾客的类似行为可以被视为异常，这种异常可以带来商机——提高这种顾客的信用额度可能带来新的收益。

除了对象在行为属性空间对多数的偏离度量外，应用中情境异常检测的质量还依赖于情境属性的意义。情境属性大多由领域专家确定，被视为背景知识的一部分。在大多数应用中，得到足够的信息确定情境属性或收集高质量的情境数据都非易事。

3. 聚集异常

当一个数据的属性值在正常范围内，而且从情境看也属于正常时，它也有成为异常的可能。因为异常的出现不仅仅要考虑此数据的属性值、数据所在的情境，而且要考虑与之关联的多个数据组成的模式与整体模式是否符合。

假设某网店的供应链经理，每天处理数以千计的订单的出货，如果一天内有一两个订单的出货延迟，则一般不认为是异常，因为统计表明延误时有发生，然而，如果一天有数百个订单出货延误，则必须引起注意了，可能需要更详细地跟踪这些订单，找出出货延迟问题的原因。在这个示例中，这数百个订单整体形成了一个异常，尽管单个来看，它们或许都不是异常。

在给定的数据集中，如果某些对象作为整体明显地偏离了整个数据集，则称这些数据对象的集合为聚集异常（Collective Outlier）。聚集异常又被称为集体异常点或集体离群点。注意：此时，这个集合中的单个数据对象可能都不是异常。

在图 4-5 中，黑色对象作为整体形成一个聚集异常，因为这些对象的密度比数据集中其他对象的高得多。然而，每个黑色对象个体对于整个数据集并非异常。

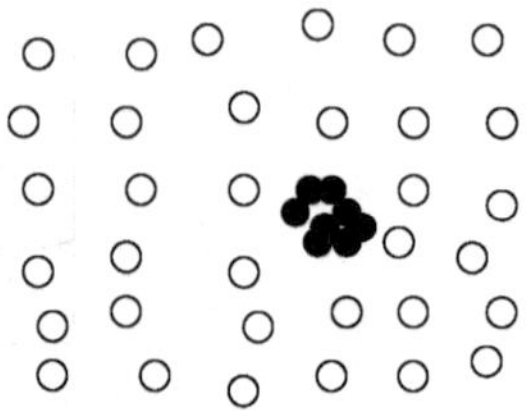

图 4-5　聚集异常

聚集异常检测有许多应用。例如，在入侵检测时，从一台计算机到另一台计算机的拒绝服务包是正常的，完全不视为异常。然而，如果多台计算机不断地相互发送拒绝服务包，则它们可能被看作聚集异常。所涉及的计算机可能正遭受黑客攻击。

与点异常或情境异常检测不同，在聚集异常检测中，不仅必须考虑个体对象的行为，而且还要考虑对象群组的行为。因此，为了检测聚集异常，需要关于对象之间联系的背景知识，如对象之间的距离或相似性度量方法。

综合来看，点异常是异常检测的基础，情境异常和聚集异常是点异常的延伸，它们分别从多个属性的角度和多个数据的角度对点异常的定义进行了扩展。在本例中，应先从点异常检测技术的研究出发，然后将提出的技术应用到情境异常和聚集异常的检测中。

异常可能是由测量、输入错误或系统运行错误造成的，也可能是由数据内在特性引起的，或因客体的异常行为所导致。例如，一个人的体重为 -999，可能是由于程序处理默认数据、设置默认值或测量体重的设备故障等引起的；一个单位的高层领导的工资明显高于普通员工的工资，可能成为异常数据，但实际上却是合理的数据；一张信用卡出现明显的异地高额消费，也许是因为该卡被盗用了。

由于异常产生的机制是不确定的，因此，异常检测算法检测出的“异常”是否真正地对应为实际的异常行为，不是由异常检测算法来说明、解释的，而只能由领域专家来解释。异常检测算法只能从数据体现的规律角度为用户提供可疑的数据，以便用户引起特别的注意并最后确定是否为真正的异常。

从 20 世纪 80 年代起，异常检测问题在统计学领域中得到了广泛的研究，随着异常检测应用领域的扩展以及不同领域中方法的引入，这一问题得到了越来越多的关注。研究人员从不同角度思考，不断拓展异常的定义，涵盖了更多类型的异常。人们已经提出了许多刻画异常的定义和相应的检测方法。从使用的主要技术路线角度看，这些方法大体可以分为基于统计的方法、基于距离的方法、基于密度的方法、基于聚类的方法、基于分类的方法、基于深度的方法以及其他方法（基于小波变换的方法、基于图的方法、基于模式的方法、基于神经网络的方法等）。根据类信息（正常或异常）可利用的程度，异常挖掘可以分为以下 3 种基本方法：①无监督的异常检测方法，在实际情况中，没有提供类编号；②有监督的异常检测方法，要求存在异常点和正常点的训练集；③半监督的异常检测方法，训练数据包含被标记的正常数据，但是没有关于异常对象的信息。本节将主要从技术路线的角度来介绍几种典型的异常检测方法。

4.4.1 基于统计的检测方法

统计学方法是最早应用于异常检测的一种计算方法，它通常需要假设给定的数据集服从一个随机分布（如正态分布等），然后用不一致性测试（Discordancy Test）识别异常。这类方法大部分是从针对不同分布的异常检测方法发展起来的，它们通常使用分布来拟合数据集，假定所给定的数据集存在一个分布或概率模型（如正态分布或泊松分布），数据集中的正常数据由该分布或模型产生，与模型不一致（即不服从分布）的数据被标识为异常数据。基于统计分布的异常检测方法在应用时依赖于数据分布，如参数分布（如均值或方差）、期望异常点的数目（置信度区间）。正常数据出现在该分布或模型的高概率区域中，而低概率区域中的数据则被认为是异常。

有许多不同的方法来学习分布模型。一般而言，根据如何指定和如何学习模型，异常检测的统计学方法可以划分成两个主要类型：参数方法和非参数方法。

参数方法假定正常的数据对象由一个以 θ 为参数的参数分布产生。该参数分布的概率密度函数 $f(x,\theta)$ 给出对象 x 被该分布产生的概率。该值越小，概率越低，x 越可能是异常。

非参数方法并不假定先验统计模型，而是试图从输入数据确定模型。注意：大多数非参数方法并不假定模型是完全无参的（完全无参假定将使得从数据学习模型是不可能的）。相反，非参数方法通常假定参数的个数和性质都是灵活的，不预先确定。非参数方法的例子包括直方图和核密度估计。

1. 参数方法

异常检测的参数方法有许多，其中有些方法非常简单、实用。

（1）基于正态分布的一元异常点检测

仅涉及一个属性或变量的数据被称为一元数据。大多数最早期的一元异常探测方法都依赖一个假设——数据的基本分布是已知的、相同的、独立的。而且，探测一元异常点的许多不一致的检验进一步假定，分布参数和异常点的期望类型也是已知的。为简单起见，通常假定数据由一个正态分布产生，然后可以由输入数据学习正态分布的参数，并把低概率的点识别为异常点。

利用统计学中最常用的正态分布来检测异常点。标准正态分布 $N(0,1)$ 的概率密度函数如图 4-6 所示。

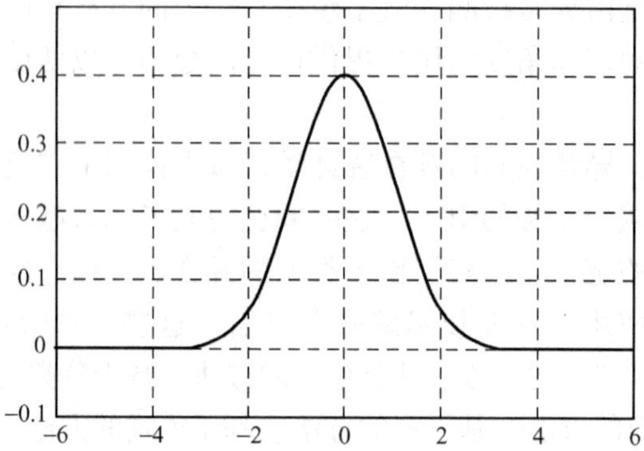

图 4-6　标准正态分布 $N(0,1)$ 的概率密度函数

来自 $N(0,1)$ 分布的对象出现在分布两端尾部的机会很小。例如，数据落在 ±3 标准差的中心区域以外的概率仅有 0.0027。一般地，如果 x 是属性值，c 是给定的正数，则 $|x|\geqslant c$ 的概率随 c 的增加而迅速减小。设 $\alpha=P(|x|\geqslant c)$，表 4-2 为部分的 c 值和 α 值的对应表。

表 4-2　标准正态分布 $N(0,1)$ 下，(c,α) 对应表

c	α
1	0.3173
1.5	0.1336
2	0.0455
2.5	0.0124
3	0.0027
3.5	0.0005
4	0.0001

如果一个感兴趣的（正常对象的）属性的分布是具有均值 μ 和标准差 σ 的正态分布，即 $N(\mu,\sigma^2)$ 分布，则可以通过变换 $z=(x-\mu)/\sigma$ 将其转换为标准正态分布 $N(0,1)$。通常，μ 和 σ 是可以通过样本均值和样本标准差来估计的。实际情况下，当观测数据很多时，这种估计的效果很好；另一方面，由概率统计中的大数定律可知，在大样本的情况下可以用正态分布近似其他分布。这种思想在质量控制中有着广泛的应用，图 4-7 是质量控制示意图，中心线是观测值的预测值，$\mu\pm3\sigma$ 对应上下控制线，$\mu\pm2\sigma$ 对应上、下警告线。根据 3σ 准则（拉依达准则），99.73% 的观测值将落在 $\mu\pm3\sigma$ 区间内，仅有 0.27% 的观测值落在此区间之外。

对于观测样本 x：

1）如果此点在上、下警告线之间的区域内，则表示生产或测定过程处于受控状态，生产过程或样本分析结果有效。

2）如果此点超出上、下警告线，但仍在上、下控制线之间的区域内，提示质量开始变差，可能存在“失控”倾向，应进行初步检查，并采取相应的校正措施。

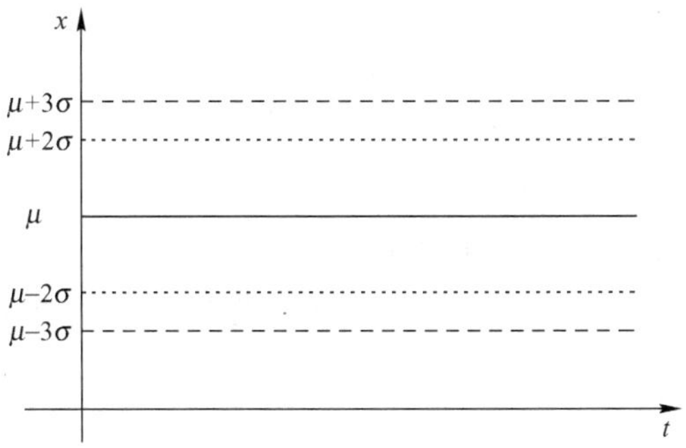

图 4-7　质量控制示意图

3）如果此点落在上、下控制线之外的区域，表示生产或测定过程“失控”，生产的是废品或观测样本无效。应立即检查原因，予以纠正。

例 4-13　假设某城市过去 10 年中 8 月份的平均气温按增序排列为 23.0℃、28.6℃、28.6℃、28.7℃、28.9℃、28.9℃、29.0℃、29.0℃、29.1℃和 29.2℃。假定平均温度服从正态分布，并由两个参数（均值 μ 和标准差 σ）决定。

根据均值 μ 和标准差 σ 的求解公式

$$\hat{\mu} = \bar{x} = \frac{1}{n}\sum_{i=1}^{n} x_i \tag{4-34}$$

$$\hat{\sigma}^2 = \frac{1}{n}\sum_{i=1}^{n} (x_i - \bar{x})^2 \tag{4-35}$$

可以计算得到

$$\hat{\mu} = \frac{23.0+28.6+28.6+28.7+28.9+28.9+29.0+29.0+29.1+29.2}{10} = 28.3$$

$$\begin{aligned}\hat{\sigma}^2 = &((23.0-28.3)^2+(28.6-28.3)^2+(28.6-28.3)^2+(28.7-28.3)^2\\ &+(28.9-28.3)^2+(28.9-28.3)^2+(29.0-28.3)^2+(29.0-28.3)^2\\ &+(29.1-28.3)^2+(29.2-28.3)^2)/10 \approx 3.16\end{aligned}$$

由此，有 $\hat{\sigma} = \sqrt{3.16} = 1.78$。

最大偏离值为 23.0℃，偏离估计的均值 5.3℃。在正态分布的假定下，区域 $\mu \pm 3\sigma$ 包含 99.73% 的数据。由于 $5.3/1.78 = 2.97 > 2.7$，23.0℃被该正态分布产生的概率小于 0.135%，因此它被识别为异常点。

另一种使用正态分布的一元异常点检测的统计学方法是 Grubb 检验（又被称为最大标准残差检验）。对于数据集中的每个对象 x，定义 z 分数为

$$z = \frac{|x - \bar{x}|}{s} \tag{4-36}$$

其中，$\bar{x}$是输入的均值，s 是标准差。

如果对象 x 满足

$$z \geqslant \frac{N-1}{\sqrt{n}}\sqrt{\frac{t^2_{\alpha/(2N),N-2}}{N-2+t^2_{\alpha/(2N),N-2}}} \tag{4-37}$$

则对象 x 被判为异常点。其中，$t^2_{\alpha/(2N),N-2}$是显著水平 $\alpha/(2N)$ 下的 t 分布的值，N 是数据集中对象的个数。

（2）多元异常点检测

涉及两个或多个属性或变量的数据被称为多元数据。大部分多元数据的处理方法可以由一元异常点检测方法扩充得到。其核心思想是把多元异常点检测任务转换成一元异常点检测问题。下面用两个例子来解释这一思想。

例 4-14 使用 Mahalanobis 距离检测多元异常点。

对于一个多元数据集，设$\bar{\boldsymbol{o}}$为均值向量。对于数据集中的对象 $\boldsymbol{o}$，从 $\boldsymbol{o}$ 到$\bar{\boldsymbol{o}}$的 Mahalanobis 距离为

$$MDis(\boldsymbol{o},\bar{\boldsymbol{o}}) = (\boldsymbol{o}-\bar{\boldsymbol{o}})^T S^{-1}(\boldsymbol{o}-\bar{\boldsymbol{o}}) \tag{4-38}$$

其中，S 是协方差矩阵。

$MDis(\boldsymbol{o},\bar{\boldsymbol{o}})$是一元变量，于是可以对它进行 Grubb 检验。因此，可以按如下方法对多源异常点检测任务进行变换：

1）计算多元数据集的均值向量。

2）对于每个对象 $\boldsymbol{o}$，计算从 $\boldsymbol{o}$ 到$\bar{\boldsymbol{o}}$的 Mahalanobis 距离 $MDis(\boldsymbol{o},\bar{\boldsymbol{o}})$。

3）在变换后的一元数据集$\{MDis(\boldsymbol{o},\bar{\boldsymbol{o}}) \mid \boldsymbol{o} \in D\}$中检测异常点。

4）如果 $MDis(\boldsymbol{o},\bar{\boldsymbol{o}})$被确定为异常点，则 $\boldsymbol{o}$ 也被视作异常点。

第二个例子使用χ^2 统计量来度量对象与输入数据集均值之间的距离。

例 4-15 使用χ^2 统计量的多元异常点检测。

在正态分布的假定下，χ^2 统计量也可以用来捕获多元异常点。对于对象 $\boldsymbol{o}$，χ^2 统计量是

$$\chi^2 = \sum_{i=1}^{n} \frac{(o_i - E_i)^2}{E_i} \tag{4-39}$$

其中，o_i 是 $\boldsymbol{o}$ 在第 i 维上的值，E_i 是所有对象在第 i 维上的均值，而 n 是维度。如果对象的χ^2 统计量很大，则该对象是异常点。

（3）使用混合参数分布

假定数据是由正态分布产生的，这种假定在许多情况下很有效。然而，实际数据有时是很复杂的，这时候，这种假定就显得过于简单。在这种情况下，假定数据是由混合参数分布产生的。

考虑图 4-8 中的数据，其中有两个大簇 C_1 和 C_2。这时，假定数据是由一个正态分布产生的效果不好。因为若是这样假设，分布估计的均值将落在这两个簇之间，而不是任何一个簇的内部。此时，这两个簇之间的对象离均值很近，不可能被检测为异常点。

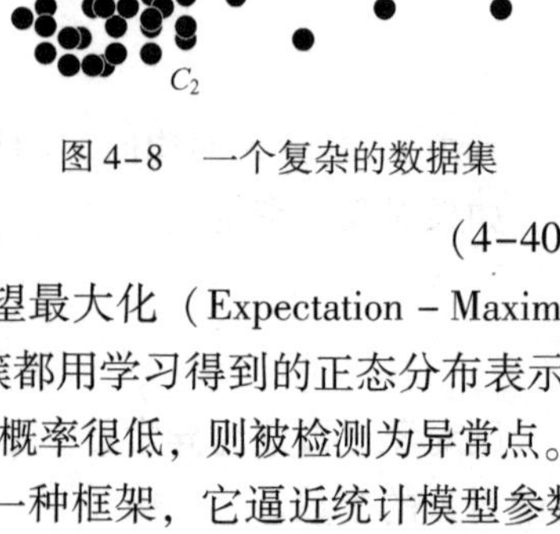

图 4-8 一个复杂的数据集

为了克服这一困难，假定正常的数据对象由多个正态分布产生（这里是两个）。也就是说，假定两个正态分布 $\Theta(\boldsymbol{\mu}_1,\boldsymbol{\sigma}_1)$和 $\Theta(\boldsymbol{\mu}_2,\boldsymbol{\sigma}_2)$。对于数据集中的任意对象 $\boldsymbol{o}$，$\boldsymbol{o}$ 被这两个分布产生的概率为

$$\Pr(\boldsymbol{o} \mid \Theta_1,\Theta_2) = f_{\Theta_1}(\boldsymbol{o}) + f_{\Theta_2}(\boldsymbol{o}) \tag{4-40}$$

其中，f_{Θ_1}和f_{Θ_2}分别 Θ_1 是 Θ_2 和的概率密度函数。可以使用期望最大化（Expectation - Maximization，EM）算法，由该数据学习参数$\boldsymbol{\mu}_1$，$\boldsymbol{\sigma}_1$，$\boldsymbol{\mu}_2$，$\boldsymbol{\sigma}_2$。每个簇都用学习得到的正态分布表示。如果一个对象 $\boldsymbol{o}$ 不属于任何簇，即它被这两个分布的组合产生的概率很低，则被检测为异常点。

下面介绍期望最大化算法。一般而言，期望最大化算法是一种框架，它逼近统计模型参数

的最大后验或最大似然估计。在模糊或基于概率模型的聚类的情况下，期望最大化算法从初始参数集出发，并且迭代，直到聚类收敛或改变充分小（小于一个预先设定的阈值）为止。每次迭代包括两个步骤：

1）期望步（E 步）。给定当前的簇中心，每个对象都被指派给簇中心离该对象最近的簇。这里，期望每个对象都属于离它最近的簇。

2）最大化步（M 步）。给定簇指派，对于每个簇，算法调整其中心，使得指派到该簇的对象到该新中心的距离之和最小化。也就是说，将指派到一个簇的对象的相似度最大化。

例 4-16 使用期望最大化算法计算图 4-9 中混合参数分布的数据集的均值和标准差。

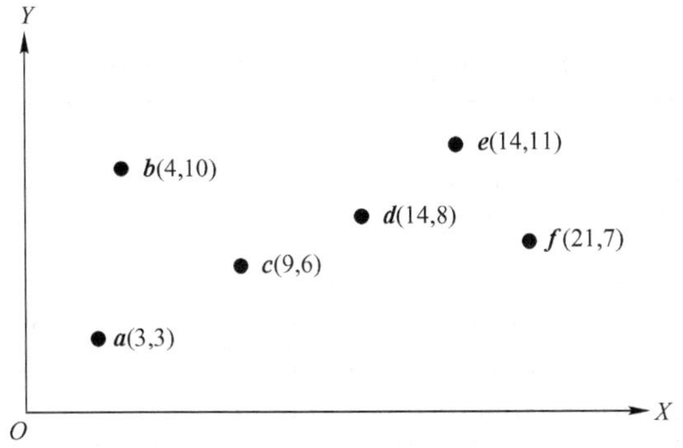

图 4-9 混合参数分布的数据集

假设存在有两个簇，随机地选择两个点作为两个簇的初始中心，如 $\boldsymbol{c}_1=\boldsymbol{a}$，$\boldsymbol{c}_2=\boldsymbol{b}$。每一次迭代执行期望步和最大化步的细节如下：

在 E 步中，对于每个点，计算它属于每个簇的隶属度。

$$\frac{dist\ (\boldsymbol{o},\boldsymbol{c}_1)^2}{dist\ (\boldsymbol{o},\boldsymbol{c}_1)^2+dist\ (\boldsymbol{o},\boldsymbol{c}_2)^2}\text{和}\frac{dist\ (\boldsymbol{o},\boldsymbol{c}_2)^2}{dist\ (\boldsymbol{o},\boldsymbol{c}_1)^2+dist\ (\boldsymbol{o},\boldsymbol{c}_2)^2}$$

对于任意点 $\boldsymbol{o}$，分别以隶属权值把 $\boldsymbol{o}$ 指派到 $\boldsymbol{c}_1$ 和 $\boldsymbol{c}_2$，其中 $dist(\cdot,\cdot)$是欧式距离。其理由是，如果 $dist(\boldsymbol{o},\boldsymbol{c}_1)$比 $dist(\boldsymbol{o},\boldsymbol{c}_2)$小，表明 $\boldsymbol{o}$ 更靠近 $\boldsymbol{c}_1$，则 $\boldsymbol{o}$ 关于 $\boldsymbol{c}_1$ 的隶属度高。也可以规范化隶属度，使得一个对象的隶属度之和等于 1。

对于点 $\boldsymbol{a}$，有 $w_{a,c_1}=1$，$w_{a,c_2}=0$，即 $\boldsymbol{a}$ 互斥地属于 $\boldsymbol{c}_1$，其中，w_{a,c_1}表示对象 $\boldsymbol{a}$ 在簇 $\boldsymbol{c}_1$ 的隶属度。对于点 $\boldsymbol{b}$，有 $w_{b,c_1}=0$，$w_{b,c_2}=1$。对于点 $\boldsymbol{c}$，有 $w_{c,c_1}=41/(45+41)=0.48$，$w_{c,c_2}=45/(45+41)=0.52$。其他点的隶属度显示在表 4-3 的划分矩阵中。

在 M 步中，根据划分矩阵重新计算簇的中心，使得指派到该簇的对象到新中心的距离之和最小化。新的中心应该调整为

$$\boldsymbol{c}_j=\frac{\sum_{i=1}^{N}w_{o_i,c_j}^2\boldsymbol{o}_i}{\sum_{i=1}^{N}w_{o_i,c_j}^2} \tag{4-41}$$

其中，N 为数据集中数据的个数，$j=1$，2。在这个例子中

$$\boldsymbol{c}_1=\left(\frac{1^2\times3+0^2\times4+0.48^2\times9+0.42^2\times14+0.41^2\times18+0.47^2\times21}{1^2+0^2+0.48^2+0.42^2+0.41^2+0.47^2},\right.$$
$$\left.\frac{1^2\times3+0^2\times10+0.48^2\times6+0.42^2\times8+0.41^2\times11+0.47^2\times7}{1^2+0^2+0.48^2+0.42^2+0.41^2+0.47^2}\right)$$
$$=(8.47,5.12)$$

并且

$$c_2=\left(\frac{0^2\times3+1^2\times4+0.52^2\times9+0.58^2\times14+0.59^2\times18+0.53^2\times21}{0^2+1^2+0.52^2+0.58^2+0.59^2+0.53^2},\right.$$
$$\left.\frac{0^2\times3+1^2\times10+0.52^2\times6+0.58^2\times8+0.59^2\times11+0.53^2\times7}{0^2+1^2+0.52^2+0.58^2+0.59^2+0.53^2}\right)$$
$$=(10.42,8.99)$$

重复该迭代，其中每次迭代包含一个 E 步和一个 M 步。表 4–3 显示了前 3 次迭代的中间结果。当簇中心收敛或变化足够小时，算法停止，此时两个簇收敛中心点的位置即为两个正态分布的均值向量。

表 4–3 EM 算法前 3 次迭代的中间结果

迭代	E 步	M 步
1	$M^T=\begin{bmatrix}1 & 0 & 0.48 & 0.42 & 0.41 & 0.47\\ 0 & 1 & 0.52 & 0.58 & 0.59 & 0.53\end{bmatrix}$	$c_1=(8.47,5.12)$ $c_2=(10.42,8.99)$
2	$M^T=\begin{bmatrix}0.73 & 0.49 & 0.91 & 0.26 & 0.33 & 0.42\\ 0.27 & 0.51 & 0.09 & 0.74 & 0.67 & 0.58\end{bmatrix}$	$c_1=(8.51,6.11)$ $c_2=(14.42,8.69)$
3	$M^T=\begin{bmatrix}0.80 & 0.76 & 0.99 & 0.02 & 0.14 & 0.23\\ 0.20 & 0.24 & 0.01 & 0.98 & 0.86 & 0.77\end{bmatrix}$	$c_1=(6.40,6.24)$ $c_2=(16.55,8.64)$

每个簇可以用学习得到的正态分布表示，对于单个簇，可以用多元异常点检测方法检测对象是否属于该簇。当对象 $\boldsymbol{o}$ 不属于任何簇时，将被检测为异常点，即它被这两个分布的组合产生的概率很低。

在图 4–8 中，大部分数据对象都在簇 C_1 或 C_2 中。其他对象代表噪声，均匀地分布在数据空间中。一个小簇 C_3 非常可疑，因为它不靠近两个主要的簇 C_1 和 C_2 中的任何一个。C_3 中的对象也将被检测为异常点。

注意：无论假定给定的数据集是服从一个正态分布，还是服从多个分布的混合分布，识别 C_3 中的点为异常点都是非常困难的。这是因为由于较高的局部密度，C_3 中对象的概率比某些噪声对象（如图 4–8 中的 $\boldsymbol{o}$）高。

为了处理这样的问题，假定正常的数据对象由一个正态分布或被一个混合的正态分布产生，而异常点由另一个分布产生。因此可以在产生异常点的分布上加上一些约束。例如，如果异常点分布在一个较大的区域中，则假定该分布具有较大的方差是合理的。从技术上讲，可以令 $\boldsymbol{\sigma}_{\text{outlier}}=k\boldsymbol{\sigma}$，其中 k 是一个用户指定参数，$\boldsymbol{\sigma}$ 是产生正常数据对象的正态分布的标准差。同样，期望最大化算法可以用来学习这种参数。

2. 非参数方法

在异常点检测的非参数方法中，“正常数据”的模型从输入数据学习，而不是假定一个先验分布或模型。通常，非参数方法对数据做的假定较少，因而在更多情况下都可以使用。

例 4–17 使用直方图检测异常点。某购物网站记录了每次消费的购买金额。图 4–10 使用直方图按所有消费的百分比图示购买金额。例如，61% 消费的购买金额为 0 ~ 1000 元。

可以用直方图作为非参数统计模型来捕捉异常点。例如，一次购买金额为 7500 的消费可能会被视作异常点，因为只有 1 –（61% +18% +11% +6.7% +3.1%）=0.2% 消费的购买金额超过 5000 元。另一方面，购买金额为 395 元的消费将被视作是正常的，因为它落入包含 61% 消费的箱（或桶）中。

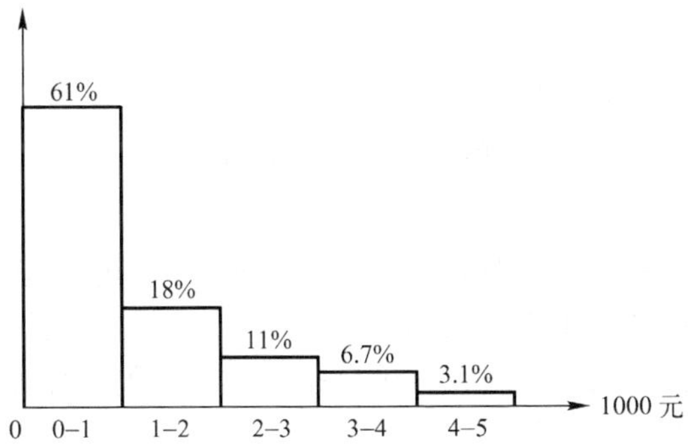

图 4–10　消费的购买金额的直方图

如上例所示，直方图是一种频繁使用的非参数统计模型，可以用来检测异常点。该过程包括如下两个步骤：

1）构造直方图。在这一步，使用输入数据构造一个直方图。该直方图可以像上例中那样是一元的，或者多元的（当输入数据是多维时）。尽管非参数方法并不预先假定任何先验统计模型，但通常要求用户提供某些参数，以便让数据学习。例如，为了构造一个适合的直方图，用户必须指定直方图的类型（等深的或等宽的）和其他参数（例如直方图中的箱数或每个箱的大小）。与参数方法不同，这些参数并不指定数据分布的类型。

2）检测异常点。为了确定一个对象是否是异常点，可以对照直方图检查它。在最简单的方法中，如果该对象落入直方图的任何一个箱中，则该对象被看作正常的，否则会被认为是异常点。

还有更复杂的方法——可以使用直方图赋予每个对象一个异常点得分。在上例中，可以将该对象落入的箱的容积的倒数作为对象的异常点得分。例如，购买金额为 7500 元的消费的异常点得分为 $1/2\% = 500$，而购买金额为 395 元的消费的异常点得分为 $1/61\% \approx 1.67$。这些得分表明，购买金额为 7500 元的消费远比购买金额为 395 元的消费更可能是异常点。

使用直方图作为异常点检测的非参数模型的一个缺点是，很难选择一个合适的箱尺寸。一方面，如果箱的尺寸过小，则许多正常对象都会落入空箱或稀疏箱，因而有可能被误判为异常点，这些将导致很高的假正例率和低精度；另一方面，如果箱的尺寸过大，则异常点对象可能渗入某些频繁的箱中，“假扮”成正常的对象，这将导致很高的假负例率和低召回率。

为了解决这些问题，我们可以采用核密度来估计数据的概率密度分布，即把每个观测对象看作一个周围区域中的高概率密度指示子。一个点上的概率密度依赖于该点到观测对象的距离。使用核函数对样本点对其邻域内的影响建模。核密度 $K(\ )$ 是一个非负实数值可积函数，满足如下两个条件：

1）$\int_{-\infty}^{+\infty} K(u)\,\mathrm{d}u = 1$；

2）对于所有 u 值，$K(-u) = K(u)$。

一个经常使用的核函数是均值为 0，方差为 1 的标准高斯函数

$$K\left(\frac{x - x_i}{h}\right) = \frac{1}{\sqrt{2\pi}} \mathrm{e}^{-\frac{(x - x_i)^2}{2h^2}} \tag{4-42}$$

设 $x_1, \cdots, x_n$ 是随机变量 f 的独立同分布的样本。该概率密度函数的核函数近似为

$$\hat{f}_h(x) = \frac{1}{nh} \sum_{i=1}^{n} K\left(\frac{x - x_i}{h}\right) \tag{4-43}$$

其中，h 是带宽，充当光滑参数。

一旦通过核密度估计了近似数据集的概率密度函数，我们就可以使用估计的密度函数 $\hat{f}$ 来检测异常点。对于对象 $\boldsymbol{o}$，$\hat{f}$ 给出该对象被随机过程产生的估计概率。如果 $\hat{f}(\boldsymbol{o})$ 大，则该对象可能正常；否则，$\boldsymbol{o}$ 可能是异常点。这一步与通常的参数方法的对应步骤类似。

总之，基于统计分布的异常点检测方法具有坚实的理论基础，它建立在概率统计理论基础上，通过数据学习模型，以区别正常的数据对象和异常点，这在统计上是无可非议的。当存在充分的数据和所用的检验类型的知识时，这种检验方法可能非常有效，但基于统计的异常点检测方法也存在以下几方面的不足：

1）尽管许多类型的数据可以用少量常见的分布（如高斯分布、泊松分布或二项分布）来描述，但在许多应用中，数据的分布是未知的或数据不符合任何一种理想状态的数学分布。

2）高维数据的数据分布常常是复杂的，并且很难完全理解。因此，在高维数据上，异常点检测的统计学方法仍然是一个大难题。

3）统计学方法的计算开销依赖于模型。在使用简单的参数模型（如正态分布）时，拟合参数通常需要线性时间。当使用更复杂的模型时（如混合模型在学习中采用期望算法），逼近最佳参数值通常需要多次迭代。然而，每次迭代中，关于数据集的大小都是线性的。对于核密度估计，模型学习的开销可能高达 2 次。而一旦模型学习成功后，每个对象的异常点检测的开销通常都很小。

4）这类方法不适合混合类型数据。

4.4.2　基于距离的检测方法

作为典型的非参数化方法，基于距离的异常检测方法是利用数据点和它最近邻之间的全维距离来体现它的异常程度，即远离其他对象的对象被视作异常点。这种方法比统计学方法更容易使用。

对于待分析的数据对象集 D，用户可以指定一个距离阈值 r 来定义对象的合理邻域。对于每个对象 $\boldsymbol{o}$，可以考察 $\boldsymbol{o}$ 的 r 邻域中的其他对象的个数。如果 $\boldsymbol{o}$ 的 r 邻域中其他对象的个数比较少，即 D 中大多数对象都远离 $\boldsymbol{o}$，则 $\boldsymbol{o}$ 可以被视作一个异常点。

令 $r(r\geqslant 0)$ 是距离阈值，$\lambda(0\leqslant\lambda\leqslant 1)$ 是分数（Fraction）阈值。如果对象 o 满足

$$\frac{\|\{\boldsymbol{o}' \mid dist(\boldsymbol{o},\boldsymbol{o}')\leqslant r\}\|}{\|D\|}\leqslant\lambda \tag{4-44}$$

则对象 $\boldsymbol{o}$ 是一个 $DB(r,\lambda)$ 异常点，其中 $dist(\cdot,\cdot)$ 是距离度量。

同样，我们可以通过检查 $\boldsymbol{o}$ 与它的第 k 个最近邻 $\boldsymbol{o}_k$ 之间的距离来确定对象 $\boldsymbol{o}$ 是否是 $DB(r,\lambda)$ 异常点，其中 $k=\lceil\lambda\|D\|\rceil$。如果 $dist(\boldsymbol{o},\boldsymbol{o}_k)>r$，则对象 $\boldsymbol{o}$ 是异常点，因为在这种情况下，在 $\boldsymbol{o}$ 的 r 邻域中，除 $\boldsymbol{o}$ 之外少于 k 个对象。

下面介绍基于距离的异常点检测算法常用的类型：嵌套循环算法和基于网格（Cell）的方法。

1. 嵌套循环算法

算法：基于距离的异常点检测。

输入：对象集 $D=\{\boldsymbol{o}_1,\boldsymbol{o}_2,\cdots,\boldsymbol{o}_n\}$，阈值 $r(r>0)$ 和 $\lambda(0\leqslant\lambda\leqslant 1)$。

输出：D 中的 $DB(r,\lambda)$ 异常点。

方法：

```
for i = 1 to n do
    count←0
for j = 1 to n do
    if i≠j and dist(o_i, o_j) ≤ r then
        count←count + 1
        if count ≥ λ · n then
            exit{o_i不可能是 DB(r,λ)异常点}
        end if
    end if
    end for
    print {o_i是 DB(r,λ)异常点}
end for
```

嵌套循环算法检查每个对象的 r 邻域，对于每个对象 $\boldsymbol{o}_i(1\leqslant i\leqslant n)$，计算 $\boldsymbol{o}_i$ 与其他对象之间的距离，统计 $\boldsymbol{o}_i$ 的 r 邻域中其他对象的个数。一旦在 $\boldsymbol{o}_i$ 的 r 邻域内找到 $\lambda\cdot n$ 个其他对象，则内循环可以立即中止，因为对象 $\boldsymbol{o}_i$ 已经违反异常点定义公式，所以它不是 $DB(r,\lambda)$ 异常点。此外，如果对于 $\boldsymbol{o}_i$，内循环完成，则意味着在半径 r 内，$\boldsymbol{o}_i$ 的近邻数少于 $\lambda\cdot n$ 个，由此可判定对象 $\boldsymbol{o}_i$ 是 $DB(r,\lambda)$ 异常点。

例 4-18 在图 4-11 所示的二维数据集中，当距离阈值 $r=2$、$k=2$ 时，哪些点是异常点？(距离计算用欧式距离公式)

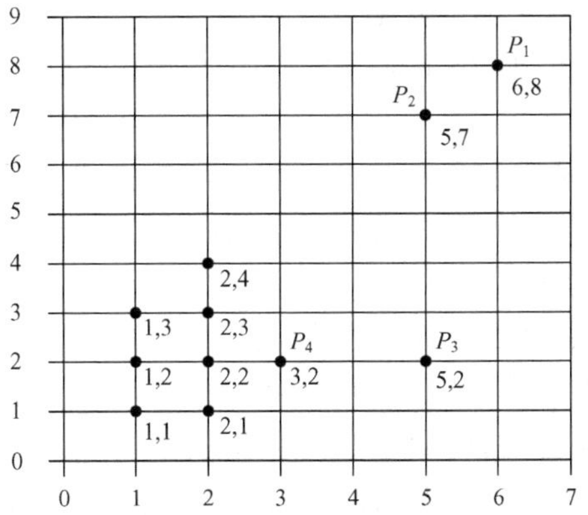

图 4-11 二维数据集

因为 $k=2$，很容易得到 $\lambda\cdot n=2$，则 $\lambda=2/11\approx0.18$。将其代入嵌套循环算法，得到 P_1、P_2、P_3 是 $DB(2,0.18)$ 异常点。

简单的嵌套循环算法的时间复杂度为 $O(n^2)$。令人惊讶的是，实际的 CPU 运行时间与数据集的大小常常呈线性关系。当数据集中异常点的个数很少时（大部分情况下都是如此），对于大部分非异常点对象，内循环都提前结束。相应地，数据集只有很小一部分被考察。

当数据集很大时，整个对象集不可能都放在主存中，尽管如此，嵌套循环方法的开销仍旧很大。假设主存有 m 页用于挖掘，在这种情况下，外循环使用 $m-1$ 页存放尽可能多的对象，而使用剩下的一页运行内循环。直到 $m-1$ 页中的对象都被识别为非异常点时（这种情况非常可能发生），内循环才中止。相应地，算法的 I/O 开销大约为 $O((n/b)^2)$，其中 b 是一页可以存放的对象数。

嵌套循环的开销主要来自两个方面：一方面，为了检查一个对象是否是异常点，嵌套循环方法要对整个数据集检查该对象。为了改进性能，需要探索如何由靠近对象的近邻来确定对象的异常性。另一方面，嵌套循环方法逐个检查每个对象。为了改进性能，应该尝试根据对象间的邻近性来把它们分组，并且在大部分时候逐组检查对象的异常性。

2. 基于网格的方法

基于网格（Cell）的方法是一种基于距离的异常点检测方法。在这种方法中，数据空间被划分成多维网格，其中每个单元是一个对角线长度为 $r/2$ 的超立方体，其中 r 是一个距离阈值参数。也就是说，如果该超立方体有 n 维，则它的每个边长为 $r/(2\sqrt{n})$。

例如，考虑一个二维数据集。图 4-12 显示了网格的一部分。其单元的每个边长为 $r/(2\sqrt{2})$。

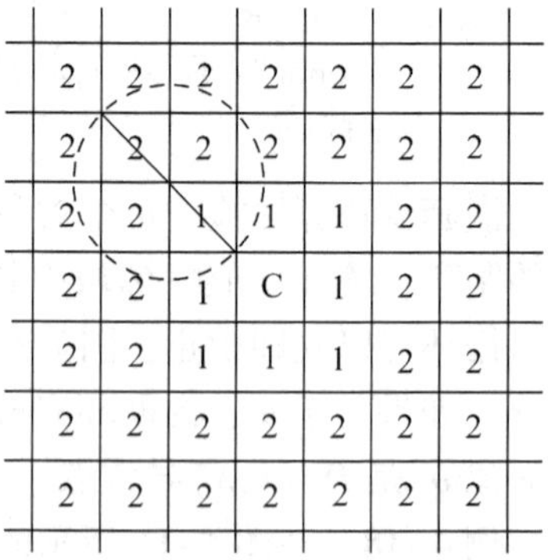

图 4-12　Cell 方法的网格

考虑图 4-12 中的单元 C。单元 C 的近邻单元可以用网格划分成两组。直接与 C 相邻的单元构成第 1 层单元（图中用“1”标记），而在任意方向远离 C 一个或两个单元的单元构成第 2 层单元（图中用“2”标记）。这两层单元具有如下性质：

1）第 1 层单元的性质。给定 C 的任意点 $\boldsymbol{x}$ 和第 1 层中的任意点 $\boldsymbol{y}$，有 $dist(\boldsymbol{x},\boldsymbol{y}) \leqslant r$。

2）第 2 层单元的性质。给定 C 的任意点 $\boldsymbol{x}$ 和任意点 $\boldsymbol{y}$，若 $dist(\boldsymbol{x},\boldsymbol{y}) \geqslant r$，则 $\boldsymbol{y}$ 在一个第 2 层单元中。

设 a 是单元 C 中的对象数，b_1 是第 1 层单元中的对象总数，b_2 是第 2 层单元中的对象总数。可以使用的规则如下：

1）1 单元剪枝规则。根据第 1 层单元的性质，如果 $a + b_1 > \lceil \lambda n \rceil$，则 C 中的每个对象 $\boldsymbol{o}$ 都不是 $DB(r,\lambda)$ 异常点，因为 C 和第 1 层单元中的所有对象都在 $\boldsymbol{o}$ 的 r 邻域中，并且至少有 $\lceil \lambda n \rceil$ 个这样的近邻，违反异常点定义公式。

2）2 单元剪枝规则。根据第 2 层单元的性质，如果 $a + b_1 + b_2 < \lceil \lambda n \rceil + 1$，则 C 中的所有对象都是 $DB(r,\lambda)$ 异常点，因为其 r 邻域中的其他对象都少于 $\lceil \lambda n \rceil$ 个。

使用以上两个规则，Cell 方法使用网格把数据分组——在一个单元中的所有对象形成一组。对于满足以上规则之一的组，我们可以确定单元中的所有对象都是异常点或者都不是异常点，因此不必逐个检查这些对象。此外，使用以上两个规则，只需要检查有限多个邻近目标单元的单元，而不是整个数据集。

使用以上两个规则，大部分对象都可以确定为非异常点或异常点，只需要检查不能使用以上两个规则剪枝的对象。即使对于这样的对象 $\boldsymbol{o}$，也只需要计算 $\boldsymbol{o}$ 与 $\boldsymbol{o}$ 的第 2 层以内（包括第 1 层）的对象之间的距离。这是因为第 1 层中的所有对象到 $\boldsymbol{o}$ 的距离最多为 r，并且在第 2 层外的对象到 $\boldsymbol{o}$ 的距离都超过 r，所以不可能在 $\boldsymbol{o}$ 的 r 邻域中。

当数据集很大，以至于大部分数据都存放在磁盘上时，Cell 方法可能导致许多对磁盘的随机访问，这样会导致开销很大。目前已经提出了另一种方法——只使用很少的主存（大约为数据集的 1%），通过 3 次数据集扫描，挖掘所有异常点。先使用有放回抽样，从给定数据集 D 创建一个样本 S。S 中的每个对象都被看作一个分区的形心。再根据距离把 D 中的对象分配到各分区中，以上步骤在一次扫描 D 完成。候选异常点在第二次扫描 D 时识别。第三次扫描后，找出所有 $DB(r,\lambda)$ 异常点。

基于距离的异常点检测方案简单，其主要不足在于：

1）检测结果对参数 k 的选择较敏感，如果 k 太小（如 $k=1$），则少量的邻近异常点可能导致较低的异常程度；如果 k 太大，则点数少于 k 时，有较多的点被划分为异常点。目前尚没有一种简单而有效的方法来确定合适的参数 k；虽然可以通过观察不同的 k 值，然后取最大异常程度来处理该问题，然而仍然需要选择这些值的上下界。

2）时间复杂度 $O(n^2)$，这里 n 为数据集的规模，难以将该检测方法用于大规模数据集。

3）需要有关分数阈值或数据集中异常点个数的先验知识，在实际使用中如果先验知识不足，会有一定的困难。

4）由于使用了全局阈值，不能处理不同密度区域的数据集。

4.4.3　基于密度的检测方法

基于统计的方法与基于距离的方法都是从全局角度来考虑的全局一致的方法。然而，实际应用中的数据通常不是单一分布的。当数据集含有多种分布或数据集由不同密度子集混合而成时，这些全局方法效果不佳。此时，一个对象是否是异常点，不仅取决于它与周围数据的距离远近，而且与其邻域内的密度状况有关。

例 4-19　考虑图 4-13 中的数据点。这里有两个簇：C_1 是稠密的，C_2 是稀疏的。对象 $\boldsymbol{o}_3$ 远离数据集中的大多数对象，可以被检测为基于距离的异常点。

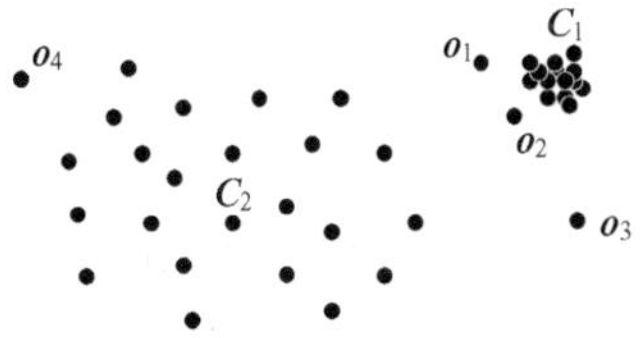

图 4-13　全局异常点和局部异常点

现在考虑对象 $\boldsymbol{o}_1$ 和 $\boldsymbol{o}_2$。它们是异常点么？一方面，对象 $\boldsymbol{o}_1$ 或 $\boldsymbol{o}_2$ 到稠密簇 C_1 的距离小于 C_2 簇中的对象到对象 $\boldsymbol{o}_1$ 或 $\boldsymbol{o}_2$ 的最近邻的平均距离。因此，$\boldsymbol{o}_1$ 和 $\boldsymbol{o}_2$ 都不是基于距离的异常点。事实上，如果把 $\boldsymbol{o}_1$ 和 $\boldsymbol{o}_2$ 分类为 $DB(r,\lambda)$ 异常点，就必须把稀疏簇 C_2 中的所有对象都分类为 $DB(r,\lambda)$ 异常点。

另一方面，当局部地考虑簇 C_1 时，因为 $\boldsymbol{o}_1$ 和 $\boldsymbol{o}_2$ 都显著地偏离 C_1 中的对象，且 $\boldsymbol{o}_1$ 和 $\boldsymbol{o}_2$ 也远离 C_2 中的对象，所以 $\boldsymbol{o}_1$ 和 $\boldsymbol{o}_2$ 都可被视为异常点。

总之，基于距离的异常点检测方法不能捕获像 $\boldsymbol{o}_1$ 和 $\boldsymbol{o}_2$ 这样的局部异常点。

注意：$\boldsymbol{o}_4$ 与它最近邻之间的距离远大于 $\boldsymbol{o}_1$ 与它最近邻之间的距离。然而，因为 $\boldsymbol{o}_4$ 是局部于簇 C_2（C_2 是稀疏簇）的，所以不认为 $\boldsymbol{o}_4$ 是局部异常点。

如何确切地定义局部异常点？关键是将对象周围的密度与其邻域周围的密度进行比较。基于密度的异常点检测方法的基本假定是：正常点对象周围的密度与其邻域周围的密度较为接近，而异常点对象周围的密度与其邻域周围的密度明显不同。

根据以上假定，基于密度的异常点检测方法使用对象和其近邻的相对密度指示对象是异常点的程度。

现在，给定对象集 D，考虑如何度量对象 $\boldsymbol{o}$ 的相对密度。对象 $\boldsymbol{o}$ 的 k 距离记为 $dist_k(\boldsymbol{o})$，$\boldsymbol{o}$ 与另一个对象 $\boldsymbol{p}\in D$ 之间的距离记为 $dist(\boldsymbol{o},\boldsymbol{p})$，使得：

1）至少有 k 个对象 $\boldsymbol{o}'\in D-\{\boldsymbol{o}\}$，使得 $dist(\boldsymbol{o},\boldsymbol{o}')\leqslant dist(\boldsymbol{o},\boldsymbol{p})$。

2）至少有 $k-1$ 个对象 $\boldsymbol{o}''\in D-\{\boldsymbol{o}\}$，使得 $dist(\boldsymbol{o},\boldsymbol{o}'')<dist(\boldsymbol{o},\boldsymbol{p})$。

换言之，$dist_k(\boldsymbol{o})$ 是 $\boldsymbol{o}$ 与其第 k 个最近邻之间的距离。因此，$\boldsymbol{o}$ 的 k 距离邻域包含数据集 D 中到 $\boldsymbol{o}$ 的距离不大于 $dist_k(\boldsymbol{o})$ 的所有对象，记为

$$N_k(\boldsymbol{o})=\{\boldsymbol{o}'\mid \boldsymbol{o}'\in D,dist(\boldsymbol{o},\boldsymbol{o}')\leqslant dist_k(\boldsymbol{o})\}\tag{4-45}$$

注意：$N_k(\boldsymbol{o})$中的对象可能超过 k 个，因为可能会有多个对象到 $\boldsymbol{o}$ 的距离相等。

可以使用 $N_k(\boldsymbol{o})$中对象到 $\boldsymbol{o}$ 的平均距离作为 $\boldsymbol{o}$ 的局部密度的度量。然而，这种简单的度量有一个问题：如果 $\boldsymbol{o}$ 有一个非常近的近邻 $\boldsymbol{o}'$，使得 $dist(\boldsymbol{o},\boldsymbol{o}')$非常小，则距离度量的统计波动可能出乎意料地高。为了解决这一问题，可以通过加上光滑效果转换成如下可达距离。

对于两个对象 $\boldsymbol{o}$ 和 $\boldsymbol{o}'$，从 $\boldsymbol{o}'$到 $\boldsymbol{o}$ 的可达距离取 $dist(\boldsymbol{o},\boldsymbol{o}')$和 $dist_k(\boldsymbol{o})$中的较大值，即 $\boldsymbol{o}'$到 $\boldsymbol{o}$ 的 k 可达距离（Reachability Distance）为

$$rd_k(\boldsymbol{o}\leftarrow\boldsymbol{o}') = \max\{dist_k(\boldsymbol{o}), dist(\boldsymbol{o},\boldsymbol{o}')\} \tag{4-46}$$

这里，k 是用户指定的用于控制光滑效果的参数。本质上，k 指定需要考察以便确定对象密度的最小邻域。对象 $\boldsymbol{o}$ 的可达距离在两对象的实际距离 $dist(\boldsymbol{o},\boldsymbol{o}')$与对象 $\boldsymbol{o}$ 的 k 距离间取最大值。这使得当 $\boldsymbol{o}$ 相对于 $\boldsymbol{o}'$较近时，可达距离相对于实际距离有所增大。当取遍所有 $\boldsymbol{o}'\in N_k(\boldsymbol{o})$ 时，可达距离 $rd_k(\boldsymbol{o}\leftarrow\boldsymbol{o}')$ 比实际距离 $dist(\boldsymbol{o}, \boldsymbol{o}')$ 的波动程度相对较弱。值得注意的是，可达距离不是对称的，即一般而言，$rd_k(\boldsymbol{o}\leftarrow\boldsymbol{o}')\neq rd_k(\boldsymbol{o}'\leftarrow\boldsymbol{o})$。

现在，可以衡量对象在局部空间中的分布密度。非参数密度的一种定义为对象数除以对象所占的面积或体积。可以用可达密度来衡量对象所占的体积，由此定义对象 $\boldsymbol{o}$ 的局部可达密度（Local Reachability Density）为

$$lrd_k(\boldsymbol{o}) = \frac{\| N_k(\boldsymbol{o}) \|}{\sum\limits_{\boldsymbol{o}'\in N_k(\boldsymbol{o})} rd_k(\boldsymbol{o}'\leftarrow\boldsymbol{o})} \tag{4-47}$$

其中，分母 $\sum\limits_{\boldsymbol{o}'\in N_k(\boldsymbol{o})} rd_k(\boldsymbol{o}'\leftarrow\boldsymbol{o})$ 为衡量 $N_k(\boldsymbol{o})$ 中的对象在空间中的分散程度。

最后，对象 $\boldsymbol{o}$ 的局部异常点因子（Local Outlier Factor）的定义为

$$LOF_k(\boldsymbol{o}) = \frac{\sum\limits_{\boldsymbol{o}'\in N_k(\boldsymbol{o})} \dfrac{lrd_k(\boldsymbol{o}')}{lrd_k(\boldsymbol{o})}}{\| N_k(\boldsymbol{o}) \|} \tag{4-48}$$

换言之，局部异常点因子是 $\boldsymbol{o}$ 的 k 最近邻的可达密度与 $\boldsymbol{o}$ 的可达密度之比的平均值。对象 $\boldsymbol{o}$ 的局部可达密度越低，并且 $\boldsymbol{o}$ 的 k 最近邻的局部密度越高，LOF 值就越高。这恰好符合了与局部异常点的 k 最近邻的局部密度相比，局部异常点的局部密度相对较低这一特性。

例 4-20 给定二维数据集，如图 4-14 所示，取 $k=2$，计算点 P_4 和 P_{15}的局部异常点因子，并判定哪个点更可能是异常点（对象间的距离采用曼哈顿距离计算）。

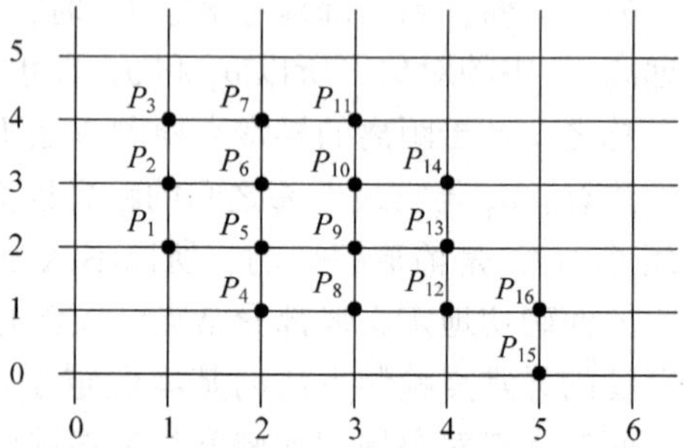

图 4-14 一个二维数据集

对于 P_4，k 近邻邻域包含两个对象：$N_k(P_4)=\{P_5,P_8\}$

$$lrd_k(P_4) = \frac{\| N_k(P_4) \|}{\sum\limits_{\boldsymbol{o}'\in N_k(P_4)} rd_k(\boldsymbol{o}'\leftarrow P_4)} = \frac{2}{2} = 1$$

$$N_k(P_5) = \{P_1, P_4, P_6, P_9\}, lrd_k(P_5) = \frac{\| N_k(P_5) \|}{\sum\limits_{\boldsymbol{o}'\in N_k(P_5)} rd_k(\boldsymbol{o}'\leftarrow P_5)} = \frac{4}{4} = 1$$

$$N_k(P_8)=\{P_4,P_9,P_{12}\},lrd_k(P_8)=\frac{\|N_k(P_8)\|}{\sum\limits_{o'\in N_k(P_8)} rd_k(\boldsymbol{o}'\leftarrow P_8)}=\frac{3}{3}=1$$

$$LOF_k(P_4)=\frac{\sum\limits_{o'\in N_k(P_4)}\frac{lrd_k(\boldsymbol{o}')}{lrd_k(P_4)}}{\|N_k(P_4)\|}=\frac{\frac{1+1}{1}}{2}=1$$

对于 P_{15}，k 近邻邻域包含两个对象：$N_k(P_{15})=\{P_{12},P_{16}\}$

$$lrd_k(P_{15})=\frac{\|N_k(P_{15})\|}{\sum\limits_{o'\in N_k(P_{15})} rd_k(\boldsymbol{o}'\leftarrow P_{15})}=\frac{2}{2+1}=\frac{2}{3}$$

$$N_k(P_{12})=\{P_8,P_{13},P_{16}\},lrd_k(P_{12})=\frac{\|N_k(P_{12})\|}{\sum\limits_{o'\in N_k(P_{12})} rd_k(\boldsymbol{o}'\leftarrow P_{12})}=\frac{3}{3}=1$$

$$N_k(P_{16})=\{P_{12},P_{15}\},lrd_k(P_{16})=\frac{\|N_k(P_{16})\|}{\sum\limits_{o'\in N_k(P_{16})} rd_k(\boldsymbol{o}'\leftarrow P_{16})}=\frac{2}{2}=1$$

$$LOF_k(P_{15})=\frac{\sum\limits_{o'\in N_k(P_{15})}\frac{lrd_k(\boldsymbol{o}')}{lrd_k(P_{15})}}{\|N_k(P_{15})\|}=\frac{\frac{1+1}{2/3}}{2}=1.5$$

因此，相对于 P_4，点 P_{15} 更可能是异常点。

4.4.4 基于聚类的检测方法

异常点概念与聚类概念高度相关：聚类分析发现强相关的对象组，而异常点检测发现不与其他对象强相关的对象。因此，聚类可以应用于异常点检测。基于聚类的异常检测方法，主要采用数据挖掘中聚类算法的思想，将数据聚成多个类，大类中的数据点对应着正常数据，小类中的数据点或者不属于任何聚类的数据点则被看作异常。传统的聚类方法包括 BIRCH、DB-SCAN、CURE 和 TURN 等具有一定的异常数据处理能力，然而这些方法主要用来聚类，其目标是产生有意义的簇，异常检测仅仅是它们的“副产品”。这些方法在处理过程中通常将异常点作为噪声而忽略或容忍，反而阻碍了好的异常点检测结果的产生。

类似基于密度的检测方法，基于聚类的异常点检测方法也考虑了数据的局部特性，这些方法大多利用了距离或相似度的基本概念，并通过对象或簇的特定“异常点因子”来度量对象的偏离程度。

基于聚类的异常检测方法有两个共同特点：

1）先采用特殊的聚类算法对输入数据进行处理，得到簇，再在聚类的基础上检测异常点。

2）只需要扫描数据集若干次，效率较高，适用于规模较大的数据集。

基于聚类的异常点检测方法分为静态数据的异常点检测和动态数据的异常点检测。静态数据的异常点检测用于离线数据分析，如税务稽查、报表分析等；而动态数据的异常点检测用于实时性高的数据处理问题，如在线的网络入侵检测等。

静态数据的异常点检测分为两步：

第一步，对数据集中的数据进行聚类，将数据集划分为不相交的簇。

第二步，计算对象或簇的异常因子，将异常因子大的对象或簇中的对象判定为异常点。

动态数据的异常点检测分为两步：

第一步，利用静态数据的异常点检测方法建立异常点检测模型。

第二步，利用对象与已有模型间的相似程度来检测异常点。

基于聚类的异常点检测方法需要解决的关键问题是异常程度的度量方法。

1. 基于对象的异常因子方法

基于对象的异常因子方法的基本思路是：先将数据集中的所有对象进行聚类形成簇，然后评估对象属于簇的程度，如果一个对象不强属于任何簇，则称该对象为异常点。对于基于模型的聚类，可以用对象到某个簇中心的距离来度量对象属于该簇的程度。有些聚类技术（如 K－means 算法）的时间和空间复杂度是线性或接近线性的，因而基于这种算法的异常点检测技术一般是高效的。此外，簇的定义通常是异常点的补，因此可能同时发现簇和异常点。聚类创建数据的模型，而异常点扭曲这些模型。聚类算法产生的簇的质量对该算法检测的异常点的质量影响非常大，因此，需要谨慎地选择聚类算法。

基于聚类的两阶段的异常点挖掘方法（Two－stage Outlier Detection，TOD），其相关概念及算法描述如下。

假定数据集 D 被聚类算法划分为 n 个簇 $C=\{C_1,C_2,\cdots,C_n\}$，对象 $\boldsymbol{o}$ 的异常因子定义为对象与所有簇间距离的加权平均值

$$OF(\boldsymbol{o})=\sum_{i=1}^{n}\frac{\|C_i\|}{\|D\|}\cdot \mathrm{dist}(\boldsymbol{o},C_i) \tag{4-49}$$

该定义度量了对象 $\boldsymbol{o}$ 偏离整个数据集的程度，其值越大，说明对象 $\boldsymbol{o}$ 偏离整体越远。异常数据是指在数据集中偏离大部分数据的数据，而对象的异常因子度量了一个对象偏离整个数据集的程度，自然地，可以将异常因子大的对象视作异常点。

若随机变量 ξ 服从正态分布 $\xi\sim N(\mu,\ \sigma^2)$，则有概率值：$P(\xi\geqslant\mu+2\cdot\sigma)=0.023$，$P(\xi\geqslant\mu+1.645\cdot\sigma)=0.05$，$P(\xi\geqslant\mu+1.285\cdot\sigma)=0.10$，$P(\xi\geqslant\mu+\sigma)=0.16$。

假设随机变量 ξ 服从正态分布 $\xi\sim N(\mu,\sigma^2)$，记 $\alpha=P(\xi\geqslant\mu+\beta\cdot\sigma)$，其中 β 是给定的常量，取值区间为 $[1,2]$；如果观测值 x 满足 $x\geqslant\mu+\beta\cdot\sigma$，则 x 有 $1-\alpha$ 的概率为异常点。

根据概率论中的中心极限定理可知，由大量微小且独立的随机因素引起并积累而成的变量，必服从正态分布。在大样本情况下，可以将 $OF(\boldsymbol{o})$ 近似地看成服从正态分布。两阶段异常点挖掘方法 TOD 描述如下：

第一步，对数据集 D 采用一趟聚类算法进行聚类，得到聚类结果 $D=\{C_1,C_2,\cdots,C_n\}$。

第二步，计算数据集 D 中所有对象 $\boldsymbol{o}$ 的异常因子 $OF(\boldsymbol{o})$，及其平均值 Ave_OF 和标准差 Dev_OF，将满足条件 $OF(\boldsymbol{o})\geqslant Ave\_OF+\beta\cdot Dev\_OF(1\leqslant\beta\leqslant2)$ 的对象判定为异常点。

异常点挖掘方法 TOD 的两个阶段需要扫描数据集两趟并扫描聚类结果一趟，时间复杂度与数据集的大小成线性关系，与属性的个数以及最终的聚类个数成近似线性关系。该算法具有较好的扩展性。

该算法给出了一种异常因子阈值的策略，阈值依赖于参数 β；β 越小检测率可能越高，但随之而来误报率也会越高。一般情况下，取 $\beta=1$ 或 1.285。

例 4-21 对于如图 4-15 所示的二维数据集，比较点 $P_1(6,8)$ 和 $P_2(5,2)$，哪个更有可能成为异常点？

假设数据集经过聚类后得到聚类结果为 $C=\{C_1,C_2,C_3\}$，图中红色圆圈标注，3 个簇的质心分别为 $C_1(5.5,7.5)$、$C_2(5,2)$、$C_3(1.75,2.25)$，试计算所有对象的异常因子。

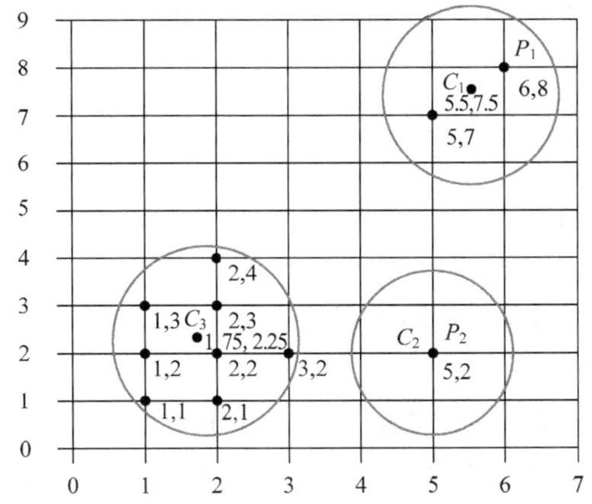

图 4-15　一个二维数据集

根据公式 $OF(\boldsymbol{o})=\sum_{i=1}^{n}\frac{\|C_i\|}{\|D\|}\cdot \mathrm{dist}(\boldsymbol{o},C_i)$ ，对于点 P_1 有

$$OF(P_1)=\sum_{i=1}^{n}\frac{\|C_i\|}{\|D\|}\cdot \mathrm{dist}(P_1,C_i)=\frac{8}{11}\sqrt{(6-1.75)^2+(8-2.25)^2}$$

$$+\frac{1}{11}\sqrt{(6-5)^2+(8-2)^2}+\frac{2}{11}\sqrt{(6-5.5)^2+(8-7.5)^2}=5.9$$

对于点 P_2 有

$$OF(P_2)=\sum_{i=1}^{n}\frac{\|C_i\|}{\|D\|}\cdot \mathrm{dist}(P_2,C_i)=\frac{8}{11}\sqrt{(5-1.75)^2+(2-2.25)^2}$$

$$+\frac{1}{11}\sqrt{(5-5)^2+(2-2)^2}+\frac{2}{11}\sqrt{(5-5.5)^2+(2-7.5)^2}=3.4$$

可见，点 P_1 较 P_2 更可能成为异常点。

同理可求得所有对象的异常因子，结果见表 4-4。

表 4-4　图 4-15 中点的异常因子

x	*y*	*OF*
1	2	2.2
1	3	2.3
1	1	2.9
2	1	2.6
2	2	1.7
2	3	1.9
6	8	5.9
2	4	2.5
3	2	2.2
5	7	4.8
5	2	3.4

进一步求得所有对象异常因子的平均值 $Ave\_OF=2.95$，标准差 $Dev\_OF=1.3$，假设 $\beta=1$，则阈值 $Ave\_OF+\beta\cdot Dev\_OF=4.25$。

异常因子大于4.25的对象将被判为异常点，所以 P_1 与 P_2 都是异常点，但相对而言，P_1 更有可能成为异常点。

2. 基于簇的异常因子方法

考虑以下因素：

1）在某种度量下，相似对象或相同类型的对象会聚集在一起，也就是说，正常数据与异常数据会聚集在不同的簇中。

2）一般来讲，一个数据集中正常数据占绝大部分，且异常数据与正常数据的表现明显不同，换言之，异常数据会偏离正常数据（即大部分数据）。本小节介绍簇的异常因子概念，并利用簇的异常因子将簇区分为正常簇和异常簇。

假定数据集 D 被聚类算法划分为 n 个簇 $C=\{C_1,C_2,\cdots,C_n\}$，簇 C_j 的异常因子定义为簇 C_j 与其他所有簇间距离的加权平均值

$$OF(C_j)=\sum_{i=1,i\neq j}^{n}\frac{\|C_i\|}{\|D\|}\cdot \text{dist}(C_j,C_i)$$

该定义度量了簇 C_j 的偏离整个数据集的程度，其值越大，表明该簇离几个大簇的距离越远。自然地将其视为异常簇，也就是说该簇中的所有对象将被视作异常点。由此得到一种基于聚类的异常挖掘方法 CBOD（Clustering - Based Outlier Detection）。CBOD 算法具体描述如下：

第一阶段，对数据集 D 用一趟聚类算法进行聚类，得到聚类结果 $D=\{C_1,C_2,\cdots,C_n\}$。

第二阶段，确定异常簇。计算每个簇 $C_j(1\leqslant j\leqslant n)$ 的异常因子 $OF(C_j)$，按 $OF(C_j)$ 递减的顺序重新排列 $C_j(1\leqslant j\leqslant n)$，求满足：$\sum_{j=1}^{m}\frac{\|C_j\|}{\|D\|}\geqslant\varepsilon(0<\varepsilon<1)$ 的最小 m，将簇 $C_1,C_2,\cdots,C_m$ 标识为"outlier"类（即这些簇中每个对象均看成异常点），而将 $C_{m+1},C_{m+2},\cdots,C_n$ 标识为"normal"类（即这些簇中每个对象都看成正常点）。

参数 ε 的选择对检测结果的有着直接的影响。ε 实际上是异常数据所占比例的近似值，ε 越小，检测率越低，同时误报率也越低。统计经验表明，一个数据集中受污染的数据（或异常数据）通常小于5%，最多不超过15%，因此在没有先验知识的情况下，一般参数 ε 的取值范围为 [0.5,1]。实际使用时可根据性能要求和异常数据所占比例的先验知识对参数 ε 作更准确地选择。

例 4-22 对例4-21中的数据集，聚类后得到3个簇 $C=\{C_1,C_2,C_3\}$，簇的中心分别为：$C_1(5.5,7.5)$、$C_2(5,2)$、$C_3(1.75,2.25)$。簇之间的距离分别为

$$\text{dist}(C_1,C_2)=\sqrt{(5.5-5)^2+(7.5-2)^2}=5.52$$

$$\text{dist}(C_1,C_3)=\sqrt{(5.5-1.75)^2+(7.5-2.25)^2}=6.45$$

$$\text{dist}(C_2,C_3)=\sqrt{(5-1.75)^2+(2-2.25)^2}=3.26$$

进一步计算3个簇的异常因子

$$OF(C_1)=\sum_{i=1,i\neq j}^{n}\frac{\|C_i\|}{\|D\|}\cdot\text{dist}(C_1,C_i)=\frac{1}{11}\cdot\text{dist}(C_1,C_2)+\frac{8}{11}\cdot\text{dist}(C_1,C_3)=5.19$$

$$OF(C_2)=\sum_{i=1,i\neq j}^{n}\frac{\|C_i\|}{\|D\|}\cdot\text{dist}(C_2,C_i)=\frac{2}{11}\cdot\text{dist}(C_1,C_2)+\frac{8}{11}\cdot\text{dist}(C_2,C_3)=3.37$$

$$OF(C_3)=\sum_{i=1,i\neq j}^{n}\frac{\|C_i\|}{\|D\|}\cdot \text{dist}(C_3,C_i)=\frac{2}{11}\cdot \text{dist}(C_1,C_3)+\frac{1}{11}\cdot \text{dist}(C_2,C_3)=1.47$$

可见，簇 C_1 的异常因子最大，其中包含的对象判定为异常点，与例 4-21 得到的结论相同。

3. 基于聚类的动态数据异常点检测方法

前面介绍的两种基于聚类的异常点检测方法都属于静态数据的异常点检测方法，基本思路是在聚类的基础上，以对象或簇的异常因子来度量异常程度，从而检测异常点。但在实际领域中，很多场合下的异常数据的判定不是离线静态的，而是在线动态的。

动态数据的异常点检测方法，其基本思路如下：先对数据训练集进行聚类，然后按照聚类后簇的异常因子对簇排序，并按一定比例将簇标识为 normal 或 outlier，最后将有标识的簇作为分类模型，按照对象与分类模型中最接近的簇的距离来判断它是否是异常点。该方法由三大部分组成，具体描述如下：

（1）模型建立

第一步，对数据集 T_1 利用一趟聚类算法进行聚类，得到聚类结果 $T_1=\{C_1,C_2,\cdots,C_n\}$。

第二步，给簇作标记。计算每个簇 $C_j(1\leqslant j\leqslant n)$ 的异常因子 $OF(C_j)$，按 $OF(C_j)$ 递减的顺序重新排列 $C_j(1\leqslant j\leqslant n)$，求满足：$\sum_{j=1}^{m}\frac{\|C_j\|}{\|D\|}\geqslant \varepsilon(0<\varepsilon<1)$ 的最小 m，将簇 $C_1,C_2,\cdots,C_m$ 标识为“outlier”类（即这些簇中的每个对象均看成异常点），而将 $C_{m+1},C_{m+2},\cdots,C_n$ 标识为“normal”类（即这些簇中的每个对象都看作正常点）。

第三步，确定模型。以每个有标识的簇和聚类半径阈值 r 作为分类模型。

（2）模型评估

利用改进的最近邻分类方法 INN（Improved Nearest Neighbor）评估测试集 T_2 中的每个对象。INN 方法具体思路如下：

对于测试集 T_2 中对象 $\boldsymbol{o}$，计算对象 $\boldsymbol{o}$ 与每个簇的距离 $\text{dist}(\boldsymbol{o},C_j)$。若 $\min\{\text{dist}(\boldsymbol{o},C_j),1\leqslant j\leqslant n\}=\text{dist}(\boldsymbol{o},C_{j0})\leqslant d$，表明 $\boldsymbol{o}$ 是已知类型的行为，将簇 C_{j0} 的标识作为对象 $\boldsymbol{o}$ 的标识，否则表明 $\boldsymbol{o}$ 不属于任何一种已知类型，是一种新的行为，则将对象 $\boldsymbol{o}$ 标识为可疑对象——候选异常点。

INN 方法可用于欺诈检测、入侵检测、垃圾邮件识别等领域。该方法从理论上保证了可以检测新类型的异常点。

（3）模型更新

对于测试集 T_3 中对象 $\boldsymbol{o}$，按照前面聚类的方式，对新增对象进行增量式聚类，更新 $T_3=\{\overline{C}_1,\ \overline{C}_2,\ \cdots,\ \overline{C}_{\bar{k}}\}$，并用与建立模型同样的方法对所有簇进行重新标识。

基于聚类的异常点检测方法具有如下优点。首先，它们在数据没有标号的情况下仍然可以检测异常点，即它们是以无监督方式作检测。其次，它们对许多类型的数据都有效。簇可以被看作对数据的概括。一旦得到簇，基于聚类的方法只需要把对象与簇进行比较，以确定该对象是否是异常点。这一过程通常很快，因为与对象总数相比，簇的个数通常很小。

基于聚类的方法的缺点是，它的有效性高度依赖于所使用的聚类方法。而这些方法对于异常点检测而言可能不是最优的。对于大型数据集，聚类方法的开销通常很大，这可能成为基于聚类的检测方法的一个瓶颈。

4.4.5 基于分类的检测方法

如果训练数据具有类标号，则可以把异常点检测问题看作分类问题。基于分类的异常点检测方法的一般思想是：训练一个可以区分正常数据和异常点的分类模型。

考虑一个训练数据集，它包含一些标记为“正常”，而其他标记为“异常点”的样本，于是可以在该训练集上构建一个分类器，这样的分类器可以使用任何分类算法。然而，因为训练集是高度有偏的，也就是说，正常样本的数量可能远远超过异常点样本的数量，所以这种方法对于异常点的检测效果并不好。这种异常点样本的数量不足引起的不平衡可能使得很难构建一个准确的分类器。例如，考虑系统的入侵检测。因为大部分的系统访问都是正常的，所以很容易得到正常事件的一个好的表示。然而，由于新的意外入侵时有出现，因此枚举所有可能的入侵是不切实际的，只有对入侵（异常点）样本的一个不充分的表示。

为了解决这一难题，基于分类的异常点检测方法通常使用一类模型（One - Class Model）。换言之，构建一个仅描述正常类的分类器，不属于正常类的任何样本都被视作异常点。

如图 4-16 所示的训练集，其中白点是标记为“正常”的样本，而黑点是标记为“异常点”的样本。为了构建一个异常点检测模型，可以使用支持向量机（SVM）这样的分类方法来学习正常类的决策边界。给定一个新样本，如果该样本在正常类的决策边界内，则它被视为正常的；如果该样本在该决策边界外，则它将被视为异常点。

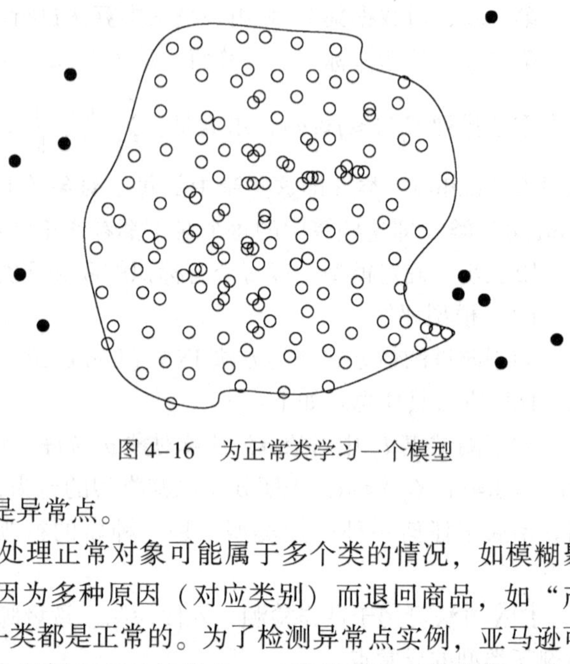

图 4-16　为正常类学习一个模型

仅使用正常类的模型检测异常的优点是：该模型可以检测可能不靠近训练集中的任何异常点的新异常点，只要这种异常点落在正常类的决策边界外，就会被检测出是异常点。

使用正常类的决策边界的思想可以推广处理正常对象可能属于多个类的情况，如模糊聚类。例如，亚马逊接受退回商品。顾客可能因为多种原因（对应类别）而退回商品，如“产品设计缺陷”和“产品运输期间损坏”。每一类都是正常的。为了检测异常点实例，亚马逊可以为每个正常类学习一个模型。为了确定一个实例是否是异常点，亚马逊可以在该实例上运行各个模型。如果该实例不拟合于任何模型，则它将被视为异常点。

基于分类的方法可以和基于聚类的方法联合使用，以半监督的方式检测异常点。

例 4-23　通过半监督学习检测异常点。如图 4-17 所示，其数据集中对象或是标号为“正常”的对象或是标号为“异常点”的对象，或是无标号的对象。使用基于聚类的方法，得到一个大簇 C 和一个小簇 C_1。因为 C 中的某些对象携带了“正常”标号，所以可以把该簇的所有对象（包括无标号的对象）都看作正常对象。在异常点检测中，使用这个簇的一类模型来识别异常点。类似地，因为簇 C_1 中的某些对象携带“异常点”标号，所以将 C_1 中的所有对象都看作异常点。未落入 C 模型中的其他对象（如 $\boldsymbol{a}$）也将被视为异常点。

通过从有标号的样本中学习，基于分类的检测方法可以把专家的领域知识吸纳到检测过程中。构建好分类模型后，异常点检测的过程就会很快。只需要将被考察的对象与由训练数据学

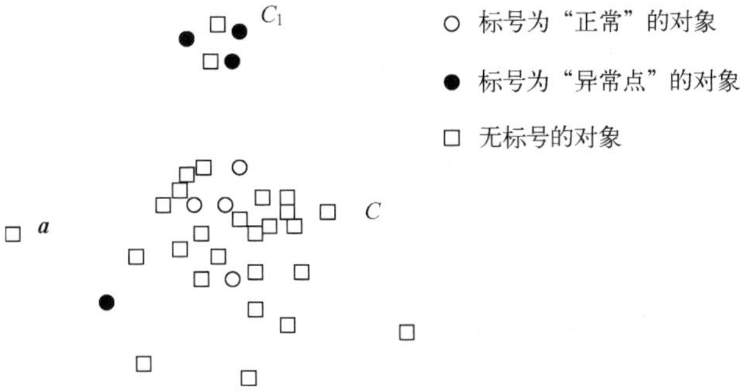

图 4-17　通过半监督学习检测异常点

习得到的模型进行比较，我们就能判断其是否是异常点。基于分类的方法的检测质量高度依赖训练集的可利用性和质量，而在许多应用中，高质量的训练数据是很难得到的，这制约了基于分类的方法的应用。

4.4.6　高维数据中的异常点检测

研究人员发现，现实世界中所涉及的数据，特别是在科学领域的应用中，大部分都是高维的。随着维度的增加，对象之间的距离可能会严重地被噪声左右。也就是说，在高维空间中，两点之间的距离或相似度可能并不反映点之间的实际联系。由于高维数据具有不同于低维数据的特殊性质，导致很多常规检测算法失效，算法效率很低，无法广泛运用和推广，因此，寻找更适合高维数据的异常检测算法，是一个具有现实意义的课题。在理想情况下，高维数据的异常点检测方法应该能够应对以下挑战：

1）异常点的解释。高维数据的异常点检测方法不仅应该能够检测异常点，而且能够提供对异常点的解释。因为高维数据集涉及许多特征（或维），所以只检测异常点而不提供它们为什么是异常点的解释很难令人信服。异常点的解释可能是，揭示异常点的特定子空间，或者关于对象的异常点性的评估。这种解释可以帮助用户理解异常点的含义和意义。

2）数据的稀疏性。高维数据的异常点检测方法应该能够处理高维空间的稀疏性。随着维度的增加，对象之间的距离严重地被噪声左右。因此，高维空间中的数据通常是稀疏的。

3）数据子空间。高维数据的异常点检测方法应该以适当的方式对异常点建模，例如，自适应显示异常点的子空间和捕获数据的局部变化。在所有子空间上使用固定的距离阈值来检测异常点不是一种好的解决办法，因为两个对象之间的距离会随着维度的增加而单调增加。

4）关于维度的可伸缩性。随着数据维度的增加，维度组合得到的子空间个数将呈指数增加，这使得所有可能的子空间的穷举组合探索变得愈加困难，不具备可伸缩性。

综上所述，高维数据挖掘应用中一直存在着两个关键的问题，即由稀疏数据引起的挖掘性能问题和由高维空间中距离函数失效引起的挖掘效果问题。

高维数据的异常点检测方法可以划分为 3 种主要方法，包括扩充的传统异常点检测方法、发现子空间中的异常点和对高维异常点建模。

1. 扩充的传统异常点检测方法

扩充的传统异常点检测方法是对传统的基于邻近性的异常点模型方法进行扩充而形成的。与传统的邻近性检测方法不同的是，为了克服高维空间中邻近性度量恶化问题，它使用其他度量方法，或构造子空间并在其中检测异常点。

下面介绍扩充的传统异常点检测方法中的一种典型算法——HilOut 算法。HilOut 算法的基本思路是找出基于距离的异常点，但在异常点检测中使用距离的秩，而不是绝对距离。具体地说，对于每个对象 $\boldsymbol{o}$，HilOut 算法找出 $\boldsymbol{o}$ 的 k 个最近邻，记作 $nn_1(\boldsymbol{o}),\cdots,nn_k(\boldsymbol{o})$，其中 k 是一个依赖于应用的参数。对象 $\boldsymbol{o}$ 的权值定义为

$$w(\boldsymbol{o}) = \sum_{i=1}^{k} \text{dist}(\boldsymbol{o}, nn_i(\boldsymbol{o})) \tag{4-50}$$

所有对象按权值递减序确定秩。权值最高的 top $-\,l$ 个对象作为异常点输出，其中 l 是另一个用户指定的参数。

计算对象的 k 最近邻的开销很大，当维度很高且数据集很大时不能伸缩。为了处理可伸缩问题，HilOut 算法利用空间填充曲线得到一个近似算法，它与数据库的规模和维度有关，运行时间和空间都是可伸缩的。

HilOut 算法这样的一些方法的思路是不顾数据的高维性，在整个空间上检测异常点。而其他一些方法则通过维度归约（第 3 章），即将高维异常点检测问题规约到较低维上进行异常点检测。其基本思想是把高维空间归约到较低维空间，在低维空间用标准的距离度量仍然能够区分异常点。如果能够找到这样的较低维空间，则可以使用传统的异常检测方法。

通过扩充的传统异常点检测方法，我们可以重用该邻域研究积累的许多经验。然而，这些方法具有局限性：首先，它们不能检测关于子空间的异常点，并且可解释性软弱；其次，仅当存在较低维空间时，正常对象与异常点才能被很好地区分，维度归约才是可行的，而实际上，这种假定并非总是成立。

2. 发现子空间中的异常点

高维数据中异常点检测的另一种方法是发现子空间中的异常点。其优点是，如果发现一个对象是一个低维度的子空间中的异常点，则该子空间提供了解释该对象为什么和在何种程度上是异常点的重要信息。而这一发现对于具有高维数据的应用而言是非常有价值的。

亚马逊的客户联系经理对找出异常点顾客非常有兴趣。亚马逊维护了一个规模庞大的顾客信息数据库，其中包含了顾客的许多属性和购物史，并且这个数据库是高维的。

假设发现在包含平均购买金额和购买频率维的低维子空间上，顾客林女士是一个异常点，她的平均购买金额显著高于其他大多数顾客，但她的购买频率却非常低。该子空间本身就说明了“为什么”和“在何种程度上”，林女士是一个异常点。利用这一信息，亚马逊可以决定有意地接近林女士，向她推荐可能提高她在亚马逊购买频率的选择性商品。

关于检测子空间中的异常点，我们可以使用一种基于网格的子空间异常点检测方法进行解释。其主要思想如下：考虑数据到各种子空间上的投影。如果在一个子空间中发现一个区域，其密度比平均密度低很多，则该区域很可能包含异常点。为了找出这种投影，首先以等深的方式把数据离散化到网格中。也就是说，每个维被划分成 ϕ 个等深的区间，其中每个区间包含对象的 $f(f=1/\phi)$ 部分。选择等深划分是因为数据对象沿不同的维可能具有不同的局部性。空间的等宽划分可能无法反映这种局部性差异。

其次，在子空间中搜索被这些区间定义的显著稀疏的区域。为了量化何为“显著稀疏”，考虑 k 维上 k 个区间形成的 k 维立方体。假设数据集包含 n 个对象并且这些对象是独立分布的，则落入 k 维区域中的期望对象数为 $(1/\phi)^k n = f^k n$。在一个 k 维区域中对象数的标准差为 $\sqrt{f^k(1-f^k)n}$。假设特定的 k 维立方体 C 有 $n(C)$ 个对象，可以定义 C 的稀疏系数为

$$S(C)=\frac{n(C)-f^k n}{\sqrt{f^k(1-f^k)n}} \tag{4-51}$$

如果 $S(C)<0$，则 C 包含的对象少于期望。$S(C)$值越小，C 越稀疏，则 C 中的对象越可能是该子空间的异常点。

通过假定 $S(C)$ 服从正态分布，我们可以对数据作服从均匀分布的先验假定，使用标准正态分布来确定对象显著地偏离平均值的水平。但一般的实际情况下，均匀分布的假定不成立。尽管如此，稀疏性系数还是提供了一个对于某区域的“异常性”的直观度量。

为了找出显著小的稀疏性系数值，一种简单粗暴的方法就是搜索每个可能的子空间中的每个立方体。然而，这种开销是呈指数上升的。为了解决这个问题，我们可以进行循序渐进的搜索，以准确性为代价提高效率。若对象被包含在一个具有很小稀疏性系数值的立方体中，则该对象将被作为异常点输出。总之，在子空间中搜索异常点是有益的，因为子空间所提供的环境信息使得所发现的异常点往往更容易理解。但这也面临着包括使搜索有效和空间时间可收缩性的挑战。

3. 对高维异常点建模

高维数据异常点检测的另一种思路是试图直接为异常点建立一个新模型，且这种新模型方法不会在高维数据中退化。

以考察基于角度的异常点检测（Angle - Based Outlier Detection，ABOD）为例。图 4-18 包含了一个数据集，除 $\boldsymbol{c}$ 之外的对象形成了一个簇，$\boldsymbol{c}$ 是异常点。对于每个对象 $\boldsymbol{o}$ 以及点对 $\boldsymbol{x}$ 和 $\boldsymbol{y}$，$\boldsymbol{x}\neq\boldsymbol{o}$，$\boldsymbol{y}\neq\boldsymbol{o}$，考察角 $\angle\boldsymbol{xoy}$。作为一个例子，该图显示了 $\angle\boldsymbol{dae}$。

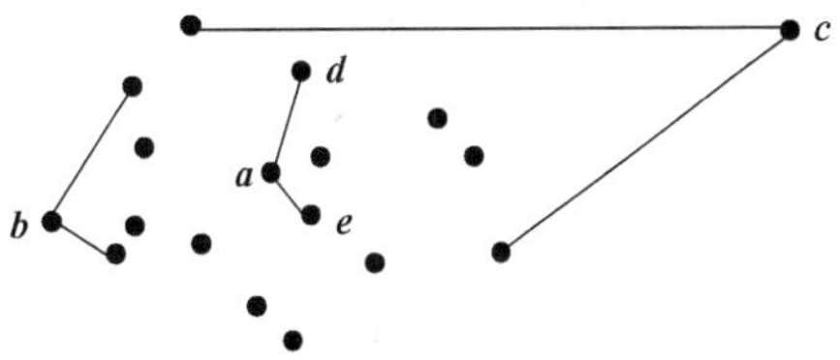

图 4-18　基于角度的异常点检测

注意：对于簇中心的对象（例如 $\boldsymbol{a}$），这样形成的角度变化很大。对于簇边沿上的对象（例如 $\boldsymbol{b}$），角度的变化相对较小。对于异常点（例如 $\boldsymbol{c}$），角度变化显著地减小。这一观察表明，可以使用对象的角度方差来确定一个对象是否是异常点。

可以结合角度和距离来对异常点建模。准确地说，对于每个对象 $\boldsymbol{o}$，使用距离加权的角度方差（Distance - Weighted Angle Variance）作为异常点得分，即给定一个对象集 D，对于每个对象 $\boldsymbol{o}\in D$，定义基于角度的异常点因子（Angle - Based Outlier Factor，ABOF）为

$$ABOF(\boldsymbol{o})=VAR_{x,y\in D,x\neq o,y\neq o}\frac{\langle\overrightarrow{\boldsymbol{ox}},\overrightarrow{\boldsymbol{oy}}\rangle}{\mathrm{dist}(\boldsymbol{o},\boldsymbol{x})^2\mathrm{dist}(\boldsymbol{o},\boldsymbol{y})^2} \tag{4-52}$$

其中，〈,〉是点积操作，而 dist（,）是标准距离。

显然，对象离簇越远，其角度方差越小，ABOF 就越小。基于角度的异常点检测方法（ABOD）对每个对象计算 ABOF，并且按 ABOF 增序输出数据集中对象的列表。

对数据库中的每个对象计算精确的 ABOF 开销很大，时间复杂度为 $O(n^3)$，其中 n 是数据库中的对象个数。显然，这种精确算法不能用于大型数据集。目前，业内人士已经开发了近似算法来加快计算速度。基于角度的异常点检测的思想已经被推广，用来处理任意类型的数据。

为高维异常点开发自然的模型可能催生更有效的方法。然而，为检测高维异常点发现好的启发方式是很困难的。在大型高维数据上的有效性和可伸缩性是主要挑战。

4.5 小结

相似度度量衡量了变量间相互关系的强弱、联系的紧密程度，是聚类、最近邻分类和异常检测等数据挖掘技术应用的基础。对象间的相似度通常使用相异度（即距离）作为度量标准，具体可以通过一个单调递减函数，将距离转换成相似度。具有多个属性的两个对象间的相似度用单个属性的相似度组合来定义。传统的相似性度量方法有距离度量和相似系数两种方法。其中，相似系数是二值属性的相似度度量，常用的距离度量有欧氏距离、余弦距离、Mahalanobis距离、Jaccard 距离和海明距离。大数据应用中最广泛采用的相似度度量方法是针对文档相似度的 Shingling 算法。几种典型的异常点挖掘方法是在相似度度量基础上形成的，主要包括基于统计的检测方法、基于距离的检测方法、基于密度的检测方法、基于聚类的检测方法、基于分类的检测方法和高维数据异常点检测方法。

4.6 习题

1. 简单描述如何计算由以下类型的变量描述的对象间的相似度。

1）不对称的二元变量。

2）分类变量。

3）比例标度型（Ratio - Scaled）变量。

4）数值型变量。

2. 表 4-5 包含了属性 name，gender，trait - 1，trait - 2，trait - 3 及 trait - 4，这里的 name 是对象的 id，gender 是一个对称的属性，剩余的 trait 属性是不对称的，描述了希望找到的笔友的个人特点。假设有一个服务是试图发现合适的笔友。

表 4-5　某对象的若干属性

name	gender	trait - 1	trait - 2	trait - 3	trait - 4
Keaven	M	N	P	P	N
Caroline	F	N	P	P	N
Eric	M	P	N	N	P

对不对称的属性的值，值 P 被设为 1，值 N 被设为 0。

假设对象（潜在的笔友）间的距离是基于不对称变量来计算的。

1）计算对象间的简单匹配系数。

2）计算对象间的 Jaccard 系数。

3）哪两个人将成为最佳笔友？哪两个会是最不能相容的？

4）假设将对称变量 gender 包含在分析中，基于 Jaccard 系数，哪两个将是最佳笔友？为什么？

3. 给定两个向量组（22,1,42,10）和（20,0,36,8）表示的对象：

1）计算这两个对象之间的欧式距离。

2）计算这两个对象之间的曼哈顿距离。

3）使用 $q=3$，计算这两个对象之间的 Minkowski 距离。

4）计算这两个对象之间的切比雪夫距离。

4. 计算下列集合对之间的 Jaccard 距离。

1）{1,2,3,4}和{2,3,4,5}。

2）{1,2,3}和{4,5,6}。

5. 计算下列向量对之间的夹角余弦。

1）(3, −1,2)和(−2,3,1)。

2）(1,2,3)和(2,4,6)。

3）(5,0, −4)和(−1, −6,2)。

4）(0,1,1,0,1,1)和(0,0,1,0,0,0)。

6. 计算下列 4 个向量两两之间的海明距离。

000000、110011、010101 和 011100。

7. 文档 D 为字符串 abcdabd，列出其所有的 2 – shingle。

8. 长度为 n 个字节的文档中 k – shingle 最多有多少个？这里假设字母表的大小足够大，以保证长度为 k 的字符串的个数至少是 n。

9. 假设在三维欧式空间中有多个点：$\boldsymbol{p}_1=(1,2,3)$，$\boldsymbol{p}_2=(0,2,4)$ 及 $\boldsymbol{p}_3=(4,3,2)$。考虑定义在 3 个坐标轴方向上的 3 个散列函数（为使计算方便）。设散列桶的长度为 a，散列桶分别是 $[0,a)$（即所有满足 $0\leqslant x\leqslant a$ 的点 x 的集合）、$[a,2a)$ …，反方向的散列桶包括 $[-a,0)$ 等。

1）假设 $a=1$，对于 3 条直线上的每一条，将每个点分配到相应桶中。

2）假设 $a=2$，重复 1）的计算。

3）在 $a=1$ 和 $a=2$ 这两种情况下，哪些是候选对？

10. 为什么异常检测是重要的？举出一些典型应用。

11. 给出一个应用实例，其中正常对象与异常点之间的边界通常是不清楚的，因此必须估计一个对象是异常点的程度。

12. 许多用于异常点检测的统计检验方法是在这样一种环境下开发的：数百个观测就是一个大数据集。考虑这种方法的局限性：

1）如果一个值与平均值的距离超过标准差的 3 倍，则检测称它为异常点。对于 1000000 个值的集合，根据该检验，有异常点的可能性有多大？（假定正态分布）

2）一种方法称异常点是具有不寻常低概率的对象。处理大型数据集时，该方法需要调整吗？如果需要，如何调整？

13. 假定正常对象被分类为异常点的概率是 0.01，而异常点被分类为异常点的概率为 0.99，如果 99% 的对象都是正常的，那么假警告率或误报率和检测率各为多少？（使用下面的定义）

检测率 = 检测出的异常点个数/异常点的总数

假警告率 = 假异常点的个数/被分类为异常点的个数

14. 考虑一个点集，其中大部分点在低密度区域，少量点在高密度区域。如果定义异常点常为低密度区域的点，则大部分点被划分为异常点。这是对基于密度的异常点定义的适当使用么？是否需要用某种方式修改该定义？

15. 在通过半监督学习检测异常点时，使用训练数据集中无标号的对象的优点是什么？

第 5 章　数据分类和预测

分类和预测是两种数据分析形式，主要用于提取描述重要数据类的模型或预测未来的数据趋势。分类是预测分类标号（离散值），而预测则建立连续值函数模型。例如，可以建立一个分类模型，对银行贷款的安全或风险进行分类；也可以建立预测模型，给定潜在顾客的收入和职业，预测其在计算机设备上的花费。数据挖掘研究可规模化的分类和预测技术，能够处理大量数据，且可以进行并行和分布处理。

5.1　分类和预测的基本概念

分类是重要的数据挖掘工具，其目的是根据数据集的特点构造分类函数或分类模型（分类器），以把未知类别的样本映射到给定类别中。例如，可以根据顾客的账单记录简单地把顾客分成两组：在 30 天内付清账单的顾客和超过 30 天付清账单的顾客。如今，由于数据量很大，分类过程需要自动化，几乎各门学科都运用了不同的分类方法。数据分类过程主要包括两个步骤，即学习和分类。

第一步，建立一个模型，用以描述已知数据集的类别或概念。该模型是通过对数据元组进行分析而获得的。每一数据元组都被认为属于一个确定的数据类别，其类别值是由一个属性（类别标记属性）来描述的。数据元组也称作样本、实例或对象。为建立模型而被分析的数据元组形成训练数据集，训练数据集的单个元组称作训练样本。分类学习又称为监督学习（Learning By Example），是在已知训练样本类别情况下，通过学习建立相应模型。通常分类学习所获得的模型可以表示为分类规则形式、决策树形式或数学公式形式。例如，给定一个顾客信用信息数据库，通过学习所获得的分类规则可用于识别顾客是否具有良好的信用等级或一般的信用等级。如图 5-1 所示，用分类算法分析训练数据，类标号属性是信用评估，学习模型或分类法以分类规则的形式提供。分类规则也可用于对未知（所属类别）的数据进行识别判断。

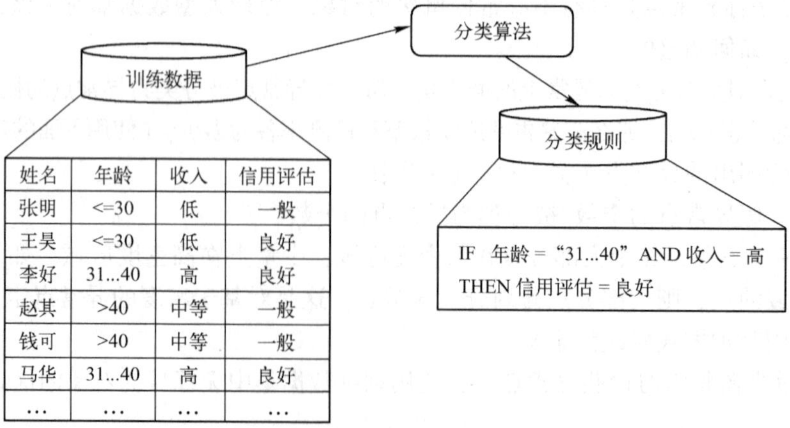

图 5-1　数据分类过程的第一步——学习建模

第二步，利用所得模型进行分类。首先评估模型（分类法）的预测准确率。保持（Hold-out）方法是一种简单的估计方法，其利用一组带有类别的样本进行分类测试。测试样本是随机选取，并独立于训练样本。准确率是正确被模型分类的测试样本的百分比，即对每个测试样本，将已知的类标号与该样本的学习模型类预测比较。如果模型的准确率可以接受，就可以用它对类标号未知的数据元组或对象进行分类，如图 5-2 所示。

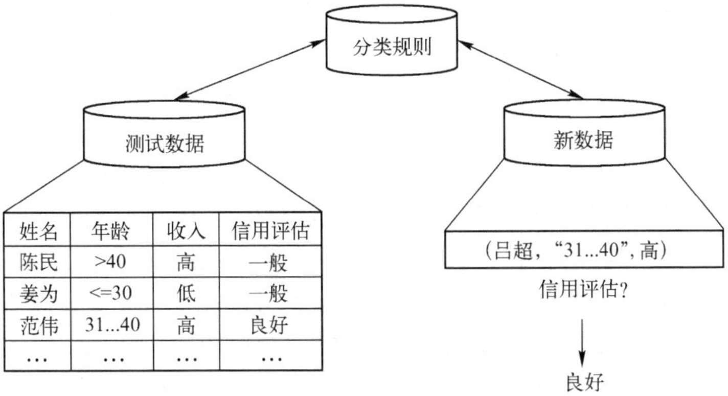

图 5-2　数据分类过程的第二步——分类测试

预测是构造和使用模型评估无标号样本，或评估给定样本可能具有的属性值或值区间，即对未知类别数据行或对象的类别（属性）取值，利用学习所获的模型进行预测。分类与回归是两种主要预测形式。分类用于预测离散或标称值，回归则用于预测连续或有序值。通常在数据挖掘中，将预测离散无序类别（值）的数据归纳方法称为分类方法；而将预测连续有序值的数据归纳方法（通常采用回归方法）称为预测方法。

分类和预测具有广泛的应用，如大型图像数据库中对象的识别、信用评估、医疗诊断、性能预测和市场营销等领域。例如，利用顾客邮件地址数据库，可以给潜在顾客发送用于促销的新商品宣传册和将要开始的商品打折信息。数据库的内容包含了顾客信息，如年龄、收入、职业和信用等级等，顾客被以是否会成为在某商场购买某商品的顾客来分类。当新顾客的信息被加入到数据库中时，就需要根据对该顾客是否会成为某商品的买家进行分类识别（即对顾客购买倾向进行分类），以决定是否给该顾客发送相应商品的宣传册。不加区分地给每名顾客都发送这类促销宣传册显然是一种很大的浪费，而相比之下，有针对性地给有最大购买可能的顾客发送其所需要的商品广告，才是一种高效节俭的市场营销策略。显然为满足这种应用需求就需要建立顾客（购买倾向）分类规则模型，以帮助商家准确判别之后每个新加入顾客的可能购买倾向。

此外，若需要对顾客在一年内可能会在商场购买商品的次数（为有序值）进行预测，则可以构造一个预测模型（预测的值是有序的）。

5.1.1　准备数据

在进行分类或预测挖掘之前，必须首先准备好挖掘数据。一般需要对数据进行以下预处理，以帮助提高分类或预测的准确性、效率和可扩展性。

1）数据清理。数据清理是旨在消除或减少数据中的噪声（如使用平滑技术）和处理缺失值（如用该属性最常出现的值，或根据统计用最可能的值替换缺失值）的数据预处理。尽管大部分分类算法都有处理噪声和缺失值的机制，但这数据清理可以有效减少学习过程中可能出现相互矛盾情况的问题。

2）相关性分析。由于数据集中的许多属性与挖掘任务本身可能是无关的（如记录银行贷款申请（单）填写时的星期数（属性），就可能与申请成功与否描述无关。此外，有些属性也可能是冗余的），因此，可以进行相关分析，删除学习过程中不相关或冗余的属性。在机器学习中，这一过程被称为特征选择。包含与挖掘任务无关的属性可能会减缓甚至误导整个学习过程。在理想情况下，用在相关分析上的时间，加上从“压缩的”结果子集上学习的时间，应当少于在原来的数据集上学习所花的时间。因此，相关性分析可以帮助提高分类的效率和可扩展性。

3）数据转换。利用概念分层，可以将数据泛化到更高的层次概念。对于连续值的属性，这一步非常有用。例如，属性“收入”的数值可以泛化为若干的离散区间，如低、中等和高。类似地，标称值“街道”这样的属性可以泛化到更高的层次，如城市。由于泛化压缩了原来的训练数据，学习时的输入/输出操作将减少。数据也可以规范化，特别是在学习阶段使用神经网络或涉及距离度量的方法时。规范化涉及将属性的所有值按比例缩放，使得它们落入较小的指定区间，如 -1.0 ~ 1.0，或 0.0 ~ 1.0。例如，在使用距离度量的方法中，这可以防止具有较大初始域的属性（如“收入”）相对于具有较小初始域的属性（如二进位属性）权值过大。

5.1.2 分类和预测方法的评估标准

可以根据下列标准对各类分类和预测方法进行比较和评估：

1）预测的准确率。模型能够正确地预测新（先前未见过）的数据类别或（类别）数值的能力。

2）速度。构造和使用模型的计算效率。

3）强壮性。在数据具有噪声或有数据遗漏的情况下，模型仍能进行正确预测的能力。

4）可扩展性。在给定大量数据时，有效地构造学习模型的能力。

5）易理解。学习模型的可理解程度。

5.2 决策树分类

决策树是一个类似于流程图的树型结构，其中，每个内部结点表示对一个属性（取值）的测试，每个分支代表一个测试输出，而每个叶结点代表一个类或类分布，树的最顶层结点是根结点。例如，利用决策树描述了一个购买计算机的分类模型，如图 5-3 所示。每个内部（非树叶）结点表示一个属性上的测试，每个树叶结点代表一个类“买计算机” = yes 或“买计算机” = no。利用该模型可以对顾客是否会购买计算机进行分类预测。决策树的中间结点通常用矩形表示，叶结点常用椭圆表示。

为了对未知数据对象进行分类识别，可以根据决策树的结构对数据集中的属性值进行测试，从决策树的根结点到叶结点的一条路径就形成了对相应对象的类别预测。决策树很容易转换为分类规则。

研究决策树，首先是决策树的基本算法。当构造决策树时，有许多由数据集中噪声或

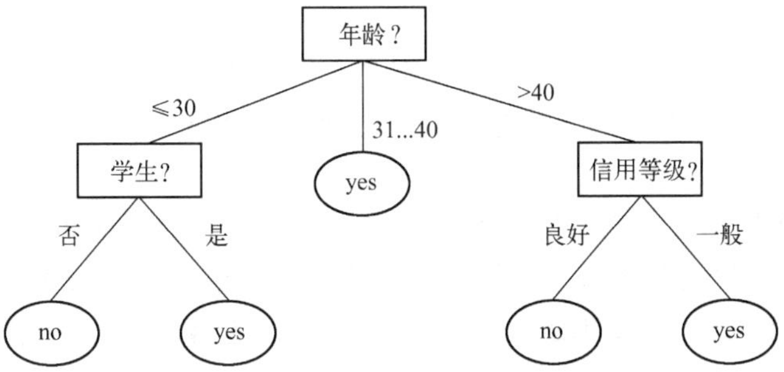

图 5-3　决策树示意图

异常数据所产生的分支，剪枝（Tree Pruning）就是识别并消除这类分支以帮助改善对未知对象分类的准确性。此外，要从决策树中抽取相应的规则，对基本决策树算法进行改进，可处理大规模数据集的可扩展决策树归纳方法，将决策树归纳方法与数据仓库相结合，开展基于不同数据细度的决策树挖掘。决策树归纳方法是目前许多基于规则进行归纳数据挖掘商用系统的基础。

5.2.1　ID3 算法生成决策树

ID3 算法由 J. Ross Quilan 教授于 1986 年提出，是一个从上到下、分而治之的归纳过程。ID3 算法的核心是：在决策树各级结点上选择属性时，通过计算信息增益来选择属性，以使得在每一个非叶结点进行测试时，能获得关于被测试记录最大的类别信息。其具体方法是：检测所有属性，选择信息增益最大的属性产生决策树结点，由该属性的不同取值建立分支，再对各分支的子集递归调用该方法建立决策树结点的分支，直到所有子集仅包含同一类别的数据为止。最后得到一棵决策树，它可以用来对新的样本进行分类。

1. ID3 算法

算法： Generate_decision_tree。由给定训练数据产生一棵决策树。

输入： 训练样本 *samples*，各属性均取离散数值，候选属性的集合 *attribute_list*。

输出： 一棵决策树。

方法：

1）创建一个结点 N；
2）if *samples* 都在同一个类 C then　　//开始根结点对应所有训练样本
3）　　return N 作为一个叶结点，并标志为类别 C；
4）if *attribute_list* 为空 then
5）　　return N 作为一个叶结点，标记为 *samples* 中最普通的类；//多数表决
6）从 *attribute_list* 选择具有最高信息增益的属性 *test_attribute*；
7）标记结点 N 为 *test_attribute*；
8）for each *test_attribute* 中的已知值 a_i　　//划分样本集
9）　　由结点 N 产生条件为 *test_attribute* = a_i 的一个分支；
10）　　设 s_i 是 *samples* 中 *test_attribute* = a_i 的样本集合；
11）　　if s_i 为空 then
12）　　　　加上一个叶结点，标记为 *samples* 中最普通的类；
13）　　else 将相应叶结点标志为 Generate_decision_tree(s_i, *attribute_list* − *test_attribute*)返回的结点；

算法的基本策略如下：

1）决策树开始时，作为一个单个结点（根结点）包含所有训练样本集（步骤1）。

2）若一个结点的样本均为同一类别，则该结点就成为叶结点并标记为该类别（步骤2和3）。

3）否则该算法将采用信息熵方法（称为信息增益）作为启发知识来帮助选择合适的（分支）属性，以便将样本集划分为若干子集。选择能够最好地将样本分类的属性（步骤6）。该属性成为该结点的“测试”或“判定”属性（步骤7）。在算法中，所有属性均为离散值。若有取连续值的属性，必须首先将其离散化。

4）对测试属性的每个已知的值，创建一个分支，并据此划分样本（步骤8～10）。

5）算法使用同样的过程，递归地形成每个划分上的样本判定树。一旦一个属性出现在一个结点上，就不必考虑该结点的任何后代（步骤13）。

递归划分步骤仅当下列条件之一成立时停止：

1）给定结点的所有样本属于同一类（步骤2和3）。

2）没有剩余属性可以用来进一步划分样本（步骤4）。在此情况下，使用多数表决（步骤5），将给定的结点转换成树叶，并用样本中的多数所在的类标记它。另外，可以存放结点样本的类分布。

3）分支 test_attribute = a_i 没有样本（步骤11）。在这种情况下，以 samples 中的多数类创建一个树叶（步骤12）。

ID3 算法对数据的要求：

1）所有属性必须为离散量。

2）所有训练例的所有属性必须有一个明确的值。

3）相同的因素必须得到相同的结论且训练例必须唯一。

2. 属性的选择方法

在决策树归纳方法中生成树的每个结点时，使用信息增益来帮助确定所应采用的合适属性。选择具有最高信息增益（熵减少的程度最大）的属性作为当前结点的测试属性，该属性使得对结果划分中的样本分类所需的信息量最小，将会使得所产生的各样本子集中的“不同类别混合程度”降为最低。采用这样一种信息论方法将帮助有效减少对象分类所需要的次数，从而确保所产生的决策树相对简单，尽管不一定是最简单的。

设 S 是一个包含 s 个数据样本的集合。假定类别属性可以取 m 个不同值，对应于 m 个不同类别 $C_i, i \in \{1,2,\cdots,m\}$。设 s_i 是类别 C_i 中的样本个数，对一个给定数据对象进行分类所需要的期望信息为

$$I(s_1, s_2, \cdots, s_m) = -\sum_{i=1}^{m} p_i \log_2(p_i) \tag{5-1}$$

其中，p_i 是任意一个数据样本属于类别 C_i 的概率，可以按 s_i/s 计算。注意：对数函数以2为底，因为信息用二进制编码。

设属性 A 具有 v 个不同的值 $\{a_1, a_2, \cdots, a_v\}$。可以用属性 A 将集合 S 划分为 v 个子集 $\{S_1, S_2, \cdots, S_v\}$，其中 S_j 包含了 S 集合中属性 A 取 a_j 值的数据样本。若属性 A 选为测试属性（即最好的划分属性），则这些子集对应于由包含集合 S 的结点生长出来的分支。设 s_{ij} 为子集 S_j 中属于 C_i 类别的样本数，那么利用属性 A 划分当前样本集合所需要的信息（熵）由式（5-2）给出

$$E(A)=\sum_{j=1}^{v}\frac{s_{1j}+\cdots+s_{mj}}{s}I(s_{1j},\cdots,s_{mj}) \tag{5-2}$$

其中，$\frac{s_{1j}+\cdots+s_{mj}}{s}$被当作第 j 个子集的权值，是由所有子集中属性 A 取 a_j 值中的样本数之和除以 S 中的样本总数所得到的。熵值越小，子集划分的纯度越高。注意：对于一个给定的子集 S_j，

$$I(s_{1j},s_{2j},\cdots,s_{mj})=-\sum_{i=1}^{m}p_{ij}\log_2(p_{ij}) \tag{5-3}$$

其中，$p_{ij}=\frac{s_{ij}}{|S_j|}$，即为子集 S_j 中任一个数据样本属于类别 C_i 的概率。

用属性 A 对当前分支结点进行相应样本集合划分所获得的信息增益就是

$$\mathrm{Gain}(A)=I(s_1,s_2,\cdots,s_m)-E(A) \tag{5-4}$$

可以理解为，$\mathrm{Gain}(A)$ 是由于根据属性 A 的值进行样本集合划分所获得的（信息）熵的减少（量）。

决策树归纳算法计算每个属性的信息增益。具有最高信息增益的属性选作给定集合 S 的测试属性，并产生相应的分支结点，产生的结点被标记为相应的属性。对属性的不同取值分别产生相应的（决策树）分支，每个分支代表一个被划分的样本子集。

例如，判定树归纳。表 5-1 所示的是商场顾客数据库（训练样本集合）。样本集合的类别属性为：买计算机，该属性有两个不同取值 {yes, no}，因此，有两个不同的类别（$m=2$）。设 C_1 对应 yes 类别，C_2 对应 no 类别。C_1 类别有 9 个样本，C_2 类别有 5 个样本。为了计算每个属性的信息增益，首先利用式（5-1）计算出所有（对一个给定样本进行分类所需要）的期望信息

$$I(s_1,s_2)=I(9,5)=-\frac{9}{14}\log_2\frac{9}{14}-\frac{5}{14}\log_2\frac{5}{14}=0.940$$

表 5-1　商场顾客数据库

序　号	年　龄	收　入	学　生	信用等级	类别：买计算机
1	<=30	高	no	一般	no
2	<=30	高	no	良好	no
3	31…40	高	no	一般	yes
4	>40	中等	no	一般	yes
5	>40	低	yes	一般	yes
6	>40	低	yes	良好	no
7	31…40	低	yes	良好	yes
8	<=30	中等	no	一般	no
9	<=30	低	yes	一般	yes
10	>40	中等	yes	一般	yes
11	<=30	中等	yes	良好	yes
12	31…40	中等	no	良好	yes
13	31…40	高	yes	一般	yes
14	>40	中等	no	良好	no

下一步，需要计算每个属性的熵。假设先从属性“**年龄**”开始，需要观察“**年龄**”的每个样本值在 yes 类别和 no 类别中的分布，并计算出每个分布所对应的期望信息。

年龄 =“<=30”　　$s_{11}=2$　　$s_{21}=3$　　$I(s_{11},s_{21})=0.971$

年龄 =“31…40”　　$s_{12}=4$　　$s_{22}=0$　　$I(s_{12},s_{22})=0$

年龄 =“>40”　　$s_{13}=3$　　$s_{23}=2$　　$I(s_{13},s_{23})=0.971$

利用式（5-2），就可以计算出若根据属性“年龄”对样本集合进行划分，所获得对一个数据对象进行分类而需要的信息熵为：

$$E(\text{年龄})=\frac{5}{14}I(s_{11},s_{21})+\frac{4}{14}I(s_{12},s_{22})+\frac{5}{14}I(s_{13},s_{23})=0.694$$

这种划分的信息增益是：

$$Gain(\text{年龄})=I(s_1,s_2)-E(\text{年龄})=0.246$$

同理，可以计算 $Gain$(**收入**) = 0.029，$Gain$(**学生**) = 0.151 和 $Gain$(**信用等级**) = 0.048。由于“年龄”在属性中具有最高信息增益，因此被选作测试属性。创建一个结点，用“年龄”来标记，并对于每个属性值，引出一个分支。样本据此划分，如图 5-4 所示。注意：落在分区“年龄” = “31…40”的样本都属于同一类。由于都属于同一类 yes，因此，要在该分支的端点创建一个树叶，并用 yes 标记。算法返回的最终判定树如图 5-3 所示。

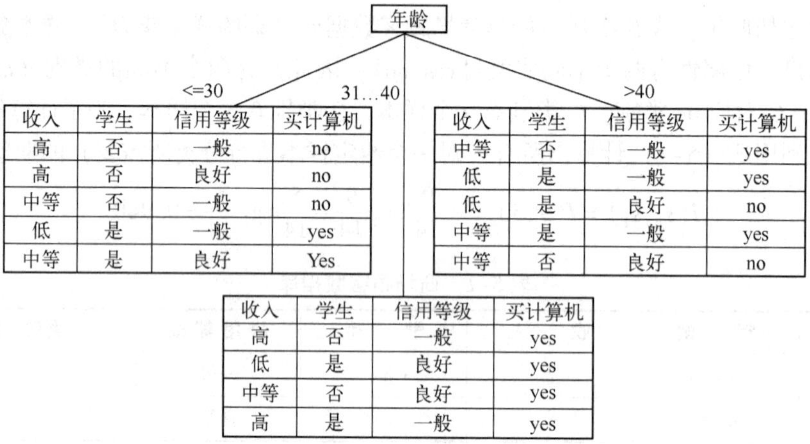

收入	学生	信用等级	买计算机
高	否	一般	no
高	否	良好	no
中等	否	一般	no
低	是	一般	yes
中等	是	良好	Yes

收入	学生	信用等级	买计算机
中等	否	一般	yes
低	是	一般	yes
低	是	良好	no
中等	是	一般	yes
中等	否	良好	no

收入	学生	信用等级	买计算机
高	否	一般	yes
低	是	良好	yes
中等	否	良好	yes
高	是	一般	yes

图 5-4　属性“年龄”引出分支来划分样本

决策树归纳算法被广泛应用到许多进行分类识别的应用领域。这类算法无需相关领域知识。归纳的学习与分类识别的操作处理速度都相当快。而对于具有细长条分布性质的数据集合来讲，决策树归纳算法相应的分类准确率是相当高的。

3. 修剪树枝

由算法生成的决策树非常详细而庞大，每个属性都被详细地加以考虑，决策树的树叶结点所覆盖的训练样本都是“纯”的。因此，用这个决策树来对训练样本进行分类，对于训练样本而言，其表现堪称完美，它可以 100% 完美正确地对训练样本集中的样本进行分类，因为，决策树本身就是 100% 完美拟合训练样本的产物。但是，这会带来一个问题，如果训练样本中包含了一些错误，按照前面的算法，这些错误也会 100% 被决策树学习了，这就是“过拟合”。J. Ross Quilan 教授做过一个试验，在某一个数据集中，过拟合的决策树的错误率比一个经过简化了的决策树的错误率要高。要通过剪枝来处理这些问题，通常，利用统计方法剪去最不可靠的分支（树枝），提高分类的速度和正确分类的可靠性。通常采用两种方法进行剪枝，即前剪枝和后剪枝。

1）前剪枝。该方法是通过停止分支生成过程对树进行“剪枝”，判断当前结点是否需要继续划分训练样本的子集来实现。一旦停止分支，结点成为树叶，该叶结点中可能包含多个不同类别的训练样本。在构造决策树时，统计上的重要性检测，如$\chi 2$、信息增益等，可以用来对分支生成（优劣）情况进行评估。如果在一个结点上划分样本集时，所产生的结点中的样本数少于指定的阈值，则停止继续分解样本集合。但确定一个合理的阈值是比较困难的。阈值过大会导致决策树过于简单化，而阈值过小又会导致多余树枝无法修剪。

2）后剪枝。该方法从一个“充分生长”的树中，修剪掉多余的树枝（分支）。通过删除结点的分支，剪掉树结点。基于代价成本的修剪算法就是一个事后修剪方法。被修剪（分支）的结点就成为一个叶结点，并将其标记为它所包含样本中类别个数最多的类别。对于树中每个非叶结点，计算出若该结点（分支）被修剪后可能出现的预期分类错误率。然后，根据每个分支的分类错误率以及每个分支的权值（样本分布），计算若该结点不被修剪时的预期分类错误率。如果修剪导致预期分类错误率变大，则保留结点的各个分支；反之，就删剪相应结点的分支。决策树经过修剪后，利用一个独立的测试数据集，对经过修剪的决策树的分类准确性进行评价，保留预期分类错误率最小的（修剪后）决策树。

除了利用预期分类错误率进行决策树进行修剪之外，还可以利用决策树的编码长度修剪决策树。“最佳修剪树”就是编码长度最短的决策树。这种修剪方法利用最短描述长度（Minimum Description Length，MDL）原则来修剪决策树。该原则的基本思想就是：最简单的就是最好的。与基于代价成本方法相比，利用 MDL 进行决策树修剪时无需额外的独立测试数据集。

也可以交叉使用先剪枝和后剪枝，形成组合式方法。后剪枝所需的计算比先剪枝多，但通常产生的树更可靠。

4. 由决策树提取分类规则

决策树所表示的分类知识可以被抽取出来，并可用 IF - THEN 分类规则形式加以表示。从根结点到任一个叶结点所形成的一条路径就构成了一个分类规则。沿着决策树的一条路径上的每个“属性 - 值”构成了分类规则条件部分（IF 部分）中的一个拾取项。叶结点所标记的类别就构成了规则的结论内容（THEN 部分）。IF - THEN 规则易于理解，尤其当决策树较大时，IF - THEN 规则表示形式的优势就更加突出。

例 5-1 从决策树中抽取出分类规则。如图 5-3 所示的决策树，需要将其所表示的分类知识用 IF - THEN 分类规则形式描述出来，从决策树中的每条从根结点到叶结点所形成的一条路径，可以得到分类规则：

IF **年龄** = “ <=30” AND **学生** = **“否”** THEN 买计算机 = “no”
IF **年龄** = “ <=30” AND **学生** = **“是”** THEN **买计算机** = “yes”
IF **年龄** = “31…40” THEN **买计算机** = “yes”
IF **年龄** = “ >40” AND **信用等级** = **“良好”** THEN **买计算机** = “no”
IF **年龄** = “ >40” AND **信用等级** = **“一般”** THEN **买计算机** = “yes”

ID3 算法在选择根结点和各内部结点中的分支属性时，采用信息增益作为评价标准，其缺点是倾向于选择取值较多的属性，在有些情况下这类属性可能不会提供太多有价值的信息。另外，ID3 算法只能对离散型属性的数据集构造决策树。

5.2.2 C4.5 算法生成决策树

C4.5 算法是最常用的决策树算法，它继承了 ID3 算法的所有优点，并对 ID3 算法进行了改进和补充。C4.5 算法属于基于信息论（Information Theory）的方法，它是以信息论为基础，以信息熵和信息增益度为衡量标准，从而实现对数据的归纳分类。C4.5 算法具有产生的分类规则易于理解，准确率较高等优点。其缺点是：在构造树的过程中，需要对数据集进行多次顺序扫描和排序，因而导致算法的低效。

C4.5 算法在以下几方面对 ID3 算法进行了改进：

1）用信息增益率来选择属性，克服了 ID3 算法用信息增益选择属性时偏向选择取值多的属性的不足。

2）在树构造过程中进行剪枝。

3）能够完成对连续属性的离散化处理。

4）能够对不完整数据进行处理。

1. 用信息增益率来选择属性

克服了用信息增益来选择属性时偏向选择值多的属性的不足。信息增益率定义为

$$\mathrm{GainRatio}(S,A)=\frac{\mathrm{Gain}(S,A)}{\mathrm{splitInfo}(S,A)} \tag{5-5}$$

其中，$\mathrm{Gain}(S,A)$ 与 ID3 算法中的信息增益相同，而分裂信息 $\mathrm{splitInfo}(S,A)$ 代表了按照属性 A 分裂样本集 S 的广度和均匀性。

$$\mathrm{SplitInfo}(S,A)=-\sum_{i=1}^{c}\frac{|s_i|}{|s|}\log_2\left(\frac{|s_i|}{|s|}\right) \tag{5-6}$$

其中，S_1 到 S_c 是 c 个不同值的属性 A 分割 S 而形成的 c 个样本子集。如按照属性 A 把 S 集（含 30 个用例）分成了 10 个用例和 20 个用例两个集合，则

$$\mathrm{SplitInfo}(S,A)=-1/3\times\log_2(1/3)-2/3\times\log_2(2/3)$$

2. 可以处理连续数值型属性

C4.5 算法既可以处理离散型描述属性，也可以处理连续性描述属性。在选择某结点上的分支属性时，对于离散型描述属性，C4.5 算法的处理方法与 ID3 相同，即按照该属性本身的取值个数进行计算；对于某个连续性描述属性 Ac，假设在某个结点上的数据集的样本数量为 total，C4.5 算法将作以下处理：

1）将该结点上的所有数据样本按照连续型描述属性的具体数值由小到大进行排序，得到属性值的取值序列 $\{A_{1c},A_{2c},\cdots,A_{totalc}\}$。

2）在取值序列中生成 total－1 个分割点。第 $i(0<i<\mathrm{total})$ 个分割点的取值设置为 $V_i=(A_{ic}+A_{(i+1)c})/2$，将该结点上的数据集划分为两个子集。

3）从 total－1 个分割点中选择最佳分割点。对于每一个分割点划分数据集的方式，C4.5 算法计算它的信息增益比，并且从中选择信息增益比最大的分割点来划分数据集。

3. 采用了后剪枝方法

为了避免树的高度无节制地增长，避免过度拟合数据，C4.5 算法采用了后剪枝方法进行树枝的修剪。该方法使用训练样本集本身来估计剪枝前后的误差，从而决定是否真正剪枝。方法中使用的公式如下

$$\Pr\left[\frac{f-q}{\sqrt{q(1-1)/N}}>z\right]=c \tag{5-7}$$

其中 N 是实例的数量，$f=E/N$ 为观察到的误差率（其中 E 为 N 个实例中分类错误的个数），q 为真实的误差率，c 为置信度（C4.5 算法的一个输入参数，默认值为 0.25），z 为对应于置信度 c 的标准差，其值可根据 c 的设定值通过查正态分布表得到。通过该公式即可计算出真实误差率 q 的一个置信度上限，用此上限为该结点误差率 e 做一个悲观的估计

$$e=\frac{f+\frac{z^2}{2N}+z\sqrt{\frac{f}{N}-\frac{f^2}{N}+\frac{z^2}{4N^2}}}{1+\frac{z^2}{N}} \tag{5-8}$$

通过判断剪枝前后 e 的大小，从而决定是否需要剪枝。

4. 对于缺失值的处理

在某些情况下，可供使用的数据可能缺少某些属性的值。假如 $\langle x, c(x)\rangle$ 是样本集 S 中的一个训练实例，但是其属性 A 的值 $A(x)$ 未知。处理缺失值的一种策略是赋给它结点 n 所对应的训练实例中该属性的最常见值；另外一种更复杂的策略是为 A 的每个可能值赋予一个概率。例如，给定一个布尔属性 A，如果结点 n 包含 6 个已知 $A=1$ 和 4 个 $A=0$ 的样例，那么 $A(x)=1$ 的概率是 0.6，而 $A(x)=0$ 的概率是 0.4。于是，实例 x 的 60% 被分配到 $A=1$ 的分支，剩余的 40% 被分配到另一个分支。这些片断样例的目的是计算信息增益，另外，如果有第二个缺少值的属性必须被测试，这些样例可以在后继的分支中被进一步细分。C4.5 算法就是使用这种方法处理缺失值。

确切地说，C4.5 不是单个的算法，而是一套算法，C4.5 算法有许多功能，每个功能都对应着一个算法，这些功能组合起来就形成了一套算法，即 C4.5。C4.5 分类树构造算法框架如下：

输入： an attribute－valued dataset D

```
Tree = { }
if D is "pure" OR other stopping criteria met then
    terminate
end if
for all attribute a ∈ D do
    Compute information－theoretic criteria if we split on a
end for
a_best = Best attribute according to above computed criteria
Tree = Create a decision node that tests a_best in the root
D_v = Induced sub－datasets from D based on a_best
for all D_v do
    Tree_v = C4.5(D_v)
    Attach Tree_v to the corresponding branch of Tree
end for
return Tree
```

该算法的框架，从根结点开始不断地分治、递归、生长，直至得到最后的结果。根结点代表整个训练样本集，通过在每个结点对某个属性的测试验证，不断递归，将数据集分成更小的数据集，某一结点对应的子树对应着原数据集中满足某一属性测试的部分数据集，这个递归过程一直进行下去，直到某一结点对应的子树对应的数据集都属于同一个类为止。

例如，有关是否“打高尔夫”的训练数据集见表 5-2。

表 5-2　打高尔夫的训练数据集

第几天	天　气	温度/℉（华氏度）	相对湿度/%	是否有风	打高尔夫
1	晴天	85	85	无	No
2	晴天	80	90	有	No
3	多云	83	78	无	Yes
4	下雨	70	96	无	Yes
5	下雨	68	80	无	Yes
6	下雨	65	70	有	No
7	多云	64	65	有	Yes
8	晴天	72	95	无	No
9	晴天	69	70	无	Yes
10	下雨	75	80	无	Yes
11	晴天	75	70	有	Yes
12	多云	72	90	有	Yes
13	多云	81	75	无	Yes
14	下雨	71	80	有	No

“打高尔夫”数据集对应得到的决策树如图 5-5 所示。

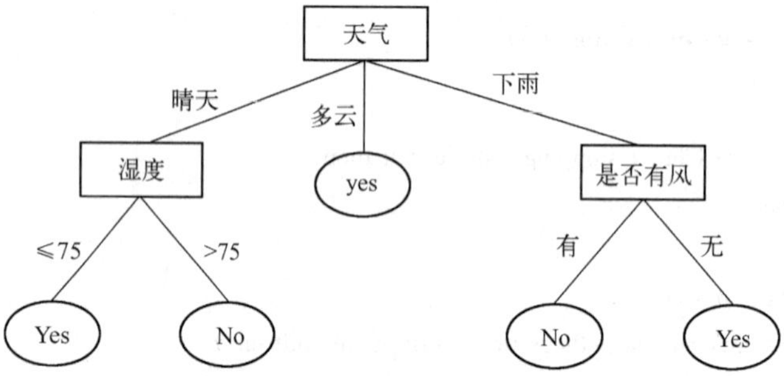

图 5-5　在数据集上通过 C4.5 算法生成的决策树

分类树中的测试是针对某一个样本属性进行的测试。样本的属性有两种：一种是离散变量；另一种是连续变量。对于离散变量，每个值都对应着测试的一个分支，测试就是验证样本对应的属性值对应哪个分支。这样，数据集就会被分成几个小组。对于连续变量，所有连续变量的测试分支都是两条，其测试分支分别对应着 $\{\leqslant\theta, >\theta\}$，$\theta$ 对应着分支阈值。

那么，如何确定分支阀值 θ 呢？具体方法为：把需要处理的样本（对应根结点）或样本子集（对应子树）按照连续变量的大小从小到大进行排序，假设该属性对应的不同的属性值一共有 N 个，那么总共有 $N-1$ 个可能的候选分割阈值点，每个候选分割阈值点的值为上述排序后的属性值链表中两两前后连续元素的中点，从这个 $N-1$ 个候选分割阈值点中选出一个，使得信息论标准最大。例如，对于“打高尔夫”数据集，对于属性“温度”，选择合适的阈值。首先按照温度大小对应样本进行排序，如图 5-6 所示。

64	65	68	69	70	71	72	72	75	75	80	81	83	85
Yes	No	Yes	Yes	Yes	No	No	Yes	Yes	Yes	No	Yes	Yes	No

图 5-6　按天气温度排序

有 13 个可能的候选阈值点，比如 middle[64,65]，middle[65,68]，…，middle[83,85]。通过计算，确定 middle[71,72]为最佳点，如图 5-6 中的粗线所示。计算的值如下：

温度 <71.5：　Yes/4,No/2

温度 >71.5：　Yes/5,No/3

$$\text{Info}([4,2],[5,3]) = 6/14\text{info}([4,2]) + 8/14\text{info}([5,3]) = 0.939$$

通过上述计算方式，0.939 是最大的，因此测试的增益是最小的（测试的增益和测试后的熵是成反比的）。根据上面的描述，需要对每个候选分割阈值进行增益或熵的计算才能得到最优的阈值，需要算 $N-1$ 次增益或熵（对应温度这个变量而言就是 13 次计算）。那么，能否减少计算次数，以加快速度呢？答案是可以，如图 5-7 所示。

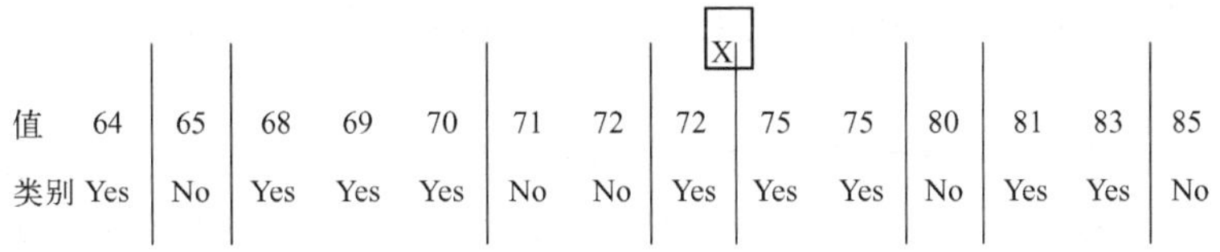

图 5-7　后备最优分割阈值点

图 5-7 中的线代表可能的最优分割阈值点，根据信息论知识，如 middle[72,75]（X 线所示）这个分割点，72、75 属于同一个类，这样的分割点是不可能有信息增益的。

生成决策树是一个递归过程，有两种方式使递归到达终止条件：第一种，如果某一结点的分支所覆盖的样本都属于同一类，递归终止，该分支就会产生一个叶结点；第二种，如果某一分支覆盖的样本的个数小于一个阈值，那么也可产生叶结点。

叶结点的样本都属于同一类，即为叶结点的类。当叶结点的样本不属于同一类，直接的方法就是，该叶结点所覆盖的样本哪个类占大多数，那么该叶结点的类别就是那个占大多数的类。

C4.5 决策树的剪枝也有两种方法：第一种方法是最简单，被称为基于误判的剪枝。其思路是针对完全的决策树的过度拟合，用另一个测试数据集来纠正。对于完全决策树中的每一个非叶结点的子树，尝试着把它替换成一个叶结点，该叶结点的类别用子树所覆盖训练样本中存在最多的那个类来代替，于是产生了一个简化决策树，然后比较这两个决策树在测试数据集中的表现，如果简化决策树在测试数据集中的错误比较少，并且该子树里面没有包含另外一个具有类似特性的子树（所谓类似的特性，指的就是把子树替换成叶结点后，其测试数据集误判率降低的特性），那么该子树就可以替换成叶结点。该算法以“从底向上”的方式遍历所有子树，直至没有任何子树可以替换使得测试数据集的表现得以改进时，算法就可以终止。第一种方法很直接，但是需要一个额外的测试数据集。第二种方法是悲观剪枝。该方法剪枝的依据是训练样本集中的样本误判率。一棵分类树的每个结点都覆盖了一个样本集，根据算法这些被覆盖的样本集往往都有一定的误判率。因为，如果结点覆盖的样本集的个数小于一定的阈值，那么这个结点就会变成叶结点，所以叶结点会有一定的误判率。而每个结点都会包含至少一个叶结点，所以每个结点也都会有一定的误判率。悲观剪枝就是递归地估算每个内部结点所覆盖样本结点的误判率。剪枝后该内部结点会变成一个叶结点，该叶结点的类别由原内部结点的最优叶结点所决定。然后比较剪枝前后该结点的错误率来决定是否进行剪枝。该方法和第一种方法思路是一致的，不同之处在于如何估计剪枝前分类树内部结点的错误率。

悲观剪枝是把一棵子树（具有多个叶结点）的分类用一个叶结点来替代，因此误判率肯定是上升的（这是很显然的，同样的样本子集，如果用子树分类可以分成多个类，而用单个叶结点来分，只能分成一个类，多个类肯定要准确一些）。于是需要把子树的误判计算加上一个经验性的惩罚因子。对于一个叶结点，它覆盖了 N 个样本，其中有 E 个错误，那么该叶结点的错误率为$(E+0.5)/N$。这个 0.5 就是惩罚因子，那么一棵子树，它有 L 个叶结点，那么该子树的误判率估计为$(\sum E+0.5*L)/\sum N$。这样，可以看到一棵子树虽然具有多个子结点，但由于加上了惩罚因子，因此子树的误判率计算未必会有所改善。剪枝后内部结点变成了叶结点，其误判个数 J 也需要加上一个惩罚因子，变成 $J+0.5$。那么子树是否可以被剪枝就取决于剪枝后的错误 $J+0.5$ 在（$\sum E+0.5*L$）的标准误差内。

对于样本的误差率 e，可以根据经验把它估计成各种各样的分布模型，如二项分布、正态分布等。

如果一棵树的错误分类一个样本值为 1，正确分类一个样本值为 0，该树错误分类的概率（误判率）为 e，可以通过$(\sum E+0.5*L)/\sum N$统计出来，那么树的误判次数就服从伯努利分布，可以估计出该树的误判次数均值和方差：$E(\text{subtree\_err\_count})=e$，$\text{var}(\text{subtree\_err\_count})=\sqrt{e(1-e)}$。把子树替换成叶结点后，该叶子的误判次数也服从伯努利分布，其概率误判率 e 为$(E+0.5)/N$，因此叶结点的误判次数均值为 $E(\text{leaf\_err\_count})=e$。

那么，如果子树可以被叶结点替代，必须满足条件

$$E(\text{subtree\_err\_count})-\text{var}(\text{subtree\_err\_count})>E(\text{leaf\_err\_count})$$

这个条件就是剪枝的标准。根据置信区间，设定一定的显著性因子，可以估算出误判次数的上下界，因此误判次数也可以被估计成一个正态分布。

相对于那些离散值属性，分类树算法倾向于选择那些连续值属性，因为连续值属性会有更多的分支，熵增益也最大。利用增益率可以克服连续值属性倾向。但是如果利用增益率来选择连续值属性的分界点，会导致一些副作用。分界点将样本分成两个部分，这两个部分的样本个数之比也会影响增益率。由增益率公式可知，当分界点能够把样本分成数量相等的两个子集时（称此时的分界点为等分分界点），增益率的抑制会被最大化，因此等分分界点被过分抑制了。子集样本个数能够影响分界点，显然不合理。因此在决定分界点时还是采用增益这个指标，而在选择属性时才使用增益率这个指标。这个改进能够很好地抑制连续值属性的倾向。

如果有些训练样本或者待分类样本缺失了一些属性值，如何解决这个问题？这里需要考虑 3 个问题：

1）当开始决定选择哪个属性用来进行分支时，如果有些训练样本缺失了某些属性值时该怎么办？

2）一个属性已被选择，那么在决定分支时如果有些样本缺失了该属性该如何处理？

3）当决策树已经生成，但待分类的样本缺失了某些属性，该如何处理？

对于第一个问题，计算属性 a 的增益或者增益率时，如果有些样本没有属性 a，那么可以有如下几种处理方式：

1）忽略这些缺失属性 a 的样本。

2）给缺失属性 a 的样本赋予属性 a 一个均值或者最常用的值。

3）计算增益或者增益率时根据缺失属性样本个数所占的比率对增益/增益率进行相应的“打折”。

4）根据其他已知的属性把这些样本缺失的属性补全。

对于第二个问题，当属性 a 已经被选择，在对样本进行分支时，如果有些样本缺失了属性 a，那么可以有如下几种处理方式：

1）忽略这些样本。

2）给这些样本的属性 a 赋予一个均值或者最常出现的值，然后再对它们进行处理。

3）把这些属性缺失样本按照具有属性 a 的样本被划分成的子集样本个数的相对比率，分配到各个子集中去。至于哪些缺失的样本被划分到子集 1，哪些被划分到子集 2，没有一定的准则，可以随机而动。

4）把属性缺失样本分配给所有子集，也就是说，每个子集都有这些属性缺失样本。

5）单独为属性缺失的样本划分一个分支子集。

6）对于缺失属性 a 的样本，尝试着根据其他属性给它分配一个属性 a 的值，然后将其划分到相应的子集。

对于第三个问题，对于一个缺失属性 a 的待分类样本，可以有如下几种处理方式：

1）如果有单独的缺失分支，依据此分支。

2）把待分类的样本的属性 a 值分配一个最常出现的 a 的属性值，然后进行分支预测。

3）根据其他属性为该待分类样本填充一个属性 a 值，然后进行分支处理。

4）在决策树中属性 a 结点的分支上，遍历属性 a 结点的所有分支，探索可能的所有分类结果，然后把这些分类结果结合起来一起考虑，并按照概率决定一个分类。

5）待分类样本在到达属性 a 结点时就终止分类，然后根据此时 a 结点所覆盖的叶结点类别状况为其分配一个发生概率最高的类。

5.2.3 CART 算法和 Gini 指标

CART 是分类回归树（Classification And Regression Trees）的首字母缩写。C4.5 算法描述的分而治之的基本方法也适用于 CART。二者的主要区别是树的结构、分区准则、修剪方法和处理缺失值的方式。

CART 构建的树只有二元分区。这个限制简化了分区准则，因为它不再需要多元分区。而且，如果标记是二元的，二元分区限制就允许 CART 按照属性值的个数，把分类属性分区为两个值子集（使凹形的分区准则最小）。但这个限制也有缺点，因为在邻近的层上，同一个属性可能有多个分区，使树不大容易被理解。

CART 使用 Gini 多样性指标作为分区准则，来替代 C4.5 算法中基于信息的准则。CART 中使用 Gini 准则来替代信息增益，是因为 Gini 可以扩展，包含对称成本，其计算速度也比信息增益快。Gini 指标用于在决策树的每个内部结点上选择属性。给数据集 S 定义的 Gini 指标

如下

$$\mathrm{Gini}(S)=1-\sum_{i=0}^{c-1}p_i^2 \tag{5-9}$$

式中 c 是预定义类的个数；

C_i是类，$i=1$，…，$c-1$；

S_i是属于类的样本数；

$p_i=s_i/S$ 是类 C_i在集中的相对频度。

这个指标表示数据集 S 的分区纯度。对于两个类的分支预测，Gini 指标 $\in[0,0.5]$。如果 S 中的所有数据都属于同一个类，Gini(S)就等于最小值 0，表示 S 是纯的。如果 Gini(S)等于 0.5，则 S 中的所有观察值在两个类上平均分布。这样就可以使一个分区只包含属于一个类的数据：例如，对于 70/30 分布，Gini 指标是 0.42。如果类多于两个，则该指标的最大可能值就会增加，例如，若有 3 个类，最糟糕的多样性指标是 33%，Gini 值为 0.67。Gini 系数的取值范围是 0～1（适用于类非常多的情况），在一些商业软件中，将该系数乘以 100，取值范围就是 0～100。

根据一个属性把数据集分区为 k 个子集 S_i 的质量就可以计算为所得子集的 Gini 指标的加权和

$$\mathrm{Gini}_{\mathrm{split}}=1-\sum_{i=0}^{k-1}n_i/n\mathrm{Gini}(S_i) \tag{5-10}$$

式中 n_i是分区后子集中的样本数；

n 是给定结点上的样本总数。

因此，给所有属性计算 $\mathrm{Gini}_{\mathrm{split}}$，再选择 $\mathrm{Gini}_{\mathrm{split}}$最小的属性作为分区点。这个过程也是重复的，与 C4.5 相同。在表 5-3 中，根据属性 1 分区时分别应用熵指标（C4.5）和 Gini 指标（CART），就可以比较 CART 和 C4.5 属性选择的结果。根据 C4.5 的结果（属性 1 的增益率），该属性的 $\mathrm{Gini}_{\mathrm{split}}$指标可以计算为

$$\mathrm{Gini}_{\mathrm{split}}=\sum\nolimits_{i=0}^{2}n_i/n\mathrm{Gini}(S_i)=5/14\times(1-(2/5)^2-(3/5)^2)+4/14\times(1-(0/4)^2-(4/4)^2)$$
$$+5/14\times(1-(2/5)^2-(3/5)^2)=0.34$$

表 5-3 训练样本的简单平面数据库

属性 1	属性 2	属性 3	类
A	70	真	类 1
A	90	真	类 2
A	85	假	类 2
A	95	假	类 2
A	70	假	类 1
B	90	真	类 1
B	78	假	类 1
B	65	真	类 1
B	75	假	类 1

（续）

属性 1	属性 2	属性 3	类
C	80	真	类 2
C	70	真	类 2
C	80	假	类 1
C	80	假	类 1
C	96	假	类 1

$Gini_{split}$指标的绝对值的解释并不重要，重要的是，这个值相对于属性 1 的重要性低于它相对于表 5-3 中的其他两个属性。因此，根据 Gini 指标，选择属性 1 进行分区。这与 C4.5 算法中使用熵指标得到的结果相同。尽管在这个例子中结果相同，但对于许多其他数据集，这两种方法所得的结果可能有区别，但区别通常很小。

CART 也支持二类分区准则，它可以用于多类问题。在每个结点上，类都划分到两个超类中，这两个超类包含不相关的、互斥的类。二类问题的分区准则可用于选择属性以及优化二类分区准则的两个超类。这种方法提供了“策略性”的分区准则，使类似的几个类可以组合在一起。尽管二类分区准则允许建立更平衡的树，但这个算法比 Gini 规则慢。例如，如果类的整数是 K，就可以得到 $2K-1$ 个二类组合方式。使用 Gini 构建的树与通过二类分区准则构建的树之间区别很小，其区别主要在于树底部的变量没有树顶部的变量重要。

CART 中使用的修剪技术被称为最小成本复杂度修剪技术，而 C4.5 算法使用二项式置信限制。最小成本复杂度修剪技术假定，树的重替代误差率随叶结点的数量呈线性增长。分配到子树的成本是两项之和：①重替代误差；②叶结点数和复杂度参数 a 之积。由此可以看出，对于每个 a 值，都存在唯一一个成本最小的树。注意：尽管 a 是一个连续型的值，但是要分析和修剪的子树数量是有限的。

与 C4.5 算法不同，如果分区使用的属性有未知值，CART 的分区准则不会在构建树的过程中出问题。该准则只使用值已知的实例。CART 会找出几个代理分区点，来替代原来的分区点。在分类过程中，根据已知的属性值使用第一个代理分区点。该代理分区点不能根据最初的分区准则来选择，因为每个结点上的子树都根据最初选择的分区点来建立。因此，所选的代理分区点应能最大化地与原分区点的预测关联。如果某属性与所选的属性高度相关，这个过程就是有效的。

CART 也可以建立回归树。回归树比分类树简单，因为 CART 中使用的生长和修剪准则是相同的。回归树的结构类似于分类树，但每个叶结点都预测一个实数。修剪树的重替代估值是误差的均方值。

CART 算法的主要优点是它对异常点和干扰数据的抵抗性强。分区算法通常把异常点隔离到个别的结点上。另外，CART 的一个重要实用价值是其分类树或回归树的结构不会随自变量的转换而变化。任何变量都可以用其对数或平方根来替代，而树的结构不会改变。CART 的一个缺点是系统可能没有稳定的决策树。对学习样本进行不大重要的修改，例如去除几个观察值，就可以导致决策树的显著变化（去除分区变量和值时，树的复杂度会显著增加或降低）。

C4.5 和 CART 是决策树归纳的两个常用算法，但它们的分区准则、信息增益和 Gini 指标容易出现偏差。换言之，它们的适用性不强，至少不能成功地应用于类没有平均分布在训练和检验数据集上的情形，所以一定要事先设计出决策树分区准则，找出分布中不属于任何类的异常数据。一个推荐使用的方法是把 Hellinger 距离用作决策树分区准则。最近的实验结果表明，这个距离不大容易出现偏差。

在将 Hellinger 距离应用为决策树分区准则时，假定有一个可计算的空间，使所有连续型属性都可以离散化到 p 个分区或箱中。假定有一个二类问题（类 + 和类 -），令 $X+$ 是属于类 + 的样本，$X-$ 是属于类 - 的样本。接着聚合二类分布 $X+$ 和 $X-$ 的所有分区，计算标准化频度分布中的“距离”。$X+$ 和 $X-$ 之间的 Hellinger 距离是

$$d_H(X_+, X_-) = \sqrt{\sum_{j=1}^{p}\left(\sqrt{\frac{|X_{+j}|}{|X_+|}} - \sqrt{\frac{|X_{-j}|}{X_-}}\right)^2} \tag{5-11}$$

这个公式不大容易出现偏差。现实数据的经验表明，上述指标可以应用于 $X+ \ll X-$ 的情形。给定两个不同的类，它可以识别出属性值分布中的异常点。

在多元树的某个决策结点上，所有输入维都可用于检验（例如，$w_1x_1 + w_2x_2 + w_0 > 0$，如图 5-8 所示）。它是一个方向任意的超平面。有 $2^d\binom{N}{d}$ 个可能的超平面，不适合使用穷举搜索。

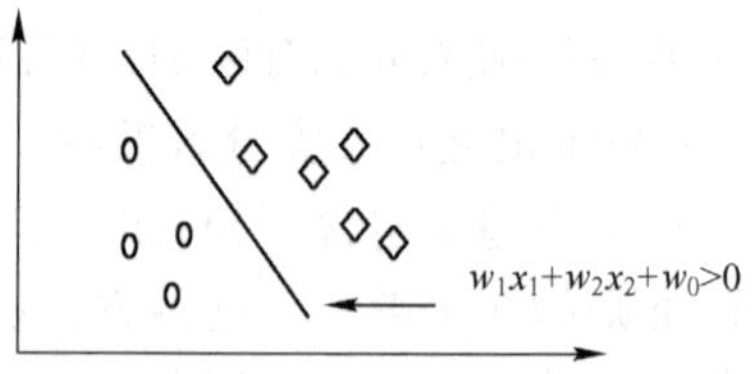

图 5-8　多元决策结点

对于线性多元结点，使用超平面可以得到更好的近似，且结点数更少。该技术的缺点是多元结点很难解释。另外，结点越复杂，需要的数据就越多。多元树的最早版本用 CART 算法实现，它逐个微调权值 w_i，以降低不纯度。CART 还有一个预处理阶段，即通过选择输入子集，来减少维数（从而降低结点的复杂度）。

5.2.4　决策树归纳的可扩展性

现有决策树算法（如 ID3 算法和 C4.5 算法）的有效性已经通过对许多小数据集的学习归纳而得到了验证。但当应用这些算法对大规模现实世界数据库进行数据挖掘时，算法的有效性和可扩展性就成为应用的关键。大多数决策树算法都局限于在计算机内存中处理整个数据集；而在数据挖掘应用领域，数据集通常都包含数以百万计的记录，因此现有决策树算法的局限就使得这类算法的可扩展性受到较大限制。这主要是因为利用这些算法构造相应决策树时，会不断地进行内存与外存之间的数据交换，从而使数据挖掘性能变得很差。

对大数据库进行决策树归纳的早期策略包括对连续属性的离散化和在每个结点进行数据采样。然而这些方法仍然是假设整个训练数据集仍能全部放到内存中。一个变通方法就是先将数据集分解为若干可以整个放入内存的数据子集；然后根据每个子集构造相应的决策树；最后所输出的分类器就是将这些由数据子集所获得的决策树（分类输出）结合到一起。尽管这种方法可以处理大规模的数据集，但它的分类准确率却没有（由整个数据集所构造出的）单一分类器高。

近年来，业界人士提出了许多有关决策树可扩展性问题的解决方法，其中比较有代表性的算法有 SLIQ 算法和 SPRINT 算法。这两个方法都可以处理符号值和连续值。两个方法都采取了对数据集（存放在外存）中数据预先进行排序，并利用新的数据结构来帮助构造决策树。SLIQ 方法利用了驻留在磁盘上的属性列表（Attribute List）和驻留在内存中的类别列表（Class List）。根据表 5-4 所示的样本数据而产生的属性列表和图 5-9 所示的类别列表内容（使用的是表 5-4 中数据），每个属性都有一个相关联的属性列表，利用序号（记录标识）进行索引；类别列表因需要经常存取和进行修改，故驻留在内存中。类别列表的大小与训练样本的个数成

正比，而当一个类别列表无法完全存放到内存中时，SLIQ 算法因需要额外进行内外存交换而导致运算性能下降。

表 5-4　类别买计算机的样本数据

序　号	信用等级	年龄/岁	购买计算机
1	良好	38	yes
2	良好	26	no
3	一般	35	no
4	良好	40	no

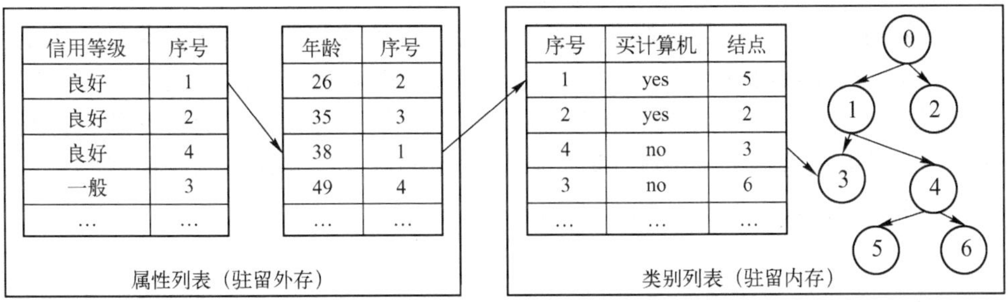

图 5-9　SLIQ 算法所使用的属性列表和类别列表描述示意

SPRINT 算法利用了一个不同的属性列表数据结构。该数据结构保存类别与序号信息，如图 5-10 所示（使用的是表 5-4 中的数据）。当一个结点进行分解时，相应属性列表也被分解到各个（分支）子结点中；而当一个列表被分解时，列表中的记录顺序被保留，因此分解后的列表无需再排序。SPRINT 方法的设计思想使得它易于实现并行运算，从而具有较好的可扩展性。

信用等级	买计算机	结点
良好	yes	1
良好	yes	2
良好	no	4
一般	no	3
…	…	…

年龄	买计算机	序号
26	yes	2
35	no	3
38	yes	1
49	no	4
…	…	…

图 5-10　SPRINT 算法所使用的属性列表描述示意

SLIQ 和 SPRINT 算法都可以处理大规模的数据集（这些数据集无法一次全部放入内存）。SLIQ 由于需要使用驻留内存的数据结构而使它的实际应用受到限制；而 SPRINT 算法消除了所有对内存的要求；但它所使用的散列表与所处理的数据规模成正比，这就会导致当它所处理的数据集不断增大时，它的运行性能也会受到较大影响。

RainForest 也是一个基于决策树归纳的（商用）数据挖掘系统。RainForest 可根据当前可用内存的大小，自适应地安排决策树归纳算法的具体操作过程。它保持一个 AVC（属性值 - 类别）集合，用以描述每个属性的类别分布。据报道，RainForest 的归纳速度要高于 SPRINT 算法。

5.2.5　数据仓库与决策树

决策树归纳方法可以与数据仓库技术结合起来用于数据挖掘。许多数据仓库思想都可以应用到分类算法中，以便更好地进行数据挖掘。基于属性的归纳方法利用概念层次树将数据泛化到不同的概念层次，与分类方法相结合，可以完成基于多抽象层次的数据挖掘工作。存储在多维数据立方体中的数据将有助于对合计数据进行快速存取和分析。集成的方法有很多种，而且这些方法一般可以应用于其他学习方法。

基于属性归纳（Attribute - Oriented Induction，AOI）方法，利用高层概念替换低层概念泛化训练数据。例如，属性收入的数值可以被泛化到范围："<30K""30K~40K"和">40K"或符号量"低收入、中等收入和高收入"。这样可以帮助人们在更容易理解的层次上对数据进行分析。AOI 方法通过泛化操作压缩初始训练数据集，使其具有大规模数据处理的可扩展能力。

泛化后的数据可以存放到一个多维数据结构，其中每一维表示一个属性或数据模型中一组属性，每个单元存放相应多维所确定的合计值。图 5-11 就是存放顾客信息的数据立方描述示意。其中各维分别是收入、年龄和职业。属性收入和年龄的初始数值被泛化到一定的区间范围。而属性职业的初始数值也被泛化，例如会计、银行家和护士、门诊医生（分别对应金融界和医学界的职业）。使用多维结构的好处就是允许对数据立方体中的数据单元进行快速索引。例如，用户可以较为容易地快速存取收入超过 40 000 元，且职业与金融界相关的顾客总人数，或在医学界工作且年龄小于 40 岁的顾客总人数。

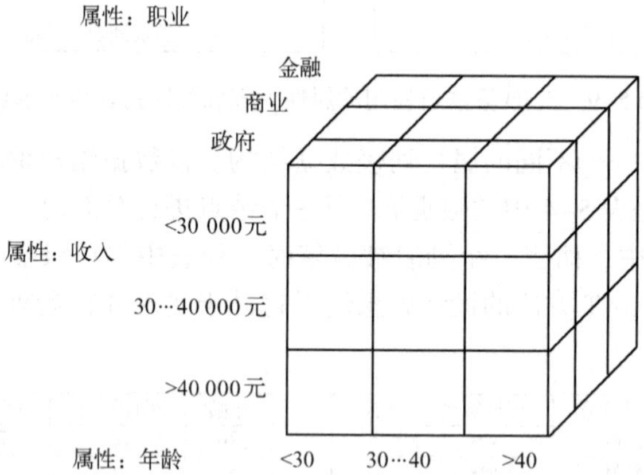

图 5-11　多维数据立方描述示意

数据仓库提供了若干对数据立方体进行不同细度层次的挖掘操作，其中，roll up 操作是通过提升概念层次进行挖掘，如将职业属性中的银行家提升为金融工作者，也可以消减掉数据立方体中一个维，并完成对相应数据立方内容的合计。drill down 操作可以下降概念层次或添加一个维。slice 操作完成对数据立方体的选择，例如，需要获得属性职业中会计的（泛化后）数据的 slice，以便获得相应的属性收入和年龄的数据。dice 操作则完成二维或更多维的选择操作。

多维数据立方的各种操作均可以与决策树归纳方法相结合，以帮助提供交互式、多层次的决策树挖掘。数据立方和概念层次树中所包含的知识，可以有效地帮助归纳出基于不同抽象概念层次的决策树。除此之外，在获得相应的决策树后，就可以利用概念层次树来泛化决策树中的各结点。利用 roll up 操作和 drill down 操作来对所获得的不同抽象层次的数据集合进行重新分类。交互的特点还将使得用户可以将挖掘的注意力集中到他们所感兴趣的决策树（部分分支）或数据区域（子集）上。

AOI 方法与决策树结合在一起后，可以将属性细化到一个非常低级的层次，从而获得一个非常庞大和茂密的树；也可以将属性泛化到一个非常高级的层次，从而获得一个非常简洁甚至无任何价值的决策树。为了避免过分泛化而失去有意义的子概念，泛化过程一般只能进行到某个中间抽象层次，这一层次通常需要专家或使用者按指定的阈值来控制实现。因此，利用 AOI 方法能获得更容易理解的、较小的决策树。

决策树的产生过程是一个递归过程，不断递归分解相应的数据集合将会导致所分析的数据集（数据子集）越来越小，因而从统计角度来看没有任何意义。采用统计方法可以较好地解决这一问题，即引入异常阈值，若一个给定子集的样本数小于这一阈值，就停止分解这一子集，否则就产生一个叶结点并标记为其中类别个数最多的类别。由于大规模数据库中数据的变化程度和规模都较大，因此，假设一个叶结点所含数据子集中的样本均属同一个类别是不太合理的，此时可以引入分类阈值来帮助解决这一问题，即若一个结点所含数据集中属于某一类别的样本数大于这一阈值，就可以停止分解这一子集。

5.2.6 决策树和决策规则的局限性

基于决策规则和决策树的模型相对简单易读，其生成速度也非常快。与许多统计方法不同，逻辑方法不依赖属性值的分布（或基于属性独立性的假设）。这种方法虽然比大多数其他统计方法更可靠，但也有一些缺点和局限。

如果数据样本在 N 维空间中用图形表示，其中 N 是属性的数量，那么逻辑分类器（决策树或决策规则）就把空间划分成几个区域，并用相应的类标识每个区域。确定未知的检验样本点落进哪个区域，就可以对所给的样本分类。构造决策树时，要通过连续不断的提炼，把现有的区域分成更小的区域，使其包含高度集中于某个类的点。要构造一个好的分类器，所需的训练样本数与区域的数量应成正比。分类越复杂，需要的区域就越多，描述区域的规则也越多，树的复杂度越高。所有这些都需要附加更多的训练样本，才能得到成功的分类。

用 N-维空间的正交超平面来图形化地表示决策规则。分类区域是同一空间的一些超矩形。如果分类超空间不是正交的，而是通过属性的线性（或非线性）组合来定义的，如图 5-12 中的例子所示，就增加了基于规则的模型的复杂度。基于决策规则的逻辑方法试着用超矩形模拟非正交的分类，有时模拟的是非线性分类，这使分类变得极度复杂，规则非常多，误差也很大。

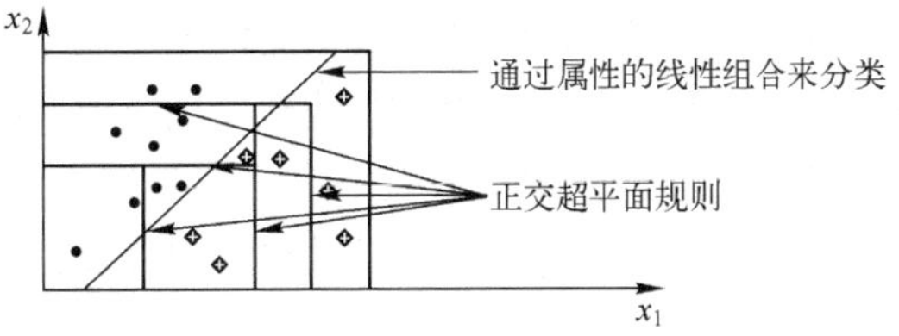

图 5-12 用超矩形模拟非正交的分类

针对这个问题，一个可行的解决方法是在数据挖掘过程中增加一次迭代：必须返回到预处理阶段的开头，把输入属性转换成由初始输入的线性（或非线性）组合而成的新维。该转换基于某个域的试探法，重点放在数据预处理过程，这样可以得到一个更简单的分类模型，误差也相对低些。

另一种分类问题是，决策规则不是建模的合适工具，这种问题的分类准则为：如果 m 个条件中有 n 个条件存在，就支持所给的类。为了用规则表示这个分类器，必须对某个类定义 $\binom{m}{n}$ 个区域。医学诊断决策就是这种分类的典型例子。如果 11 种症状中有 4 种支持某个疾病的诊断，相应的分类器将在仅支持该疾病诊断的 11 维空间中产生 330 个区域，与 330 个决策规则相对应。

引入新的属性（而不是删掉旧的属性）可以避免 n 维空间中有时由附加规则带来的密集碎片。例如，一个分类问题用 9 个二元输入 $\{A_1, A_2, \cdots, A_9\}$ 来描述，输出类 C 通过下面

的逻辑关系来规定

$$(A_1 \vee A_2 \vee A_3) \wedge (A_4 \vee A_5 \vee A_6) \wedge (A_7 \vee A_8 \vee A_9) \rightarrow C$$

将上面的表达式写成逻辑乘的形式：

$$((A_1 \wedge A_4 \wedge A_7) \vee (A_1 \wedge A_5 \wedge A_7) \wedge \cdots) \rightarrow C$$

式中有 27 个只含∧运算的因子。这些因子中的每一个都是 9 维空间的一个区域，且与一个规则对应。加上相反例子的区域，在决策树中大约存在 50 个描述类 C 的叶（和数量相同的规则），如果引入新的属性

$$B_1 = A_1 \vee A_2 \vee A_3$$
$$B_2 = A_4 \vee A_5 \vee A_6$$
$$B_3 = A_7 \vee A_8 \vee A_9$$

类 C 的描述可以简化为逻辑规则

$$B_1 \wedge B_2 \wedge B_3 \rightarrow C$$

用仅有 4 个叶的决策树就可以描述正确的分类。在新的 3 维空间(B_1, B_2, B_3)中，只有 4 个决策区域。这种利用结构性归纳（预处理阶段产生新属性）的简化也能用于在 m 个属性中选 n 个的情况。如果前述转换都不合适，处理 n 维空间增加的碎片的唯一途径是给这个问题引入更多的数据。

5.3 贝叶斯分类

贝叶斯分类是一类分类算法的总称，这类算法均以贝叶斯定理为基础，故统称为贝叶斯分类。贝叶斯分类是统计学分类方法，预测类别所属的概率，即数据对象属于某个类别的概率。贝叶斯分类基于贝叶斯定理，简单贝叶斯分类算法（朴素贝叶斯分类器）在分类性能上可以与决策树和神经网络算法媲美。在处理大规模数据库时，贝叶斯分类具有较高的准确性和运算速度。

朴素贝叶斯分类器假设一个指定类别中各属性的取值是相互独立的，即类别条件独立。这个条件可以有效减少在贝叶斯分类时所需的计算。

5.3.1 贝叶斯定理

设 X 为一个类别未知的数据样本，H 为某个假设，若数据样本 X 属于一个特定的类别 C，那么分类问题就是 $P(H|X)$，即在获得数据样本 X 时，H 假设成立的概率。

$P(H|X)$是后验概率，是在 X 条件下的 H 概率。例如，假设数据样本是水果，描述水果的属性有颜色和形状。假设 X 为红色和圆状，H 为 X 是一个苹果的假设，则 $P(H|X)$就表示，在看到 X 是红色和圆状时，确定 X 是个苹果的确信程度。

$P(X|H)$是在 H 条件下的 X 成立概率，也就是说，若已知 X 是一个苹果，则 X 是红色和圆状的概率可表示为 $P(X|H)$。

由于 $P(X)$、$P(H)$和 $P(X|H)$的概率值可以从训练数据集合中得到，贝叶斯定理描述了如何根据 $P(X)$、$P(H)$ 和 $P(X|H)$计算获得的 $P(H|X)$，公式定义如下：

$$P(H|X) = \frac{P(X|H)P(H)}{P(X)} \tag{5-12}$$

5.3.2 朴素贝叶斯分类

朴素贝叶斯分类（或称为简单贝叶斯分类）的工作过程如下：

1）每个数据样本均是由一个 n 维特征向量 $X=\{x_1, x_2, \cdots, x_n\}$ 表示，分别描述其 n 个属性 $A_1, A_2, \cdots, A_n$ 的具体取值。

2）假设共有 m 个不同类别，$C_1, C_2, \cdots, C_m$。给定一个未知类别（即没有类别号）的数据样本 X，分类器预测 X 属于后验概率最大的那个类别。也就是说，朴素贝叶斯分类器将未知类别的样本 X 归属到类别 C_i，当且仅当

$$P(C_i \mid X) > P(C_j \mid X), \quad 1 \leqslant j \leqslant m, \quad j \neq i$$

也就是 $P(C_i \mid X)$ 最大。其中的类别 C_i 就称为最大后验概率的假设。根据式（5-12）可得

$$P(C_i \mid X) = \frac{P(X \mid C_i)P(C_i)}{P(X)} \tag{5-13}$$

3）由于 $P(X)$ 对于所有类别均是相同的，因此只需要 $P(X \mid C_i)P(C_i)$ 取最大即可。由于类别的先验概率是未知的，通常假定类别出现概率相同，即 $P(C_1)=P(C_2)=\cdots=P(C_m)$。这样对于式（5-13）取最大转换成只需要求 $P(X \mid C_i)$ 最大。而类别的先验概率一般可以通过 $P(C_i)=s_i/s$ 公式进行估算，其中 s_i 为训练样本集合中类别 C_i 的个数，s 为整个训练样本集合的大小。

4）根据所给定包含多个属性的数据集直接计算 $P(X \mid C_i)$ 的运算量是非常大的。为实现对 $P(X \mid C_i)$ 的有效估算，朴素贝叶斯分类器通常都假设各类别是相互独立的，即各属性间不存在依赖关系，其取值是相互独立的，于是会有

$$P(X \mid C_i) = \prod_{k=1}^{n} p(x_k \mid C_i) \tag{5-14}$$

可以根据训练数据样本估算 $P(x_1 \mid C_i), P(x_2 \mid C_i), \cdots, P(x_n \mid C_i)$ 值。具体方法如下：

① 如果 A_k 是分类属性，则 $P(x_k \mid C_i)=s_{ik}/s_i$；其中 s_{ik} 是在属性 A_k 上具有值 x_k 的类 C_i 的训练样本数，而 s_i 是 C_i 中的训练样本数。

② 如果 A_k 是连续值属性，则通常假定该属性服从高斯分布。因而

$$P(x_k \mid C_i) = g(x_k, \mu_{C_i}, \sigma_{C_i}) = \frac{1}{\sqrt{2\pi}\sigma_{C_i}} \mathrm{e}^{-\frac{(x-\mu_{C_i})^2}{2\sigma_{C_i}^2}} \tag{5-15}$$

其中，给定类 C_i 的训练样本属性 A_k 的值，$g(x_k, \mu_{C_i}, \sigma_{C_i})$ 是属性 A_k 的高斯密度函数，而 μ_{C_i}，σ_{C_i} 分别为均值和方差。

5）为预测一个未知样本 X 的类别，可对每个类别 C_i 估算相应的 $P(X \mid C_i)P(C_i)$。样本 X 归属类别 C_i，当且仅当

$$P(X \mid C_i)P(C_i) > P(X \mid C_j)P(C_j), \quad 1 \leqslant j \leqslant m, \quad j \neq i$$

即 X 属于 $P(X \mid C_i)P(C_i)$ 为最大的类 C_i。

从理论上讲，贝叶斯分类具有最小的错误率。但实际上，贝叶斯分类所依据的类别独立性的假设以及缺乏某些数据的准确概率分布，会使它的准确率受到影响。各种实验研究表明，与决策树和神经网络分类相比，贝叶斯分类在某些情况下具有更好的分类效果。

贝叶斯分类还可以为不直接使用贝叶斯定理的其他分类算法提供理论依据。例如，在某种假设情况下，许多神经网络和曲线拟合算法的输出与贝叶斯分类一样，使得后验概率取最大。

例 5-2 利用贝叶斯分类方法预测一个数据对象类别。利用表 5-1 所示数据作为训练样本集，用贝叶斯分类来帮助预测未知（类别）数据样本类别。训练数据集包含年龄、收入、学生和信用等级4 个属性，其类别属性为购买计算机，该属性有两个不同取值：$\{yes, no\}$。设 C_1

对应类别购买计算机 =“*yes*”；C_2对应类别购买计算机 =“*no*”。因此，对未知样本所要进行的分类就是

$$X=(\text{年龄}=\text{“}<=30\text{”},\text{收入}=\text{“中等”},\text{学生}=\text{“是”},\text{信用等级}=\text{“一般”})$$

为了获得 $P(X\mid C_i)P(C_i)$，其中 i = 1,2。$P(C_i)$为每个类别的先验概率，根据训练样本计算

$$P(\text{购买计算机}=\text{“}yes\text{”})=9/14=0.643$$

$$P(\text{购买计算机}=\text{“}no\text{”})=5/14=0.357$$

为了计算 $P(X\mid C_i)$，其中 $i=1$，2，需要运算

$$P(\text{年龄}=\text{“}<=30\text{”}\mid\text{“购买计算机}=\text{“}yes\text{”})=2/9=0.222$$

$$P(\text{年龄}=\text{“}<=30\text{”}\mid\text{“购买计算机}=\text{“}no\text{”})=3/5=0.600$$

$$P(\text{收入}=\text{“中等”}\mid\text{“购买计算机}=\text{“}yes\text{”})=4/9=0.444$$

$$P(\text{收入}=\text{“中等”}\mid\text{“购买计算机}=\text{“}no\text{”})=2/5=0.400$$

$$P(\text{学生}=\text{“是”}\mid\text{“购买计算机}=\text{“}yes\text{”})=6/9=0.667$$

$$P(\text{学生}=\text{“是”}\mid\text{“购买计算机}=\text{“}no\text{”})=1/5=0.200$$

$$P(\text{信用等级}=\text{“一般”}\mid\text{“购买计算机}=yes\text{”})=6/9=0.667$$

$$P(\text{信用等级}=\text{“一般”}\mid\text{“购买计算机}=no\text{”})=2/5=0.400$$

利用以上所获得的计算结果，可以得到

$$P(X\mid\text{购买计算机}=\text{“}yes\text{”})=0.222\times0.444\times0.667\times0.667=0.044$$

$$P(X\mid\text{购买计算机}=\text{“}no\text{”})=0.600\times0.400\times0.200\times0.400=0.019$$

由此可计算 $P(X\mid C_i)P(C_i)$为

$$P(X\mid\text{购买计算机}=\text{“}yes\text{”})P(\text{购买计算机}=\text{“}yes\text{”})=0.044\times0.643=0.028$$

$$P(X\mid\text{购买计算机}=\text{“}no\text{”})P(\text{购买计算机}=\text{“}no\text{”})=0.019\times0.357=0.007$$

最后，朴素贝叶斯分类得出结论：对于数据对象 X，购买计算机 = “*yes*” 的概率大于购买计算机 =“*no*” 的概率。

例 5-3 通过特征（身高、体重、脚的尺寸）判定一个人是男性还是女性。人类身体特征的统计资料见表 5-5。

表 5-5 性别训练样本

性 别	身高/cm	体重/kg	脚的尺寸/cm
男	183	81.6	30.5
男	180	86.2	27.9
男	170	77.1	30.5
男	180	74.8	25.4
女	152	45.4	15.2
女	168	68.0	20.3
女	165	59.0	17.8
女	175	68.0	22.9

两种类别是等概率的，也就是 $P(\text{性别}=\text{“男”})=P(\text{性别}=\text{“女”})=0.5$。

已知某人身高 183 cm、体重 59 kg，脚的尺寸为 20.3 cm，X =（身高 = 183、体重 = 59，脚的尺寸 = 20.3）。请问该人是男是女？

根据朴素贝叶斯分类器，计算 $P(\text{身高}\mid\text{性别})P(\text{体重}\mid\text{性别})P(\text{脚掌}\mid\text{性别})P(\text{性别})$ 的

值。由于身高、体重、脚的尺寸都是连续变量，不能采用离散变量的方法计算概率。而且由于样本太少，因此也无法分成区间计算。这时，我们可以假设男性和女性的身高、体重、脚掌都是高斯分布，通过样本计算出均值和方差，见表5-6。

表5-6　样本的均值和方差

性　别	均值（身高）	方差（身高）	均值（体重）	方差（体重）	均值（脚的尺寸）	方差（脚的尺寸）
男性	178.2	3.225e	79.925	2.54758e	28.575	5.9825
女性	165.0	9.2667e	60.1	1.1404e	19.05	1.0923e

$$P(\textbf{身高}=183\mid\textbf{性别}=\text{“男”})=\frac{1}{\sqrt{2\pi\sigma^2}}\exp\left(\frac{-(183-\mu)^2}{2\sigma^2}\right)\approx 4.9515\mathrm{e}^{-02}$$，其中 $\mu=178.25$，

$\sigma^2=3.225\mathrm{e}^{+01}$ 是训练集样本的正态分布参数。这里的 P 值可以大于1，它是概率密度而不是概率，因为身高是一个连续的变量。

$P(\textbf{体重}=59\mid\textbf{性别}=\text{“男”})=1.4646\mathrm{e}^{-05}$

$P(\textbf{脚的尺寸}=20.3\mid\textbf{性别}=\text{“男”})=5.33\mathrm{e}^{-04}$

$P(\textbf{性别}=\text{“男”})=4.9515\mathrm{e}^{-02}\times1.4646\mathrm{e}^{-05}\times5.33\mathrm{e}^{-04}\times0.5=1.9339\mathrm{e}^{-10}$

$P(\textbf{身高}=183\mid\textbf{性别}=\text{“女”})=7.2147\mathrm{e}^{-03}$

$P(\textbf{体重}=59\mid\textbf{性别}=\text{“女”})=3.716\mathrm{e}^{-02}$

$P(\textbf{脚的尺寸}=20.3\mid\textbf{性别}=\text{“女”})=1.1234\mathrm{e}^{-01}$

$P(\textbf{性别}=\text{“女”})=7.2147\mathrm{e}^{-03}\times3.716\mathrm{e}^{-02}\times1.1234\mathrm{e}^{-01}\times0.5=1.5059\mathrm{e}^{-05}$

由于女性后验概率的分子比较大，因此预计这个样本是女性。

5.3.3　贝叶斯信念网络

朴素贝叶斯分类器是基于各类别相互独立这一假设来进行分类计算的，也就是要求若给定一个数据样本类别，其样本属性的取值应是相互独立的。这一假设简化了分类计算复杂性，若这一假设成立，则与其他分类方法相比，朴素贝叶斯分类器是最准确的。但实际上，变量间的相互依赖情况是较为常见的。贝叶斯信念网络就是描述这种相互关联的概率分布。该网络能够描述各属性子集之间有条件的相互独立，它提供了一个图形模型来描述其中的因果关系，而学习也正是基于这一模型进行的。这一图形模型就称为贝叶斯信念网络（通常简称为信念网络）。

一个信念网络包含两部分内容：第一部分就是有向无环图，其中的每一个结点代表一个随机变量，每一条弧（两个结点间连线）代表一个概率依赖。若一条弧从结点 Y 到结点 Z，那么 Y 就是 Z 的一个父结点，Z 就是 Y 的一个子结点。给定父结点，每个变量有条件地独立于图中的非子结点。变量既可取离散值，也可取连续值。既可对应数据集中实际的属性，也可对应数据集中的“隐含变量”，以构成一个关系。

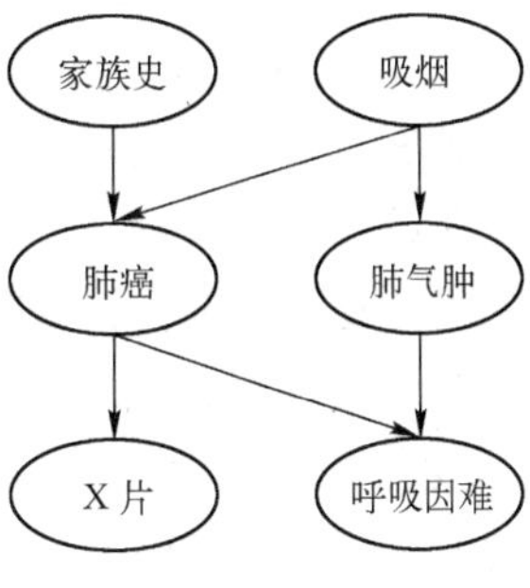

图5-13　一个简单贝叶斯信念网络

图5-13所示一个简单贝叶斯信念网络，弧表示因果知识，例如，得肺癌受到**家族史**的影响，也与是否**吸烟**有关。图中的弧同时也表示在给定父结点**家族史**和**吸烟**情况下，变量**肺癌**有条件独立于**肺气肿**。这也就意味着，若知道**家族史**和**吸烟**的值，变量**肺气肿**就不会提供任何有关**肺癌**

的附加信息。

信念网络的第二个部分就是包含所有变量的条件概率表（Conditional Probability Table，CPT），对于一个变量 Z，CPT 定义了一个条件分布 $P(Z \mid parent(Z))$；其中 $parent(Z)$ 表示 Z 的父结点。表 5-7 就是肺癌的一个 CPT 表。它描述了对于其父结点的每一种组合，肺癌取每个值的条件概率。例如，其左上角和右下角分别表示：

$$P(\textbf{肺癌}=\text{"}yes\text{"} \mid \textbf{家族史}=\text{"}yes\text{"},\textbf{吸烟}=\text{"}yes\text{"})=0.8$$

$$P(\textbf{肺癌}=\text{"}no\text{"} \mid \textbf{家族史}=\text{"}no\text{"},\textbf{吸烟}=\text{"}no\text{"})=0.9$$

表 5-7　有关肺癌的条件概率列表

	家族史，吸烟	家族史，－吸烟	－家族史，吸烟	－家族史，－吸烟
肺癌	0.8	0.5	0.7	0.1
－肺癌	0.2	0.5	0.3	0.9

对应于变量或属性 $Z_1,\cdots,Z_n$，任何数据对象（元组）的联合概率（$z_1,\cdots,z_n$）可以通过公式计算获得

$$P(z_1,\cdots,z_n)=\prod_{i=1}^{n}P(z_i \mid \text{parents}(Z_i)) \tag{5-16}$$

其中，$P(z_i \mid parents(Z_i))$对应 CPT 关于 Z_i的入口。

信念网络中的一个结点可以被选为输出结点，用以代表类别属性，网络中可以有多个输出结点。该网络可以利用学习推理算法，其分类过程不是返回一个类别标记，而是返回一个关于类别属性的概率分布，即对每个类别的预测概率。

5.3.4　训练贝叶斯信念网络

在一个贝叶斯信念网络的学习或训练过程中，其网络结构必须事先确定或从数据中推出。网络所涉及变量必须是可见的或隐含在训练数据集合中。若隐含在数据中，就称为数据遗失或不完全。

若网络结构确定且所涉及变量均为可见的，就可以进行网络训练了，其过程由计算 CPT 项组成，与朴素贝叶斯分类方法中的概率计算过程类似。

在网络结构已确定，但有些变量是隐含的情况下，可以利用梯度下降方法来帮助训练信念网络，其训练目标就是学习获得 CPT 项的值。设 S 是 s 个训练样本 $X_1,X_2,\cdots,X_s$的集合，令 w_{ijk}是父结点为 $U_i=u_{ik}$的变量 $Y_i=y_{ij}$的 CPT 项。例如，若 w_{ijk}为表 5-7 左上角的 CPT 项，则 Y_i就是**肺癌**，y_{ij}就是它的值“*yes*”；U_i列出了所有 Y_i结点的父结点，即｛家族史，吸烟｝；u_{ik}列出了父结点的值，即｛“*yes*”，“*yes*”｝，w_{ijk}被视为权值，与神经网络中的隐层结点权值类似。权的集合总称为 w，权值初始化为随机概率值。梯度下降方法采用的是贪心爬山法。每次迭代中，修改这些权，并最终收敛于一个局部最优解。

假设每个 w 设置概率都是一样的，梯度下降方法搜索最适合数据的模型参数 w_{ijk}值。其目标就是使 $p_w(S)=\prod_{d=1}^{s}P_w(X_d)$ 最大。这可以利用 $\ln P_w(S)$梯度来做，使问题更加简单。给定网络结构和 w_{ijk}的初值，（学习）算法处理步骤如下：

1. 计算下降梯度

对于 i,j,k，计算

$$\frac{\partial \ln P_w(S)}{\partial w_{ijk}} = \sum_{d=1}^{s} \frac{P(Y_i = y_{ij}, U_i = u_{ik} \mid X_d)}{w_{ijk}} \tag{5-17}$$

式（5-17）中的右边是计算训练集合 S 中每个样本 X_d 的概率。为简单起见，设这一概率为 p。若由 Y_i 和 U_i 表示某些数据 X_d 中的隐含变量，则相应的概率 p 可以通过样本中可观察到的变量以及标准贝叶斯网络推理计算得到。

2. 沿梯度方向前进一小步

权值更新计算如下：

$$w_{ijk} \leftarrow w_{ijk} + (l)\frac{\partial \ln P_w(S)}{\partial w_{ijk}} \tag{5-18}$$

更新权值，其中 l 为学习速率，代表学习步长，$\frac{\partial \ln P_w(S)}{\partial w_{ijk}}$ 可以通过式（5-17）计算得到。通常学习速率是一个较小的常数。

3. 重新规格化权值

由于权值 w_{ijk} 为概率值，其值必须在0.0和1.0之间。而其对于所有 i，k，$\sum_j w_{ijk}$ 必须为1，因此在利用公式（5-18）获得权值后，还需要对权值重新进行规格化以满足上述要求。

5.4 神经网络

神经网络是一组相互连接的输入输出单元，这些单元之间的每个连接都关联一个权值。在网络学习阶段，通过调整神经网络的权，使能够预测输入样本与相应（正确）类别对应。由于网络学习主要是针对连接的权值进行的，因此神经网络的学习也称为连接学习。

神经网络学习需要较长的时间，因此它仅适用于时间允许的应用场合。此外，神经网络还需要大量的参数，通常需要靠经验来确定。由于神经网络输出的结果较难理解，因此不太受用户欢迎，使得神经网络难以成为理想的数据挖掘方法。

然而，神经网络的优点是对噪声数据有较好的适应能力，并且对未知数据也具有较好的预测分类能力。此外，业内人士还提出了一些从神经网络中抽取出（知识）规则的算法。这些因素推动了神经网络在数据挖掘方面的应用。

5.4.1 多层前馈神经网络

利用后传算法在多层前馈神经网络（见图5-14）上完成相应的学习任务。其中，输入对应每个训练样本的各属性取值；输入同时赋给第一层（称为输入层）单元，这些单元的输出结合相应的权值，提供给第二层（称为隐含层）单元；隐含层的加权输出又作为输入再馈给另一隐含层等，如此下去。隐含层的数量是任意的，实际使用中通常只用一层。最后一个隐含层结点加权输出给输出层单元，该层单元最终给出相应样本的预测输出。

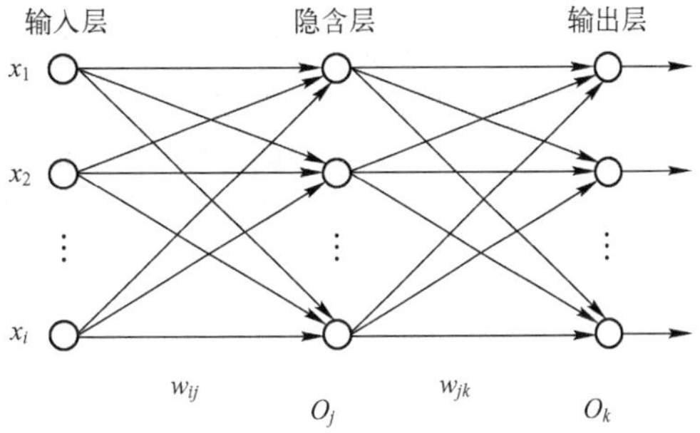

图5-14 一个多层前馈神经网络的示意描述

多层前馈神经网络包含两层处理单元（除输入层外）。同样包含两个隐含层的神经网络称为三层神经网络。该网络是前馈的，即每一个反馈只能发送到前面的输出层或隐含层。它是全连接的，即每一个层中单元均与前面一层的各单元相连接。训练样本 $X=\{x_1,x_2,\cdots,x_i\}$ 馈入输入层，每层之间存在加权连接，w_{ij}表示由某层单元 j 到前一层的单元 i 的权。

只要中间隐含层足够多，多层前馈网络中的线性阈值函数就可以充分逼近任何函数。

5.4.2 定义神经网络的拓扑结构

在神经网络训练开始之前，必须先确定神经网络的拓扑结构，要确定输入层的单元数、隐含层数（如果多于一层）、每一隐含层的单元数以及输出层单元数。

对训练样本中每个属性的值进行规范化，有助于加快学习的过程。通常，对输入层单元所对应的各属性取值进行规格化，使其在 0.0 ~ 1.0 之间。离散数值可以通过给每个取值设立一个输入层单元结点来进行编码，例如，若属性 A 取值为 $\{a_0,a_1,a_2\}$，就可以设立 3 个（输入层）单元来对应属性 A 的 3 个不同取值，这 3 个单元结点可以分别为 I_0，I_1，I_2（称为输入单元）。每个单元初始化为 0。若 $A=a_0$，则 I_0置为 1。利用一个输出单元结点来表示预测结果为两个不同类别（1 代表一个类别，而 0 代表另一个类别）。但如果类别多于两个时，就需要每个类分别设置一个输出单元。

没有特别的规则用来确定隐含层中的最佳单元数。神经网络的结构设计是一个不断实验的过程。不同的网络结构所获得的神经网络常常会获得不同的预测准确率。网络中初始权值的设置也常常会影响最终的预测准确率。若一个神经网络训练后其预测准确率不理想，一般就需要改变网络结构或初始权值，继续进行（新一轮）训练过程，直到获得满意结果为止。

5.4.3 后向传播

后向传播通过迭代地处理一组训练样本，将每个样本的网络预测与实际知道的类别相比较，来进行学习。对于每个训练样本，不断修改权值，使网络输出与实际类别之间的均方差最小。权值的修改是以后传方式进行的，即从输出层开始，经过每个隐含层，直到第一个隐含层（所以称为后向传播）。尽管不能保证，但一般情况下，权值将最终收敛，学习过程停止。

算法： 后向传播。使用后向传播算法的神经网络分类学习。

输入： 训练样本 *samples*，学习速率 l，多层前馈网络 *network*。

输出： 一个经训练的、可对样本进行分类的神经网络。

方法：

1）初始化 *network* 中所有权值和偏差；

2）while 停止条件不满足时{

3）　　for *samples* 中的每个训练样本 X{

4）　　　　for 每个隐含层和输出层每个单元 j{　　　　//向前传播输入

5）　　　　　　$I_j=\sum_i w_{ij}O_i+O_j$；　　　　//相对于前一层 i，计算单元 j 的净输入

6）　　　　　　$O_j=\frac{1}{1+e^{-I_j}}$；　}　　　　//计算每个单元 j 的输出

7）　　　　*for* 输出层每个单元 j　　　　//向后传播误差

8）　　　　　　$Err_j=O_j(1-O_j)(T_j-O_j)$；　　//计算误差

for 每个隐含层的每个单元 j　//从最后一层到第一个隐含层

$Err_j = O_j(1 - O_j)\sum_k Err_k w_{kj}$；　//计算下一个较高层 k 的误差

for *network* 中每个权值 w_{ij} {

$\Delta w_{ij} = (l) Err_j O_i$；　//权增值

$w_{ij} = w_{ij} + \Delta w_{ij}$；}　//权更新

for *network* 中每个偏差 θ_j {

$\Delta\theta_j = (l) Err_j$；　//偏差增值

$\theta_j = \theta_j + \Delta\theta_j$；}　//偏差更新

}}

后向传播算法的处理步骤：

1）初始化权值：对神经网络中的所有权值进行初始化，将它们设置为一个较小的随机数（如，-1.0 ~ 1.0，或 -0.5 ~ 0.5）；每个单元都设置一个偏差值（Bias），它也被置为一个较小的随机数。

2）前向传播输入。这一步骤中，需要计算隐含层和输出层中的每个单元的输入输出值。首先，训练样本提供给网络输入层中的各单元结点。对于输入层的单元 j，其输出等于其输入，即 $O_j = I_j$。隐含层和输出层的每个单元的输入通过线性组合计算，再计算出单元的输出。如图 5-15 所示的一个隐含层或输出层单元，作为这一单元的输入实际就是前一层单元的相应输出。为计算单元的纯输入，每个连接到该单元的输入乘以相应的权值并累加起来。给定隐含层和输出层中的一个结点 j，其纯输入为 I_j，具体的计算公式定义如下

$$I_j = \sum_i w_{ij} O_i + \theta_j \tag{5-19}$$

其中，w_{ij}为前一层单元 i 到单元 j 的连接权值；O_i是前一层单元 i 的输出；θ_j为单元 j 的偏差值。偏差值作为一个阈值来控制相应单元的活动程度。

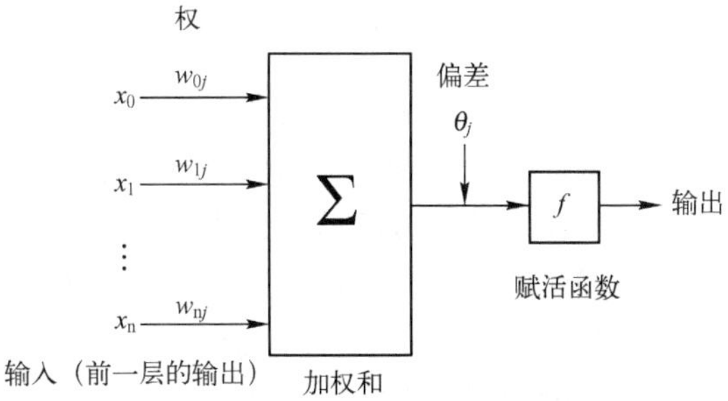

图 5-15　隐藏或输出单元 j

隐含层和输出层的每个单元接受纯输入，然后利用激活函数对它进行运算。该函数实现与神经单元类似的激活功能。激活函数通常采用对数或指数函数形式。

给定一个单元结点 j，其纯输入为 I_j，则单元结点 j 的输出为

$$O_j = \frac{1}{1 + e^{-I_j}} \tag{5-20}$$

上述函数将一个较大范围的输入区间压缩到一个较小的 0 ~ 1 的范围。对数函数是一个非线性可微分的函数，这就使得后向传播算法可以为线性不可分类的问题建模。

3）后向传播误差。神经网络的输出与实际输出之间的误差，将通过网络后传并在后传过程中，对各相应权值和偏差进行更新修改，以便能够尽量缩小网络的输出误差。对于输出层的单元 j，其误差可以通过式（5-21）计算得到

$$\mathrm{Err}_j = O_j(1 - O_j)(T_j - O_j) \tag{5-21}$$

其中，O_j为输出层单元 j 的计算输出；T_j是 j 基于给定训练样本类别的实际输出；$(1 - O_j)$是对数函数的导数。

为计算隐含层单元 j 的误差，基于下一层与隐含层单元 j 相连接的各单元输出误差的加权之和，隐含层单元 j 的误差可以通过式（5-22）计算获得

$$\mathrm{Err}_j = O_j(1 - O_j)\sum_k \mathrm{Err}_k w_{kj} \tag{5-22}$$

其中，w_{kj}为单元 j 与（下一层）单元 k 之间连接的权值；Err_k为单元 k 的误差。

对神经网络中的所有权值和偏差进行更新，以期能够正确地反映出实际输出结果。网络中权值根据式（5-23）进行更新

$$\Delta w_{ij} = (l)\,\mathrm{Err}_j O_i \tag{5-23}$$

$$w_{ij} = w_{ij} + \Delta w_{ij} \tag{5-24}$$

其中，变量 l 就是学习速率，取 0 和 1 之间的一个常值。后向传播学习利用梯度下降方法来搜索神经网络的一组权值，以使神经网络的类别预测与训练样本实际类别之间的均方差最小，从而成为相应分类问题的求解模型。学习速率帮助避免陷入决策空间中的局部最小（即权值收敛，但却不是一个最优解），有助于找到全局最小。若学习速率太小，学习速度将进行得非常缓慢；若学习速率太大，就有可能产生解的振荡。通常的经验规则是将学习速率设置为 $1/t$，t 是已对训练样本集迭代的次数。

利用式（5-25）可对神经网络中的偏差进行更新操作：

$$\Delta\theta_j = (l)\,\mathrm{Err}_j \tag{5-25}$$

$$\theta_j = \theta_j + \Delta\theta_j \tag{5-26}$$

每输入一个训练样本，就根据相应的输出误差对所有权值和偏差进行更新操作，这种方式被称为实例更新。而若对每个训练样本所得到的输出误差进行累计并最终利用所有样本的累计误差对网络中的权值和偏差进行更新，这种方式就被称为周期更新。理论上，后向传播的数学推导使用周期更新，实际工作中多用的是实例更新，因为其结果更准确。

4）停止条件。训练过程的停止条件有以下 3 条（其中之一成立即可）：

① 前一周期，所获得的所有 Δw_{ij}小于指定的阈值。

② 前一周期，被错误分类的样本占总样本数的百分比小于指定的阈值。

③ 执行了指定次数的处理循环。

实际上，一个神经网络常常需要进行成千上万次的处理循环（对整个样本集合而言），网络的权值方可开始收敛。

例 5-4　利用神经网络进行分类学习计算。图 5-16 是一个多层前馈神经网络。网络的初始权值和偏差见表 5-8。第一个训练样本 $X = \{1, 0, 1\}$（其类别为 1）。

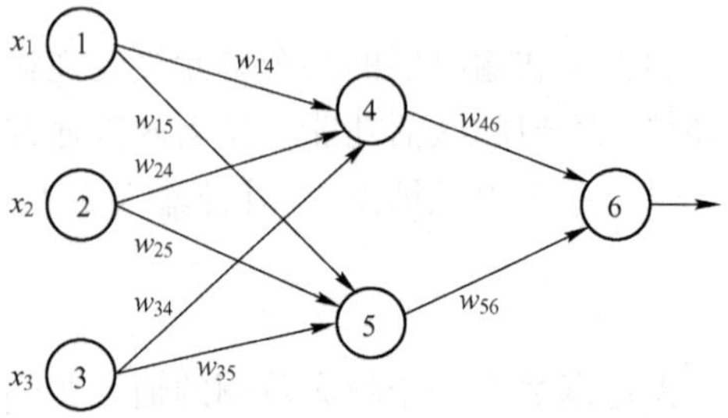

图 5-16　一个多层前馈神经网络

表 5-8　初始权值和偏差

x_1	x_2	x_3	w_{14}	w_{15}	w_{24}	w_{25}	w_{34}	w_{35}	w_{46}	w_{56}	θ_4	θ_5	θ_6
1	0	1	0.2	-0.3	0.4	0.1	-0.5	0.2	-0.3	-0.2	-0.4	0.2	0.1

后向传播算法的计算过程为：给定第一个样本 X，输入到网络中，然后计算每个单元的纯输入和输出，所有计算值见表 5-9，每个单元的误差也被计算并后传。误差值见表 5-10。所有权值和偏差的更新情况见表 5-11。

表 5-9　每个隐含层和输出层的纯输入和输出

单元 j	纯输入 I_j	输出 O_j
4	$0.2+0-0.5-0.4=-0.7$	$1/(1+e^{0.7})=0.332$
5	$-0.3+0+0.2+0.2=0.1$	$1/(1+e^{-0.1})=0.525$
6	$(-0.3)(0.332)-(0.2)(0.525)+0.1=-0.105$	$1/(1+e^{0.105})=0.474$

表 5-10　每个单元的误差值

单元 j	Err_j
6	$(0.474)(1-0.474)(1-0.474)=0.1311$
5	$(0.525)(1-0.525)(0.1311)(-0.2)=-0.0065$
4	$(0.332)(1-0.332)(0.1311)(-0.3)=-0.0087$

表 5-11　权值与偏差的更新

权值或偏差	新数值
w_{46}	$-0.3+(0.9)(0.1311)(0.332)=-0.261$
w_{56}	$-0.2+(0.9)(0.1311)(0.525)=-0.138$
w_{14}	$0.2+(0.9)(-0.0087)(1)=0.192$
w_{15}	$-0.3+(0.9)(0.0065)(1)=-0.306$
w_{24}	$0.4+(0.9)(-0.0087)(0)=0.4$
w_{25}	$0.1+(0.9)(-0.0065)(0)=0.1$
w_{34}	$-0.5+(0.9)(-0.0087)(1)=-0.508$
w_{35}	$0.2+(0.9)(-0.0065)(1)=0.194$
θ_6	$0.1+(0.9)(0.1311)=0.218$
θ_5	$0.2+(0.9)(-0.0065)=0.194$
θ_4	$-0.4+(0.9)(-0.0087)=-0.408$

利用神经网络和后向传播算法进行分类预测计算时，对确定网络拓扑、学习速率或误差函数等都有一些相应方法来帮助完成相应网络参数的选择工作。

5.4.4　后向传播和可理解性

神经网络的一个主要缺点是不能清晰表示网络所隐含的知识，网络及其各单元间连接的权值和偏差所构成的（学习所获）知识难以被人理解。如何从神经网络中抽取相应的知识并以（易于理解的）符号形式加以描述已成为神经网络研究中的一个重点。相关的方法包括神经网络规则的抽取和网络敏感性分析。

目前，已有许多从神经网络中抽取规则知识的方法。这些方法基本都是通过对网络结构、输入值的离散化和神经网络训练过程等加以约束限制来实现的。

完全连接的网络难以清楚描述出来。因此，通常（从神经网络中）抽取规则的第一步就是网络消减。这一过程包括除去网络中不会导致网络预测准确率下降的带权连接。在（训练好的）神经网络被消减后，我们就可以利用一些方法对其中的连接、单元或激活值进行聚类。

例 5-5 利用聚类方法帮助从一个（见图 5-17）两层前馈网络中分析出隐含层中常用的激活值，分析每个隐含单元的这些激活值组合，就可以抽取出与输出单元相对应的有关激活值的规则；类似的，也可以对输入值和激活值集合进行研究以获得描述输入层和隐含层单元之间关系的规则；最终可以将两组规则组合在一起，以形成 IF－THEN 规则。其他算法也可以获得其他形式的一些规则，如 N 之 M 规则（即一个规则前提中的 N 个前提项中至少应有 M 个前提项成立，则该条件就成立）。

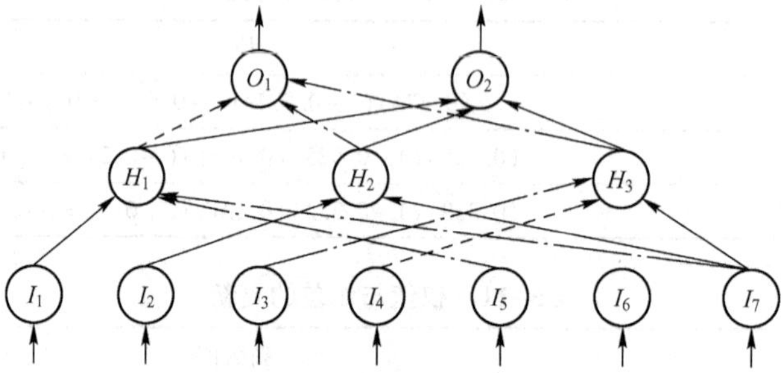

识别每个隐含层结点 H_i 的激活值：

对于 H_1:(−1,0,1); 对于 H_2:(0,1); 对于 H_3:(−1,0.24,1)

获取有关输出层单元结点 O_j 的激活值的规则：

IF (H_2=0 AND H_3=−1) OR
(H_1=−1 AND H_2=1 AND H_2=−1) OR
(H_1=−1 AND H_2=0 AND H_3=0.24)
THEN O_1=1 , O_2=0
ELSE O_1=0 , O_2=1

获取有关输入层单元结点 I_i 到输出层结点 O_j 的规则：

IF (I_2=0 AND I_7=0) THEN H_2=0
IF (I_4=1 AND I_6=1) THEN H_3=−1
IF (I_5=0) THEN H_3=−1
…

获得有关输入与输出类别的规则：

IF (I_2=0 AND I_7=0 AND I_4=1 AND I_6=1) THEN class=1
IF (I_2=0 AND I_7=0 AND I_5=0) THEN class=1

图 5-17　网络规则抽取过程示意描述

网络敏感性分析就是通过一个给定输入及所获得的网络输出，来评估网络所受的影响。因此，这一输入所对应的变量必须是可变的，而其他输入变量必须保持为某一值不变。同时还需要对网络的输出进行监测，从这一分析过程所获得的有关知识可以采用“若 X 减少 5%，则 Y 增加 8%”形式来加以描述。

5.5 其他分类方法

其他分类方法包括基于关联的分类方法、K－最近邻分类、基于案例推理、遗传算法、粗糙集和模糊集合方法。有些方法在实际的数据挖掘系统中采用得比较少。例如，K－最近邻分类方法，需要存储所有训练样本，这在处理大规模数据集时就会出现较大问题。而其他像基于案例推理、遗传算法和粗糙集等用于分类的方法，尚在原型研究阶段。但这些方法日益受到重视。

5.5.1 基于关联的分类方法

基于关联规则的分类技术总体上具有分类精确度高、鲁棒性好等特点。关联规则挖掘是当前数据挖掘中一个重要而又活跃的研究领域。下面介绍几种关联分类方法。

第一种方法基于聚类挖掘关联规则，然后使用规则进行分类，即关联规则聚类（ARCS）可以挖掘具有“$A_{\text{quant1}} \land A_{\text{quant2}} \Rightarrow A_{cat}$”的关联规则。其中 A_{quant1} 和 A_{quant2} 是对定量属性范围的测试（这里的范围是动态决定的）；A_{cat} 根据训练样本将一个类别（值）赋给一个符号属性。

还可以将关联规则用一个二维方格表示出来。算法扫描整个方格集合，寻找长方形规则聚类。在一个规则聚类中的相邻范围的定量属性将被合并。由 ARCS 所获得的聚类关联规则也可应用于分类问题。ARCS 的预测准确率与所使用的离散化方法有关。在可扩展性方面，ARCS 需要一块确定大小的内存，但与数据库大小无关。实验发现 ARCS 比 C4.5 稍微精确一点。ARCS 的准确性与离散化程度有关。从可规模性来说，不论数据库多大，ARCS 需要的存储容量为常数。相比之下，C4.5 的运算时间呈指数增长，而需要的存储空间为数据库大小的若干倍（且需要整个放入内存中）。因此关联规则挖掘是产生准确和具有可扩展性分类器的一个重要方法。

第二种方法称作关联分类。该方法主要包括两大处理步骤：第一步利用标准关联规则挖掘算法（如 Apriori 修改版本）挖掘出有关的关联规则；第二步就是基于所挖掘出的关联规则构造一个分类器。

设 D 为训练数据集，Y 为 D 中的所有类别集合。算法将符号属性映射为连续正整数，同样连续属性被离散化并作类似映射。D 中的每个数据样本 d 是用一组属性－值对（称为项）和一个类别 y 来表示的。设 I 为 D 中所有属性－值对（项）集合。一个关联分类规则（CAR）具有“$condset \Rightarrow y$”形式；其中 $condset$ 为一组项，即有 $condset \subseteq I$ 和 $y \in Y$。因此，这类规则可以通过“$<condset, y>$”形式来加以描述（简称规则项集）。

一条 CAR 规则也具有信任度 c，它表示 D 中有 $c\%$ 的样本包含属于类别 y 的 $condset$。一个 CAR 规则还具有支持度 s，它表示 D 中有 $s\%$ 的样本包含 $condset$ 且属于类别 y。一个 $condset$ 的支持度为 D 中包含 $condset$ 的样本数（记为 $condsupCount$）。一个规则的支持度为 D 中包含 $condset$ 且属于类别 y 的样本数（记为 $rulesupCount$）。满足最小支持度的规则项集称为频繁规则项集。若一组规则项集具有相同的 $condset$，选择其中具有最大信任度的规则作为可能规则（Possible Rule，PR）来表示这一组规则项集。满足最小信任度的规则称为准确的。

关联分类规则挖掘方法的第一步就是发现所有频繁和准确的可能规则（PR），即类别关联规则（简称 CARs）。若一个规则项集中的 $condset$ 包含 k 个项目，就称这一规则项集为 k－*ruleitems*。算法利用与 Apriori 算法类似的循环过程，只是用规则项集替换了其中的项。算法扫描数据库，搜索 $k-ruleitems$，对于 $k=1$，2，…直到所有频繁 $k-ruleitems$ 均被发现出来。对每一个 k 值也需要进行一次数据库扫描，利用 $k-ruleitems$ 产生（$k+1$）$-ruleitems$。在第一遍扫描数据库后，获得 $1-ruleitems$ 的支持度；之后就是候选 $2-ruleitems(C_2)$。有关频繁规则项集性质的知识可以用来帮助消减候选规则项集（小于支持度），这一知识就是：所有频繁规则项集的子集也应是频繁规则项集。再次扫描数据库，以确定每个候选规则项集是否为频繁 $2-ruleitems(F_2)$。不断重复这一过程，即利用频繁项集 F_i来产生候选项集 C_{i+1}，直到不再发现新的频繁项集为止。满足最小信任度的频繁规则项集就构成了类别关联规则集合（CARs）。

关联分类规则挖掘的第二步就是对所获得的 CARs 进行处理以便构造一个分类器。由于为获得最准确的规则集而要对所有规则子集进行检查，这样所要处理的规则数目极为庞大，因此这里采用了一个启发知识。首先定义一个规则优先概念，即规则 r_i 比规则 r_j优先，记为：$r_i > r_j$。条件是：r_i的信任度大于 r_j的信任度；或两规则信任度相同，但 r_i的支持度更大；或 r_i和 r_j的信任度和支持度都相同，但 r_i产生得比 r_j早。算法通常选择一组能覆盖 D 中样本且具有高优先值的规则（CARs）。算法需要扫描数据库一遍以上以便确定最后的分类器。分类器对所选的规则按优先值从高到低排列。当进行分类时，应先使用优先值大且满足条件的规则进行分类。此外，分类器还包含一个默认规则（具有最低优先值），当其他规则都不满足时，可以利用这一默认规则对数据对象进行分类。

通常，以上介绍的关联分类方法对一些数据集的测试结果要比 C4.5 算法更准确，且（算法）上述两个步骤都具有线性可扩展性。

第三种方法 CAEP（通过聚集显露模式分类）使用项集支持度挖掘显露模式（Emerging Pattern，EP），而 EP 用于构造分类。EP 是一个项集，其支持度由一个类到另一个类显著增加。两个支持度的比称作 EP 的增长率。例如，假定顾客数据集，类别包括买计算机 =“*yes*”或 C_1和买计算机 =“*no*” 或 C_2。项集{年龄 =“ <=30”,学生 =“*no*”}是一个典型的 EP，其支持度在 C_1中的 0.2% 增长到 C_2中的 57.6%，增长率 57.6%/0.2% =288。一个项或者是分类属性上的简单相等测试，或者是检查数值属性是否在某个区间的测试。每个 EP 是一个多属性上的测试，并且可能在区分一个类的实例与另一个类的实例方面非常强。例如，如果一个新样本 X 包含在上面的 EP 中，可以说 X 属于 C_2的几率为 99.6%。一般来讲，EP 的区分能力大约正比于它的增长率和它在目标类的支持度。

CAEP 使用 EP 建立分类的方式为：对于每个类 C，CAEP 找出满足给定支持度和增长率阈值的 EP。这里，增长率按所有非 C 类样本的集合对所有 C 类样本目标集合来计算。“基于边界”的算法可以用于计算。在对一个新样本 X 分类时，对于每个类 C，对出现在 X 中的类 C 的 EP 的区分能力聚集，得到 C 的得分，然后对得分规格化。具有最大规格化得分的类决定 X 的类别。

在许多数据集上，CAEP 比 C4.5 和基于关联的分类更精确。其在主要感兴趣的类占少数的数据集上也运行良好，且在数据量和维数上都是可规模化的。还有一种替代的分类法称作 JEP 分类法，即基于跳跃显露模式（Jumping Emerging Patterns，JEP）。JEP 是一种特殊类型的 EP，定义为这样的项集——其支持度由在一个数据集中的 0 陡峭地增长到另一个数据集中的非 0。这两种分类法被认为是互补的。

5.5.2 K－最近邻分类

K－最近邻分类法（K－Nearest－Neighbor－Classifier）是基于类比学习的分类方法。训练

样本是由 n 个数值属性所描述。每个样本代表 n 维空间中的一个点，这样所有样本就被存放在 n 维空间中。当给定一个未知（类别）数据对象，一个 K－最近邻分类器就搜索 n 维空间，并从中找出 k 个与未知数据对象最为接近的训练样本，这 k 个训练样本就是未知数据对象的“k 个最近邻”，所谓最近就是指 n 维空间中两点之间的欧氏距离，而 n 维空间中两点 $X=\{x_1,x_2,\cdots,x_n\}$ 和 $Y=\{y_1,y_2,\cdots,y_n\}$ 之间的欧氏距离为

$$d(X,Y)=\sqrt{\sum_{i=1}^{n}(x_i-y_i)^2} \tag{5-27}$$

这样未知类别的数据对象就被归属于这“k 个最近邻”中出现次数最多的类别。而当 $k=1$ 时，未知类别的数据对象就被归属于最接近它的一个训练样本所具有的类别。

最近邻分类器是基于实例学习或懒惰学习方法，因为它实际并没有（根据所给训练样本）构造一个分类器，而是将所有训练样本先存储起来，当要进行分类时，就临时进行计算处理。相比而言，积极学习方法（如决策树归纳方法和神经网络方法）在进行分类前就已构造好一个分类模型；但懒惰学习方法，在当训练样本数目迅速增加时，就会导致最近邻的计算量迅速增加，因此懒惰学习方法需要有效的索引方法支持。就学习而言，懒惰学习方法比积极学习方法要快，但懒惰学习方法在进行分类时，需要进行大量的计算，因此这时它要比积极学习方法慢许多。此外，与决策树归纳方法和神经网络方法不同的是，最近邻分类器认为每个属性的作用都是相同的（赋予相同权值），这样在属性集包含有许多不相关属性时，就会误导分类学习过程。

最近邻分类器也可以用于预测，也就是可以返回一个实数值作为一个未知数据对象的预测值。这时就可以取这“k 个最近邻”的输出实数值（作为类别值）的均值作为结果输出。

5.5.3 基于案例推理

基于案例推理（Case－Based Reasoning，CBR）的分类器，不同于最近邻分类器，后者将训练样本存为欧氏空间中的点；而 CBR 所存储的示例常常涉及复杂的符号描述。CBR 在商业上有许多应用，如客户服务中的问题求解，或与产品有关的故障诊断问题等。此外，CBR 还可应用于工程、法律等领域，在这些领域中示例通常都是技术设计方案或法律案件等。

当给定一个未知示例需要分类时，一个基于案例的推理器将首先检查是否有一个相同训练样本存在，若找到，则返回训练样本中所包含的解决方法；若没有相同训练样本存在，就寻找与新案例的组成有相似之处的训练样本，从某种意义上讲，这些训练样本也是（新案例的）最近邻。如果案例可以用图来表示的话，那么这就涉及相似子图的搜索。基于案例的推理器将试图对最近邻的若干解决方法进行合并以给出一个（针对新案例）解决方法。若各案例返回方法不兼容，必要时还必须回溯搜索其他的解决方法。基于案例的推理器可以利用背景知识和问题求解策略来帮助获得一个可行的解决方法。

基于案例推理分类方法中所存在的问题包括寻找相似度量方法（如子图匹配）、开发快速索引技术和求解方法的合并等。

5.5.4 遗传算法

遗传算法（Genetic Algorithm，GA）借鉴了自然进化的基本思想。遗传算法学习过程说明如下：

1）创建一个由随机产生的规则组成的初始群体。每条规则可以用一个二进制串表示。举

个简单例子：一个给定训练样本可以用两个布尔属性 A_1 和 A_2 以及两个类别 C_1 和 C_2 来描述，那么规则“IF A_1 AND NOT A_2 THEN C_2”可以表示为“100”位串；其中左边两位分别表示属性 A_1 和 A_2，最右边一位表示类别。类似地，规则“IF NOT A_1 AND NOT A_2 THEN C_1”，就可表示为“001”。若一个属性具有个 k 个取值（$k>2$），那么就可以使用 k 个二进制位对相应属性值进行编码。同样也可以对类别进行编码。

2）基于适者生存的原则，根据当前群体中最适合的规则产生新的群体以及这些规则的后代。规则的合适度是通过对一组训练样本的分类准确率来确定的。

3）后代通过交叉和变异等遗传操作来创建。在交叉操作中，来自规则对的子串进行交换以形成新的规则对。在变异操作中，随机选择一个规则的位串编码进行求反，从而得到一个新规则。

4）基于先前群体（规则集）来不断产生新群体（新规则），直到群体“进化”到某个阶段，即群体中的每个规则均满足预先设置的一个阈值。

遗传算法很容易实现并行运算，也可以用于分类等优化问题的求解。在数据挖掘中，可用于对其他算法的适应度进行评估。

5.5.5 粗糙集方法

粗糙集理论可以用于分类问题，以帮助发现不准确或噪声数据中所存在的结构关系。它只能处理离散量，因此连续量必须首先进行离散化后方可使用。

粗糙集理论基于给定训练数据内部的等价类的建立。形成等价类的所有数据样本是不加区分的，即对于描述数据的属性，这些样本是等价的。在给定的现实世界数据中，通常有些类不能被可用的属性所区分。粗糙集可以用来近似或“粗略地”定义这种类。

对于一个集合（类别）C 的粗糙集定义就是：通过两个集合，一个 C 的下近似集合和 C 的上近似集合来描述。C 的下近似集合包含那些肯定属于 C 的数据样本，而 C 的上近似集合则是那些不能肯定不属于 C 的数据样本。图 5-18 就是一个集合 C 的上近似集合和下近似集合的示意描述。其中每个矩形区域代表一个等价集合。可以为每个集合产生相应的决策规则；通常都用一个决策表来表示这些规则。

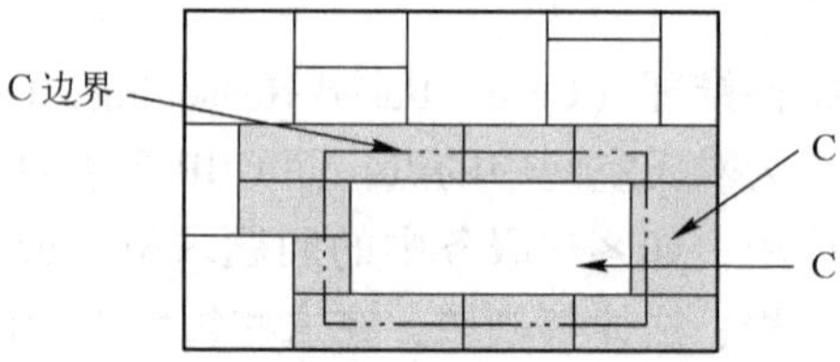

图 5-18　一个粗糙集的示意描述

可以利用粗糙集来进行属性消减、相关分析等操作。从给定数据集中找出可以描述相应数据特征概念的最小属性集合本身就是一个 NP 问题，但是人们提出了一些可以帮助减少其计算复杂度的算法，其中一种方法就是利用可分辨矩阵，该矩阵存有两个数据样本之间属性的取值之差。运用这种方法，只需搜索该矩阵，就可以发现冗余属性。

5.5.6 模糊集合方法

用于分类的基于规则系统的缺点之一就是对连续值的处理是间断的，例如，用于顾客信用申请批准的规则为：批准一个工作时间有二年以上且有一个高收入（如 >50 000 元）的人的信用申请。

IF（years_employed >= 2）AND（income >= 50 000 元）THEN credit = approved

利用该规则，有一个工作时间为二年以上的顾客，如果收入大于50000元，那么信用申请将被批准；但如果他的收入为49000元，那么就得不到信用。

这显然是不合理的，这时可引入模糊逻辑来解决这一问题。由于模糊逻辑可以利用0.0和1.0之间的实数来表示一个特定值属于某个类别的程度，因此这里利用模糊逻辑就可以描述“高收入”这样一个模糊概念，而无需使用“大于50000元”这样一个硬性标准。

在进行分类的数据挖掘系统中，模糊逻辑是非常有用的。它具备在较高抽象层次上进行挖掘的优势。一般基于规则系统利用模糊逻辑涉及以下几个方面：

1）属性值需要转换为模糊值。图5-19就是将一个连续取值属性收入映射到离散类别中（**低收入**，**中等收入**，**高收入**），并计算出相应的模糊值（概念隶属度）。模糊逻辑系统通常都会提供相应操作工具来帮助用户完成这一映射工作。

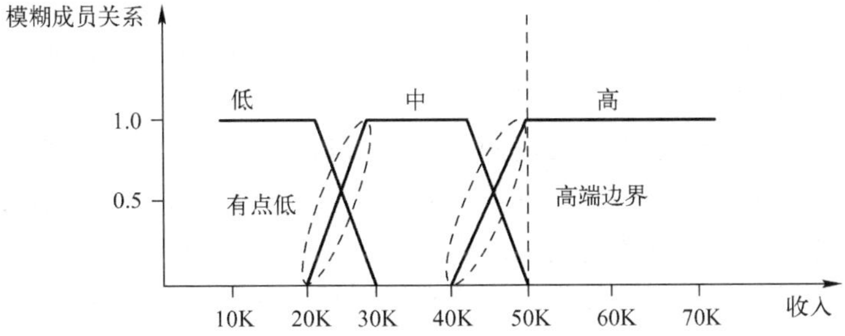

图5-19　收入属性的模糊函数

2）给定一个新样本，可以应用多于一个的规则，每个被应用的规则对概念隶属度的计算都贡献一票。一般需要将每个预测类别的相应隶属度（模糊值）累加起来，以便获得最终的结果。

3）步骤2）中所获得的隶属度之和将被系统返回。实际上，这些隶属度也可以与相应的权值相乘之后再累加。而依赖模糊隶属函数的具体复杂程度所涉及的计算或许也很复杂。

模糊逻辑目前已经应用到许多领域，其中包括健康医疗和金融保险等领域。

5.6　预测算法

预测是构造和使用模型评估无样本类，或评估给定样本可能具有的属性或值空间。预测和分类的相同点为：两者都需要构建模型；都用模型来估计未知值，预测主要的估计方法是回归分析，如线性回归、多元回归及非线性回归等。预测和分类的不同点为：分类法主要是用来预测类标号（分类属性值）；预测法主要是用来估计连续值（量化属性值）。

5.6.1　预测算法分类

由于预测的对象、目标、内容和期限不同，形成了多种多样的预测算法。据不完全统计，目前世界上共有近千种预测算法，其中较为成熟的有150多种，常用的有30多种，用得最为普遍的有10多种。

1）按预测技术的差异性分类。可分为定性预测技术、定量预测技术、定时预测技术、定比预测技术及评价预测技术等。

2）按预测算法的客观性分类。可分为主观预测法和客观预测法两类。前者主要依靠经验判断，后者主要借助数学模型。

3）按预测分析的途径分类。可分为直观型预测法、时间序列预测法、经济计量模型预测法及因果分析预测法等。

4）按采用模型的特点分类。可分为经验预测模型和正规的预测模型。后者包括时间关系模型、因果关系模型及结构关系模型等。

目前，预测常用算法通常分为定性预测法与定量预测法两大类。

1）定性预测法。定性预测法是指预测者根据历史与现实的观察资料，依赖个人或集体的经验与智慧，对未来的发展状态和变化趋势作出判断的预测算法，如专家意见法、个人判断法、专家会议法、头脑风暴法、Delphi 法、相关类推法、对比类推法及比例类推法等。

定性预测法的优点是：注重事物发展在性质方面的预测，具有较大的灵活性，易于充分发挥人的主观能动作用，且简单迅速，省时省费用。定性预测法的缺点是：易受主观因素的影响，比较注重人的经验和主观判断能力，易受人的知识、经验多少的束缚和能力大小的限制，尤其是缺乏对事物发展做数量上的精确描述。

2）定量预测法。定量预测法是依据调查研究所得的数据资料，运用统计方法和数学模型，近似地揭示预测对象及其影响因素的数量变动关系，建立对应的预测模型，据此对预测目标作出定量测算的预测算法，通常有时间序列预测法和因果分析预测法。

其中，时间序列预测法是以连续性预测原理作指导，利用历史观察值形成的时间序列，对预测目标未来状态和发展趋势作出定量判断的预测方法，如移动平均法、指数平滑法、趋势外推法、季节指数预测法、ARMA 模型预测法及马尔科夫预测法等。

因果分析预测法是以因果性预测原理作指导，以分析预测目标同其他相关事件及现象之间的因果联系，对市场未来状态与发展趋势作出预测的定量分析法，如回归分析预测法、经济计量模型预测法、投入产出分析预测法及灰色系统模型预测法等。

定量预测法的优点是：注重事物发展在数量方面的分析，重视对事物发展变化的程度作数量上的描述，更多地依据历史统计资料，较少受主观因素的影响。定量预测法的缺点是：比较机械，不易处理有较大波动的资料，难以预测事物的变化。

定性预测法和定量预测法并不是互相排斥的，而是可以相互补充的。在实际预测过程中应该把两者结合起来使用。

5.6.2 预测算法选择

选择合适的预测算法，对于提高预测精度、保证预测质量，有着十分重要的意义。影响预测算法选择的因素很多，在选择预测算法时应对其综合考虑。

1. 预测的目标特性

预测的目标特性主要包括以下 3 种：一是用于战略性决策，要求采用适于中长期预测的方法，但对其精度要求较低；二是用于战术性决策，要求适于中期和近期预测的方法，对其精度要求较高；三是用于业务性决策，要求采用适于近期和短期预测的方法，且预测精度要求高。

其中，战略性决策是解决全局性、长远性、战略性的重大问题的决策。一般多由高层次决策者做出。战略决策是企业经营成败的关键，它关系到企业生存和发展。战术性决策是为了实现战略决策、解决某一问题做出的决策，以战略决策规定的目标为决策标准。业务性决策是企业内部在执行计划过程中，为提高生产效率和日常工作效率的决策。包括作业计划的制订，生产、质量、成本，以及日常性控制等方面的决策。

2. 预测的时间期限

适用于近期与短期的预测算法包括移动平均法、指数平滑法、季节指数预测法及直观判断法等。适用于1年以上的短期与中期的预测算法包括趋势外推法、回归分析法及经济计量模型预测法等。适用于5年以上长期预测的算法包括经验判断法及趋势分析法等。

3. 预测的精度要求

精度要求较高的预测算法有回归预测法及经济计量模型法等。精度要求较低的预测算法有经验判断法、移动平均法及趋势外推法等。

4. 预测的费用预算

预测算法的选择，既要达到精度的要求，满足预测的目标需要，还要尽可能节省费用。也就是说，既要有高的经济效率，也要实现高的经济效益。用于预测的费用包括调研费用、数据处理费用、程序编制费用、专家咨询费用等。

费用预算较低的算法有经验判断预测法、时间序列预测法及其他较简单的预测模型法。费用预算较高的算法有经济计量模型预测法及大型复杂的预测模型法。

5. 资料的完备程度与模型的难易程度

资料的完备程度：在诸多预测算法中，凡是需要建立数学模型的算法，对资料的完备程度要求较高，当资料不够完备时，可采用专家调查法等经验判断类预测算法。

模型的难易程度：在预测算法中，因果分析算法都需建立模型，其中有些算法的建模要求预测者有较坚实的预测基础理论和娴熟的数学应用技巧。因此，当预测人员的水平难以胜任复杂模型的预测算法时，则应选择较为简易的算法。

6. 历史数据的变动趋势

在定量预测算法的选择中，必须以历史数据的变动趋势为依据。在实际的应用中，通常使用的曲线预测模型包括指数曲线（修正指数曲线）、线性模型、抛物曲线、龚珀兹曲线等。

最主要的回归预测法是通过对变量的观测数据进行统计分析，确定变量之间的相关关系，从而实现预测的目的。回归预测主要包括线性回归、多元回归及非线性回归等。

5.6.3 线性和多元回归

线性回归是一种最简单的回归算法，采用直线对数据建模。双变量回归将一个随机变量 Y（称作响应变量）视为另一个随机变量 X（称为预测变量）的线性函数，即

$$Y=\alpha+\beta X \tag{5-28}$$

其中，Y 的方差为常数；α 和 β 是回归系数，分别表示直线在 Y 轴的截断和直线的斜率。这些系数可以用最小二乘法求解，这使得实际数据与该直线的估计之间误差最小。给定 s 个样本或形如$(x_1,y_1),(x_2,y_2),\cdots,(x_s,y_s)$的数据点，回归系数 α 和 β 的计算公式为

$$\beta=\frac{\sum_{i=1}^{s}(x_i-\bar{x})(y_i-\bar{y})}{\sum_{i=1}^{s}(x_i-\bar{x})^2} \tag{5-29}$$

$$\alpha=\bar{y}-\overline{\beta x} \tag{5-30}$$

其中，$\bar{x}$ 是 $x_1,x_2,\cdots,x_s$的平均值，而 $\bar{y}$ 是 $y_1,y_2,\cdots,y_s$的平均值。与其他复杂的回归方法相比，线性回归常常给出很好的近似。

下面看一个使用最小二乘法的线性回归实例。表5-12给出了一组年薪数据。其中，X 表示大学毕业后工作的年数，而 Y 是对应的收入。这些数据点如图5-20所示，暗示 X 和 Y 之间

存在线性关系。用方程 $Y=\alpha+\beta X$ 表示年薪和工作年数之间的关系。

表 5-12　年薪数据

X（工作年数）	Y（年薪/ \$1000）
3	30
8	57
9	64
13	72
3	36
6	43
11	59
21	90
1	20
16	83

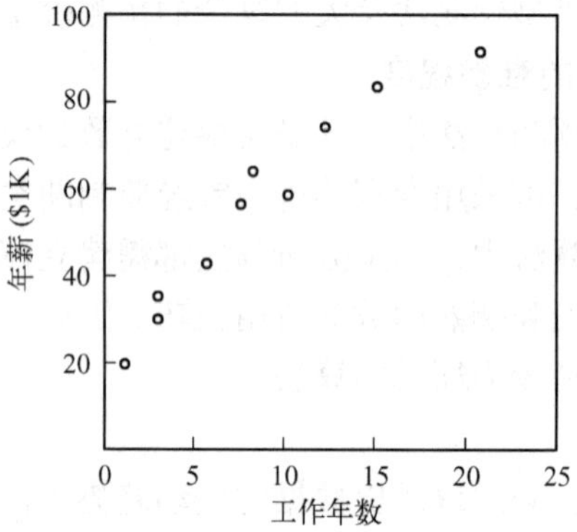

图 5-20　表 5-12 中数据的图示。尽管这些点不在一条直线上，但总体模式表现出 X（工作年数）和 Y（年薪）间的线性关系

给定以上数据，计算出 $\bar{x}=9.1$，$\bar{y}=55.4$。将这些值代入式（5-29）和式（5-30），得到

$$\beta=\frac{(3-9.1)(30-55.4)+(8-9.1)(57-55.4)+\cdots+(16-9.1)(83-55.4)}{(3-9.1)^2+(8-9.1)^2+\cdots+(16-9.1)^2}=3.5$$

$$\alpha=55.4-(3.7)(9.1)=23.6$$

由此，得到方程 $Y=23.6+3.5X$。使用该方程，可以预测有 10 年工作经验的大学毕业生的年薪为 \$58.600 K。

多元回归是线性回归的一种扩展，涉及多个预测变量。响应变量 Y 可以是一个多维特征向量的线性函数。基于两个预测属性或变量 X_1 和 X_2 的多元回归模型的例子为

$$Y=\alpha+\beta_1X_1+\beta_2X_2 \tag{5-31}$$

利用最小二乘法可求解 α，β_1 和 β_2。

5.6.4　非线性回归

通过向基本线性模型添加多项式项，就可以获得多项式的回归模型。而应用变量转换方法，则可以将非线性模型转换成可利用最小二乘法求解的线性模型。

多项式回归模型转换为线性回归模型。考虑下式给出的三次多项式关系

$$Y=\alpha+\beta_1X+\beta_2X^2+\beta_3X^3 \tag{5-32}$$

为将该方程转换成线性的，定义如下新变量

$$X_1 = X; X_2 = X^2; X_3 = X^3 \tag{5-33}$$

使用上面的定义，方程（5-32）可以转换成线性形式，结果为 $Y = \alpha + \beta_1 X_1 + \beta_2 X_2 + \beta_3 X_3$。它可以用最小二乘法求解。

有一些模型本身就是非线性不可分解的，如指数的幂和。它们无法转换为一个线性模型。对于这种情况，可以通过更为复杂的公式运算，来获得其最小二乘情况下的近似。

5.6.5 其他回归模型

利用线性回归可以为连续值函数建模。由于线性回归较为简单，因此得到了广泛的应用。而广义线性模型（Generalized Linear Model）提供了将线性回归用于分类响应变量的理论基础。与线性回归不同，在广义线性模型中，响应变量 Y 的方差是 Y 的平均值的一个函数。而在线性回归中，Y 的方差为常数。广义线性模型的常见形式包括逻辑回归（Logistic Regression）和泊松回归（Poisson Regression）。逻辑回归将某些事件发生的概率看作预测变量集的线性函数。计数数据常常呈现泊松分布，并通常使用泊松回归建模。

逻辑线性回归模型可以近似描述离散多维概率分布，因此可以利用该模型对数据立方中各单元所关联的概率进行估计。例如，假定给定属性 city、item、year 和 sales 的值。在逻辑线性方法中，所有属性必须是分类的，因此连续值属性（如 sales）必须首先离散化。然后，使用该方法，根据 city 和 item，city 和 year、city 和 sales 的二维数据立方，item、year 和 sales 的三维数据立方及相应模型来估计给定属性的四维空间中的数据单元所关联的概率。基于这种方式以及循环技术就可以由低维数据立方建立高维数据立方。该技术可以处理多维数据，除了预测之外，逻辑线性模型还可以用于数据压缩（高维数据占用的空间比低维数据要少许多）和数据平滑（高维数据所受到噪声的干扰比低维数据要少许多）。

5.7 分类预测应用实例

分类及预测是数据挖掘领域中对数据分析并预测的两种形式，可通过训练样例集提取模型来描述重要的数据类或者用来预测未来数据的趋势。

由于现实中的很多问题都可以转化为分类预测问题，因此分类预测技术已经应用到越来越多的行业，在政府管理决策、商业经营、科学研究和工业企业决策支持等各个领域都可以找到分类预测技术的用武之地。例如，可以建立一个分类模型，对银行的贷款客户进行分类，以降低贷款的风险；也可以通过建立分类模型，对工厂的机器运转情况进行分类，用来预测机器故障的发生。

下面介绍分类预测在银行不良贷款信用风险评估中的应用。在银行实际经营中，对信用风险的评价，不仅要考虑贷款企业的财务能力，还要考虑企业所在行业的特征、授信额度等各方面因素，仅依靠单一指标的评价体系不足以对信用风险予以充分揭示。因此，研究如何从贷款样本数据中挖掘更丰富的信用信息，建立更完备的信用风险评估模型成为一种必然。本例采用基于数据挖掘的决策树方法，充分利用银行数据库中拥有的客户历史数据建立模型，对申请贷款客户进行科学归类，从而帮助银行提高对贷款信用风险的控制能力。

5.7.1 样本选取

本例样本来自某个商业银行的 500 个样本，随机抽取 200 个样本作为检验样本，剩余 300 个样本作为训练样本，训练样本中 210 个没有拖欠贷款，90 个拖欠贷款。经过数据预处理之后，确定与挖掘任务相关的 3 个属性：是否有房、婚姻状况和年收入。

为了确保模型的准确率，我们随机选择总数样本的 2/3 进行分析建模，剩余的 1/3 数据用来测试模型的准确率。

5.7.2 建立预测模型

（1）确定年收入的最佳分割点

根据连续属性的最佳分割点的划分方法，对划分点分别计算不纯性度量指标 Entropy（熵），见表 5-13。找出最小 Entropy 值对应的划分点。

表 5-13 年收入不同值分割指标 Entropy

年收入/元	Entropy
65 000	0. 85
72 000	0. 72
80 000	0. 70
87 000	0. 86
92 000	0. 84
97 000	0. 60
110 000	0. 67
122 000	0. 72
172 000	0. 85
230 000	0. 87

其中 Entropy = 0. 6 是最小值，对应于年收入为 97 000 元，因此选年收入 97 000 元为年收入的分割点，即年收入分为年收入 < 97 000 元或年收入 ≥ 97 000 元。

（2）建立决策树

1）计算信息增益率，选择划分结点。样本分为两类，c_1 代表没有拖欠贷款者，c_2 代表拖欠贷款者。给定样本分类信息所需的期望信息值为

$$I(c_1, c_2) = -\frac{7}{10}\log_2\left(\frac{7}{10}\right) - \frac{3}{10}\log_2\left(\frac{3}{10}\right) = 0.86$$

设 A 表示属性是否有房；B 表示属性婚姻状况；C 表示属性年收入。

对属性 A：

$$\text{Entropy(有房者)} = -\frac{0}{90}\log_2\left(\frac{0}{90}\right) - \frac{0}{90}\log_2\left(\frac{0}{90}\right) = 0$$

$$\text{Entropy(没房者)} = -\frac{120}{210}\log_2\left(\frac{120}{210}\right) - \frac{90}{210}\log_2\left(\frac{90}{210}\right) = 0.93$$

$$\text{Entropy}(A) = \frac{90}{300} \times 0 + \frac{210}{300} \times 0.93 = 0.65$$

$$\text{Split Info}(A) = -\frac{3}{10}\log_2\left(\frac{3}{10}\right) - \frac{7}{10}\log_2\left(\frac{7}{10}\right) = 0.86$$

$$\text{Gain ratio}(A)=\frac{0.86-0.65}{0.86}=0.24$$

对属性 B：

$$\text{Entropy}(\text{已婚})=-\frac{0}{120}\log_2\left(\frac{0}{120}\right)-\frac{120}{120}\log_2\left(\frac{120}{120}\right)=0$$

$$\text{Entropy}(\text{单身})=-\frac{60}{120}\log_2\left(\frac{60}{120}\right)-\frac{60}{120}\log_2\left(\frac{60}{120}\right)=1$$

$$\text{Entropy}(\text{离异})=-\frac{30}{60}\log_2\left(\frac{30}{60}\right)-\frac{30}{60}\log_2\left(\frac{30}{60}\right)=1$$

$$\text{Entropy}(B)=\frac{120}{300}\times 0+\frac{120}{300}\times 1+\frac{60}{300}\times 1=0.6$$

$$\text{Split Info}(B)=-\frac{120}{300}\log_2\left(\frac{120}{300}\right)-\frac{120}{300}\log_2\left(\frac{120}{300}\right)-\frac{60}{300}\log_2\left(\frac{60}{300}\right)=1.55$$

$$\text{Gain ratio}(B)=\frac{0.86-0.6}{1.55}=0.17$$

对属性 C：

$$\text{Entropy}(<97000)=-\frac{90}{180}\log_2\left(\frac{90}{180}\right)-\frac{90}{180}\log_2\left(\frac{90}{180}\right)=1$$

$$\text{Entropy}(\geqslant 97000)=-\frac{0}{120}\log_2\left(\frac{0}{120}\right)-\frac{120}{120}\log_2\left(\frac{120}{120}\right)=0$$

$$\text{Entropy}(C)=\frac{180}{300}\times 1+\frac{120}{300}\times 0=0.6$$

$$\text{Split Info}(C)=-\frac{180}{300}\log_2\left(\frac{180}{300}\right)-\frac{120}{300}\log_2\left(\frac{120}{300}\right)=0.97$$

$$\text{Gain ratio}(C)=\frac{0.86-0.6}{0.97}=0.27$$

其中属性 C 的信息增益率最高，因此选择客户年收入为第 1 个结点的测试条件。

在年收入 <97 000 元的一支中仍含有两个类的记录，需进一步细分。针对年收入 <97 000 元记录重复以上算法，依次确定结点的测试条件有房者、婚姻状况。

2）建立决策树。根据以上分析建立决策树模型如图 5-21 所示。

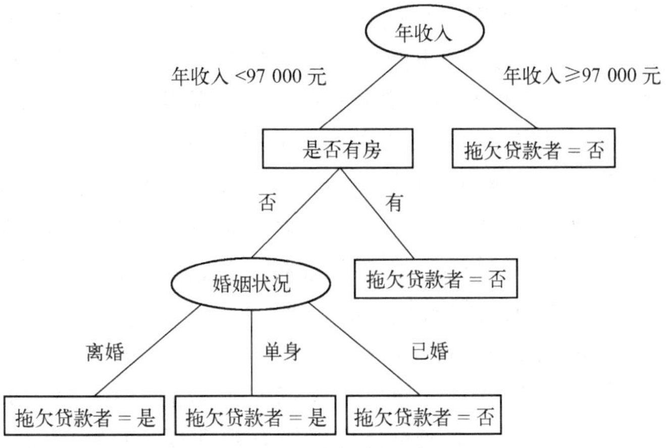

图 5-21　决策树示意图

5.7.3 模型评估

利用检测样本对所建决策树进行评估，以识别客户是否会拖欠贷款。为此可以用灵敏性和特效性来度量

$$\text{sensitivity} = \frac{TP}{P} \tag{5-34}$$

$$\text{specificity} = \frac{TN}{N} \tag{5-35}$$

其中，TP 是被正确地按此分类的“不拖欠贷款”的样本数，P 是“不拖欠贷款”的样本数；TN 是被正确地按此分类的“拖欠贷款”的样本数，N 是“拖欠贷款”的样本数。正确率（Accuracy）是 sensitivity 和 specificity 度量的函数

$$\text{Accuracy} = \text{sensitivity}\frac{P}{P+N} + \text{specificity}\frac{N}{P+N} \tag{5-36}$$

将检测样本纳入到建立的决策树中，得出所建决策数的准确率为

$$\text{Accuracy} = \frac{118}{120} \times \frac{120}{120+60} + \frac{58}{60} \times \frac{60}{120+60} = 97.7\%$$

从 97.7% 的准确率来看，所建模型基本合理。

5.7.4 实用价值

基于所建模型，当新客户出现时，银行可以使用这一分类规则对客户是否会拖欠贷款进行分类预测；对预测结果中出现拖欠贷款情况的客户，拒绝其贷款申请；对预测结果中不会出现拖欠贷款情况的客户，同意其贷款申请。这样不但节省银行审批贷款的时间，而且大大减少了不良贷款情况的发生，从而降低了银行不良贷款的信用风险。

5.8 小结

分类和预测是两种数据分析形式，主要用于提取描述重要数据类的模型或预测未来的数据趋势。分类是预测分类标号（或离散值），而预测则建立连续值函数模型。分类和预测准备阶段的预处理可能涉及数据清理、相关性分析和数据转换。决策树归纳是一种自顶向下递归树归纳算法，它使用一种属性选择度量为树的每一个非树叶结点选择属性测试。ID3、C4.5 和 CART 都是这种算法的例子，它们使用不同的属性选择度量。树剪枝试图通过剪去反映数据中噪声的分支，提高准确率。朴素贝叶斯分类和贝叶斯信念网络是基于后验概率的贝叶斯定理。贝叶斯信念网络允许在变量子集之间定义类条件独立性，它提供了一种因果关系的图形模型，在其上进行学习。训练后的贝叶斯信念网络可以用来分类。神经网络是一组相互连接的输入/输出单元，这些单元之间的每个连接都关联一个权值。后向传播是一种用于分类的使用梯形下降法的神经网络算法。它搜索一组权值，对数据建模，使得数据样本的网络预测与实际之间的均方差最小。可以从训练过的神经网络提取规则，帮助改进学习网络的可理解性。关联挖掘技术在大型数据库中搜索频繁出现的模式，可以用于分类。最近邻分类法和基于案例推理的分类法将所有训练样本存储在模式空间中，因此它们都需要有效的索引技术。在遗传算法中，规则群体通过交叉和变异操作“进化”，直到群体中的所有规则都满足指定的阈值。粗糙集理论可以用来近似地定义类，这些类基于可用的属性是不可区分的。模糊集合方法用隶属度函数替换

连续值属性的“脆弱的”阈值。线性、非线性和广义线性回归模型都可以用于预测。许多非线性问题都可以通过预测变量的变换，转换成线性问题。

5.9 习题

1. 简述分类与预测的基本概念及异同点。
2. 简述决策树分类的主要步骤。
3. 在决策树归纳中为什么树剪枝是有用的?
4. 简述朴素贝叶斯分类的主要思想。
5. 简述神经网络的优点。
6. 简述后向传播算法的处理步骤。
7. 如何将非线性模型转换成可利用最小二乘法求解的线性模型?

第 6 章　数据聚类分析

聚类分析（Cluster Analysis）又称为群分析，是数据挖掘技术的重要组成部分，它能从潜在的数据中发现有意义的数据分布模式。聚类是在事先不规定分组规则的情况下，将数据按照其自身特征划分成不同的群组。其重要特征是“物以类聚”，即要求同一类的数据对象尽可能相似，不同类的数据对象尽可能相异。聚类和分类的根本区别在于：分类需要事先知道所依据的对象特征，而聚类是在不知道对象特征的基础上要找到这个特征。聚类分析的算法很多，其中包括划分聚类算法、层次聚类算法、基于密度的聚类算法、基于网格的聚类算法和基于模型的聚类算法等。目前，聚类分析已广泛应用于模式识别、数据分析、图像处理以及市场研究等诸多领域。

6.1　基本概念

聚类（Clustering）就是将具体或抽象对象的集合分组成由相似对象组成的多个类或簇的过程。由聚类生成的簇是一组数据对象的集合，簇必须同时满足以下两个条件：

1）每个簇至少包含一个数据对象。

2）每个数据对象必须属于且唯一地属于一个簇。

同一个簇中的数据对象应尽可能相似，不同簇中的数据对象应尽可能相异；在许多应用中，一簇中的数据对象可以作为一个整体来对待。

聚类是按照一定的要求和规律对事物进行区分和分类的过程。这一过程既没有任何关于分类的先验知识，也没有教师的指导，仅靠事物间的相似性作为类属划分的准则，因此属于无监督分类的范畴。

聚类分析则是指用数学的方法来研究与处理给定对象的分类，主要是从数据集中寻找数据间的相似性，并以此对数据进行分类，使得不同类别中的数据尽可能相异，而同一类中的数据尽可能相似，从而发现数据中隐含的、有用的信息。

6.1.1　对聚类分析的要求

聚类分析是一个颇具挑战性的研究领域，聚类算法的质量取决于算法对相似性的判别标准、算法的具体实现以及算法发现隐藏模式的能力。由于大型数据库、数据仓库十分复杂，在数据挖掘中，聚类算法必须满足由此产生的计算要求，具体如下：

1）可伸缩性（Scalability）。实际应用要求聚类算法能够处理大数据集，且时间复杂度不能太高（最好是多项式时间），消耗的内存空间也应有限。目前，为了将算法拓展到超大数据库领域，研究人员已经进行了许多有益的尝试，包括增量式挖掘、可靠的采样、数据挤压等。其中，数据挤压技术先通过扫描数据来获得数据的统计信息，然后在这些统计信息的基础上进行聚类分析，如 BIRCH 算法中使用 CF 树就是属于数据挤压技术。

2）处理不同类型属性的能力。现实中的数据对象已远远超出关系型数据的范畴，比如空间数据、多媒体数据、遗传学数据、时间序列数据、文本数据、互联网上的数据以及目前逐渐兴起的数据流。这些数据对象的属性类型往往是由多种数据类型综合而成的。

3）发现任意形状的簇。许多聚类算法基于欧氏距离或曼哈顿距离度量来决定聚类。基于这样的距离度量的算法趋向于发现具有相近尺度和密度的球形簇，但现实数据库中的聚类可以是任意形状，簇的大小差异较大，密度也不尽相同。所以，实践要求算法有发现任意形状的簇的能力。

4）使输入参数的领域知识最小化。许多聚类算法在聚类分析中要求用户输入一些参数，例如希望产生的簇的数目。聚类结果对于输入参数十分敏感，然而参数通常很难确定，特别是对于包含维对象的数据集来说，更是如此。一个好的聚类算法应包含尽量少的输入参数。

5）处理噪声数据的能力。绝大多数现实中的数据库都包含了孤立点、空缺、未知数据或错误数据。一些聚类算法对这样的数据敏感，可能导致低质量的聚类结果。一个好的聚类算法应具备处理噪声数据的能力。

6）对输入数据记录的顺序不敏感。一些聚类算法对于输入数据的顺序敏感。例如，同一个数据集合，当以不同的顺序提交给同一个算法时，可能生成差别很大的聚类结果，这是好的聚类算法应当避免的。

7）聚类高维数据的能力。数据集可能包含大量的维或属性。例如，在文档聚类时，每个关键词都可以看作一个维，并且常常有数以千计的关键词。许多聚类算法擅长处理低维数据，如只涉及两三个维的数据。发现高维空间中数据对象的簇是一个挑战，特别是考虑这样的数据可能分布非常稀疏，并且高度倾斜。

8）基于约束的聚类。现实世界的应用可能需要在各种约束条件下进行聚类。找到既满足特定约束又具有良好聚类特性的数据分组是一项具有挑战性的任务。

9）可解释性和可用性。用户希望聚类结果是可解释的、可理解的和可用的。也就是说，聚类可能需要与特定的语义解释和应用相联系。应用目标如何影响聚类方法的选择也是一个重要的研究课题。

上述要求使目前聚类分析研究的热点集中在设计能够有效、高效地对大数据库进行聚类分析的方法上。相关的研究课题包括聚类方法的可伸缩性，对复杂形状（如非凸形）和各种数据类型（如文本、图形和图像）聚类的有效性，高维聚类技术（如对具有数千特征的对象聚类）以及针对大型数据中数值和标称混合数据的聚类方法等。

6.1.2 聚类分析方法分类

聚类分析算法种类繁多，具体的算法选择取决于数据类型、聚类的应用和目的。常用的聚类算法大致可分成如下几类：划分聚类算法（Partitioning Method）、层次聚类算法（Hierarchical Method）、基于密度的聚类算法（Density - Based Method）、基于网格的聚类算法（Grid - based Method）和基于模型的聚类算法（Model - Based Method）。实际应用中的聚类算法，往往是上述聚类算法中多种算法的整合。

1）划分聚类算法。首先创建 k 个分区的初始集合，k 为要构建的分区数；其次采用迭代重定位技术，试图通过将对象从一个簇移到另一个簇来改进划分的质量。

2）层次聚类算法。对给定数据对象集合进行层次的分解。该算法可以分为自底向上（凝聚）和自顶向下（分裂）两种操作方式。为弥补合并或分裂的不足，凝聚的层次方法的聚类质量可以通过以下方法改进：分析每个层次划分中的对象连接，或者先执行微聚类（即将数据划分为“微簇”），再使用其他聚类技术，迭代重定位，在微簇上聚类。

3）基于密度的聚类算法。根据密度完成对象的聚类。它或者根据邻域中对象的密度，或者根据某种密度函数来生成簇。由于它不是基于距离的，而是基于密度的，这样就能克服基于距离的算法只能发现“类圆形”的聚类的缺点。

4）基于网格的聚类算法。这种算法先将对象空间划分为有限个单元以构成网格结构；然后利用网格结构完成聚类。这样处理的一个突出的优点就是处理速度很快，其处理时间通常独立于数据对象的个数，而仅依赖于量化空间中每一维的单元数。

5）基于模型的聚类算法。给每个聚类假设一个模型（如密度分布函数），然后去寻找能很好地满足这个模型的数据集。其一个潜在的假定是：目标数据集是由一系列的概率分布所决定的。通常有两种尝试方向：统计的方案和神经网络的方案。

6.2 划分聚类算法

划分聚类算法是给定一个 n 个对象或元组的数据库构建 k 个划分的算法。每个划分为一个聚簇，并且该算法将数据划分成为 k 个簇，每个簇同时满足如下两个条件：

1）每个簇至少包含一个数据对象。

2）每个数据对象必须属于且只属于一个簇，这个要求在某些模糊划分技术中可以放宽。

对于给定划分数目 k，划分聚类算法首先创建一个初始划分，通常采用的方法是随机选取 k 个数据对象作为初始聚类中心点，然后采用一种迭代的重定位技术，尝试通过对象在划分间移动来改进划分，使得每一次改进之后的分组方案都比前一次好，判断划分好坏的准则是：在同一个簇中的数据对象尽可能相似，不同簇中的数据对象尽可能相异。

划分聚类算法是一种基于爬山式的优化搜索算法，此法简单、快速而且有效，但是此算法亦存在不足之处，如对初始值敏感、对输入顺序敏感、常陷入局部最优等。根据对象在划分之间移动的衡量参数和簇的表示方法不同，划分聚类算法主要有 K－means 算法、K－medoids 算法及 CLARANS 算法等。

6.2.1 K－means 算法（基于质心的技术）

K－means 算法由 MacQueen 于 1967 年首先提出，它以 k 为参数，将 n 个对象分成 k 个簇，以使簇内的相似度较高，而簇间的相似度较低。相似度的计算根据一个簇中对象的平均值（被看作簇的质心）来进行。K－means 算法描述如下。

算法： K－means 算法。用于划分的 K－means 算法，其中每个簇的中心都用簇中所有对象的均值来表示。

输入： 簇的数目 k 和包含 n 个对象的数据库。

输出： k 个簇，使平方误差最小。

方法：

1）随机地选择 k 个对象，每个对象代表一个簇的初始均值或中心。

2）对剩余的每个对象，根据它与簇均值的距离，将其指派到最相似的簇。

3）计算每个簇的新均值。

4）回到步骤 2），循环，直到不再发生变化。

K－means 算法常用的准则函数为平方误差准则，其定义为

$$E = \sum_{i=1}^{k} \sum_{p \in C_i} |p - m_i|^2 \tag{6-1}$$

其中，E 是数据库中所有对象的平方误差的总和，p 是空间中的点，表示给定的数据对象，m_i 是簇 C_i 的平均值（p 和 m_i 都是多维的）。利用这个准则可以使生成的结果簇尽可能紧凑和独立。

该算法的流程如图 6-1 所示。

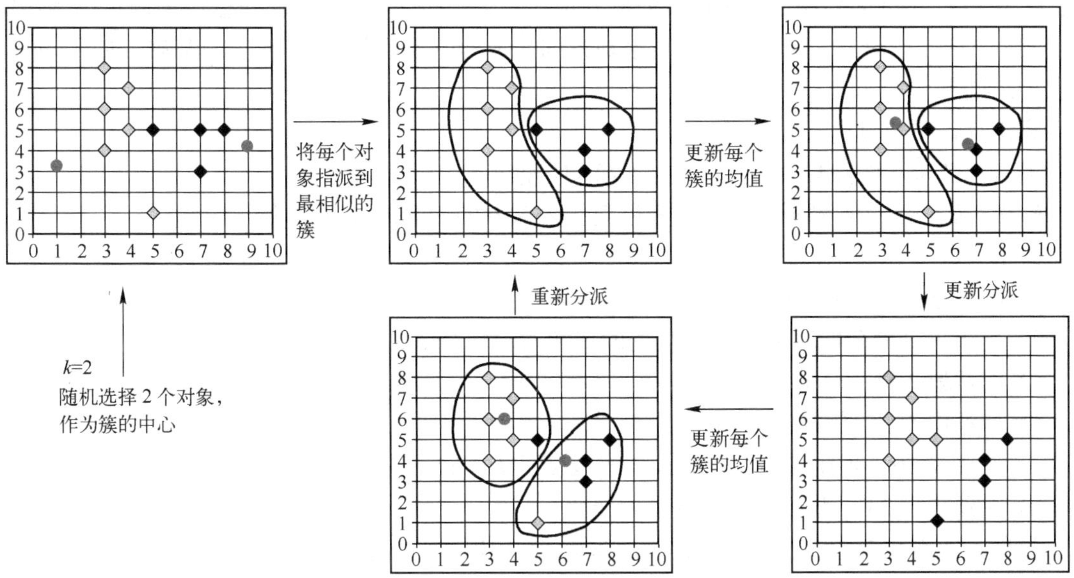

图 6-1　K - means 算法流程图

K - means 算法具有如下优点：

1）当结果簇是密集的，而簇之间的区别明显时，它的效果较好。

2）对于处理大数据集，该算法是相对可伸缩的和高效的，因为它的算法复杂度是$O(nkt)$，其中 n 是数据对象的个数，k 是簇的个数，t 是迭代的次数，通常，$k \ll n$，且 $t \ll n$。

3）算法通常终止于局部最优解。

K - means 算法的主要缺点有：

1）只有当簇均值有定义的情况下才能使用，这可能不适用于某些应用，例如涉及有分类属性的数据。

2）必须事先给定要生成的簇的数目 k。

3）对噪声和孤立点数据敏感，少量的该类数据能够对平均值产生极大的影响。

4）不适合发现非凸面形状的簇，或者大小差别很大的簇。

6.2.2　K - medoids 算法（基于代表对象的技术）

既然一个有极大值的对象可能相当程度上扭曲数据的分布，k - 均值算法对于孤立点就是敏感的。K - medoids 算法的基本策略是：先为每个簇随意选择一个代表对象，并将剩余的对象根据其与代表对象的距离分配给最近的一个簇，然后反复地用非代表对象来替代代表对象，以改进聚类的质量。

K - means 算法对噪声点和孤立点很敏感，K - medoids 很好地解决了这一问题，该算法不采用簇中对象的平均值作为参照点，而是选用簇中位置最靠近中心的对象，即中心点。这样，划分方法仍然是基于最小化所有对象与其对应的参照点之间的相异度之和的原则来执行。确切地说，使用绝对误差标准，其定义为

$$E=\sum_{j=1}^{k}\sum_{p\in C_j}|p-O_j| \tag{6-2}$$

其中，E 是数据集中所有对象的绝对误差之和；p 是空间中的点，代表簇 C_j 中一个给定对象，O_j 是簇 C_j 的代表对象。通常该算法重复迭代，直到每个代表对象都成为它的簇的实际中心点，或是靠中心的对象。这是将 n 个对象划分到 k 个簇的 K－medoids 算法的基础。K－medoids 算法描述如下。

算法： k－中心点。

输入： 结果簇的数目 k，包含个 n 对象的数据库。

输出： k 个簇，使得所有对象与其最近代表对象的相异度总和最小。

方法：

1）随机选择 k 个对象作为初始的代表对象。

2）指派每个剩余的对象给离它最近的代表对象所代表的簇。

3）随意地选择一个非代表对象 O_{random}。

4）计算用 O_{random} 代替 O_j 的总代价 S。

5）如果 $S<0$，则用 O_{random} 替换 O_j，形成新的 k 个代表对象的集合。

6）回到步骤 2)，循环，直到不发生变化。

当存在噪声和孤立点数据时，K－medoids 算法比 K－means 算法更健壮，这是因为中心点不像平均值那么容易被极端数据影响。但是，K－medoids 算法的执行代价比 K－means 算法高。此外，这两种算法都要求用户指定结果簇的数目 k。

围绕中心点划分（Partitioning Around Medoids，PAM）算法是由 Kaufman 和 Rousseeuw 于 1987 年最早提出的 K－medoids 算法之一，选用簇中位置最靠近中心的对象作为代表对象。该算法在小型数据集上运行良好，但是不能很好地用于大数据集。

为了处理大数据集，可以使用一种被称为大型应用聚类（Clustering LARge Applications，CLARA）的基于抽样的算法，它由 Kaufman 和 Rousseeuw 于 1990 年提出。CLARA 并不考虑整个数据集合，而是选用数据集的一个随机样本，然后使用 PAM 算法由样本计算最佳中心点。CLARA 的有效性取决于样本的大小。CLARA 在抽取的样本中寻找最佳的 k 个对象。如果任何取样得到的代表对象不属于最佳的代表对象，CLARA 就不能得到最佳聚类结果。例如，如果对象 O_i 是最佳的 k 个对象之一，但它在取样时没有被选择，那 CLARA 将永远不能找到最佳聚类。但是如果样本发生偏斜，基于样本的一个最佳聚类不一定就是代表整个数据集的最佳聚类。

基于随机搜索的聚类大型应用（Clustering Large Application based upon RANdomized Search，CLARANS）算法由 Ng 和 Han 于 1994 年提出，主要将采样技术和 PAM 进行了结合。但是，与 CLARA 不同，CLARANS 没有在任一给定的时间局限于任一样本。CLARA 在搜索的每个阶段有一个固定的样本，CLARANS 则是在搜索的每一步带一定随机性地抽取一个样本。聚类过程可以被描述为一个图的搜索，图中的每个结点是一个潜在的解，也就是说，k 个代表对象的集合，在替换了一个代表对象后得到的聚类结果为当前聚类结果的邻居。随机尝试的邻居的数目被用户定义的一个参数加以限制。如果一个更好的邻居被发现，也就是说，如果它有更小的均方误差值，则 CLARANS 移到该邻居结点，处理过程重新开始；否则当前的聚类达到一个局部

最优。如果找到一个局部最优，CLARANS 从随机选择的结点开始寻找新的局部最优。

实验显示，CLARANS 比 PAM 和 CLARA 更为有效。通过采用一个轮廓系数（对象的一个属性），定义该对象在多大程度上真的属于某个簇，能够发现最“自然的”结果簇数目。CLARANS 能够探测孤立点。但是 CLARANS 算法的计算复杂度大约是 $O(n^2)$，其中 n 是对象的数目。而且，它的聚类质量取决于所用的抽样方法。通过采用空间数据结构，例如 R－树及一些调节技术，CLARANS 的性能可以得到进一步的提高。

6.3 层次聚类算法

层次聚类算法是对给定的数据对象集合进行层次的分解，形成一棵以簇为结点的树。根据层次分解的形成方式，该算法可分为凝聚和分裂两类。其中，凝聚更重要而且应用更广。

1）凝聚的层次聚类，使用自底向上的策略。先让每个对象自成一簇，然后将这些簇合并为越来越大的簇，直到所有对象都在一个簇中，或者某个终结条件被满足。绝大多数层次聚类算法属于这一类，它们只是在簇间相似度的定义上有所不同。

2）分裂的层次聚类，使用自顶向下的策略。与凝聚的层次聚类不同，它先将所有对象置于一个簇中，然后逐渐细分为越来越小的簇，直到每个对象自成一簇，或者满足了某个终结条件，例如达到了某个希望的簇数目，或者两个最近的簇之间的距离超过了某个阈值。

图 6-2 显示了一种凝聚的层次聚类算法 AGNES（AGglomerative NESting）和一种分裂的层次聚类算法 DIANA（Divisive ANAlysis）在一个包含 5 个对象的数据集 $\{a,b,c,d,e\}$ 上的处理过程。凝聚算法 AGNES 先让每个对象自成一簇，然后这些簇根据某种准则逐步合并。例如，如果簇 C_1 中的一个对象和簇 C_2 中的一个对象之间的距离是所有属于不同簇的对象间欧几里得距离中最小的，则 C_1 和 C_2 可能被合并。这是一种单链接方法，每个簇可以被簇中所有对象代表，两个簇之间的相似度用不同簇中最近的数据点对的相似度来度量。簇的合并过程反复进行，直到所有对象最终合并形成一个簇。

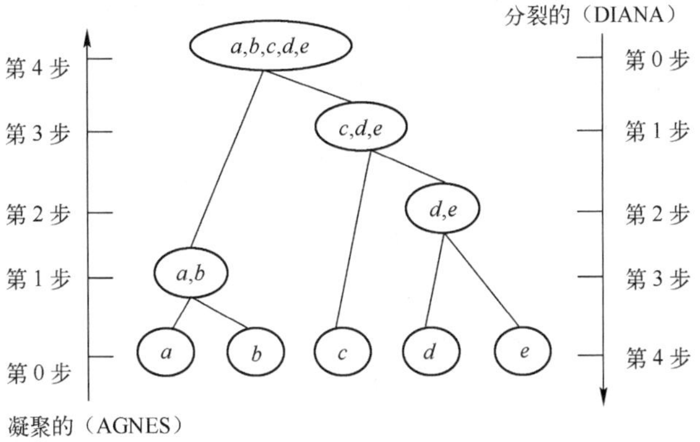

图 6-2 数据对象 $\{a,b,c,d,e\}$ 的凝聚的层次聚类和分裂的层次聚类

分裂方法 DIANA 则以相反的方法处理。所有对象形成一个初始簇，根据某种原则（如簇中最近的相似对象的最大欧几里得距离）将该簇分裂。簇的分裂过程反复进行，直到最终每个簇只包含一个对象。

在凝聚分类或分裂聚类中，用户都可以指定期望的簇数目作为终止条件。

层次聚类算法尽管简单，但经常会遇到合并或者分裂点选择的困难，而这样的决定是非常关键的，因为一旦一组对象被合并或者分裂，下一步的处理将在新生成的簇上进行。已做的处理不能撤销，聚类之间也不能交换对象。如果在某一步没有很好的选择合并或分裂的决定，可能会导致低质量的聚类结果。而且，这种聚类方法不具有很好的可伸缩性，因为合并或分裂的决定需要检查和估算大量的对象或簇。

常用的层次聚类算法主要有 BIRCH 算法、CURE 算法、ROCK 算法及 Chameleon 算法等。

6.3.1 BIRCH 算法

利用层次方法的平衡迭代规约和聚类（Balanced Iterative Reducing and Clustering Using Hierarchies，BIRCH）由 Zhang、Ramakrishnan 和 Livny 于 1996 年提出，是一种综合优化的层次聚类算法，其核心是采用一个三元组的聚类特征汇总了一个簇的有关信息，从而使一个簇的表示可以用对应的聚类特征，而不必用具体的一组点表示，通过构造分支因子 B 和簇直径阈值 T 来进行增量和动态聚类。BIRCH 算法的优点是采用了一种多阶段聚类技术，对数据库的单遍扫描产生一个基本的聚类，一或多遍的额外扫描能够提高聚类的质量，比较适用于大型数据集。

BIRCH 算法引入了两个重要概念：聚类特征（Clustering Feature，CF）和聚类特征树（Clustering Feature Tree，CF 树），它们用于概括聚类描述，可辅助聚类算法在大型数据库中取得更快的速度和可伸缩性。BIRCH 算法对增量或动态聚类也非常有效。一个聚类特征 CF 是一个三元组，给出了对象子聚类的信息的汇总描述。假设某个子聚类中有 N 个 d 维的点或对象，则该子聚类的 $CF=(N,LS,SS)$。其中，N 为该子聚类所含数据点的数目，LS 为这 N 个点的线性和 $\left(即 \sum_{i=1}^{N} x_i\right)$，$SS$ 为数据点的平方和 $\left(即 \sum_{i=1}^{N} x_i^2\right)$。

聚类特征基本上就是对给定子聚类统计信息的汇总，它包含了聚类计算和空间存储利用所需要的关键信息。

如图 6-3 所示，一棵 CF 树是高度平衡的树，它存储了层次聚类的聚类特征。树中的非叶结点有后代或“孩子”，它们存储了其孩子的 CF 的总和，即汇总了关于其孩子的聚类信息。一棵 CF 树有两个参数：分支因子 B 和阈值 T。分支因子定义了每个非叶结点孩子的最大数目，而阈值参数给出了存储在树的叶结点中的子聚类的最大直径。这两个参数直接影响了结果树的大小。

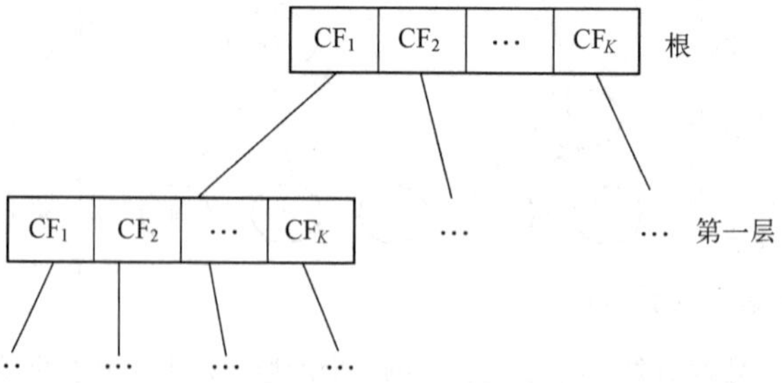

图 6-3　CF 树示意图

BIRCH 算法主要包含如下两个阶段：

阶段一：扫描数据库，建立一个存放于内存的初始 CF 树。该树可以被看作数据的多层压缩，试图保留数据的内在聚类结构。

阶段二：采用某个聚类算法对 CF 树的叶结点进行聚类。

在阶段一中，随着对象被插入，CF 树被动态地构造。因此，该方法支持增量聚类。一个对象被插入到最近的叶条目（子簇），如果在插入后，存储在叶结点中的子簇的直径大于阈值，那么该叶结点及可能的其他结点被分裂。新对象插入后，关于该对象的信息向根结点传递。通过修改阈值，CF 树的大小可以改变。如果存储 CF 树需要的内存大于主存的大小，则可以定义较大的阈值，并重建 CF 树。

在重建过程中，通过利用旧树的叶结点来重新构建一棵新树，因此重建树的过程不需要重读所有对象或点。这类似于 B + 树构建中的插入和结点分裂。因此，为了建树，只需要读一次数据。采用一些启发式规则和方法，通过额外的数据扫描来处理孤立点和改进 CF 树的质量。CF 树建好后，可以在阶段二采用任何聚类算法，例如典型的划分方法。

BIRCH 算法的主要目标是使 I/O 时间尽可能少，原因在于大型数据集通常不能完全装入内存中。BIRCH 算法通过把聚类分为两个阶段来达到此目的，即先通过构建 CF 树对原数据集进行预聚类，然后在前面预聚类的基础上进行聚类。

BIRCH 算法具有如下优点：

1）支持增量聚类。

2）线性可伸缩性。计算复杂性 $O(n)$，单遍扫描，额外的扫描可以改善聚类质量。

BIRCH 算法的主要缺点有：

1）只能处理数值数据。

2）对数据的输入顺序敏感。

3）CF 树结点不总是对应于用户所认为的自然簇（参数 B 和 T）。

4）簇非球形时效果不好（使用半径/直径控制簇边界）。

6.3.2 CURE 算法

对于绝大多数聚类算法而言，有的聚类算法擅长处理球形和相似大小的聚类，有的聚类算法在存在孤立点时变得比较脆弱。CURE（Clustering Using Representative，利用代表点聚类）由 Guha、Rastogi 和 Shim 于 1998 年提出，解决了偏好球形和相似大小的问题，在处理孤立点上也更加健壮。CURE 采用了一种新的层次聚类算法，选择位于基于质心和基于代表对象方法之间的中间策略。它不用单个质心或对象来代表一个簇，而是选择数据空间中固定数目的具有代表性的点。

簇的代表点通过如下方式产生：先选择簇中分散的对象，然后根据一个特定的分数或收缩因子向簇中心“收缩”或移动它们。在算法的每一步，有最近距离的代表点对（每个点来自一个不同的簇）的两个簇被合并。每个簇有多于一个的代表点使得 CURE 可以适应非球形的几何形状。簇的收缩或凝聚有助于控制孤立点的影响。因此，CURE 对孤立点的处理更加健壮，而且能够识别非球形和大小变化较大的簇。针对大型数据库，它也具有良好的伸缩性，而且没有牺牲聚类质量。CURE 采用随机取样和划分两种方法的组合，即先划分一个随机样本，每个划分被部分聚类；然后对这些结果簇聚类，产生希望的结果。

下面的步骤描述了 CURE 算法的核心：

1）从源数据对象中抽取一个随机样本 S。

2）将样本 S 分割为 p 个划分，每个的大小为 S/p。

3）将每个划分局部地聚类成 S/pq 个簇。

4）通过随机取样剔除孤立点。如果一个簇增长得太慢，就去掉它。

5）对局部的簇进行聚类。落在每个新形成的簇中的代表点根据用户定义的一个收缩因子 a 收缩或向簇中心移动。这些点反映了簇的形状。

6）用相应的簇标签来标记数据。

整个过程举例如图 6-4 所示，其中 $S=50, p=2, S/p=25, S/pq=5$。

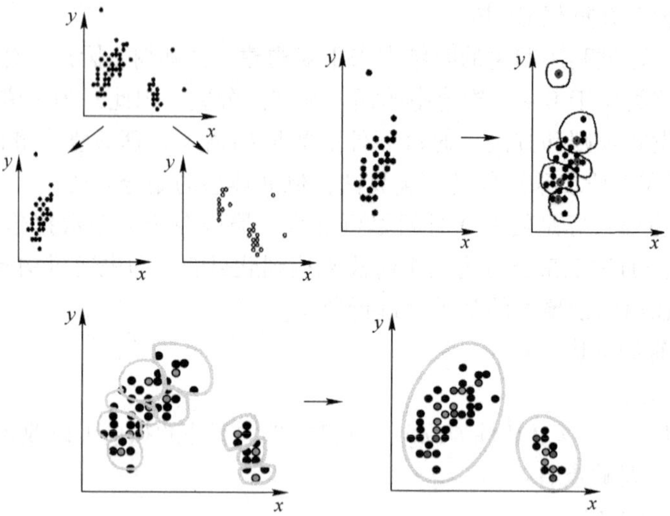

图 6-4　CURE 算法流程示意图

对以上 6 个步骤进行分析，总结如下：

1）随机抽样和数据划分对大型数据库有良好的伸缩性。为了处理大型数据，CURE 从对数据的随机抽样开始，而不是对所有数据进行聚类。将随机抽样和划分结合起来，数据先被随机抽样，然后样本再被划分，每一个划分被分别聚类。

2）代表点可以识别任意形状的簇。CURE 算法中代表点的选定采取基于中心点和基于全部点之间的中间策略。在算法中，引入常量作为代表点个数首先被选定，被选到的分散点接下来根据系数 a 向中心点收缩靠近。这些分散点在收缩后称为簇的代表点。包含一对相隔最近的代表点的两个簇在算法中将被合并。

3）对孤立点敏感度低。在 CURE 算法中，去除孤立点的步骤分 3 个阶段进行：首先，数据集随机取样的过程可以过滤大多数孤立点；其次，在聚类过程中增长十分缓慢的簇被认为是孤立点并被消除；最后，也就是聚类的后期，当有较小簇存在时，则可以很容易地识别这种孤立点集合和消除它们。

但是 CURE 算法需要用户给出一些参数，如样本大小、聚类的数目和收缩因子。随着参数值的不同会相应地影响聚类的效果，并且聚类的效果对有些参数是非常敏感的。

6.3.3　ROCK 算法

ROCK（RObust Clustering using linKs，利用链接的强壮聚类）由 S. Guha、R. Rastogi 和 K. Shim 于 1999 年提出，是一种分类属性的层次聚类算法，针对具有分类属性的数据使用“链接”（指两个对象间共同的邻近数目）这一概念。

对于聚类包括布尔或分类属性的数据，传统聚类算法使用距离函数。然而，实验表明，对分类数据聚类时，这些距离度量并不能产生高质量的簇。此外，大多数聚类算法在进行聚类时，只估计点与点之间的相似度。也就是说，在每一步中，那些最相似的点会合并到一个簇中。这种局部方法很容易导致错误。例如，两个完全不同的簇可能有少数几个点或者孤立点的距离比较近，如果仅仅依据点与点之间的相似度来做出聚类决定，这两个簇就会被合并。ROCK 算法采用一种比较全局的观点，通过考虑成对点的邻域情况进行聚类。如果两个相似的点同时具有相似的邻域，那么这两个点可能因属于同一个簇而合并。

假设两个点 p_i 和 p_j 邻近，如果 $\text{sim}(p_i,p_j) \geqslant \theta$，其中 sim 是相似度函数，是用户指定的阈值，sim 可以选择为距离度量，甚至可以选择为非度量。非度量被规范化，其值落在 0 和 1 之间，值越大，表明两个点越相似。p_i 和 p_j 之间的连接数定义为这两个点的共同邻近个数。如果两个点的连接数很大，则它们很可能属于相同的簇。由于在确定点对之间的关系时考虑邻近的数据点，ROCK 比起只关注点间相似度的标准聚类方法就显得更加健壮。

包含分类属性数据的一个很好的例子就是购物篮数据。这种数据由事务数据库组成，其中每个事务都是商品的集合。事务被看作具有布尔属性的记录，每个属性对应于一个单独的商品，如葱或姜。如果一个事务包含某个商品，那么该事务的记录中对应于此商品的属性值就为真；反之，则为假。其他含有分类属性的数据集可以用类似的方式处理。相似度用 Jaccard 系数定义为

$$Sim(T_i,T_j) = \frac{|T_i \cap T_j|}{|T_i \cup T_j|} \tag{6-3}$$

ROCK 算法可以分为 3 个阶段进行：

1）得到一个数据的随机抽样。

2）利用连接凝聚方法在数据上进行聚类。利用优良度度量来确定在每一步中合并哪些点对。

3）将磁盘上剩下的数据分配给得到的簇。

用来合并簇的优良度度量定义为

$$g(K_i,K_j) = \frac{link(K_i,K_j)}{(n_i+n_j)^{1+2f(\theta)} - n_i^{1+2f(\theta)} - n_j^{1+2f(\theta)}} \tag{6-4}$$

其中，$link(K_i,K_j)$是两个簇之间的连接数目；n_i，n_j 分别是两个簇中的点的数目。由于大的簇有更多的连接，因此用分母来归一化连接数。当相似性度量中的阈值为 θ 时，在簇 K_i 中的点对之间的连接数的估计值为 $n_i^{1+2f(\theta)}$。函数 $f(\theta)$ 的具体形式取决于数据，但它满足一条性质，即在簇 K_i 中的每一个成员大约有 $n_i^{f(\theta)}$ 个邻居。显然，如果簇中的所有点都相互连接，则 $f(\theta)=1$，进而得出簇 K_i 中的点对之间的连接数为 n_i^3。

6.3.4 Chameleon 算法

Chameleon（Hierarchical clustering using dynamic modeling，利用动态模型的层次聚类）由 G. Karypis、E. H. Han 和 V. Kumar 于 1999 年提出，是一种在层次聚类中采用动态模型的聚类算法。在 Chameleon 中，簇的相似度依据如下两点评估：①簇中对象的连接情况；②簇的邻近性。也就是说，如果两个簇的互连性都很高并且它们之间又靠得很近，就将其合并。这样，Chameleon 就不用依赖于一个静态的、用户提供的模型，能够自动地适应被合并簇的内部特征。这一合并过程有利于发现自然的、同构的簇，并且只要定义了相似度函数就可应用于所有类型的数据。

Chameleon 的产生基于对两个层次聚类算法 CURE 和 ROCK 缺点的观察。CURE 及其相关的方案忽略了关于两个不同簇中对象的互连性的信息，而 ROCK 及其相关的方案强调对象间互连性，却忽略了关于对象间近似度的信息。

Chameleon 算法流程如图 6-5 所示，它采用 k - 最近邻图的方法来构建一个稀疏图；其中，图的每个顶点代表一个数据对象，如果一个对象是另一个对象的 k 个最相似的对象之一，那么在这两个顶点（对象）之间就存在一条边。这些边加权后反映对象间的相似度。

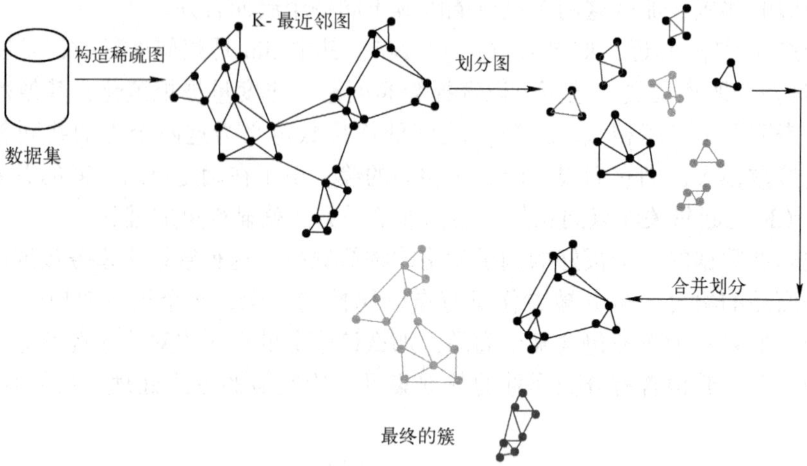

图 6-5　Chameleon 算法流程示意图

Chameleon 算法具体分两个阶段进行：

1）使用图划分算法：将数据对象聚类为大量相对较小的子类。

逐步用图划分算法把 k - 最近邻图分成相对较小的子簇，使得割边最小。也就是说，簇 C 划分为两个子簇 C_i 和 C_j 时，需要割断的边的加权和最小。割边用 EC_{C_i,C_j} 表示，以评估 C_i 和 C_j 的簇间的绝对互连性。

2）使用凝聚的层次聚类算法。通过反复地合并子类来找到真正的结果簇。

该算法既考虑了互连性，又考虑了簇间的相似度，特别是簇内部的特征，来确定最相似的子类。这样它不依赖于一个静态的用户提供的模型，能够自动地适应被合并的簇的内部特征。

Chameleon 通过两个簇之间的相对互连度 $RI(C_i,C_j)$ 和相对接近度 $RC(C_i,C_j)$ 来决定簇间的相似度。

两个簇之间的相对互连度 $RI(C_i,C_j)$ 定义为 C_i 和 C_j 之间的绝对互连度关于两个簇的内部互连度的规范化，即

$$RI(C_i,C_j)=\frac{|EC_{\{C_i,C_j\}}|}{\frac{1}{2}(|EC_{C_i}|+|EC_{C_j}|)} \tag{6-5}$$

其中，$EC_{\{C_i,C_j\}}$ 是包含 C_i 和 C_j 的簇分裂为 C_i 和 C_j 的割边，EC_{C_i}（或 EC_{C_j}）是它的最小截断等分线的大小（即将图划分为两个大致相等的部分需要切断的边的加权和）。

两个簇的相对接近度 $RC(C_i,C_j)$ 定义为 C_i 和 C_j 之间的绝对接近度关于两个簇的内部接近度的规范化，即

$$RC(C_i,C_j)=\frac{\bar{S}_{EC_{\{C_i,C_j\}}}}{\frac{|C_i|}{|C_i|+|C_j|}\bar{S}_{EC_{C_i}}+\frac{|C_j|}{|C_i|+|C_j|}\bar{S}_{EC_{C_j}}} \tag{6-6}$$

其中，$\bar{S}_{EC_{\{C_i,C_j\}}}$ 是连接 C_i 和 C_j 顶点的边的平均权值，$\bar{S}_{EC_{C_i}}$ 是 C_i 的最小二等分的边的平均权值。

由此可见，Chameleon 算法与一些著名的算法（如 CURE 和 DBSCAN）相比，在发现高质

量的任意形状的聚类结果方面有更强的能力。但是，在最坏的情况下，高维数据的处理代价可能需要 $O(n^2)$ 的时间，其中 n 是对象个数。

6.4 基于密度的聚类算法

绝大多数划分方法基于对象之间的距离进行聚类。这样的方法只能发现球状的簇，而在发现任意形状的簇上遇到了困难。于是，基于密度的另一类聚类方法应运而生，其主要思想是：只要邻近区域的密度（对象或数据点的数目）超过某个阈值，就把它加到与之相近的聚类中。也就是说，对给定类中的每个数据点，在一个给定范围的区域中必须至少包含某个数目的点。一般在一个数据空间中，高密度的对象区域被低密度（稀疏）的对象区域（通常认为是噪声数据）所分割。因此，这样的方法可以用来过滤“噪声”孤立点数据，发现任意形状的聚类结果。其代表算法有 DBSCAN 算法、OPTICS 算法及 DENCLUE 算法等。

基于密度的聚类算法的优点是：可以很好处理数据集中的噪声，很好地降低噪声对聚类结果的影响，同时很适合处理各种形状的数据集，而不仅限于球形簇。其缺点是：对阈值等参数的依赖性较大，如何制定参数值往往只能根据经验来确定。如何制定阈值直接影响到聚类效果，计算量较大。

6.4.1 DBSCAN 算法

DBSCAN（Density - Based Spatial Clustering of Application with Noise，具有噪声的基于密度的空间聚类应用）由 Ester、Kriegel、Sande 和 Xu 于 1996 年提出，是一种基于高密度连接区域的密度聚类算法。该算法将具有足够高密度的区域划分为簇，并可以在带有“噪声”的空间数据库中发现任意形状的聚类，它定义簇为密度相连的点的最大集合。

对 DBSCAN 的基本概念的初步认识：

1）对于簇中的任意一个点，它周围局部点密度必须超过某阈值。

2）簇中的点在空间上是相互关联的。

任意点 p 的局部点密度由两个参数定义，即 *Eps*（邻域的最大半径）及 *MinPts*（在 *Eps* 邻域中的最少点数）。一些相关概念的定义如下：

（1）**定义 1**（*Eps* 邻域）

给定一个对象 p，p 的 *Eps* 邻域 $N_{Eps}(p)$ 定义为以 p 为核心，以 *Eps* 为半径的 d 维超球体区域，即

$$N_{Eps}(p) = \{q \in D \mid dist(p,q) \leqslant Eps\} \tag{6-7}$$

其中，D 为 d 维实空间上的数据集，$dist(p,q)$ 表示 D 中的 2 个对象 p 和 q 之间的距离。

（2）**定义 2**（核心点与边界点）

对于对象 $p \in D$，给定一个整数 *MinPts*，如果 p 的 *Eps* 邻域内的对象数满足 $|N_{Eps}(p)| \geqslant MinPts$，则称 p 为（*Eps*，*MinPts*）条件下的核心点；不是核心点但落在某个核心点的 *Eps* 邻域内的对象称为边界点。

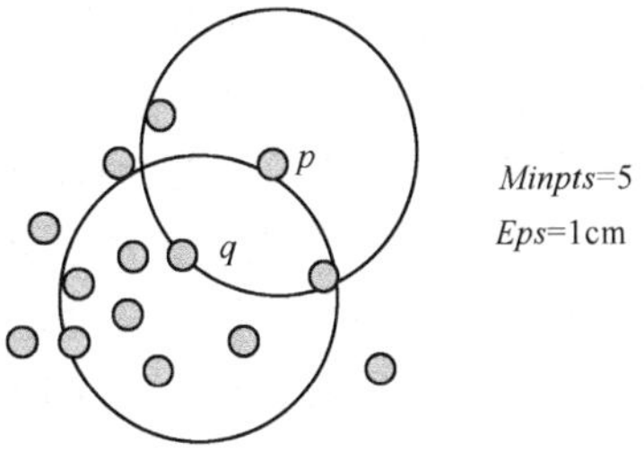

图 6-6　直接密度可达示意图

（3）**定义 3**（直接密度可达）

如图 6-6 所示，给定（*Eps*，*MinPts*），如果对象 p 和 q 同时满足如下条件：

① $p \in N_{Eps}(q)$。

② $|N_{Eps}(q)| \geq MinPts$（即 q 是核心点）。

则称对象 p 是从对象 q 出发，直接密度可达的。

（4）**定义 4**（密度可达）

如图 6-7 所示，给定数据集 D，当存在一个对象链 p_1，p_2，p_3，…，p_n，其中 $p_1=q$，$p_N=p$，对于 $p_i \in D$，如果在条件$(Eps, MinPts)$下 p_{i+1} 从 p_i 直接密度可达，则称对象 p 从对象 q 在条件$(Eps, MinPts)$下密度可达。密度可达是非对称的，即 p 从 q 密度可达不能推出 q 也从 p 密度可达。

（5）**定义 5**（密度相连）

如图 6-8 所示，如果数据集 D 中存在一个对象 o，使得对象 p 和 q 是从 o 在$(Eps, MinPts)$条件下密度可达的，那么称对象 p 和 q 在$(Eps, MinPts)$条件下密度相连。密度相连是对称的。

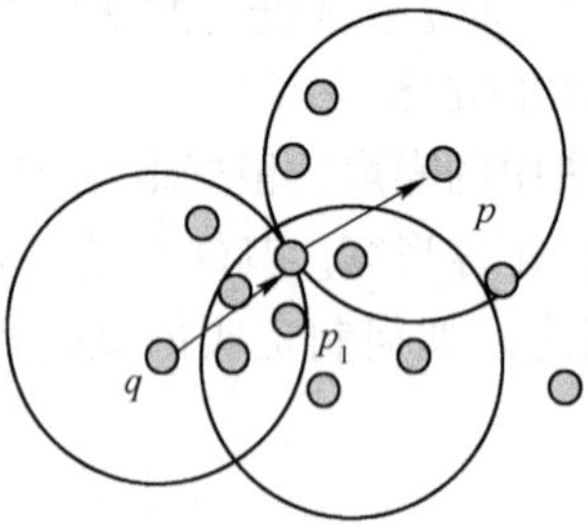

图 6-7　密度可达示意图

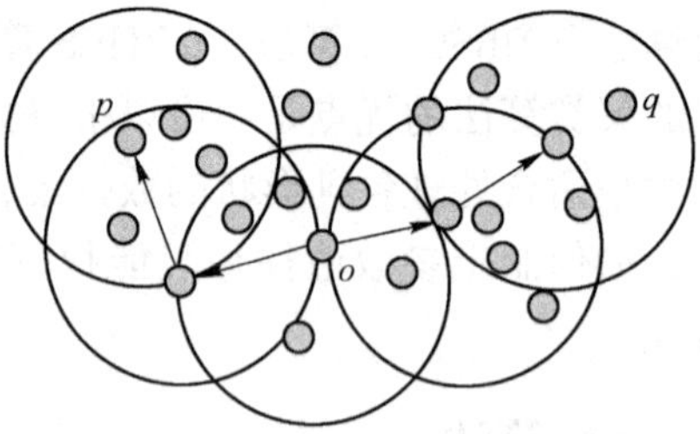

图 6-8　密度相连示意图

关于密度可达和密度相连，示例如图 6-9 所示，给定圆的半径 Eps，$MinPts=3$。

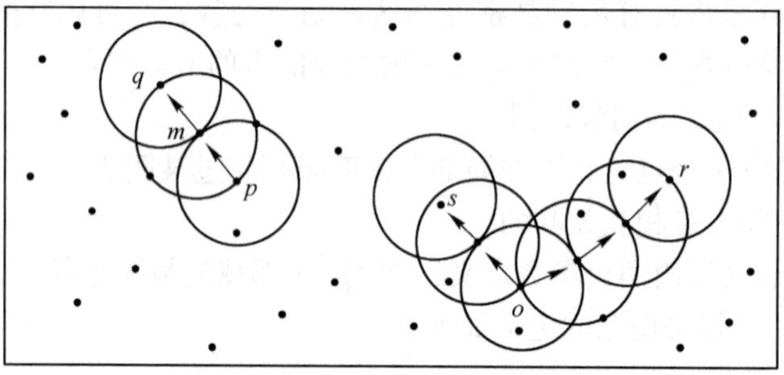

图 6-9　基于密度聚类中的密度可达和密度相连性

在被标记的点中，m，p，o 和 r 都是核心点，因为它们的 Eps 邻域内都至少包含 3 个对象，对象 q 是从 m 直接密度可达的。对象 m 是从 p 直接密度可达的，并且反之亦然。

对象 q 是从 p（间接）密度可达的，因为 q 是从 m 直接密度可达的，并且 m 是从 p 直接密度可达的。然而，p 并不是从 q 密度可达的，因为 q 不是核心点。类似地，r 和 s 是从 o 密度可达的；而 o 是从 r 密度可达的。因此，o、r 和 s 都是密度相连的。

定义 1、定义 2 确立了密度的概念，即 Eps 邻域内对象的数量。DBSCAN 中以 Eps、$MinPts$ 两个参数确定一个密度阈值，密度大于 $MinPts$ 的对象视为高密度对象，即定义 2 的核心点。对数据集进行一次扫描可以确定所有核心点，所有密度可达的核心点合并为簇，而边界点划归最近的簇。不是核心点也不是边界点的对象被视为噪声，不属于任何簇。由于采用密度可达而不是中心距离的概念，因此 DBSCAN 获得的簇是任意形状的。核心点、边界点、噪声如图 6-10 所示。

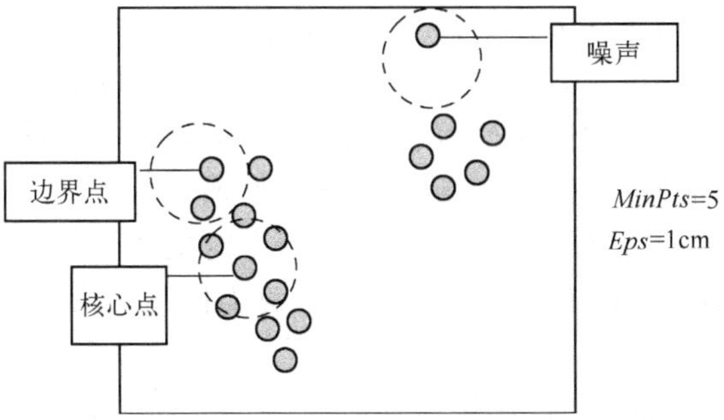

图 6-10　核心点、边界点、噪声示意图

DBSCAN 算法流程如下。

算法： DBSCAN。基于高密度连接区域的密度聚类算法。

输入： *Eps*、*MinPts* 和包含 n 个对象的数据库。

输出： 基于密度的聚类结果。

方法：

1）任意选取一个没有加簇标签的点 p。

2）得到所有从 p 关于 *Eps* 和 *MinPts* 密度可达的点。

3）如果 p 是一个核心点，形成一个新的簇，给簇内所有对象点加簇标签。

4）如果 p 是一个边界点，没有从 p 密度可达的点，DBSCAN 将访问数据库中的下一个点。

5）继续这一过程，直到数据库中的所有点都被处理。

DBSCAN 算法具有如下优点：

1）形成的簇可以具有任意形状和大小。

2）可以自动确定形成的簇数目。

3）可以分离簇和环境噪声。

4）可以被空间索引结构所支持。

5）效率高，即使对大数据集也是如此。

6）一次扫描数据即可完成聚类。

DBSCAN 算法的主要缺点有：

1）只能发现密度相仿的簇。

2）对用户定义的参数（*Eps* 和 *MinPts*）是敏感的，参数难以确定（特别是对于高维数据），设置的细微不同可能导致差别很大的聚类。

3）所使用参数 *Eps* 和 *MinPts* 是两个全局参数，不能刻画高维数据内在的聚类结构，因为真实的高维数据常常具有非常倾斜的分布。

4）计算复杂度至少为 $O(n^2)$，若采用空间索引，计算复杂度为 $O(n\log n)$。

6.4.2　OPTICS 算法

在前面介绍的 DBSCAN 算法中，初始参数 *Eps* 和 *MinPts* 是需要用户手动设置输入的，并且聚类的类簇结果对这两个参数的取值非常敏感，不同的取值将产生不同的聚类结果，其实这也是大多数其他需要初始化参数聚类算法的弊端。为了克服 DBSCAN 算法这一缺点，Mihael Ankerst、Markus M. Breunig、Hans - Peter Kriegel 和 J. rg Sander 于 1999 年提出了 OPTICS（Ordering Points To Identify the Clustering Structure，通过点排序识别聚类结构）算法。它并不显式地产生一个数据集合簇，而是为自动和交互的聚类分析计算一个簇次序（Cluster Ordering）。这个次序代表了数据的基于密度的聚类结构。它包含的信息等同于从一个广域的参数设置范围所获得的基于密度的聚类。也就是说，对于一个恒定的参数 *MinPts* 值，可以同时处理一组距离参数值。

为了同时构建不同的聚类，应当以特定的顺序来处理对象。优先选择最小的 ε 值密度可达的对象，以便高密度的聚类能被首先完成。为此，每个对象需要存储两个值：

1）对象 p 的核心距离（Core Distance）。使得 p 成为核心点的最小 ε。如果 p 不是核心点，那么 p 的核心距离没有定义。

2）对象 q 关于另一个对象 p 的可达距离（Reachability Distance）。p 的核心距离和 p 与 q 之间欧几里得距离之间的较大值。如果 p 不是核心点，p 和 q 之间的可达距离没有定义。

图 6-11 演示了核心距离和可达距离的概念。假设邻域半径 $\varepsilon = 6$ mm，$MinPts = 5$，p 的核心距离是 p 与第 4 个最近的数据对象之间的距离 ε'。q_1 关于 p 的可达距离是 p 的核心距离（即 $\varepsilon' = 3$ mm），因为它比从 p 到 q_1 的欧几里得距离要大。q_2 关于 p 的可达距离是从 p 到 q_2 的欧几里得距离，因为它大于 p 的核心距离。

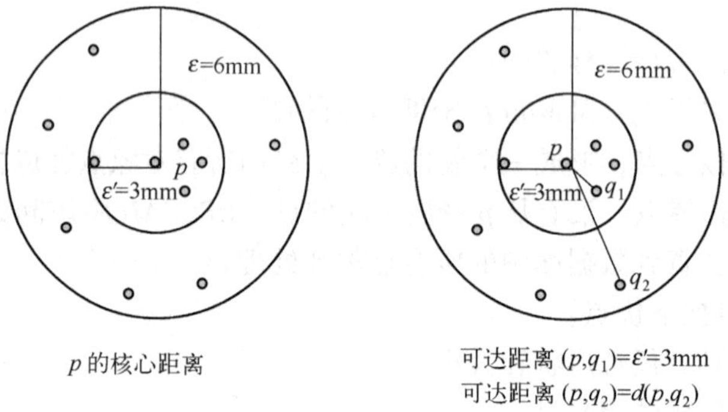

图 6-11　OPTICS 算法的术语

OPTICS 算法创建了数据库中对象的一个次序，额外存储了每个对象的核心距离和一个适当的可达距离。一种算法已被提出，以基于 OPTICS 产生的次序信息来抽取聚类。对于小于在生成该次序中采用的距离 ε 的任何距离 ε'，为提取所有基于密度的聚类，这些信息是足够的。算法描述如下。

算法：OPTICS。

输入：样本集 D，邻域半径 ε，给定点在 ε 邻域内成为核心点的最小邻域点数 *MinPts*。

输出：具有可达距离信息的样本点输出。

方法：

OPTICS 计算给定数据库中所有对象的排序，并且存储每个对象核心距离和相应的可达距离。OPTICS 维护一个名为 OrderSeeds 的表来产生输出排序。OrderSeeds 中的对象按到各自的最近核心点的可达距离排序，即按每个对象的最小可达距离排序。具体步骤如下：

1）任意选取一个对象 p。

2）检索 p 的 ε - 邻域，确定核心距离并设置可达距离为未定义。

3）输出当前对象 p，如果 p 不是核心点，则简单地转移到 OrderSeeds 表（或输入数据库，如果 OrderSeeds 为空）的下一个对象。如果 p 是核心点，则对于 p 的 ε - 邻域中的每个对象 q，更新从 p 到 q 的可达距离，并且如果 q 尚未处理，则把 q 插入 OrderSeeds。

4）迭代继续，直到输入完全耗尽并且 OrderSeeds 为空。

数据集的簇排序可以用图形描述，以便可视化和理解数据集中聚类结构。例如，图6-12是一个简单的二维数据集的可达性图，它给出了如何对数据结构化和聚类的一般观察。数据对象连同它们各自的可达距离（纵轴）按簇次序（横轴）绘出。其中三个高斯“凸起”反映数据集中的三个簇。

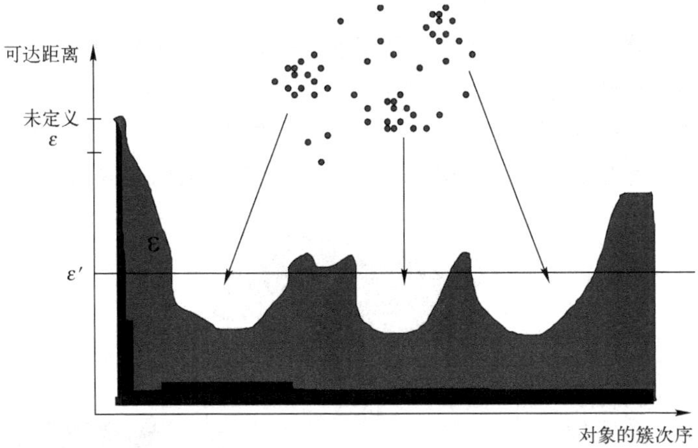

图6-12　OPTICS算法中的簇次序

由于OPTICS算法与DBSCAN在结构上的等价性，它具有和DBSCAN相同的时间复杂度，即当使用空间索引时，复杂度为$O(n\log n)$。

6.4.3　DENCLUE算法

DENCLUE（DENsity - based CLUstEring，基于密度的聚类）由A. Hinneburg和D. Keim于1998年提出，是一种基于一组密度分布函数的聚类算法。它是对K - means聚类算法的一个推广：K - means算法得到的是对数据集的一个局部最优划分，而DENCLUE得到的是全局最优划分。

该算法基本思想如下：

1）每个数据点的影响可以用一个数学函数来形式化地模拟，它描述了一个数据点在邻域内的影响，被称为影响函数（Influence Function）。

2）数据空间的整体密度可以被模拟为所有数据点的影响函数的总和。

3）聚类可以通过确定密度吸引点（Density Attractor）来得到，这里的密度吸引点是全局密度函数的局部最大值。

假设x和y是d维特征空间B中的对象。数据对象y对x的影响函数定义为

$$f_B^y = f_B(x,y) \tag{6-8}$$

它是根据一个基本的影响函数f_B来定义的，$f(x) = f_B(x,y)$，原则上影响函数可以是一个任意的函数，它由某个邻域内的两个对象之间的距离来决定。距离函数$d(x,y)$应当是自反的和对称的。例如欧几里得距离函数，用来计算一个方波影响函数（Square Wave Influence Function）

$$f_{Square}(x,y) = \begin{cases} 0, & \text{如果 } d(x,y) > \sigma \\ 1, & \text{其他} \end{cases} \tag{6-9}$$

高斯影响函数

$$G_{Gauss}(x,y) = e^{-\frac{d(x,y)2}{2\sigma^2}} \tag{6-10}$$

在一个对象$x(x \in F_d)$上的密度函数被定义为所有数据点的影响函数的总和。给定n个对象，$D = \{x_1,\cdots,x_n\} \subset F_d$，在$x$上的密度函数定义为

$$f_B^D(x) = \sum_{i=1}^{n} f_B^{x_i}(x) \tag{6-11}$$

例如，根据高斯影响函数得出的密度函数为

$$f_{Gauss}^D(x) = \sum_{i=1}^{n} e^{-\frac{d(x,x_i)2}{2\sigma^2}} \tag{6-12}$$

根据密度函数，能够定义该函数的梯度和密度吸引点（全局密度函数的局部最大）。一个点 x 是被一个密度吸引点 x^* 密度吸引的，如果存在一组点 x_0，x_1，…，x_k，$x_0=x$，$x_k=x^*$，对 $0<i<k$，x_{i-1} 的梯度是在 x_i 的方向上。对一个连续的、可微的影响函数，用梯度指导的爬山算法能用来计算一组数据点的密度吸引点。图 6-13 显示了一个二维数据集的高斯密度和密度吸引点。

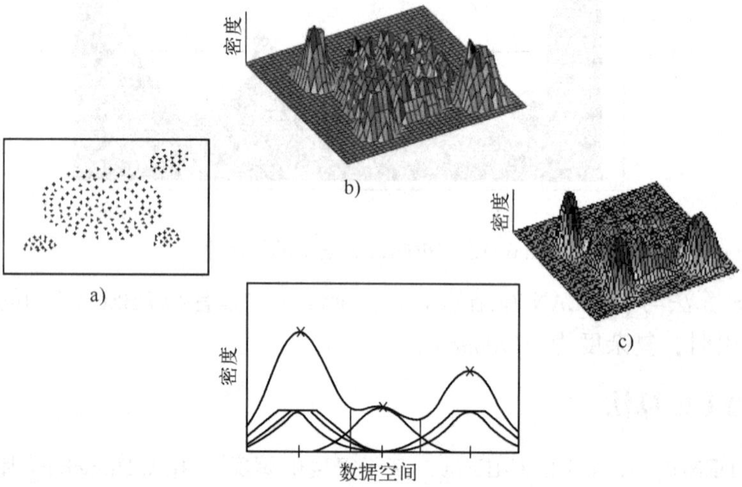

图 6-13　高斯密度和密度吸引点示意图

基于这些概念，中心定义的簇（Center - Defined Cluster）和任意形状的簇（Arbitrary - Shape Cluster）能够被形式化地定义。一个根据密度吸引点 x^* 中心定义的聚类是一个被 x^* 密度吸引的子集 C，在 x^* 的密度函数不小于一个阈值 ξ，否则（即如果它的密度函数值小于 ξ），它被认为是孤立点。一个任意形状的簇是一组子集 C，每一个是密度吸引的，有不小于阈值 ξ 的密度函数值，从每个区域到另一个都存在一条路径 P，该路径上每个点的密度函数值都不小于 ξ。中心定义和任意形状的簇的示例如图 6-14 所示。

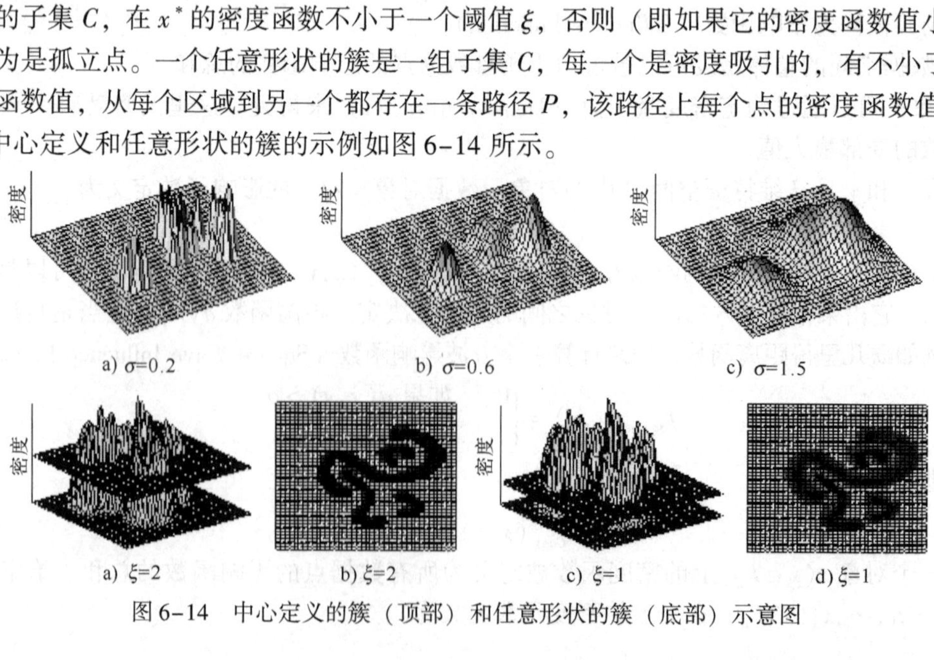

图 6-14　中心定义的簇（顶部）和任意形状的簇（底部）示意图

DENCLUE 算法与其他算法相比主要有如下一些优点：

1）它有一个坚实的数学基础，概括了其他聚类方法，包括基于划分的、层次的及基于位置的方法。

2）对于有大量“噪声”的数据集合，它有良好的聚类特性。

3）对高维数据集合的任意形状的聚类，它给出了简洁的数学描述。

4）它使用了网格单元，只保存了关于实际包含数据点的网格单元的信息。它以一个基于树的存取结构来管理这些单元，因此比一些有影响的算法（如 DBSCAN）的存取速度要快。

但是，DENCLUE 算法要求对密度参数 σ 和噪声阈值 ξ 进行仔细选择，因为这样的参数选择可能明显地影响聚类结果的质量，即对参数比较敏感。

6.5 基于网格的聚类算法

基于网格的聚类算法是采用一个多分辨率的网格数据结构，即将空间量化为有限数目的单元，这些单元形成了网格结构，所有聚类操作都在网格上进行。基于网格的聚类从对数据空间划分的角度出发，利用属性空间的多维网格数据结构，将空间划分为有限数目的单元，以构成一个可以进行聚类分析的网格结构。该算法的主要特点是处理时间与数据对象的数目无关，但与每维空间所划分的单元数相关；而且基于其间接的处理步骤（数据→网格数据→空间划分→数据划分），该方法还与数据的输入顺序无关。与基于密度的聚类只能处理数值属性的数据不同的是，基于网格的聚类可以处理任意类型的数据，但以降低聚类的质量和准确性为代价。这种算法的主要优点是处理速度很快，处理时间独立于数据对象的数目，仅依赖于量化空间中每一维上的单元数目。其缺点是（所有基于网格的算法都存在下列问题）：一是如何选择合适的单元大小和数目；二是如何对每个单元中对象的信息进行汇总。基于网格的代表性聚类算法有 STING（统计信息网络）、WaveCluster（采用小波变换聚类）及 CLIQUE（聚类高维空间）算法等。其中，STING 是基于网格方法的一个典型算法，WaveCluster 和 CLIQUE 这两种算法既是基于网格的，又是基于密度的。

6.5.1 STING 算法

STING（STatistical INformation Grid，统计信息网格）由 Wang、Yang 和 Muntz 于 1997 年提出，是一种基于网格的多分辨率聚类算法，它将空间区域划分为矩形单元。针对不同级别的分辨率，通常存在多个级别的矩形单元，这些单元形成了一个层次结构——高层的每个单元被划分为多个低一层的单元。关于每个网格单元属性的统计信息（如平均值、最大值和最小值）被预先计算和存储。这些统计参数可用于查询处理。

图 6-15 显示了 STING 聚类的一个层次结构。高层单元的统计参数可以很容易地从低层单元的参数计算得到。这些统计参数包括属性无关的参数 *count*；属性相关的参数 *m*（平均值）、*s*（标准偏差）、min（最小值）、max（最大值），以及该单元中属性值遵循的 distribution（分布）类型，如 normal（正态的）、uniform（均衡的）、exponential（指数的）或 none（如果分布未知）。当数据被加装到数据库时，最底层单元的参数 *count*、*m*、*s*、min 和 max 直接进行计算。如果分布的类型事先知道，则 distribution 的值可以由用户指定，也可以通过假设检验（如 x^2 检验）来获得。一个高层单元的分布类型可以基于其对应的低层单元多数的分布类型，用一个阈值过滤过程来计算。如果低层单元的分布彼此不同，阈值检验失败，则高层单元的分布

类型被置为 none。

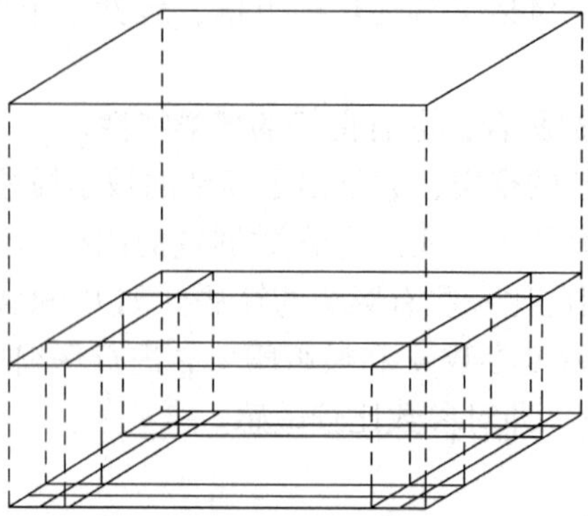

图 6-15　STING 聚类的层次结构图

统计参数的使用可以采用自顶向下的基于网格的方法回答空间数据查询。具体步骤描述如下。

算法：STING(S,Q)。

输入：层次结构 S，查询要求 Q。

输出：满足查询要求的相关单元的区域。

方法：

1）在层次结构中选定一层（包含较少的单元）作为查询处理的开始点。

2）对当前层次的每个单元，计算置信度区间（或者估算其概率），用以反映该单元与给定查询的关联程度。

3）删除不相关的单元，进一步处理不考虑它们。

4）结束当前层的考查后，就处理下一层。

5）重复这一过程，直到最底层。

与其他聚类算法相比，STING 算法具有如下优点：

1）基于网格的计算独立于查询，因为存储在每个单元中的统计信息描述了单元中与查询无关的概要信息。

2）网格结构有利于并行处理和增量更新。

3）效率很高。STING 通过扫描数据库一次来计算单元的统计信息，因此产生聚类的时间复杂度是 $O(n)$，其中 n 是对象的数目。在层次结构建立后，查询处理时间是 $O(g)$，其中 g 是最底层网格单元的数目，通常远远小于 n。

由于 STING 采用了一个多分辨率的方法进行聚类分析，STING 聚类的质量取决于网格结构的最底层的粒度。如果粒度比较细，处理的代价会显著增加；但是，如果网格结构最底层的粒度太粗，将会降低聚类分析的质量；而且，STING 在构建一个父亲单元时没有考虑孩子单元和其相邻单元之间的关系。因此，结果簇的形状是坐标轴对齐的，即所有聚类边界或者是水平的，或者是竖直的，没有斜的分界线。尽管该算法有快速的处理速度，但可能降低簇的质量和精确性。

6.5.2　WaveCluster 算法

WaveCluster（Clustering Using Wavelet Transformation，采用小波变换聚类）是一种多分辨

率的聚类算法，由 G. Sheikholeslami、S. Chatterjee 和 A. Zhang 于 1998 年提出。它先通过在数据空间上加一个多维网格结构来汇总数据，然后采用一种小波变换来变换原特征空间，在变换后的空间中找到密集区域。在该方法中，每个网格单元汇总了一组映射到该单元中的点的信息。这种汇总信息适合于在内存中进行多分辨率小波变换使用以及随后的聚类分析。

小波变换是一种信号处理技术，它将一个信号分解为不同频率的子波段。通过应用一维小波变换 n 次，小波模型可以应用于 n 维信号。在进行小波变换时，数据被变换以便在不同的分辨率层次保留对象间的相对距离。这使得数据的自然聚类变得更加容易区别。通过在新的空间中寻找高密度区域，可以确定聚类。

小波变换对聚类有如下优点：

1）它提供了没有监控的聚类。它采用了帽形（Hat - Shape）过滤，强调点密集的区域，而忽视在密集区域外的较弱的信息。这样，在原特征空间中的密集区域成为了附近点的吸引点（Attractor），距离较远的点成为抑制点（Inhibitor）。这意味着数据的聚类自动地显示出来，并“清理”了周围的区域。

2）能够自动地排除孤立点。

3）多分辨率。小波变换的多分辨率特性对不同精确性层次的聚类探测是有帮助的。例如，图 6-16 显示了一个二维特征空间的例子，图中的每个点代表了空间数据集中一个对象的属性或特征值。图 6-17 显示了不同分辨率的小波变换结果，从细的尺度到粗的尺度。在每一个层次，显示了原始数据分解得到的 4 个子波段。在左上象限（第 2 象限）中显示的子波段强调了每个数据点周围的平均邻域。右上象限（第 1 象限）内的子波段强调了数据的水平边。左下象限（第 3 象限）中的子波段强调了垂直边，而右下象限（第 4 象限）中的子波段强调了转角。

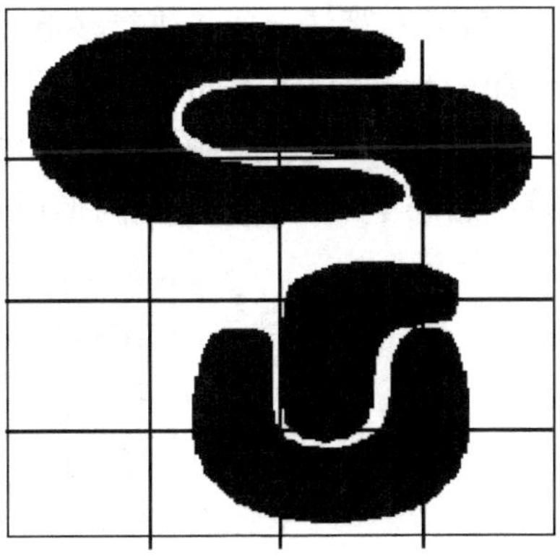

图 6-16　二维特征空间示例

a)　　b)　　c)

图 6-17　特征空间的多分辨率的结果

a) 1 级（高分辨率）　b) 2 级（中分辨率）　c) 3 级（低分辨率）

4）基于小波变换的聚类速度很快，计算复杂度是 $O(n)$，这里 n 是数据库中对象的数目。这个算法的实现可以并行化。

WaveCluster 是一种基于网格和密度的算法，它符合一个好的聚类算法的许多要求：能有效地处理大数据集合，发现任意形状的簇，成功地处理孤立点，对于输入的顺序不敏感，不要求诸如结果簇的数目、邻域的半径等输入参数的定义。实验分析发现，WaveCluster 在效率和聚类质量上优于 BIRCH、CLARANS 和 DBSCAN。此外，WaveCluster 能够处理多达 20 维的数据，但是对数学建模的知识要求较高。

6.5.3 CLIQUE 算法

CLIQUE（CLustering In QUEst，聚类高维空间）由 R. Agrawal、J. Gehrke、D. Gunopulos 和 P. Raghavan 于 1998 年提出，它是一种综合了基于密度和基于网格的聚类算法，对于大型数据库中的高维数据的聚类非常有效。

CLIQUE 算法的基本思想如下：

1）给定一个多维数据点的集合，数据点在数据空间中通常不是均衡分布的。CLIQUE 区分空间中稀疏的和密集的区域，以发现数据集合的全局分布模式。

2）如果一个单元中所包含的数据点超过了某个输入参数，则该单元是密集的。在 CLIQUE 中，相连的密集单元的最大集合定义为簇。

CLIQUE 算法分两步进行多维聚类：

第一步，CLIQUE 将 n 维数据空间划分为互不相交的长方形单元，识别其中的密集单元。该工作对每一维进行。图 6-18 显示了关于 age，salary 和 vacation 维的密集的长方形单元。代表这些密集单元的相交子空间形成了一个候选搜索空间，其中可能存在更高维度的密集单元。

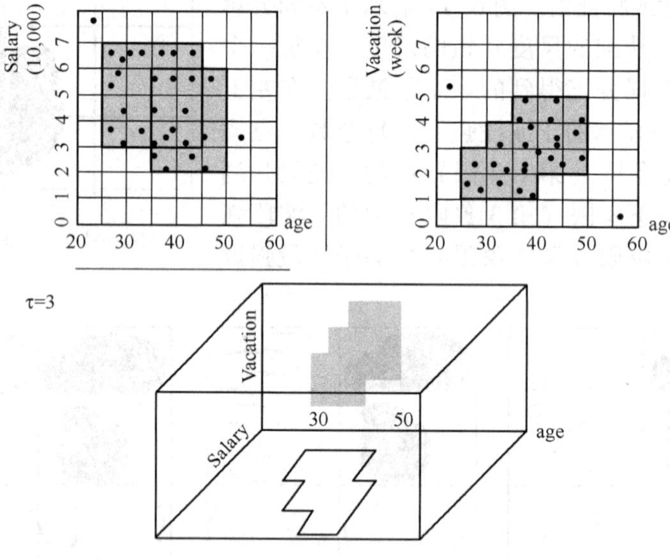

图 6-18　关于 age，salary 和 vacation 维的密集单元

CLIQUE 将更高维密集单元的搜索限制在子空间的密集单元的交集中。这种方法来自关联规则挖掘中的先验性质（Apriori Property）。一般来说，该性质在搜索空间中利用数据项的先验知识以便裁剪空间。CLIQUE 所采用的性质如下：如果一个 k 维单元是密集的，那么它在 $k-1$ 维空间上的投影也是密集的。也就是说，给定一个 k 维的候选密集单元，如果检查它的 $k-1$ 维投影单元，只要有一个是非密集的，那么 k 维单元也不可能是密集的。因此，可以从 $k-1$ 维空间中的密集单元来推断 k 维空间中潜在的（或候选的）密集单元。通常，最终的结果空间比初始空间要小很多，然后检查密集单元决定聚类。

第二步，CLIQUE 为每个簇生成最小化的描述。对每个簇，它确定覆盖相连的密集单元的最大区域，然后确定最小的覆盖。

CLIQUE 算法的优点如下：

1）自动发现最高维的子空间（高密度聚类存在于这些子空间中）。

2）对元组的输入顺序不敏感，无需假设任何规范的数据分布。

3）它随输入数据的大小线性地扩展，当数据的维数增加时具有良好的可扩展性。

由于方法大大简化，CLIQUE 算法也存在着很多局限，主要表现在以下几个方面：

1）采用固定划分网格的方法容易破坏密集区域的边缘，降低最终结果的准确性。

2）不能自动去除数据集中的孤立点，需要额外的计算步骤去除孤立点，从而增加了计算复杂性。

3）利用最小描述长度技术进行剪枝，可能会剪掉一些密集单元，从而对最终的聚类结果质量造成影响。

4）很多步骤都采用近似算法，聚类结果的精确性可能因此降低。

6.6 基于模型的聚类算法

基于模型的方法为每一个聚类假定了一个模型，寻找数据对给定模型的最佳拟合。一个基于模型的算法可能通过构建反映数据点空间分布的密度函数来定位聚类，也可能基于标准的统计数字决定聚类数目，并考虑“噪声”数据或孤立点，从而产生健壮的聚类方法。该方法试图优化给定的数据和某些数学模型之间的适应性。这样的方法常基于这样的假设——数据是根据潜在的概率分布生成的。基于模型的聚类方法主要有两类：统计学方法（如 EM 和COBWEB 算法）和神经网络方法（如 SOM 算法）。

1. 统计学方法

概念聚类是一种统计学方法。它是机器学习中的一种聚类方法，给出一组未标记的数据对象，它产生一个分类模式。与传统聚类不同，概念聚类除了确定相似对象的分组外，还为每组对象发现了特征描述，即每组对象代表了一个概念或类。因此，概念聚类过程主要有两个步骤：首先，完成聚类；其次，进行特征描述。在这里，聚类质量不再只是单个对象的函数；而且还包涵了其他因素，如所获特征描述的普遍性和简单性。

概念聚类绝大多数方法采用统计学的途径，在决定概念聚类时使用概率度量。概率描述用于描述导出的概念。

2. 神经网络方法

神经网络方法将每个簇描述成一个模型。模型作为聚类的一个“原型”，不一定对应一个特定的数据实例或对象。根据某些距离函数，新的对象可以被分配给模型与其最相似的簇。被分配给一个簇的对象的属性可以根据该簇的模型的属性来预测。神经网络聚类主要有两种方法：竞争学习方法与自组织特征图（Self - Organizing Feature Maps，SOM）映射方法，它们主要是通过若干单元对当前对象的竞争来完成。神经网络聚类方法存在较长处理时间和复杂数据中复杂关系问题，还不适合处理大数据库。

竞争学习采用了若干个单元的层次结构（或人造“神经元”），它们以一种“赢者通吃”的方式对系统当前处理的对象进行竞争。图 6-19 显示了一个竞争学习系统的例子。每个圆圈代表一个单元。在一个簇中获胜的单元成为活动的（以填满的圆圈表示），而其他单元是不活动的（以空的圆圈表示）。各层之间的连接是激发（Excitatory）——在某个给定层次中的单元可以接收来自低一层次所有单元的输入。在一层中活动单元的布局代表了高一层的输入模式。在某个给定层次中，一个簇中的单元彼此竞争，对低一层的输出模式做出反应。一个层次内的联系是抑制（Inhibitory），以便在任何簇中只有一个单元是活动的。获胜的单元修正它与簇中其他单元连接上的权值，以便未来它能够对与当前相似或一样的对象做出较强的反应。如果将权值看作定义一个模型，那么新的对象被分配给最近模型的簇。结果簇的数目和每个簇中单元的数目是输入参数。

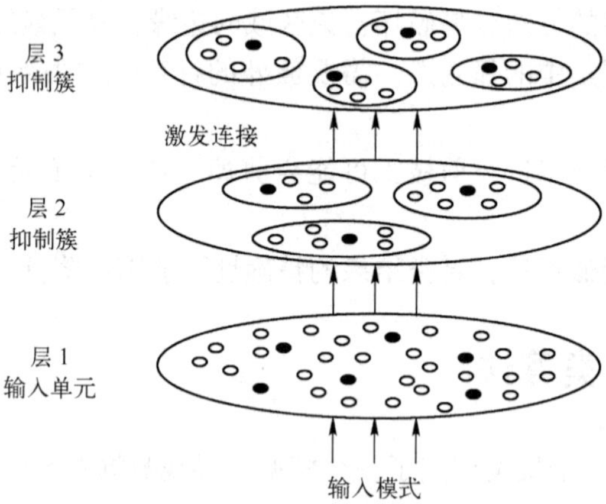

图 6-19　竞争学习结构

在聚类过程结束时，每个簇可以被看作一个新的“feature”，它反映了对象的一些规律。这样，产生的结果簇可以被看作一个低层特征向高层特征的映射。

对于 SOM，聚类也是通过若干个单元竞争当前对象来进行的。权值向量最接近当前对象的单元成为获胜的或活跃的单元。为了更接近输入对象，获胜单元及其最近的邻居的权值进行调整。SOM 假设在输入对象中存在一些拓扑结构或顺序，单元将最终在空间中呈现这种结构。单元的组织形成一个特征图。SOM 被认为类似于大脑的处理过程，对在二或三维空间中直观化高维数据是有用的。

6.6.1　EM 算法

期望最大化（Expectation Maximization，EM）是一种基于模型的聚类算法。假设样本分布符合高斯混合模型，算法目的是确定各个高斯部件的参数，充分拟合给定数据，并得到一个模糊聚类，即每个样本以不同概率属于每个高斯分布，概率数值将由以上各个参数计算得到。

高斯混合模型被定义为 M 个高斯密度函数的线性组合

$$P(x) = \sum_{i=1}^{M} \pi_i N_i(x;\mu_i,\Sigma_i) \tag{6-13}$$

其中 $N_i(x;\mu_i,\Sigma_i)$ 为均值为 μ_i、协方差为 Σ_i 的高斯分布，π_i 是混合参数，看作第 i 个高斯分布的权值，表征先验概率。

$$\sum_{i=1}^{M} \pi_i = 1 \quad 且 \quad 0 \leqslant \pi_i \leqslant 1 \tag{6-14}$$

$N_i(x;\mu_i,\Sigma_i)$ 的概率密度函数为

$$N_i(x) = \frac{1}{(2\pi)^{d/2}|\Sigma_i|^{1/2}}\exp\left\{-\frac{1}{2}(x-\mu_i)^T\Sigma_i^{-1}(x-\mu_i)\right\} \tag{6-15}$$

参数估计的最常用方法是最大似然估计，通过使似然函数达到最大值得到参数的估计值。若将高斯混合密度函数中所有待定的参数记为 θ，X 为观测变量，则似然函数为

$$P(X \mid \theta) = \prod_{i=1}^{N} P(x_i \mid \theta) \Rightarrow \theta^* = \arg\max_{\theta} P(X \mid \theta) \tag{6-16}$$

为了使问题简化，需要计算

$$\log(P(X \mid \theta)) = \sum_{i=1}^{N} \log(p(x_i \mid \theta)) = \sum_{i=1}^{N} \log\left(\sum_{k=1}^{K} \pi_k N(x_i; \mu_k, \Sigma_k)\right) \tag{6-17}$$

的最大值。

这里由于有和的对数，求导后形式复杂，因此不能使用一般的求偏导并令导数为零的方法。

令 Z 为隐形变量，假定可以观察到 Z，问题变为求式（6-17）的最大值

$$P(X, z \mid \theta) = \sum_{i=1}^{N} \log(p(x_i, z_i \mid \theta)) = \sum_{i=1}^{N} \log(\pi_i N(x_i; \mu_{z_i}, \Sigma_{z_i})) \tag{6-18}$$

但 Z 是观察不到的，因此 EM 算法假设 Z 的分布依据上一轮的估计参数确定，求取期望的最大值。定义

$$Q(\theta, \theta^{old}) = E_z[\log(p(X, Z \mid \theta)) \mid X, \theta^{old}] \tag{6-19}$$

通过计算可得

$$\sum\nolimits_k^{new} = \frac{\sum_{i=1}^{N} p(k \mid x_i, \theta^{old})(x_i - \mu_k^{new})(x_i - \mu_k^{new})^{\mathrm{T}}}{\sum_{i=1}^{N} p(k \mid x_i, \theta^{old})} \tag{6-20}$$

EM 算法的具体流程为重复执行以下两个步骤直到收敛：

1）E 步骤。根据参数初始值或上一次迭代所得结果值来计算似然函数。

2）M 步骤。将似然函数最大化以获得新的参数值，用 θ^{new} 更新 θ^{old} 使 $Q(\theta, \theta^{old})$ 最大化。

EM 算法的主要特点如下：

1）EM 算法比 K-means 算法计算复杂，收敛也较慢，不适于大规模数据集和高维数据，但比 K-means 算法计算结果稳定、准确。

2）需要已知样本聚类数目。

3）对初值敏感，通常需要一个好的、快速的初始化过程。

4）爬山技术，有局部最优解。

5）对孤立点敏感，有噪声时效果差。

6.6.2 COBWEB 算法

COBWEB 是一种简单、流行的增量概念聚类算法，由 D. Fisher 于 1987 年提出。它的输入对象用分类属性-值对来描述。它以一个分类树的形式创建层次聚类。

图 6-20 显示了一棵对动物数据的分类树。分类树的每个结点对应一个概念，包含该概念的一个概率描述，概述了被分在该结点下的对象。概率描述包括概念的概率和形如 $P(A_i = V_{ij} \mid C_k)$ 的条件概率，这里 $A_i = V_{ij}$ 是一对属性和值，C_k 是概念类（计数被累计和存储在每个结点中，用于概率的计算）。这与决策树不同，决策树标记分支，而非结点，而且采用逻辑描述符，而不是概率描述符。在分类树某个层次上的兄弟结点形成了一个划分。为了用分类树对一个对象进行分类，采用了一个部分匹配函数沿着最佳匹配结点的路径在树中向下移动。

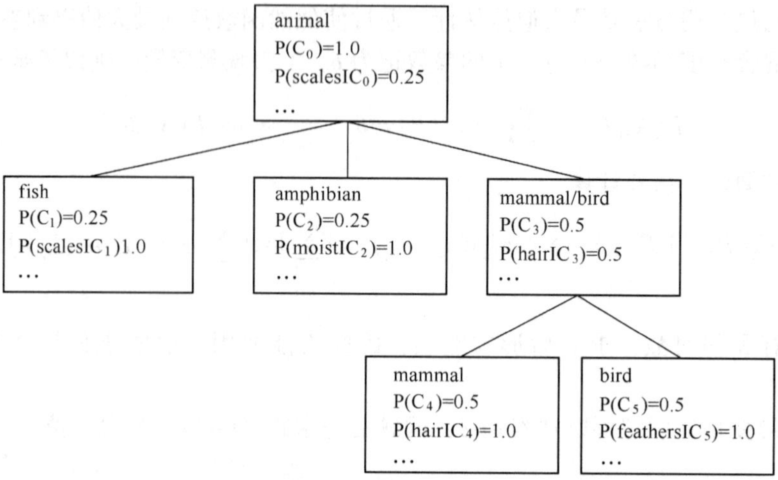

图 6-20　对云分类树

COBWEB 采用了一个启发式估算度量——分类效用（Category Utility，CU）来指导树的构建，分类效用的定义为

$$\frac{\sum_{i=1}^{n} P(C_k)\left[\sum_i \sum_j P(A_i = V_{ij} \mid C_k)^2 - \sum_i \sum_j P(A_i = V_{ij})^2\right]}{n} \tag{6-21}$$

这里 n 是在树的某个层次上形成一个划分 $\{C_1, C_2, \cdots, C_n\}$ 的结点、概念或“种类”的数目。尽管没有空间来显示这个推导过程，分类效用回报类内相似性和类间相异性，概率 $P(A_i = V_{ij} \mid C_k)$ 表示类内相似性。该值越大，共享该属性值的类成员比例越大，该属性值对类成员的预见性就越大。$P(C_k = A_i \mid V_{ij})$ 表示类间相异性。该值越大，共享该属性值在其他类中的对象就越少，该属性值对类的预见性就越大。

COBWEB 的工作过程：它将对象增量地加入到分类树中。给定一个新的对象，COBWEB 沿着一条适当的路径向下，修改计数，寻找可以分类该对象的最好结点。这个决策基于将对象临时置于每个结点，计算结果划分的分类效用。产生最高分类效用的方案应当是一处好的选择。COBWEB 也对为给定对象创建一个新结点所产生的分类效用进行计算。它与基于现存结点的结果相比较，根据产生最高分类效用的划分，对象被置于一个已存在的类，或者为它创建一个新类。注意：COBWEB 可以自动修正划分中类的数目，它不需要用户提供这样的输入参数。

上面提到的两个操作符对于对象的输入顺序很敏感，为了降低这种敏感性，COBWEB 有两个额外的操作符：合并（Merging）和分裂（Splitting）。当一个对象被加入，两个最佳的候选结点可以考虑合并为单个类。此外，COBWEB 考虑现有的分类中分裂最佳的候选结点的子结点。这些决定基于分类效用。合并和分裂操作符使得 COBWEB 执行一种双向的搜索，例如，一个合并可以抵消一个以前的分裂。

CORWEB 的优点在于：它不需要用户输入参数来确定分类的个数，可以自动修正划分中类的数目。其缺点是：首先，它基于这样一个假设——在每个属性上的概率分布是彼此独立的。由于属性间经常是相关的，这个假设并不总是成立。其次，聚类的概率分布描述使得更新和存储类相当昂贵。因为时间和空间复杂度不只依赖于属性的数目，而且取决于每个属性的值的数目，所以当属性有大量的取值时情况尤其严重。而且，分类树对于偏斜的输入数据不是高度平衡的，它可能导致时间和空间复杂度的剧烈变化。

CLASSIT 是 COBWEB 的一个扩展，用以处理连续数据的增量聚类。它在每个结点中为每个属性存储一个连续的正常的分布（即平均值和标准偏差），采用一个修正的分类效用函数，计算出在连续属性上的一个整数值。但是，它与 COBWEB 存在相似的问题，因此不适用于聚类大规模的数据。

在产业界，AutoClass 是一个比较流行的聚类方法，由 P. Cheeseman 和 J. Stutz 于 1996 年提出，它采用贝叶斯统计分析来估算结果簇的数目。将概念聚类用于数据挖掘中需要进一步研究。

6.6.3 SOM 算法

自组织特征映射（Self - Organizing Feature Maps，SOM）是一种竞争型无监督学习的神经网络方法，由 T. Kohonen 于 1981 年提出。学习是基于如下的假设，即一个结点仅影响附近的结点或弧。在开始时随即分配初始权值，然后在学习过程中不断调整权值以产生好的聚类结果。在这个过程中，我们可以揭示隐藏在数据中的特征或模式，并且权值也会不断调整。

自组织这个术语表明神经网络根据结点之间的相似性将结点组织成簇的能力，相距较近的结点会比相距较远的结点更相似。这也暗示了 SOM 在实际聚类过程中是如何工作的。随着迭代的进行，输出层的结点与输入结点匹配，就会涌现出输出层结点的模式。

通常，初始时连接输入结点到竞争层的权是随机分配的，并且是归一化的数值。输出结点与输入向量的相似性通过两个向量的点积计算。给定输入元组 $X = <x_1, \cdots, x_h>$，从输出层到竞争层结点 i 的权为 $w_{1i}, w_{2i}, \cdots, w_{hi}$。$X$ 与结点 i 的相似性为

$$\mathrm{Sim}(X,i) = \sum_{j=1}^{h} x_j w_{ji} \tag{6-22}$$

与输入结点最相似的竞争结点在竞争中取胜。根据竞争结果，到结点 i 及矩阵中相邻结点的权会增大，这就是训练阶段。给定结点 i，用 N_i 表示结点 i 及矩阵中的相邻结点，因此，学习过程中的权值的变化公式为

$$\Delta w_{kj} = \begin{cases} c(x_k - w_{kj}) & \text{当 } j \in N_i \\ 0 & \text{其他} \end{cases} \tag{6-23}$$

采用自组织映射神经网络进行聚类，由于它能够表现出输出模式在“线”上或“平面”上的分布特性，因此已经越来越多地应用于各个领域。尤其在工业监控数据中，对于不确定性和多模态性等特点，SOM 算法表现出了较好的强壮性。深入研究该网络，对网络的算法进行改进，必将使海量数据的聚类达到令人满意的效果。

6.7 聚类评估

聚类评估是估计在数据集上进行聚类的可行性和由聚类方法产生的结果的质量。聚类评估主要包括如下任务：

1）估计聚类趋势。在这项任务中，对于给定的数据集，评估该数据集是否存在非随机结构。盲目地在数据集上使用聚类方法将返回一些簇，然而，所挖掘的簇可能是误导。仅当数据中存在非随机结构时，数据集上的聚类分析才是有意义的。

2）确定数据集中的簇数。一些诸如 K - means 这样的算法需要数据集的簇数作为参数。此

外，簇数可以被看作数据集的一个重要的概括统计量。因此，在使用聚类算法导出详细的簇之前，估计簇数是可取的。

3）测定聚类质量。在数据集上使用聚类方法之后，要评估结果簇的质量。许多度量都可以使用。有些方法测定簇对数据的拟合程度，而其他方法测定簇与基准匹配的程度（如果这种基准存在）。还有一些测定对聚类打分，因此可以比较相同数据集上的两组聚类结果。

6.7.1 估计聚类趋势

聚类趋势评估可以确定给定的数据集是否具有可以导致有意义的聚类的非随机结构。考虑一个没有任何非随机结构的数据集，如数据空间中均匀分布的点。尽管聚类算法可以为该数据集返回簇，但是这些簇是随机的，没有任何意义。

评估数据集的聚类趋势，直观地可以评估数据集均匀分布产生的概率。这可以通过空间随机性的统计检验来实现，如一种简单但有效的统计量——霍普金斯统计量（Hopkins Statistic），用于检验空间分布的变量的空间随机性。

给定数据集 D，它可以被看作随机变量 o 的一个样本，为确定 o 在多大程度上不同于数据空间中的均匀分布，可按以下步骤计算霍普金斯统计量：

1）均匀地从 D 的空间中抽取 n 个点 p_1，…，p_n。也就是说，D 空间中的每个点都以相同的概率包含在这个样本中。对于每个点 $p_i(1 \leqslant i \leqslant n)$，找出 p_i 在 D 中的最近邻，并令 x_i 为 p_i 与它在 D 中的最近邻之间的距离，即

$$x_i = \min_{v \in D}\{dist(p_i, v)\} \tag{6-24}$$

2）均匀地从 D 中抽取 n 个点 q_1，…，q_n。对于每个点 $q_i(1 \leqslant i \leqslant n)$，找出 q_i 在 $D-\{q_i\}$ 中的最近邻，并令 y_i 为 q_i 与它在 $D-\{q_i\}$ 中的最近邻之间的距离，即

$$y_i = \min_{v \in D, v \neq q_i}\{dist(q_i, v)\} \tag{6-25}$$

3）计算霍普金斯统计量 H

$$H = \frac{\sum_{i=1}^{n} y_i}{\sum_{i=1}^{n} x_i + \sum_{i=1}^{n} y_i} \tag{6-26}$$

如果 D 是均匀分布的，则 $\sum_{i=1}^{n} y_i$ 和 $\sum_{i=1}^{n} x_i$ 将会很接近，因而 H 大约为 0.5。然而，如果 D 是高度倾斜的，则 $\sum_{i=1}^{n} y_i$ 将显著地小于 $\sum_{i=1}^{n} x_i$，因而 H 将趋近于 0。

原假设是同质假设——D 是均匀分布的，因而不包含有意义的簇。非均匀假设（即 D 不是均匀分布的，因而包含簇）是备择假设，可以迭代地进行霍普金斯统计量检验，使用 0.5 作为拒绝备择假设阈值，即如果 $H>0.5$，则 D 不大可能具有统计显著的簇。

6.7.2 确定簇数

确定数据集中“正确的”簇数是重要的，不仅因为像 K-means 这样的聚类算法需要这种参数，而且因为合适的簇数可以控制适当的聚类分析粒度。这可以看作在聚类分析的可压缩性与准确性之间寻找好的平衡点。考虑两种极端情况：一方面，如果把整个数据集看作一个簇，这将最大化数据的压缩，但是这种聚类分析没有任何价值；另一方面，把数据集的每个对象看

作一个簇将产生最细的聚类（即最准确的解，由于对象到其对应的簇中心的距离都为0），但每个簇一个对象并不提供任何数据概括。

确定簇数并非易事，因为“正确的”簇数常常是含糊不清的。通常，找出正确的簇数依赖于数据集分布的形状和尺度，也依赖于用户要求的聚类分辨率。估计簇数的方法有许多。下面简略介绍几种简单、有效的方法：

1）一种简单的经验方法是，对于 n 个点的数据集，设置簇数 p 大约为 $\sqrt{\frac{n}{2}}$。在期望情况下，每个簇大约有 $\sqrt{2n}$ 个点。

2）肘方法(Elbow Method）基于如下观察——增加簇数有助于降低每个簇的簇内方差之和。这是因为有更多的簇可以捕获更细的数据对象簇，簇中对象之间更为相似。然而，如果形成太多的簇，则降低簇内方差和的边缘效应可能下降，因为把一个凝聚的簇分裂成两个只引起簇内方差和的稍微降低。因此，一种选择正确的簇数的启发式方法是，使用簇内方差和关于簇数的曲线的拐点。

严格地说，给定 $k>0$，可使用一种像 K－means 这样的算法对数据集聚类，并计算簇内方差和 $\mathrm{var}(k)$。然后，绘制 $\mathrm{var}(k)$ 关于 k 的曲线。曲线的第一个（或最显著的）拐点暗示“正确”簇数。

数据集中“正确的”簇数还可以通过交叉验证确定。它是一种常用于分类的技术。首先，把给定的数据集 D 划分成 m 个部分。其次，使用 $m-1$ 个部分建立一个聚类模型，并使用剩下的一部分检验聚类的质量。例如，对于检验集中的每个点，可以找出最近的形心。因此，可以使用检验集中的所有点与它们的最近形心之间的距离的平方和来度量聚类模型拟合检验集的程度。对于任意整数（$k>0$），依次使用每一部分作为检验集，重复以上过程 m 次，导出 k 个簇的聚类。取质量度量的平均值作为总体质量度量。然后，对不同的 k 值，比较总体质量度量，并选取最佳拟合数据的簇数。

6.7.3 测定聚类质量

假设已评估了给定数据集的聚类趋势，可能已试着确定数据集的簇数。现在可以使用一种或多种聚类方法来得到数据集的聚类。而要测定聚类质量，有多种方法可供选择。一般而言，根据是否有基准可用，这些方法可分成两类。这里，基准是一种理想的聚类，通常由专家构建。

如果有可用的基准，则外在方法（Extrinsic Method）可以使用它，即外在方法比较聚类结果和基准。如果没有基准可用，则可使用内在方法（Intrinsic Method)，即通过考虑簇的分离情况及其紧凑情况来评估聚类的好坏。基准可以被看作一种“簇标号”形式的监督。因此，外在方法是监督方法，而内在方法是无监督方法。

1. 外在方法

当有基准可用时，可以将外在方法与聚类进行比较，以评估聚类。这样，外在方法的核心任务是，给定基准 C_g，对聚类 C 赋予一个评分 $Q(C,C_g)$。该方法是否有效很大程度依赖于其使用的聚类质量度量 Q。通常，如果满足如下 4 项基本准则，聚类质量度量 Q 是有效的。

1）簇的同质性（Cluster Homogeneity）。聚类中的簇越纯，聚类越好。假设基准是说数据集 D 中的对象可能属于类别 L_1，…，L_n。考虑一个聚类 C_1，其中簇 $C\in C_1$ 包含来自两个类 L_i 和 $L_j(1\leq i<j\leq n)$ 的对象。再考虑一个聚类 C_2，除了把 C 划分成分别包含 L_i 和 L_j 中对象的两

个族之外，它等价于 C_1。关于簇的同质性，聚类质量度量 Q 应该赋予 C_2 比 C_1 更高的得分，即 $Q(C_2,C_g)>Q(C_1,C_g)$。

2）簇的完全性（Cluster Completeness）。这与簇的同质性相辅相成。簇的完全性要求对于聚类来说，根据基准，如果两个对象属于相同的类别，则它们应该被分配到相同的簇。簇的完全性要求聚类把（根据基准）属于相同类别的对象分配到相同的簇。考虑聚类 C_1，它包含簇 C_1 和 C_2，根据基准，它们的成员属于相同的类别。假设 C_2 除 C_1 和 C_2 在 C_2 中合并到一个簇之外，它等价于聚类 C_1。关于簇的完全性，聚类质量度量 Q 应该赋予 C_2 更高的得分，即 $Q(C_2,C_g)>Q(C_1,C_g)$。

3）"碎布袋"（Rag Bag）。在许多实际情况下，常常有一种"碎布袋"类别。这一类别包含一些不能与其他对象合并的对象。这种类别通常被称为"杂项""其他"等。"碎布袋"准则是说把一个异种对象放入一个纯的簇中应该比放入"碎布袋"中受更大的"处罚"。考虑聚类 C_1 和簇 $C\in C_1$，使得根据基准，除一个对象（记作 o）之外，C 中的所有对象都属于相同的类别。考虑聚类 C_2，它几乎等价于 C_1，唯一例外是在 C_2 中，o 被分配给簇 $C'\neq C$，使得 C' 包含来自不同类别的对象（根据基准），因而是噪声。换言之，C_2 中的 C' 是一个"碎布袋"。于是，关于"碎布袋"准则，聚类质量度量 Q 应该赋予 C_2 更高的得分，即 $Q(C_2,C_g)>Q(C_1,C_g)$。

4）小簇保持性（Small Cluster Preservation）。如果小的类别在聚类中被划分成小片，则这些小片很可能成为噪声，从而小的类别就不可能被该聚类发现。小簇保持准则是说把小类别划分成小片比将大类别划分成小片更有害。考虑一个极端情况：设 D 是 $n+2$ 个对象的数据集，根据基准，n 个对象 o_1，…，o_n 属于一个类别，而其他两个对象（i_{n+1}，o_{n+2}）属于另一个类别。假设聚类 C_1 有 3 个簇：$C_1=\{o_1,\cdots,o_n\}$，$C_2=\{o_{n+1}\}$，$C_3=\{o_{n+2}\}$。设聚类 C_2 也有 3 个簇：$C_1=\{o_1,\cdots,o_{n-1}\}$，$C_2=\{o_n\}$，$C_3=\{o_{n+1}+o_{n+2}\}$。换言之，$C_1$ 划分了小类别，而 C_2 划分了大类别。保持小簇的聚类质量度量 Q 应该赋予 C_2 更高的得分，即 $Q(C_2,C_g)>Q(C_1,C_g)$。

2. 内在方法

当没有数据集的基准可用时，我们必须使用内在方法来评估聚类质量。一般而言，内在方法通过考察簇的分离情况及其紧凑情况来评估聚类。

许多内在方法都利用了数据集对象之间的相似性度量，轮廓系数（Silhouette Coefficient）就是这种度量。为了度量聚类的簇的拟合性，我们可以计算族中所有对象的轮廓系数的平均值。对于 n 个对象的数据集 D，假设 D 被划分成 k 个簇 C_1，…，C_k。对于每个对象 $o\in D$，计算 o 与 o 所属簇的其他对象之间的平均距离 $a(o)$，类似地，$b(o)$ 是 o 到不属于 o 的所有簇的最小平均距离。假设 $o\in C_i(1\leqslant i\leqslant k)$，则

$$a(o)=\frac{\sum\limits_{o'\in C_i,o\neq o'}\mathrm{dist}(o,o')}{|C_i|-1} \tag{6-27}$$

而

$$b(o)=\min_{C_j:1\leqslant j\leqslant k,j\neq i}\left\{\frac{\sum\limits_{o'\in C_i}\mathrm{dist}(o,o')}{|C_i|}\right\} \tag{6-28}$$

对象 o 的轮廓系数定义为

$$s(o)=\frac{b(o)-a(o)}{\max\{a(o),b(o)\}} \tag{6-29}$$

轮廓系数的值在 -1 和 1 之间。$a(o)$ 的值反映 o 所属簇的紧凑性。该值越小，簇越紧凑。$b(o)$ 的值捕获 o 与其他簇的分离程度。$b(o)$ 的值越大，o 与其他簇越分离。因此，当 o 的轮廓系数值接近 1 时，包含 o 的簇是紧凑的，并且 o 远离其他簇，这是一种可取的情况。然而，当轮廓系数的值为负时（即 $b(o) < a(o)$），这意味在期望情况下，o 距离其他簇的对象比距离与自己同在簇的对象更近。在许多情况下，这是很糟糕的，应该避免。

为了度量聚类中的簇的拟合性，我们可以计算簇中所有对象的轮廓系数的平均值。轮廓系数和其他内在度量也可以用在肘方法中，通过启发式地导出数据集的簇数取代簇内方差之和。

6.8 聚类分析应用实例

聚类分析是数据分析中的一种重要技术，其应用极为广泛。

从实际应用的角度看，聚类分析是数据挖掘的主要任务之一。例如，在科学数据探测、信息检索、文本挖掘、空间数据库分析、Web 数据分析、客户关系管理、医学诊断、生物学等方面的数据挖掘应用软件中，聚类分析技术都起着重要的作用。在商业领域，聚类分析可以帮助市场分析人员从消费者数据库中区分出不同的消费群体来，并且概括出每一类消费者的消费模式或者习惯，发现不同类型的客户群，按购买习惯分类并刻画客户群的特征。在生物领域，聚类分析可以用于推导动物和植物的分类，对具有相似功能的基因进行分类，了解种群的内在结构。在因特网领域，聚类分析可以用于对 Web 文档进行分类，以发现信息。聚类分析还可以用来从地理数据库中识别出具有相似土地用途的区域；可以从保险公司的数据库中发现汽车保险中具有较高索赔概率的群体；可以从一个城市的房地产信息数据库中，根据户型、房价及地理位置将房地产分成不同的类。此外，聚类分析也可以作为其他算法（如分类等）的预处理步骤，这些算法再在生成的簇上进行处理。

6.8.1 问题理解与提出

客户细分是数据挖掘在客户关系管理（Customer Relationship Management，CRM）中的一大运用，它是指将一个大的客户群体划分为多个较小的客户群体，在划分后的每个客户群体中，客户在某个或几个属性值上具有高度的相似性，而在不同的群体之间，客户则差别较大。客户细分的目的是可以让管理者从一个比较高的层次上“鸟瞰”整个数据库中的数据，从而可以用不同的标准或方法对待处于不同细分群中的客户，提供针对性强、更为个性化的服务。客户细分是企业确定产品和服务的基础，也是建立一对一营销的基础。

本例以某超市的客户为研究对象，以其会员卡的消费记录为数据源，运用 K - means 聚类算法对该超市 VIP 客户进行细分，得到一个细分模型，该模型对企业营销策略的制定具有一定的辅助作用。

根据该超市对客户的调查显示，客户去超市购买商品有多种因素，比如促销活动、服务态度、方便与否、价格等。如何挖掘那些潜在的“黄金客户”，从而采取差异服务，为企业赚取利润，是企业的目标所在。本模型中需要解决的问题是：对超市来说，什么样的客户是最有价值的？这些客户具备什么特征？哪些客户是超市的“黄金客户”，是超市需要重点培养的价值客户？因此，需要实施基于客户价值的客户细分。通过客户细分，将超市所有客户群（不包括没有交易记录）按照客户价值分为黄金客户、普通客户和低值客户，从而指导超市针对不同类的客户群采取差异化的策略和服务标准，以超市有限的资源为最有价值的客户提供服务，达到提高此类客户忠诚度、提升客户价值、最大化超市收益的目的。

6.8.2 数据收集与选择

大多数超市都有会员卡，这些拥有会员卡的客户每次消费的记录都存储在数据库中。根据对问题的理解和所定义的挖掘目标，本次建模需要的数据包括客户的属性特征，客户的交易数据。因此，抽取某超市数据中以下几类数据表：会员客户档案记录，见表6-1，其组成为{会员卡号 + 工资 + 年龄 + 住址 + 类别}；会员客户消费记录，见表6-2，其组成为{会员卡号 + 时间 + 金额}。

表 6-1 会员客户档案记录

序号	字段名称	类型	字段理解
1	Cid	VARCHAR(12)	会员卡号,唯一
2	Salary	Integer	工资
3	Age	Integer	年龄
4	Address	Char	住址
5	Type	Char	类别
…	…	…	…

表 6-2 会员客户消费记录

序号	字段名称	类型	字段理解
1	Cid	VARCHAR(12)	会员卡号,唯一
2	Time	Datetime	消费时间
3	Money	Float	消费金额
…	…	…	…

6.8.3 数据预处理

数据库中的原始数据由于受到人为或物理等因素的影响，会存在噪声数据、空缺数据和不一致数据。如果直接在上面进行数据分析和处理，容易得到不准确的分析结果，因此在挖掘前要先对数据进行预处理。这是模型建立过程中最重要的步骤之一，大体包括数据清理、数据集成与转换、数据归约等过程。

本例根据调查选择月消费次数和月消费金额两个属性来对数据进行聚类，但是在原始数据中，没有月消费次数和月消费金额这两个属性，于是需要对原始数据进行预处理。具体步骤为：首先，通过空缺值处理将原始数据的一些空缺值或者一些差异非常大的值去掉；其次，在此基础上进行数据转换，通过会员客户消费记录表中的时间和金额两个属性，通过编程实现数据的转换，得到月消费次数和月消费金额这两个属性数据。

6.8.4 应用 K - means 聚类算法建模

根据前面的定义，将超市客户按照客户价值不同分为黄金客户、普通客户和低值客户 3 类。因此建模聚类个数 k 设为3，实验所用数据集为某超市的 1000 个 VIP 会员消费记录数据，预处理后利用 K-means 算法进行聚类，得到的结果见表6-3，其中 S_1，S_2，S_3 代表聚类得到的 3 个类标号。

表 6-3　聚类结果

类标号	客户数	客户数/%	金额/元	金额/%
S_1	150	15	1360	59.8
S_2	600	60	783	34.4
S_3	250	25	133	5.8

通过对每个聚类中的客户属性进行抽样分析计算，发现类 S_1 中的客户多半是团体客户，也有小部分高收入的个人客户；类 S_2 中的客户具有稳定的收入，有比较固定的购买频率和金额；类 S_3 中的客户多为中低收入者或者住址不在超市附近的客户。表 6-3 显示的聚类结果，不但发现了有意义的知识，而且也体现了经济学中 20% 的客户带来约 80% 的利润的规律，即少数客户创造大部分的企业价值，因此该模型可以应用于实际案例，为企业经营提供决策支持。

6.9　小结

簇是数据对象的集合，同一个簇中的对象彼此相似，而不同簇中的对象彼此相异。将具体或抽象对象的集合划分为相似对象的类过程称为聚类。聚类是一个充满挑战的领域，其典型的要求包括可伸缩性、处理不同类型属性的能力、发现任意形状的簇、使输入参数的领域知识最小化、处理噪声数据的能力、对输入数据记录的顺序不敏感、聚类高维数据的能力、基于约束的聚类以及聚类的可解释性和可用性。聚类分析算法种类繁多，具体的算法选择取决于数据类型、聚类的应用和目的。常用的聚类算法大致可分成划分聚类算法、层次聚类算法、基于密度的聚类算法、基于网格的聚类算法和基于模型的聚类算法。实际应用中的聚类算法，往往是上述聚类算法中多种算法的整合。划分聚类算法首先创建 k 个分区的初始集合，k 为要构建的分区数；其次，它采用迭代重定位技术，试图通过将对象从一个簇移到另一个簇来改进划分的质量。典型的算法包括 K-means、K-medoids 及 CLARANS 算法。层次聚类算法对给定数据对象集合进行层次的分解，该方法可以分为自底向上（凝聚）和自顶向下（分裂）两种操作方式。为弥补凝聚或分裂的不足，凝聚的层次方法的聚类质量可以通过以下方法改进：分析每个层次划分中的对象连接（如 Chameleon），或者先执行微聚类，然后使用其他的聚类技术，迭代重定位，在微簇上聚类（如 BIRCH）。基于密度的聚类算法根据密度完成对象的聚类。它或者根据邻域中对象的密度（如 DBSCAN），或者根据某种密度函数（如 DENCLUE）来生成簇。OPTICS 是一种基于密度的方法，它生成数据聚类结构的一个增广序。基于网格的聚类算法首先将对象空间划分为有限个单元以构成网格结构；其次利用网格结构完成聚类。STING 是基于网格算法的一个典型例子，WaveCluster 和 CLIQUE 这两种算法既是基于网格的，又是基于密度的。基于模型的聚类算法给每个聚类假设一个模型（如密度分布函数），然后去寻找能很好地满足这个模型的数据集。典型的算法包括 EM、COBWEB 及 SOM 算法。聚类评估是估计在数据集上进行聚类的可行性和由聚类方法产生的结果的质量。任务包括估计聚类趋势、确定数据集中的簇数和测定聚类质量。

6.10 习题

1. 概述聚类算法的主要分类。
2. 简述 K - means 算法和 K - medoids 算法的优缺点。
3. 简述 BIRCH 算法主要包含的两个阶段。
4. 简述 CURE 算法的核心步骤。
5. 简述基于密度的聚类算法的基本思想。
6. 简述小波变换聚类较其他聚类算法的优势。
7. 简述聚类评估的主要任务。

第 7 章　数据关联分析

数据关联是数据库中存在的一类重要的可被发现的知识。若两个或多个变量的取值之间存在某种关系，这种规律性就称为关联。关联可分为简单关联、时序关联和因果关联。关联分析的目的是寻找给定数据记录集中数据项之间隐藏的关联关系，描述数据之间的密切度。关联分析可应用于生物信息学、医疗诊断、网页挖掘、科学数据分析等诸多领域。

7.1　数据关联分析的基本概念

关联分析（Association Analysis）用于发现隐藏在大型数据集中的令人感兴趣的联系，所发现的模式通常用关联规则（Association Rule）或频繁项集的形式表示。

关联规则的概念产生于 1993 年，由 Agrawal、Imielinski 和 Swami 提出。其一般定义如下：设 $I=\{i_1,i_2,\cdots,i_m\}$ 是项集合，任务相关的数据 D 是事务数据库，其中每个事务 $T\subseteq I$。每个事务都有一个标识符，称之为 TID。设 A 是一项集，事务 T 包含 A，当且仅当 $A\subseteq T$。关联规则就是形如 $A\Rightarrow B$ 的蕴含关系，其中 $A\subset I$，$B\subset I$ 且 $A\cap B=\varnothing$。如果 D 中包含 $A\cup B$ 的比例是 s，就称关联规则 $A\Rightarrow B$ 在 D 中的支持度为 s，也可以表示为概率 $P(A\cup B)$；如果 D 中包含 A 的同时也包含 B 的比例是 c，则说关联规则 $A\Rightarrow B$ 的置信度为 c，表示为条件概率 $P(B\mid A)$，即

$$\text{Support}(A\Rightarrow B)=P(A\cup B) \tag{7-1}$$

$$\text{Confidence}(A\Rightarrow B)=P(B\mid A) \tag{7-2}$$

关于关联规则的几个概念：

1）项集。项集就是项目的集合，包含 k 个项的项集称为 k –项集。

2）支持度(Support)。一个项目的支持度就是数据库中含有这个项集的所有项目在事物集中所占的比例。

3）置信度(Confidence)。$P(B\mid A)$，即在出现项集 A 的事务集 D 中，项集 B 也同时出现的概率。

4）频繁项集。如果用户设定一个最小支持度为 min_sup，那么对于那些支持度大于或等于 min_sup 的项集被称为频繁项集。

支持度和置信度两个阈值是描述关联规则的两个重要概念，支持度反映关联规则在数据库中的重要性，置信度衡量关联规则的可信程度。如果某条规则同时满足最小支持度和最小置信度，则称之为强关联规则。

大多数关联规则挖掘算法通常采用的一种策略是将关联规则挖掘任务分解为如下两个主要的子任务（或者说两个步骤）：

1）频繁项集产生（支持度测试）。其目标是发现满足最小支持度阈值的所有项集，即频繁项集。

2）规则产生（置信度测试）。其目标是从上一步发现的频繁项集中提取所有高置信度

(大于等于最小置信度阈值) 的关联规则，即强关联规则。

在上述两个步骤中，第一步骤是关键，它将影响整个关联规则挖掘算法的效率。因此，关联规则挖掘算法的核心是频繁项集产生。

关联规则的分类有多种，根据不同的标准，产生的分类也不同，下面介绍几种最常见的分类方法：

1）基于规则中处理的变量类别分类。基于规则中处理的变量类别，关联规则可以分为布尔型关联规则和数值型关联规则。布尔型关联规则处理的值都是离散的、种类化的，它显示了这些变量之间的关系；数值型关联规则可以和多维关联或多层关联规则结合起来，对数值型字段进行处理，对其进行动态分割，或者直接对原始数据进行处理，当然数值型关联规则中也可以包含种类变量。

例如，性别 =“女”⇒职业 =“秘书”，是布尔型关联规则；性别 =“女”⇒avg(收入) = 2300，因为涉及的收入是数值类型，所以这一条是数值型关联规则。

2）基于规则中数据的抽象层次分类。基于规则中数据的抽象层次，关联规则可以分为单层关联规则和多层关联规则。在单层关联规则中，所有变量都不考虑现实数据具有多个不同层次的特点；而在多层关联规则中，数据的多层性是需要考虑的。

例如，IBM 台式机⇒Sony 打印机，是一个细节数据上的单层关联规则；台式机⇒Sony 打印机，是一个较高层次和细节层次之间的多层关联规则。

3）基于规则中涉及的数据维数分类。基于规则中涉及的数据维数，关联规则可以分为单维关联规则和多维关联规则。在单维关联规则中，所要处理的数据只涉及一个维，如用户购买的物品；而在多维关联规则中，所要处理的数据将会涉及多个维。换言之，单维关联规则是处理单个属性中的一些关系；多维关联规则是处理各个属性之间的某些关系。

例如，啤酒⇒尿布，这条规则只涉及用户购买的物品；性别 =“女”⇒职业 =“秘书”，这条规则就涉及两个字段的信息，是一条两维关联规则。

4）基于模式与规则之间的相互关系分类。基于模式与规则之间的相互关系，关联规则可以分为完全频繁模式挖掘、最大频繁模式挖掘和闭合频繁模式挖掘。

由于应用环境和目的不同，在以上多种关联规则挖掘方法中，一维单层布尔型关联规则挖掘方法是其他方法的基础。

7.2 频繁项集产生

格结构（Lattice Structure）常常被用来枚举所有可能的项集。图 7-1 显示的是 $I=\{a,b,c,d,e\}$ 的项集格。一般而言，一个包含 k 个项的数据集可能产生 2^k-1 个频繁项集，不包括空集在内。由于在许多实际应用中 k 的值可能非常大，需要探查的项集搜索空间可能是呈指数规模的。

发现频繁项集的一种原始方法是确定格结构中每个候选项集（Candidate Intemset）的支持度计数。为了完成这一任务，必须将每个候选项集与每个事务进行比较，如图 7-2 所示。如果候选项集包含在事务中，则候选项集的支持度计数增加。例如，由于项集 $\{Milk, Bread\}$ 出现在事务 1，4，5 中，其支持度计数将增加 3 次。这种方法的开销可能非常大，因为它需要进行 $O(NMw)$ 次比较，其中 N 是事务数，M（$M=2^k-1$）是候选项集数，而 w 是事务的最大宽度。

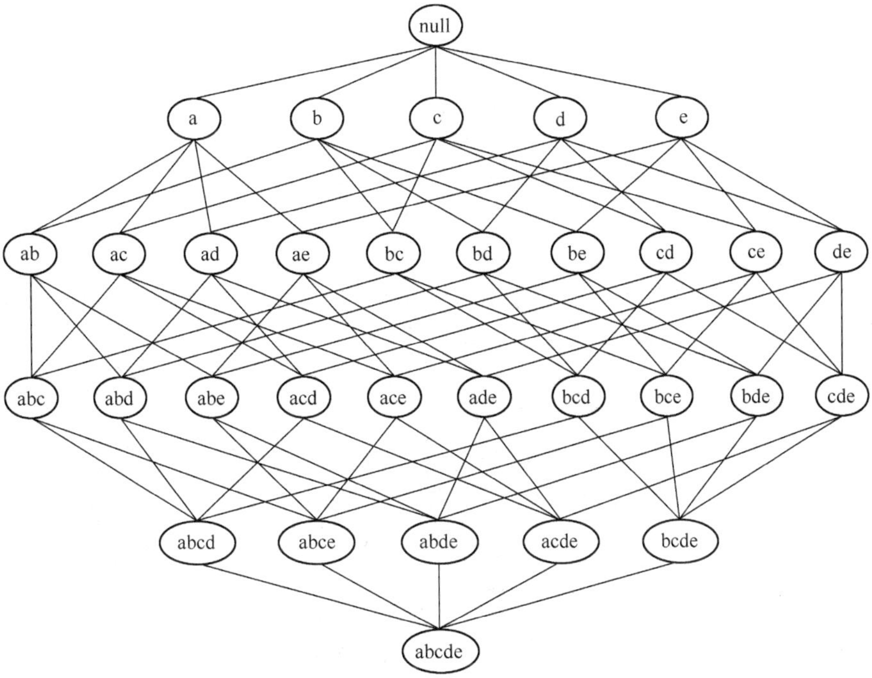

图 7-1　项集的格结构

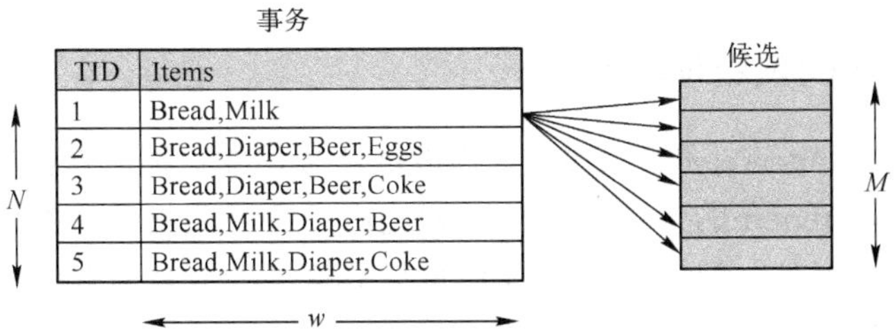

图 7-2　计算候选集的支持度

降低产生频繁项集计算复杂度的方法有几种，如减少候选项集的数量（M）和减少比较的次数（NM）。

7.2.1　先验原理

先验原理是减少候选项集的数量（M）的方法之一。其基本思想是：如果一个项集是频繁的，则它的所有子集一定也是频繁的。例如，假定$\{c,d,e\}$是频繁项集，显然任何包含项集$\{c,d,e\}$的事务一定包含它的子集$\{c,d\}$，$\{c,e\}$，$\{d,e\}$，$\{c\}$，$\{d\}$和$\{e\}$。这样，如果$\{c,d,e\}$是频繁的，则它的所有子集一定也是频繁的。

反之，如果一个项集是非频繁的，则它的所有超集也一定是非频繁的。如图 7-3 所示，一旦发现$\{a,b\}$是非频繁的，则整个包含$\{a,b\}$超集的子图可以被立即剪枝。这种基于支持度度量修剪指数搜索空间的策略称为基于支持度的剪枝（Support - Based Pruning）。这种剪枝策略依赖于支持度度量的一个关键性质，即一个项集的支持度绝不会超过其子集的支持度。这一性质也称为支持度度量的反单调性（Anti - Monotone）。

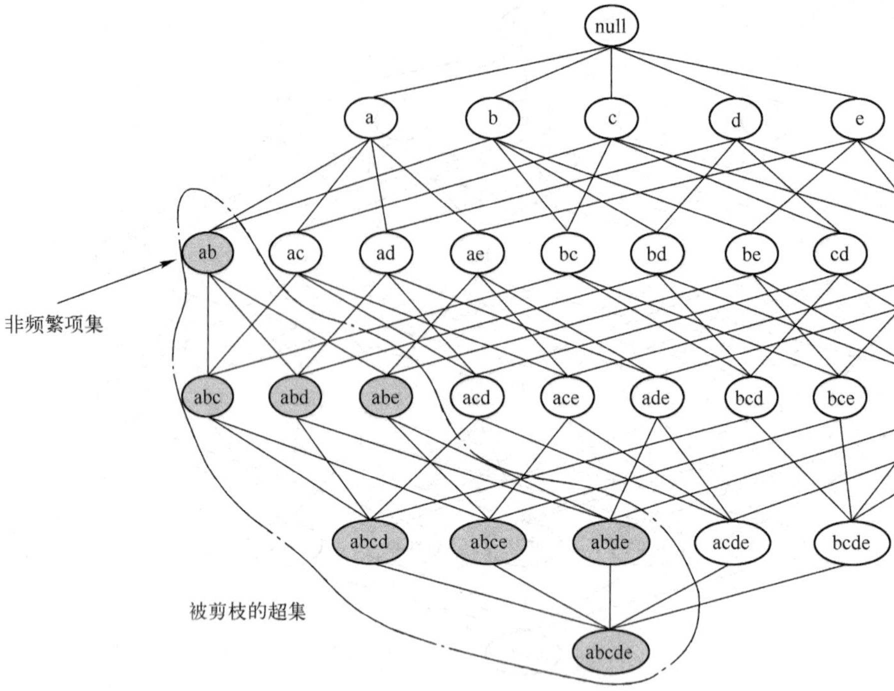

图 7-3　利用先验原理剪枝的例子

7.2.2　Apriori 算法的频繁项集产生

Apriori 算法是由 R. Agrawal 和 R. Srikant 于 1994 年提出的一种最具影响力的挖掘布尔关联规则频繁项集的算法。Apriori 的命名由来是因为使用了频繁项集性质的先验知识，即 Apriori 性质。Apriori 性质的内容是：频繁项集的所有非空子集也必须是频繁的。该性质通过减少搜索空间来提高频繁项集逐层产生的效率。

Apriori 算法利用 Apriori 性质，通过逐层搜索的迭代方法，将 k-项集用于探索$(k+1)$-项集，来穷尽数据集中的所有频繁项集。Apriori 算法的频繁项集产生有两个重要的特点：

1）它是一个逐层算法，即从频繁 1-项集到最长的频繁项集，它每次遍历项集格中的一层。先找到频繁 1-项集集合 L_1，然后用 L_1 找到频繁 2-项集集合 L_2，接着用 L_2 找 L_3，直到找不到频繁 k-项集。找每个 L_k 需要一次数据库扫描。

2）它使用产生-测试策略来发现频繁项集。在每次迭代之后，新的候选项集由前一次迭代发现的频繁项集产生，然后对每个候选的支持度进行计数，并与最小支持度阈值进行比较。该算法需要的总迭代次数是 $k_{max}+1$，其中 k_{max} 是频繁项集的最大长度。

Apriori 算法使用了 Apriori 性质来产生候选项集。为理解这一点，下面解释如何使用 L_{k-1} 找出 L_k（其中 $k \geqslant 2$）。算法的主要步骤由连接步和剪枝步组成。

1）连接步。为找出 L_k，通过 L_{k-1} 与自身连接产生候选 k-项集的集合。该候选项集的集合被记作 C_k。设 l_1 和 l_2 是 L_{k-1} 中的项集，记号 $l_i[j]$ 表示 l_i 的第 j 项（例如，$l_1[k-2]$ 表示 l_1 的倒数第 2 项）。为了有效地实现，Apriori 算法假定事务或项集中的项按字典次序排序。对于$(k-1)$-项集 l_i，这意味把项排序，使得 $l_i[1]<l_i[2]<\cdots<l_i[k-1]$。执行连接 $L_{k-1} \bowtie L_{k-1}$；其中 L_{k-1} 的元素是可连接的，如果它们前$(k-2)$个项相同，即 L_{k-1} 的元素 l_1 和 l_2 是可连接的，

如果$(l_1[1]=l_2[1])\wedge(l_1[2]=l_2[2])\wedge\cdots\wedge(l_1[k-2]=l_2[k-2])\wedge(l_1[k-1]<l_2[k-1])$。条件$l_1[k-1]<l_2[k-1]$是简单地确保不产生重复。连接$l_1$和$l_2$产生的结果项集是$\{l_1[1],l_1[2],\cdots l_1[k-1],l_2[k-1]\}$。

2）剪枝步。C_k是L_k的超集，也就是说，C_k的成员可以是频繁的，也可以不是频繁的，但所有频繁k-项集都包含在C_k中。扫描数据库，确定C_k中每个候选的支持度计数，从而确定L_k（即根据定义，计数值不小于最小支持度计数的所有候选都是频繁的，从而属于L_k）。然而，C_k可能很大，因此所涉及的计算量就很大。为了压缩C_k，可以用以下办法使用 Apriori 性质，即任何非频繁的$(k-1)$-项集都不是频繁k-项集的子集。因此，如果一个候选k-项集的$(k-1)$-子集不在L_{k-1}中，则该候选也不可能是频繁的，从而可以从C_k中删除。这种子集测试可以使用所有频繁项集的散列树快速完成。

下面举一个具体的例子。该例基于表 7-1 的 AllElectronics 的事务数据库D。该数据库有 9 个事务，即$|D|=9$。假定事务中的项按字典次序存放。使用图 7-4 解释 Apriori 算法发现D中的频繁项集。

表 7-1　AllElectronics 某分店的事务数据

TID	商品 ID 的列表	TID	商品 ID 的列表
T100	I1，I2，I5	T600	I2，I3
T200	I2，I4	T700	I1，I3
T300	I2，I3	T800	I1，I2，I3，I5
T400	I1，I2，I4	T900	I1，I2，I3
T500	I1，I3		

1）在算法进行第一次迭代时，每个项都是候选 1-项集的集合C_1的成员。算法简单地扫描所有事务，对每个项的出现次数计数。

2）假设最小事务支持计数为 2，即 min_sup = 2（这里谈论的是绝对支持度，因为使用的是支持度计数。对应的相对支持度为 2/9 = 22%），可以确定频繁 1-项集的集合L_1。它由满足最小支持度的候选 1-项集组成。该例中，C_1中的所有候选都满足最小支持度。

3）为了发现频繁 2-项集的集合L_2，算法使用连接$L_1 \bowtie L_1$产生候选 2-项集的集合C_2。C_2由个$C^2_{|L_1|}$个 2-项集组成。注意：在剪枝步，没有候选从C_2中删除，因为这些候选的每个子集也是频繁的。

4）扫描D中的事务，累计C_2中每个候选项集的支持计数，如图 7-4 的第二行中间的表所示。

5）然后，确定频繁 2-项集的集合L_2，它由C_2中满足最小支持度的候选 2-项集组成。

6）候选 3-项集的集合C_3的产生详细地列在图 7-5 中。在连接步，首先令$C_3=L_2 \bowtie L_2=$ {{I1,I2,I3},{I1,I2,I5},{I1,I3,I5},{I2,I3,I4},{I2,I3,I5},{I2,I4,I5}}。根据 Apriori 性质，频繁项集的所有子集必须是频繁的，可以确定后 4 个候选不可能是频繁的。因此，把它们从C_3中删除，这样，在此后扫描D确定L_3时就不必再求它们的计数值。注意：由于 Apriori 算法使用逐层搜索技术，给定一个候选k-项集，只需要检查它们的$(k-1)$-子集是否频繁。C_3剪枝后的版本在图 7-4 底部的第一个表中给出。

7）扫描D中事务以确定L_3，它由C_3中满足最小支持度的候选 3-项集组成，如图 7-4 所示。

扫描 D，对每个候选计数 →

C_1

项集	支持度计数
{I1}	6
{I2}	7
{I3}	6
{I4}	2
{I5}	2

比较候选支持度计数与最小支持度计数 →

L_1

项集	支持度计数
{I1}	6
{I2}	7
{I3}	6
{I4}	2
{I5}	2

由 L_1 产生候选 C_2 →

C_2

项集
{I1,I2}
{I1,I3}
{I1,I4}
{I1,I5}
{I2,I3}
{I2,I4}
{I2,I5}
{I3,I4}
{I3,I5}
{I4,I5}

扫描 D，对每个候选计数 →

C_2

项集	支持度计数
{I1,I2}	4
{I1,I3}	4
{I1,I4}	1
{I1,I5}	2
{I2,I3}	4
{I2,I4}	2
{I2,I5}	2
{I3,I4}	0
{I3,I5}	1
{I4,I5}	0

比较候选支持度计数与最小支持度计数 →

L_2

项集	支持度计数
{I1,I2}	4
{I1,I3}	4
{I1,I5}	2
{I2,I3}	4
{I2,I4}	2
{I2,I5}	2

由 L_2 产生候选 C_3 →

C_3

项集
{I1,I2,I3}
{I1,I2,I5}

扫描 D，对每个候选计数 →

C_3

项集	支持度计数
{I1,I2,I3}	2
{I1,I2,I5}	2

比较候选支持度计数与最小支持度计数 →

L_3

项集	支持度计数
{I1,I2,I3}	2
{I1,I2,I5}	2

图 7-4　候选项集和频繁项集的产生，最小支持度为 2

1）连接。$C_3=L_2 \bowtie L_2$={{I1，I2}，{I1，I3}，{I1，I5}，{I2，I3}，{I2，I4}，{I2，I5}}

$\bowtie${{I1，I2}，{I1，I3}，{I1，I5}，{I2，I3}，{I2，I4}，{I2，I5}}

={{I1，I2，I3}，{I1，I2，I5}，{I1，I3，I5}，{I2，I3，I4}，{I2，I3，I5}，{I2，I4，I5}}

2）使用 Apriori 性质剪枝。频繁项集的所有子集必须是频繁的。存在候选项集，其子集不是频繁的吗？

① {I1，I2，I3}的 2-项子集是{I1，I2}，{I1，I3}和{I2，I3}。{I1，I2，I3}的所有 2-项子集都是 L_2 的元素。因此，保留{I1，I2，I3}在 C_3 中。

② {I1，I2，I5}的 2-项子集是{I1，I2}，{I1，I5}和{I2，I5}。{I1，I2，I5}的所有 2-项子集都是 L_2 的元素。因此，保留{I1，I2，I5}在 C_3 中。

③ {I1，I3，I5}的 2-项子集是{I1，I3}，{I1，I5}和{I3，I5}。{I3，I5}不是 L_2 的元素，因而不是频繁的。因此，从 C_3 中删除{I1，I3，I5}。

④ {I2，I3，I4}的 2-项子集是{I2，I3}，{I2，I4}和{I3，I4}。{I3，I4}不是 L_2 的元素，因而不是频繁的。因此，从 C_3 中删除{I2，I3，I4}。

⑤ {I2，I3，I5}的 2-项子集是{I2，I3}，{I2，I5}和{I3，I5}。{I3，I5}不是 L_2 的元素，因而不是频繁的。因此，从 C_3 中删除{I2，I3，I5}。

⑥ {I2，I4，I5}的 2-项子集是{I2，I4}，{I2，I5}和{I4，I5}。{I4，I5}不是 L_2 的元素，因而不是频繁的。因此，从 C_3 中删除{I2，I4，I5}。

3）因此，剪枝后 C_3={{I1，I2，I3}，{I1，I2，I5}}。

图 7-5　使用 Apriori 性质，候选 3－项集的集合 C_3 由 L_2 产生和剪枝

8）算法使用 $L_3 \bowtie L_3$ 产生候选 4－项集的集合 C_4。尽管连接产生结果{{I1,I2,I3,I5}}，但是这个项集被剪去，因为它的子集{I2,I3,I5}不是频繁的。这样，$C_4 = \varnothing$，因此算法终止，找出了所有频繁项集。

挖掘布尔关联规则发现频繁项集的 Apriori 算法如下。

算法：Apriori。使用逐层迭代方法基于候选产生找出频繁项集。

输入：事务数据库 D；最小支持度阈值 min_sup。

输出：D 中的频繁项集 L。

方法：

```
1) L_1 = find_frequent_1_itemsets(D);
2) for(k = 2; L_{k-1} ≠ ∅; k++){
3)    C_k = apriori_gen(L_{k-1});
4)    for each 事务 t ∈ D{              //扫描 D,进行计数
5)       C_t = subset(C_k, t);          //得到 t 的子集,它们是候选
6)       for each 候选 c ∈ C_t
7)          c.count++;
8)    }
9)    L_k = {c ∈ C_k | c.count ≥ min_sup};
10)}
11) return L = ∪_k L_k;
procedure apriori_gen(L_{k-1}:frequent(k-1)-itemsets)
1) for each 项集 l_1 ∈ L_{k-1}
2)    for each 项集 l_2 ∈ L_{k-1}
3)       if(l_1[1] = l_2[1]) ∧ … ∧ (l_1[k-2] = l_2[k-2]) ∧ (l_1[k-1] < l_2[k-2])) then{
4)          c = l_1 ⋈ l_2;                 //连接步:产生候选
5)          if has_infrequent_subset(c, L_{k-1}) then
6)               delete c;                 //剪枝步:删除非频繁的候选
7)          else add c to C_k;
8) }
9) return C_k;
procedure has_infrequent_subset(c:candidate k-itemsets; L_{k-1}:frequent(k-1)-itemsets)
//使用 Apriori 性质
1) for each(k-1)-subset s of c
2)    if s ∉ L_{k-1} then
3)        return TRUE;
4)    return FALSE;
```

Apriori 算法的第 1）步找出频繁 1-项集的集合 L_1。在第 2）~10）步，对于 $k \geqslant 2$，L_{k-1} 用于产生候选 C_k，以便找出 L_k。**apriori_gen** 过程产生候选，然后使用 Apriori 性质删除那些具有非频繁子集的候选（步骤 3））。该过程在下面描述。一旦产生了所有候选，就扫描数据库（步骤 4））。对于每个事务，使用 **subset** 函数找出该事务中是候选的所有子集（步骤 5）），并对每个这样的候选累加计数（步骤 6）和步骤 7））。最后，所有满足最小支持度的候选（步骤 9））形成频繁项集的集合 L（步骤 11））。然后，调用一个过程，由频繁项集产生关联规则。该过程在 7.3 节介绍。

apriori_gen 做两个动作：连接和剪枝。在连接部分，L_{k-1} 与 L_{k-1} 连接产生可能的候选（步骤 1）~步骤 4））。在剪枝部分（步骤 5）~步骤 7）），使用 Apriori 性质删除具有非频繁子集的候选。非频繁子集的测试显示在过程 **has_infrequent_subset** 中。

7.2.3 支持度计数

支持度计数用以确定在 apriori－gen 函数的候选项剪枝步骤保留下来的每个候选项集出现的频繁程度。计算支持度的主要方法有两种：一种方法是将每个事务与所有候选项集进行比较（见图7-2），并且更新包含在事务中的候选项集的支持度计数。这种方法的计算成本很高，尤其当事务和候选项集的数目都很大时。另一种方法是枚举每个事务所包含的项集，并且利用它们更新对应的候选项集的支持度。例如，考虑事务 t，它包含 5 个项{1,2,3,5,6}。该事务包含 $C_5^3=10$ 个大小为 3 的项集，其中的某些项集可能对应于所考察的候选 3－项集，在这种情况下，增加它们的支持度。那些不与任何候选项集对应的事务 t 的子集可以忽略。

图 7-6 显示了枚举事务 t 中所有 3－项集的系统的方法。假定每个项集中的项都以递增的字典次序排列，则项集可以这样枚举：先指定最小项，其后跟随较大的项。例如，给定 $t=$ {1,2,3,5,6}，其所有 3－项集一定以项 1、2 或 3 开始。不必构造以 5 或 6 开始的 3－项集，因为事务 t 中只有两个项的标号大于或等于 5。图 7-6 中第一层的前缀结构描述了指定包含在事务 t 中的 3－项集的第一项的方法。例如，1 [2 3 5 6] 表示这样的 3－项集，它以 1 开始，后随两个取自集合{2,3,5,6}的项。

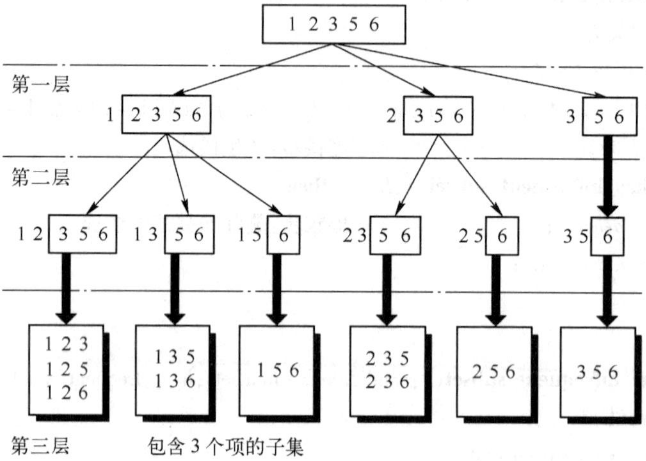

图 7-6　枚举事务 t 的所有包含 3 个项的子集

确定了第一项之后，第二层的前缀结构表示选择第二项的方法。例如，1 2 [3 5 6] 表示以{1,2}为前缀，后随项 3、5 或 6 的项集。最后，第三层的前缀结构显示了事务 t 包含的所有 3－项集。例如，以{1,2}为前缀的 3－项集是{1,2,3}，{1,2,5}和{1,2,6}；而以{2,3}为前缀的 3－项集是{2,3,5}和{2,3,6}。

图 7-6 中所示的前缀结构演示了如何系统地枚举事务所包含的项集，即通过从最左项到最右项依次指定项集的项。然而还必须确定每一个枚举的 3－项集是否对应于一个候选项集，如果它与一个候选匹配，则相应候选项集的支持度计数增值。下面将解释如何使用散列树来有效地进行匹配操作。

在 Apriori 算法中，候选项集划分为不同的桶，并存放在散列树中。在支持度计数期间，包含在事务中的项集也散列到相应的桶中。这种方法不是将事务中的每个项集与所有候选项集进行比较，而是将它与同一桶内的候选项集进行匹配。

图 7-7 是一棵散列树结构的例子。树的每个内部结点都使用散列函数 $h(p)=p \bmod 3$ 来确

定应当沿着当前结点的哪个分支向下。例如，项 1，4 和 7 应当散列到相同的分支（即最左分支），因为除以 3 之后它们都具有相同的余数。所有候选项集都存放在散列树的叶结点中。图 7-7 中显示的散列树包含 15 个候选 3-项集，即{1,4,5}，{1,2,4}，{4,5,7}，{1,2,5}，{4,5,8}，{1,5,9}，{1,3,6}，{2,3,4}，{5,6,7}，{3,4,5}，{3,5,6}，{3,5,7}，{6,8,9}，{3,6,7}，{3,6,8}，分布在 9 个叶结点中。

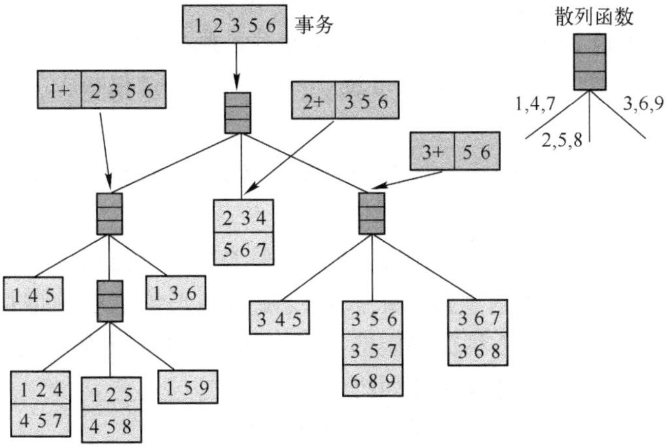

图 7-7　在散列树的根结点散列一个事务

考虑一个事务 $t=\{1,2,3,5,6\}$。为了更新候选项集的支持度计数，必须这样遍历散列树：所有包含属于事务 t 的候选 3-项集的叶结点至少访问一次。注意：包含在 t 中的候选 3-项集必须以项 1，2 或 3 开始，如图 7-6 中第一层前缀结构所示。这样，在散列树的根结点，事务中的项 1，2 和 3 将分别散列。项 1 被散列到根结点的左子女，项 2 被散列到中间子女，而项 3 被散列到右子女。在树的下一层，事务根据图 7-6 中的第二层结构列出的第二项进行散列。例如，在根结点散列项 1 之后，散列事务的项 2，3 和 5。项 2 和 5 散列到中间子女，而 3 散列到右子女，如图 7-8 所示。继续该过程，直至到达散列树的叶结点。存放在被访问的叶结点中的候选项集与事务进行比较，如果候选项集是该事务的子集，则增加它的支持度计数。在这个例子中，访问了 9 个叶结点中的 5 个，15 个项集中的 9 个与事务进行比较。

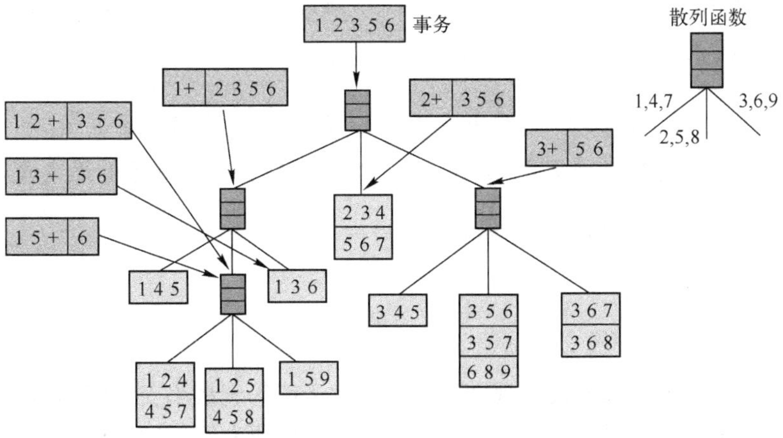

图 7-8　在候选项集散列树根的最左子树上的子集操作

7.2.4 计算复杂度

Apriori 算法的计算复杂度受如下因素影响：

1）支持度阈值。降低支持度阈值通常将导致更多的频繁项集。这给算法的计算复杂度带来不利影响，因为必须产生更多候选项集并对其计数。随着支持度阈值的降低，频繁项集的最大长度将增加，导致算法需要扫描数据集的次数也将增多。

2）项数（维数）。随着项数的增加，需要更多的空间来存储项的支持度计数。如果频繁项集的数目也随着数据项数增加而增长，则由于算法产生的候选项集更多，计算量和 I/O 开销将增加。

3）事务数。由于 Apriori 算法反复扫描数据集，因此它的运行时间随着事务数的增加而增加。

4）事务的平均宽度。对于密集数据集，事务的平均宽度可能很大，这将在两个方面影响 Apriori 算法的复杂度：首先，频繁项集的最大长度随事务平均宽度的增加而增加，因而，在候选项产生和支持度计数时必须考察更多候选项集；其次，随着事务宽度的增加，事务中将包含更多的项集，这将增加支持度计数时散列树的遍历次数。

关于 Apriori 算法的时间复杂度，需要进行详细分析。

1）频繁 1-项集的产生。对于每个事务，需要更新事务中出现的每个项的支持度计数。假定 w 为事务的平均宽度，则该操作需要的时间为 $O(Nw)$，其中 N 为事务的总数。

2）候选的产生。为了产生候选 k-项集，需要合并一对频繁$(k-1)$-项集，确定它们是否至少有 $k-2$ 个项相同。每次合并操作最多需要 $k-2$ 次相等比较。在最好的情况下，每次合并都产生一个可行的候选 k-项集；在最坏的情况下，算法必须合并上次迭代发现的每对频繁$(k-1)$-项集。因此，合并频繁项集的总开销为

$$\sum_{k=2}^{w}(k-2)|C_k| < \text{合并开销} < \sum_{k=2}^{w}(k-2)|F_{k-1}|^2 \tag{7-3}$$

散列树在候选产生时构造，以存放候选项集。由于散列树的最大深度为 k，将候选项集散列到散列树的开销为 $O(\sum_{k=2}^{w} k|C_k|)$。在候选项剪枝的过程中，需要检验每个候选 k-项集的 $k-2$ 个子集是否频繁。由于在散列树上查找一个候选的花费是 $O(k)$，因此候选剪枝需要的时间是 $O(\sum_{k=2}^{w} k(k-2)|C_k|)$。

3）支持度计数。每个长度为 $|t|$ 的事务将产生 $C_{|t|}^{k}$ 个 k-项集。这也是每个事务遍历散列树的有效次数。支持度计数的开销为 $O(N\sum_{k} C_{w}^{k}\alpha_k)$。其中，$w$ 是事务的最大宽度，α_k 是更新散列树中一个候选 k-项集的支持度计数的开销。

7.3 规则产生

因为由频繁项集的项组成的关联规则的支持度大于或等于最小支持度阈值，所以规则产生过程就是在由频繁项集的项组成的所有关联规则中，找出所有置信度大于或等于最小置信度阈值的强关联规则。计算关联规则的置信度并不需要再次扫描事务数据库。每个频繁 k-项集能产生最多 2^k-2 个关联规则。

7.3.1　基本步骤

规则产生的基本步骤如下：

1）对于每个频繁项集 l，产生 l 的所有非空子集。

2）对于 l 的每个非空子集 s，如果

$$\frac{\text{Support\_count}(l)}{\text{Support\_count}(s)} \geqslant \text{min\_conf} \tag{7-4}$$

则输出规则“$s \Rightarrow (l-s)$”，其中，min_conf 是最小置信度阈值。

例如，基于表 7-1 中 AllElectronics 事务数据库。假定数据包含频繁项集 $X=\{I1,I2,I5\}$，可以由 X 产生 6 个候选关联规则，即 X 的非空子集：{I1,I2}，{I1,I5}，{I2,I5}，{I1}，{I2} 和 {I5}。结果关联规则如下，每个都列出置信度。

$\{I1,I2\} \Rightarrow \{I5\}$,　　confidence = 2/4 = 50%

$\{I1,I5\} \Rightarrow \{I2\}$,　　confidence = 2/2 = 100%

$\{I2,I5\} \Rightarrow \{I1\}$,　　confidence = 2/2 = 100%

$\{I1\} \Rightarrow \{I2,I5\}$,　　confidence = 2/6 = 33%

$\{I2\} \Rightarrow \{I1,I5\}$,　　confidence = 2/7 = 29%

$\{I5\} \Rightarrow \{I1,I2\}$,　　confidence = 2/2 = 100%

如果最小置信度阈值为 70%，则只有 2、3 和最后一个规则可以输出，因为只有这些是强的。

7.3.2　Apriori 算法中规则的产生

Apriori 算法使用一种逐层方法来产生关联规则，其中每层对应于规则后件中的项数。首先，提取规则后件只含一个项的所有高置信度规则，其次使用这些规则来产生新的候选规则。例如，{acd}⇒{b} 和 {abd}⇒{c} 是两个高置信度的规则，则通过合并这两个规则的后件产生候选规则 {ad}⇒{bc}。图 7-9 显示了由频繁项集产生关联规则的格结构。如果格中的任意结点具有低置信度，则可以立即剪掉该结点生成的整个子图。假设规则 {bcd}⇒{a} 具有低置信度，则可以丢弃后件包含 a 的所有规则，包括 {cd}⇒{ab}，{bd}⇒{ac}，{bc}⇒{ad} 和 {d}⇒{abc} 等。

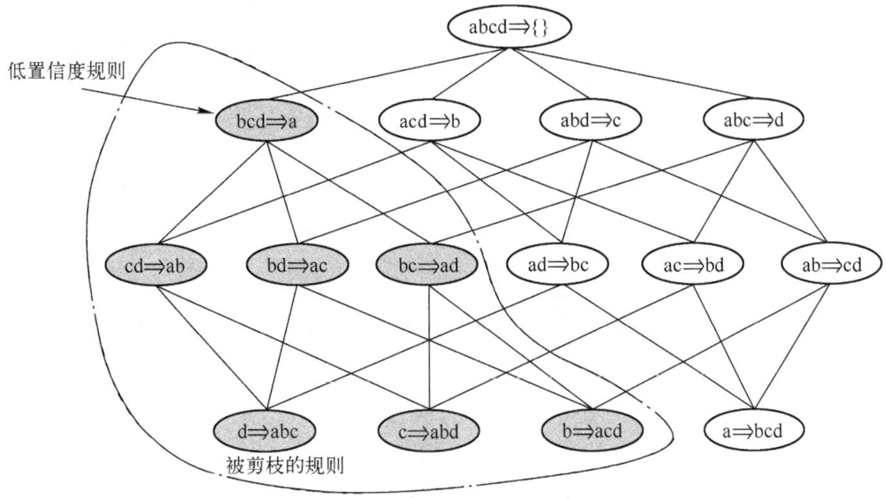

图 7-9　使用置信度度量对关联规则进行剪枝

Apriori 算法中的规则产生过程与频繁项集产生过程类似，二者唯一的不同是，在规则产生时，不必再次扫描数据集来计算候选规则的置信度，而是使用频繁项集产生时计算的支持度计数来确定每个规则的置信度。

7.4 频繁项集的紧凑表示

实践中，由事务数据集产生的频繁项集的数量可能非常大，因此，从中识别出可以推导出其他所有频繁项集的、较小的、具有代表性的项集是非常有用的。下面介绍两种具有代表性的项集：最大频繁项集和闭频繁项集。

7.4.1 最大频繁项集

最大频繁项集（Maximal Frequent Itemset）是这样的频繁项集——它的直接超集都不是频繁的。

为了解释这一概念，考虑图 7-10 所示的项集格。格中的项集分为两组：频繁项集和非频繁项集。虚线表示频繁项集的边界。位于边界上方的每个项集都是频繁的，而位于边界下方的项集（阴影结点）都是非频繁的。在边界附近的结点中，{a,d}，{a,c,e} 和 {b,c,d,e} 都是最大频繁项集，因为它们的直接超集都是非频繁的。例如，项集 {a,d} 是最大频繁的，因为它的所有直接超集 {a,b,d}，{a,c,d} 和 {a,d,e} 都是非频繁的；相反，项集 {a,c} 不是最大的，因为它的一个直接超集 {a,c,e} 是频繁的。

最大频繁项集有效地提供了频繁项集的紧凑表示。换句话说，最大频繁项集形成了可以导出所有频繁项集的最小的项集的集合。例如，图 7-10 中的频繁项集可以分为以下两组：

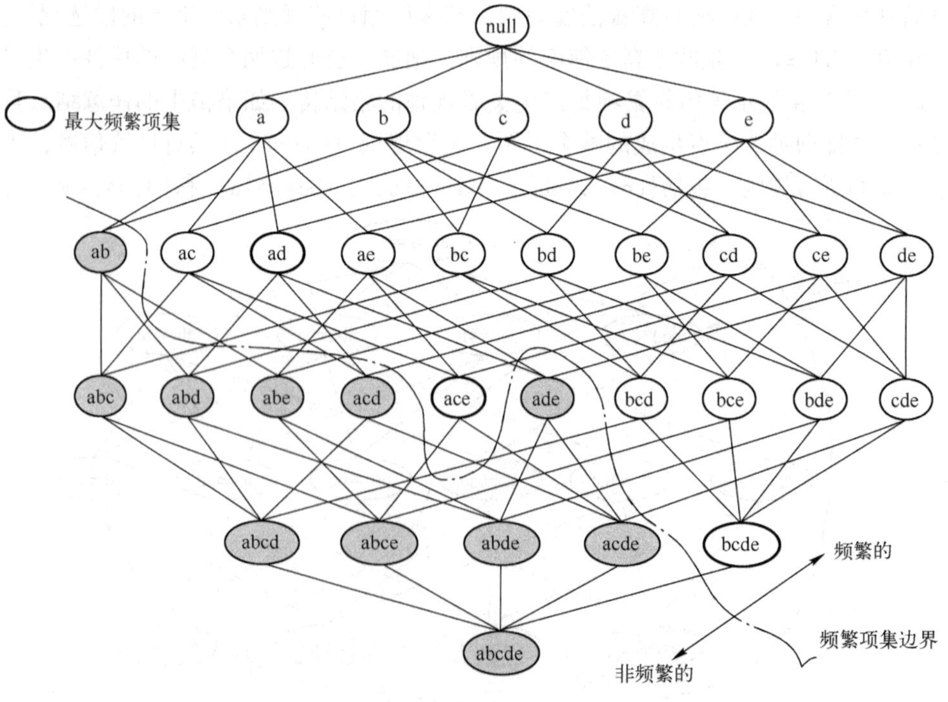

图 7-10　最大频繁项集

1）以项 a 开始，可能包含项 c，d 和 e 的频繁项集。这一组包含的项集有{a}，{a,c}，{a,d}，{a,e}和{a,c,e}。

2）以项 b，c，d 或 e 开始的频繁项集。这一组包含的项集有{b}，{b,c}，{c,d}，{b,c,d,e}等。

属于第一组的频繁项集是{a,c,e}或{a,d}的子集，而属于第二组的频繁项集都是{b,c,d,e}的子集。因此，最大频繁项集{a,c,e}，{a,d}和{b,c,d,e}提供了图 7-10 中显示的频繁项集的紧凑表示。

对于可能产生长频繁项集的数据集，最大频繁项集提供了颇有价值的表示，因为这种数据集中的频繁项集可能有指数多个。尽管如此，仅当存在一种有效的算法，可以直截了当地发现最大频繁项集而不需要枚举它们的所有子集时，这种方法才是实用的。

尽管最大频繁项集提供了一种紧凑表示，但是它却不包含它们子集的支持度信息。例如，最大频繁项集{a,c,e}，{a,d}和{b,c,d,e}不能提供任何它们子集的支持度的信息。因此，这就需要再一遍扫描数据集，来确定那些非最大的频繁项集支持度计数。在某些情况下，我们可能需要得到保持支持度信息的频繁项集的最小表示。

7.4.2 闭频繁项集

闭项集提供了频繁项集的一种最小表示，该表示不丢失支持度信息。下面给出闭项集的形式定义。

闭项集（Closed Itemset）：项集 X 是闭的，如果它的直接超集都不具有和它相同的支持度计数。

换句话说，如果至少存在一个 X 的直接超集，其支持度计数与 X 相同，X 就不是闭的。闭频繁项集的例子显示在图 7-11 中。为了更好地解释每个项集的支持度计数，格中每个结点

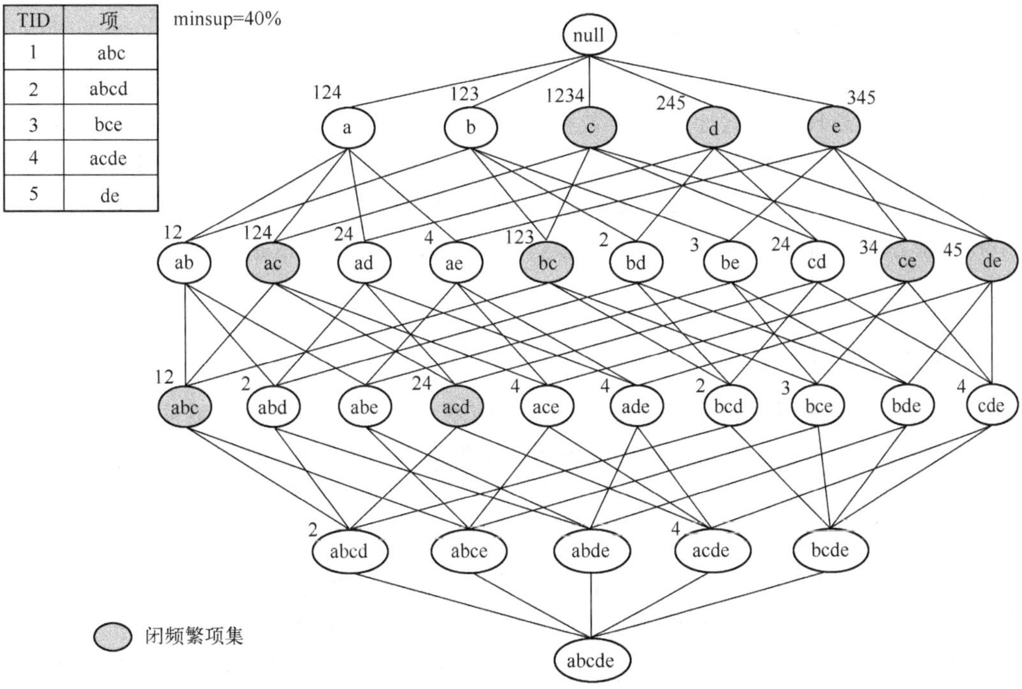

TID	项
1	abc
2	abcd
3	bce
4	acde
5	de

图 7-11 闭频繁项集（最小支持度为 40%）

(项集) 都标出了与它相关联的事务的 ID。例如，由于结点{b,c}与事务 ID 1，2 和 3 相关联，因此它的支持度计数为 3。从给定的事务可以看出，包含 b 的每个事务也包含 c，因此，由于{b}和{b,c}的支持度是相同的，因此{b}不是闭项集。同样，由于 c 出现在所有包含 a 和 d 的事务中，因此项集{a,d}不是闭的。另一方面，{b,c}是闭项集，因为它的支持度计数与它的任何超集都不同。

闭频繁项集（Closed Frequent Itemset）：一个项集是频繁闭项集，如果它是闭的，并且它的支持度大于或等于最小支持度阈值，那么可被称为闭频繁项集。

在前面的例子中，假定支持度阈值为 40%，则项集{b,c}是闭频繁项集，因为它的支持度是 60%。图 7-11 中其他闭频繁项集用带阴影结点指示出。

最大频繁项集都是闭的，因为任何最大频繁项集都不可能与它的直接超集具有相同的支持度计数。频繁项集、最大频繁项集和闭频繁项集之间的关系如图 7-12 所示：

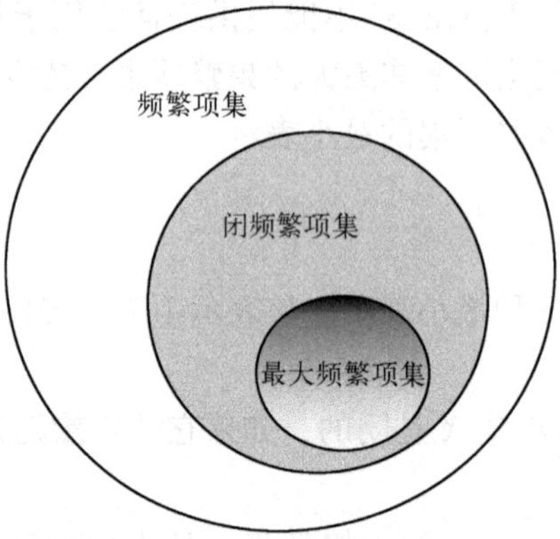

图 7-12　频繁项集、最大频繁项集和闭频繁项集之间的关系

7.5　产生频繁项集的其他方法

Apriori 算法通过使用先验原理对指数搜索空间进行剪枝，成功地处理了频繁项集产生的组合爆炸问题。虽然显著提高了性能，但该算法还是会导致不可低估的 I/O 开销，因为它需要多次扫描事务数据集。此外，正如 7.2.4 节所到的，对于密集数据集，由于事务数据宽度的增加，Apriori 算法的性能显著降低。为了克服这些局限性和提高 Apriori 算法的效率，业内人士已开发了一些替代方法。

7.5.1　项集格遍历

就概念而言，频繁项集的搜索可以被看作遍历图 7-1 中的项集格。算法使用的搜索策略指明了频繁项集产生过程中遍历格结构的方法。根据频繁项集在格中的布局，某些搜索策略优于其他策略。

1. 一般到特殊与特殊到一般

Apriori 算法使用了“一般到特殊”的搜索策略，合并两个频繁（$k-1$）-项集得到候选 k-项集。只要频繁项集的最大长度不是太长，这种“一般到特殊”的搜索策略是有效的。使用这种策略效果最好的频繁项集的布局显示在图 7-13a 中，其中较黑的结点代表非频繁项集。相反，“特殊到一般”的搜索策略在发现更一般的频繁项集之前，先寻找更特殊的频繁项集。

这种策略对于发现稠密事务中的最大频繁项集是有用的。密集事务中频繁项集的边界靠近格的底部，如图 7-13b 所示。可以使用先验原理剪掉最大频繁项集的所有子集。具体来讲，如果候选 k-项集是最大频繁项集，则不必考察它的任意 $k-1$ 项子集。然而，如果候选 k-项集是非频繁的，则必须在下一迭代考察其所有 $k-1$ 项子集。还有一种策略，即结合“一般到特殊”和“特殊到一般”的搜索策略，尽管这种双向搜索方法需要更多的空间存储候选项集，但是对于给定的图 7-13c 所示的布局，该方法有助于加快确定频繁项集边界。

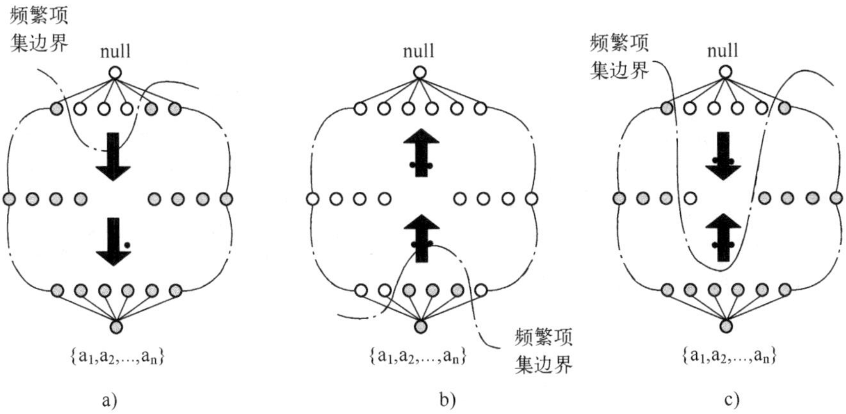

图 7-13　一般到特殊、特殊到一般和双向搜索

a）一般到特殊　b）特殊到一般　c）双向

2. 等价类

该方法是先将格划分为两个不相交的结点组（或等价类）。频繁项集产生算法依次在每个等价类内搜索频繁项集。例如，Apriori 算法采用的逐层策略可以看作根据项集的大小划分格，即在处理较大项集之前，首先找出所有频繁 1-项集。等价类也可以根据项集的前缀或后缀来定义。在这种情况下，两个项集属于同一个等价类，如果它们共享长度为 k 的相同前缀或后缀。在基于前缀的方法中，算法首先搜索以前缀 a 开始的频繁项集，其次是以前缀 b 等开始的频繁项集，再次是前缀 c 开始的频繁项集，如此下去。基于前缀和基于后缀的等价类都可以使用图 7-14 所示的类似于树的结构来演示。

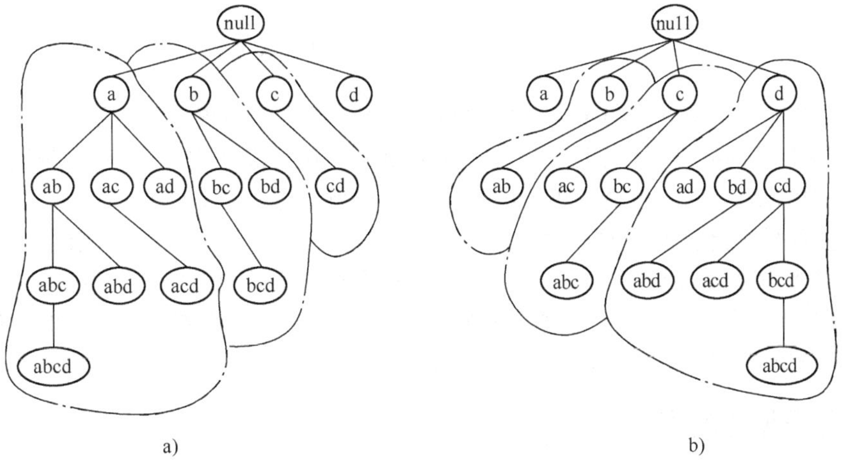

图 7-14　基于项集前缀和后缀的等价类

a）前缀树　b）后缀树

3. 宽度优先与深度优先

Apriori 算法采用宽度优先的方法遍历格，如图 7-15a 所示。它先发现所有频繁 1-项集，接下来是频繁 2-项集，如此下去，直到没有新的频繁项集产生为止。Apriori 算法也可以用深度优先的方式遍历项集格，如图 7-15b 和图 7-16 所示。比如说，算法可以从图 7-16 中的结点 a 开始，计算其支持度计数并判断它是否频繁。如果是，算法渐增地扩展下层结点，即 ab，abc 等，直到到达一个非频繁结点，如 abcd。然后，回溯到下一个分支，比如说 abce，并且继续搜索。

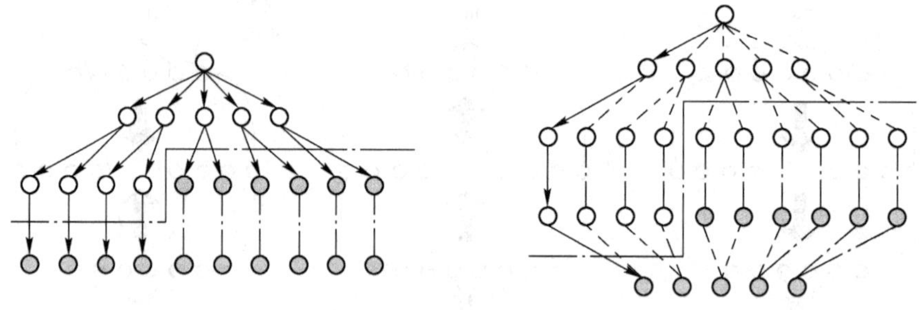

图 7-15 宽度优先和深度优先遍历

a）宽度优先遍历 b）深度优先遍历

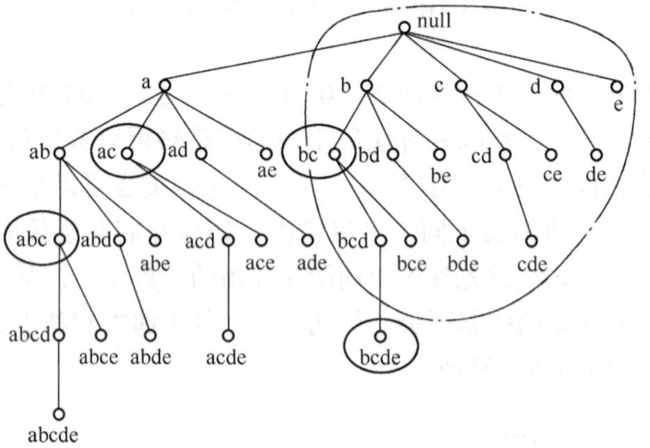

图 7-16 使用深度优先方法产生候选项集

通常，深度优先搜索方法用于发现最大频繁项集。相较于宽度优先方法，这种方法能更快地检测到频繁项集边界。一旦发现一个最大频繁项集，就可以在它的子集上进行剪枝。例如，如果图 7-16 中的结点 bcde 是最大频繁项集，则算法就不必访问以 bd，be，c，d 和 e 为根的子树，因为它们不可能包含任何最大频繁项集。然而，如果 abc 是最大频繁项集，则只有 ac 和 bc 这样的结点不是最大频繁项集，但以它们为根的子树还可能包含最大频繁项集。深度优先方法还允许使用不同的基于项集支持度的剪枝方法。例如，假定项集{a,b,c}和{a,b}具有相同的支持度，则可以跳过以 abd 和 abe 为根的子树，因为可以确保它们不包含最大频繁项集。

7.5.2 事务数据集的表示

事务数据集的表示方法有多种。表示方法的选择可能影响计算候选项集支持度的 I/O 开销。图 7-17 显示了两种表示购物篮事务的方法。左边的表示法叫作水平数据布局（Horizontal

Data Layout），许多关联规则挖掘算法（包括 Apriori）都采用这种表示法；右边的表示法是存储与每一个项相关联的事务标识符列表（TID 列表），这种表示法叫作垂直数据布局（Vertical Data Layout）。候选项集的支持度通过取其子项集 TID 列表的交得到。随着不断进展，处理较大的项集，TID 列表的长度不断收缩。然而，这种方法存在一个问题：TID 列表的初始集合可能太大，以致无法放进内存，因此就需要特殊的巧妙技术来压缩 TID 列表。

·水平数据布局

TID	项
1	a,b,e
2	b,c,d
3	c,e
4	a,c,d
5	a,b,c,d
6	a,e
7	a,b
8	a,b,c
9	a,c,d
10	b

·垂直数据布局

a	b	c	d	e
1	1	2	2	1
4	2	3	4	3
5	5	4	5	6
6	7	8	9	
7	8	9		
8	10			
9				

图 7-17　水平和垂直数据布局

7.6　FP – Growth 算法

Apriori 算法存在一些固有的缺陷：① 可能产生庞大的候选集。由 L_{k-1} 产生 k – 侯选集 C_k 是指数增长的，例如 10^4 个频繁 1 –项集需要产生多达 10^7 个候选 2 –项集。如此庞大的侯选集对时间和主存空间都是一种挑战；② 多次扫描事务数据库，需要很大的 I/O 负载。对每次 k 循环，侯选集 C_k 中的每个元素都必须通过扫描数据库一次来验证其是否加入 L_k。如果有一个频繁大项集包含 10 个项，那么至少需要扫描事务数据库 10 遍。

为此，Jiawei Han 等于 2000 年提出了不产生候选挖掘频繁项集的方法——频繁模式增长（Frequent – Pattern Growth，FP – Growth）算法。该算法的基本思想是采用如下分治策略：首先，将代表频繁项集的数据库压缩到一棵频繁模式树（Frequent – Pattern Tree，FP 树），该树仍保留项集的关联信息。其次，将这种压缩后的数据库划分成一组条件数据库（一种特殊类型的投影数据库），每个数据库关联一个频繁项或“模式段”，并分别挖掘每个条件数据库。对于每个“模式片段”，只需要考察与它相关联的数据集。因此，随着被考察的模式的“增长”，这种方法可以显著地压缩被搜索的数据集的大小。下面重点介绍 FP – Growth 算法的 FP 树构造和频繁项集产生。

7.6.1　FP 树构造

简单地描述利用 FP – Growth 算法构造频繁模式树的过程如下：

1）按 Apriori 算法，第一次扫描事务数据库 D，导出频繁 1 –项集，并得到它们的支持度计数（频度）。设最小支持度计数为 2，频繁项的集合按支持度计数的降序排序。结果集或表记作 L。这样有 $L=\{I2:7, I1:6, I3:6, I4:2, I5:2\}$，如图 7–18 所示。

2）创建树的根结点，并标记为“null”。第二次扫描数据库 D。每个事务中的项都按 L 中

事务数据库

TID	项
1	I1,I2,I5
2	I2,I4
3	I2,I3,I6
4	I1,I2,I4
5	I1,I3
6	I2,I3
7	I1,I3
8	I1,I2,I3,I5
9	I1,I2,I3

支持度计数

项集	支持度计数
{I1}	6
{I2}	7
{I3}	6
{I4}	2
{I5}	2
{I6}	1

频繁 1- 项集

项集	支持度计数
{I1}	6
{I2}	7
{I3}	6
{I4}	2
{I5}	2

按支持度数降序排序

项集	支持度计数
{I2}	7
{I1}	6
{I3}	6
{I4}	2
{I5}	2

▪ 最小支持度为 20%（计数为 2）

图 7-18　产生频繁 1-项集，支持度降序排序

的次序处理（即按支持度计数降序排序），并对每个事务创建一个分枝。例如，第一个事务“T100: I1,I2,I5”按 *L* 的次序包含 3 个项{I2,I1,I5}，导致构造树的第一个分枝 <(I2:1), (I1:1), (I5:1)>。该分枝具有 3 个结点，其中 I2 作为根的子女链接到根，I1 链接到 I2，I5 链接到 I1，如图 7-19 所示。第二个事务 T200 按 L 的次序包含 I2 和 I4，它导致一个分枝，其中 I2 链接到根，I4 链接到 I2。然而，该分枝应当与 T100 已存在的路径共享前缀 <I2>。因此，将结点 I2 的计数增加 1，并创建一个新结点（I4:1），将它作为（I2:2）子女链接，如图 7-20 所示。一般地，当为一个事务考虑增加分枝时，沿共同前缀上的每个结点的计数增加 1，为紧跟在前缀之后的项创建结点并链接。

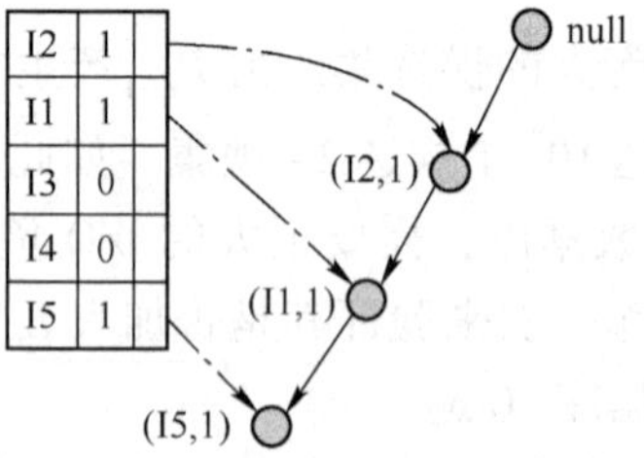

图 7-19　读入第一个事务

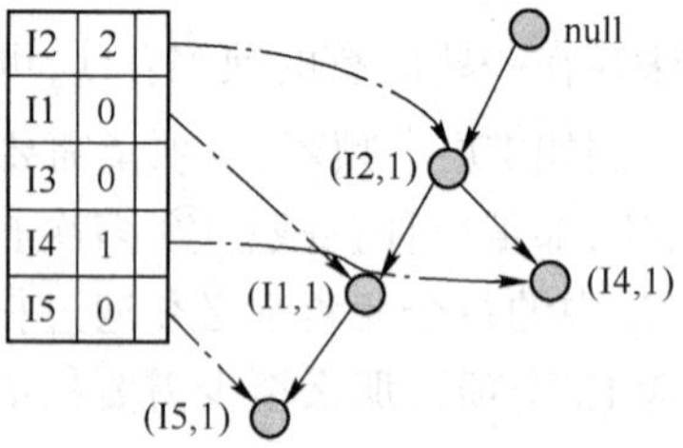

图 7-20　读入第二个事务

为了方便树的遍历，创建一个项头表，使每项通过一个结点链指向它在树中的位置。扫描所有事务后得到的树如图 7-21 所示，带有相关的结点链。这样，数据库频繁模式的挖掘问题就转换成挖掘 FP 树的问题。

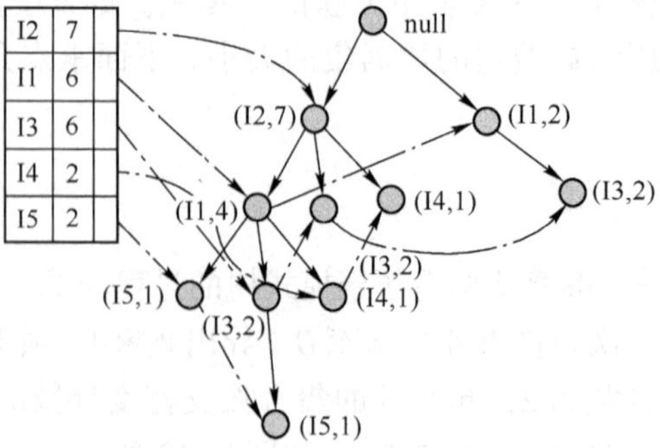

图 7-21　存放压缩的频繁模式信息的 FP 树

7.6.2 频繁项集产生

FP 树的挖掘过程为：由长度为 1 的频繁模式（初始后缀模式）开始，构造它的条件模式基（一个“子数据库”，由 FP 树中与该后缀模式一起出现的前缀路径集组成）。然后，构造它的（条件）FP 树，并递归地在该树上进行挖掘。模式增长通过后缀模式与条件 FP 树产生的频繁模式连接实现。

该 FP 树的挖掘过程总结见表 7–2，细节如下：首先考虑 I5，它是 L 中的最后一项，而不是第一项。其原因随着解释 FP 树挖掘过程就会清楚。I5 出现在图 7–21 的 FP 树的两个分枝中（I5 的出现容易通过沿它的结点链找到）。这些路径由分枝 <(I2 I1 I5:1)> 和 <(I2 I1 I3 I5:1)> 形成。因此，考虑以 I5 为后缀，它的两个对应前缀路径是 <(I2 I1:1)> 和 <(I2 I1 I3:1)>，它们形成 I5 的条件模式基。使用这些条件模式基作为事务数据库，构造 I5 的条件 FP 树，它只包含单个路径 <(I2:2 I1:2)>；不包含 I3，因为它的支持度计数为 1，小于最小支持度计数。该单个路径产生频繁模式的所有组合：I2 I5:2，I1 I5:2，I2 I1 I5:2。

表 7–2 通过创建条件（子）模式基挖掘 FP 树

项	条件模式基	条件 FP 树	产生的频繁模式
I5	{(I2 I1:1),(I2 I1 I3:1)}	<I2:2,I1:2>	I2 I5:2,I1 I5:2,I2 I1 I5:2
I4	{(I2 I1:1),(I2:1)}	<I2:2>	I2 I4:2
I3	{(I2 I1:2),(I2:2),(I1:2)}	<I2:4,I1:2>,<I1:2>	I2 I3:4,I1 I3:4,I2 I1 I3:2
I1	{(I2:4)}	<I2:4>	I2 I1:4

对于 I4，它的两个前缀形成条件模式基{(I2 I1:1),(I2:1)}，产生一个单结点的条件 FP 树 <I2:2>，并导出一个频繁模式 I2 I4:2。注意：尽管 I5 跟在第一个分枝中的 I4 之后，也没有必要在此分析中包含 I5，因为涉及 I5 的频繁模式在考察 I5 时已经分析过。这就是为什么由后面而不是由前面开始处理的原因。

类似于以上分析，I3 的条件模式基是{(I2 I1:2),(I2:2),(I1:2)}。它的条件 FP 树有两个分枝 <I2:4,I1:2> 和 <I1:2>，如图 7–22 所示，它产生模式集：{I2 I3:4,I1 I3:4,I2 I1 I3:2}。最后，I1 的条件模式基是{(I2:4)}，它的 FP 树只包含一个结点 <I2:4>，只产生一个频繁模式 I2 I1:4。

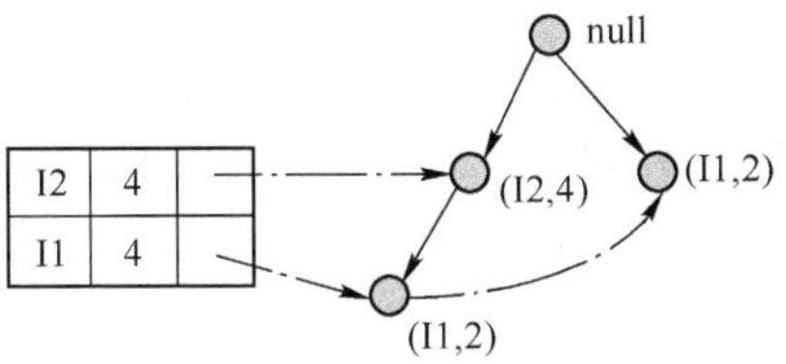

图 7–22 与条件结点 I3 相关联的条件 FP 树

发现频繁项集而不产生候选的 FP－Growth 算法如下。

算法： FP－Growth。使用 FP 树，通过模式增长挖掘频繁模式。

输入： 事务数据库 D；最小支持度阈值 min_sup。

输出： 频繁模式的完全集。

方法：

1）按以下步骤构造 FP 树：

① 扫描数据库 D 一次。收集频繁项的集合 F 和它们的支持度计数。对 F 按照支持度降序排序，结果为频繁项表 L。

② 创建 FP 树的根结点，以“null”标记它。对于 D 中每个事务 *Trans*，执行：

选择 *Trans* 中的频繁项，并按 L 中的次序排序。设 *Trans* 排序后的频繁项表为 $[p|P]$，其中 p 是第一个元素，而 P 是剩余元素的列表。调用 insert_tree($[p|P],T$)。该过程执行情况如下：如果 T 有子女 N 使得 $N.item-name=p.item-name$，则 N 的计数增加 1；否则创建一个新结点 N，将其计数设置为 1，链接到它的父结点 T，并且通过结点链结构将其链接到具有相同 $item-name$ 的结点。如果 P 非空，则递归地调用 insert_tree(P,N)。

2）FP 树的挖掘通过调用 FP_Growth(*FP_tree*, *null*) 实现。该过程实现如下：

Procedure FP_Growth (*Tree*, α)

① if Tree 包含单个路径 P then

② for 路径 P 中结点的每个组合（记作 β）

③ 产生模式 $\beta\cup\alpha$，其支持度计数 support_count 等于 β 中结点的最小支持度计数；

④ else for Tree 的头表中的每个 α_i {

⑤ 产生一个模式 $\beta=\alpha_i\cup\alpha$，其支持度计数

support_count = α_i. support_count;

⑥ 构造 β 的条件模式基，然后构造 β 的条件 FP 树 $Tree_\beta$；

⑦ if $Tree_\beta\neq\varnothing$ then

⑧ 调用 FP_growth($Tree_\beta,\beta$);}

FP-Growth 算法将发现长频繁模式的问题转换成在较小的条件数据库中递归地搜索一些较短模式，然后连接后缀。它使用最不频繁的项作后缀，提供了较好的选择性。该方法显著地降低了搜索开销。

当数据库很大时，构造基于主存的 FP 树有时是不现实的。一种有趣的选择是首先将数据库划分成投影数据库的集合，然后在每个投影数据库上构造 FP 树并在每个投影数据库中挖掘。如果投影数据库的 FP 树还不能放进主存，该过程可以递归地用于投影数据库。

对 FP-Growth 算法的性能研究表明：对于挖掘长的频繁模式和短的频繁模式，FP-Growth 算法都是有效的和可伸缩的，并且大约比 Apriori 算法快一个数量级。

FP-Growth 算法具有如下优点：

1）FP-Growth 算法仅仅遍历了 2 次数据库，第一次是为了产生 L_1，第二次是为了对项目排序。由于不用多次扫描数据库，因此大大节省了扫描数据库的时间。

2）选用了分治策略，把挖掘的长频繁模式转换成递归地挖掘短模式的问题，再与后缀相连。

3）挖掘长的频繁模式与短的频繁模式时，有效性与可伸缩性都是该算法的特点，所用挖掘时间会比 Apriori 算法的挖掘时间少得多。

FP-Growth 算法的主要缺点如下：

1）建立 FP 树时，会占用大量的内存空间。如果数据库的规模很大，要建立的 FP 树也会很巨大。

2）在递归构建 FP 树时，每生成一个频繁模式就会出现一个条件树。当生成与释放海量的条件树时，该算法将占用很多的运算时间与计算机空间。

7.7 关联评估

在实际情况中，商业数据库的数据量和维数都非常大，运用关联分析算法往往产生大量的规则，而其中很大一部分可能是人们不感兴趣的。因此，建立一组广泛接受的评价关联模式质量的标准是非常重要的。

第一组标准可以通过统计论据建立。涉及相互独立的项或覆盖少量事务的模式被认为是不令人感兴趣的，因为它们可能反映数据中的伪联系。这些模式可以使用客观兴趣度度量（Objective Interestingness Measure）来排除，客观兴趣度度量使用从数据推导出的统计量来确定模式是否是有趣的。客观兴趣度度量的例子包括支持度、置信度和相关性。

第二组标准可以通过主观论据建立，即模式被主观地认为是无趣的，除非它能够揭示料想不到的信息或提供导致有益行动的有用信息。例如，规则 {黄油}⇒{面包} 可能不是有趣的，尽管有很高的支持度和置信度，但是它表示的关系显而易见。另一方面，规则 {尿布}⇒{啤酒}是有趣的，因为这种联系十分出乎意料，并且可能为零售商提供新的交叉销售机会。将主观知识加入到模式的评价中是一项困难的任务，因为需要来自领域专家的大量先验信息。

下面是一些将主观信息加入到模式发现任务中的方法。

1）可视化（Visualization）。这种方法需要友好的环境，保持用户参与，允许领域专家解释和检验被发现的模式，与数据挖掘系统交互。

2）基于模板的方法（Template - Based Approach）。这种方法允许用户限制挖掘算法提取的模式类型。只把满足用户指定的模板的规则提供给用户，而不是报告提取所有模式。

3）主观兴趣度度量（Subjective Interestingness Measure）。主观度量可以基于领域信息来定义，如概念分层或商品利润等。然后，使用这些度量来过滤那些显而易见和没有实际价值的模式。

7.7.1 兴趣度客观度量

客观度量是一种评估关联模式质量的数据驱动的方法。它不依赖于领域，只需要最小限度用户的输入信息，它不需要通过设置阈值来过滤低质量的模式。客观度量常常基于列联表（Contingency Table）中列出的频度计数来计算。表 7-3 显示了一对二元变量 A 和 B 的列联表。使用记号 $\overline{A}(\overline{B})$ 表示 $A(B)$ 不在事务中出现。在这个 2×2 的表中，每个 f_{ij} 都代表一个频度计数。例如，f_{11} 表示 A 和 B 同时出现在一个事务中的次数，f_{01} 表示包含 B 但不包含 A 的事务的个数。行和 f_{1+} 表示 A 的支持度计数，而列和 f_{+1} 表示 B 的支持度计数。最后，尽管讨论主要关注非对称的二元变量，相依表也可以应用于其他属性类型，如对称的二元变量、标称变量和序数变量。

表 7-3　变量 A 和 B 的 2 路列联表

	B	$\overline{B}$	行和
A	f_{11}	f_{10}	f_{1+}
$\overline{A}$	f_{01}	f_{00}	f_{0+}
列和	f_{+1}	f_{+0}	N

1）支持度 - 置信度框架的局限性。现有关联规则的挖掘算法依赖于支持度和置信度来除去没有意义的模式。支持度的缺点在于许多潜在的有意义的模式由于包含支持度小的项而被删

去。置信度的缺点更加微妙，最适合用下面的例子进行说明。

假定希望分析爱喝咖啡和爱喝茶的人之间的关系。收集一组人关于饮料偏爱的信息，汇总信息见表 7–4。

表 7–4　1000 个人的饮料偏爱

	咖啡	$\overline{咖啡}$	行和
茶	150	50	200
$\overline{茶}$	650	150	800
列和	800	200	1000

使用表中给出的信息可以来评估关联规则{茶}⇒{咖啡}。乍一看，似乎喜欢喝茶的人也喜欢喝咖啡，因为该规则的支持度（15%）和置信度（75%）都相当高。这个推论也许是可以接受的，但是所有人中，不管他是否喝茶，喝咖啡的人的比例为 80%，而喝咖啡的饮茶者却只占 75%。也就是说，一个人如果喝茶，则他喝咖啡的可能性由 80% 减到了 75%。因此，尽管规则{茶}⇒{咖啡}有很高的置信度，但实际上它却是一个误导。

置信度的缺陷在于该度量忽略了规则后件中项集的支持度。的确，如果考虑喝咖啡者的支持度，则将毫不奇怪地发现许多喝茶的人也喝咖啡。更奇怪的是，喝咖啡的饮茶者所占的比例实际少于所有喝咖啡的人所占的比例，这表明饮茶者和喝咖啡的人之间存在一种逆关系。

由于支持度 – 置信度框架的局限性，各种客观度量已经用来评估关联模式。下面简略介绍这些度量并解释它们的优点和局限性。

2）兴趣因子。茶和咖啡的例子表明，由于置信度度量忽略了规则后件中出现的项集的支持度，高置信度的规则有时存在误导。解决这个问题的一种方法是使用称作提升度（Lift）的度量

$$Lift(A \Rightarrow B) = \frac{c(A \Rightarrow B)}{s(B)} \tag{7-5}$$

它计算规则置信度和规则后件中项集的支持度之间的比率。对于二元变量，提升度等价于另一种称作兴趣因子（Interest Factor）的客观度量，其定义为

$$I(A,B) = \frac{s(A,B)}{s(A) \times s(B)} = \frac{Nf_{11}}{f_{1+}f_{+1}} \tag{7-6}$$

对于相互独立的两个变量，$I(A,B)=1$；如果 A 和 B 是正相关的，则 $I(A,B)>1$；如果 A 和 B 是负相关的，则 $I(A,B)<1$。对于表 7–4 中的例子，$I=0.15/(0.2*0.8)=0.9375$，这表明在饮茶者和喝咖啡的人之间存在负相关。

3）兴趣因子的局限性。这里以一个文本挖掘领域的例子解释兴趣因子的局限性。在文本挖掘领域，假定一对词之间的关联依赖于同时包含这两个词的文档的数量是合理的。例如，由于二者之间的较强关联，预计在计算机文献中词“数据”和“挖掘”同时出现的频率高于词“编译”和“挖掘”同时出现的频率。

表 7–5　词对{p,q}和{r,s}的列联表

	p	$\bar{p}$	行和		r	$\bar{r}$	行和
q	880	50	930	s	20	50	70
$\bar{q}$	50	20	70	$\bar{s}$	50	880	930
列和	930	70	1000	列和	70	930	1000

表 7-5 显示了两个词$\{p,q\}$和$\{r,s\}$出现的频率。使用公式（7-6），$\{p,q\}$和$\{r,s\}$的兴趣因子分别为 1.02 和 4.08。由于下面的原因，这些结果多少有点问题：虽然 p 和 q 同时出现在 88%的文档中，但是它们的兴趣因子接近于 1，表明二者是相互独立的；另一方面，$\{r,s\}$的兴趣因子比$\{p,q\}$的高，尽管 r 和 s 很少同时出现在同一个文档中。这种情况下，置信度可能是一个更好的选择，因为置信度表明 p 和 q 之间的关联（94.6%）远远强于 r 和 s 之间的关联（28.6%）。

4）相关分析。相关分析是分析一对变量之间关系的基于统计学的技术。对于连续变量，相关度用皮尔森相关系数定义。对于二元变量，相关度可以用 ϕ 系数度量。ϕ 系数定义为

$$\phi = \frac{f_{11}f_{00} - f_{01}f_{10}}{\sqrt{f_{1+}f_{+1}f_{0+}f_{+0}}} \tag{7-7}$$

相关度的值从 -1（完全负相关）到 +1（完全正相关）。如果变量是统计独立的，则 $\phi = 0$。例如，在表 7-4 中给出的饮茶者和喝咖啡者之间的相关度为 -0.0625。

5）相关分析的局限性。相关性的缺点通过表 7-5 所给出词的关联可以看出。虽然词 p 和 q 同时出现的次数比 r 和 s 更多，但是它们的 ϕ 系数是相同的，即 $\phi\{p,q\} = \phi\{r,s\} = 0.232$。这是因为，$\phi$ 系数把项在事务中出现和同时不出现视为同等重要。因此，它更适合于分析对称的二元变量。这种度量的另一个局限性是，当样本大小成比例变化时，它不能保持不变。

6）*IS* 度量。*IS* 是另一种度量，用于处理非对称二元变量。该度量定义为

$$IS(A,B) = \sqrt{I(A,B) \times s(A,B)} = \frac{s(A,B)}{\sqrt{s(A)s(B)}} \tag{7-8}$$

注意：当模式的兴趣因子和模式支持度都很大时，*IS* 也很大。例如，表 7-5 中显示的词对 $\{p, q\}$ 和 $\{r, s\}$ 的 *IS* 值分别是 0.946 和 0.286。与兴趣因子和 ϕ 系数给出的结果相反，*IS* 度量暗示 $\{p, q\}$ 之间的关联强于 $\{r, s\}$，这与期望的文档中词的关联一致。

可以证明 *IS* 数学上等价于二元变量的余弦变量。在这一点上，将 $\boldsymbol{A}$ 和 $\boldsymbol{B}$ 看作一对位向量，$\boldsymbol{A} \cdot \boldsymbol{B} = s(\boldsymbol{A},\boldsymbol{B})$表示两个向量的点积，$|\boldsymbol{A}| = \sqrt{s(\boldsymbol{A})}$表示向量 $\boldsymbol{A}$ 的大小。因此

$$IS(\boldsymbol{A},\boldsymbol{B}) = \frac{s(\boldsymbol{A},\boldsymbol{B})}{\sqrt{s(\boldsymbol{A},\boldsymbol{B}) \times s(\boldsymbol{A},\boldsymbol{B})}} = \frac{\boldsymbol{A} \cdot \boldsymbol{B}}{|\boldsymbol{A}| \cdot |\boldsymbol{B}|} = \cos(\boldsymbol{A},\boldsymbol{B}) \tag{7-9}$$

IS 度量也可以表示为从一对二元变量中提取出的关联规则的置信度的几何平均值

$$IS(\boldsymbol{A},\boldsymbol{B}) = \sqrt{\frac{s(\boldsymbol{A},\boldsymbol{B})}{s(\boldsymbol{A})} \times \frac{s(\boldsymbol{A},\boldsymbol{B})}{s(\boldsymbol{B})}} = \sqrt{c(\boldsymbol{A} \Rightarrow \boldsymbol{B}) \times c(\boldsymbol{B} \Rightarrow \boldsymbol{A})} \tag{7-10}$$

由于两个数的几何均值总是接近于较小的数，所以只要规则 $p \Rightarrow q$ 或 $q \Rightarrow p$ 中的一个具有较低的置信度，项集$\{p,q\}$的 *IS* 值就较低。

7）IS 度量的局限性。一对相互独立的项集 $\boldsymbol{A}$ 和 $\boldsymbol{B}$ 的 *IS* 值是：

$$IS_{indep}(\boldsymbol{A},\boldsymbol{B}) = \frac{s(\boldsymbol{A},\boldsymbol{B})}{\sqrt{s(\boldsymbol{A}) \times s(\boldsymbol{A})}} = \frac{s(\boldsymbol{A}) \times s(\boldsymbol{B})}{\sqrt{s(\boldsymbol{A}) \times s(\boldsymbol{B})}} = \sqrt{s(\boldsymbol{A}) \times s(\boldsymbol{B})} \tag{7-11}$$

因为 *IS* 值取决于 $s(\boldsymbol{A})$ 和 $s(\boldsymbol{B})$，所以 *IS* 存在与置信度度量类似的问题——即使是不相关或负相关的模式，度量值也可能相当大。例如，尽管表 7-6 中所显示的项 p 和 q 之间的 *IS* 值相当大（0.889），当项统计独立时它仍小于期望值（$IS_{indep} = 0.9$）。

8）其他客观兴趣度度量。除了迄今为止介绍的度量外，仍有另外一些分析二元变量之间联系的度量方法。这些度量可以分为两类：对称的和非对称的度量。如果 $M(\boldsymbol{A} \Rightarrow \boldsymbol{B}) = M(\boldsymbol{B} \Rightarrow \boldsymbol{A})$，则度量 M 是对称的。例如，兴趣因子是对称的度量，因为规则 $\boldsymbol{A} \Rightarrow \boldsymbol{B}$ 和 $\boldsymbol{B} \Rightarrow \boldsymbol{A}$ 的兴趣因子

的值相等；相反，置信度是非对称度量，因为规则 $A \Rightarrow B$ 和 $B \Rightarrow A$ 置信度可能不相等。对称度量常被用来评价项集，而非对称度量方法更适合于分析关联规则。

表 7-6　项 p 和 q 的列联表的例子

	q	$\bar{q}$	行和
p	800	100	900
$\bar{p}$	100	0	100
列和	900	100	1000

9）客观度量的一致性。给定各种各样的可用度量后，产生的一个合理问题是：当这些度量应用到一组关联模式时是否会产生类似的有序结果。如果这些度量是一致的，那么就可以选择它们中的任意一个作为评估度量。否则，为了确定哪个度量更适合分析某个特定类型的模式，了解这些度量之间的不同点是非常重要的。

10）客观度量的性质。很多度量对同一个模式的质量提供了互相矛盾的信息。为了了解它们之间的差异，需要考虑这些度量性质：

① 反演性。客观度量 M 在反演操作下是不变的，如果交换频度计数 f_{11} 和 f_{00}、f_{10} 和 f_{01}，它的值保持不变。在反演操作下保持不变的度量有 ϕ 系数、概率、κ 和集体强度。这些度量可能不适合于分析非对称的二元数据。一些非反演不变的度量包括兴趣因子、*IS*、*PS*、Jaccard 系数。

② 零加性。客观度量 M 在零加操作下是不变的，如果增加 f_{00} 而保持相依表中所有其他频度不变并不影响 M 的值。对文档分析或购物篮分析这样的应用，期望度量多在零加操作下保持不变。满足零加性的度量包括余弦（*IS*）和 Jaccard（ξ）度量，而不满足该性质的度量包括兴趣因子、PS、概率（α）和 ϕ 系数。

③ 缩放性。客观度量 M 在行/列缩放操作下是不变的，如果 $\mathrm{M}(T)=\mathrm{M}(T')$，其中 T 是频度计数为 $[f_{11};f_{10};f_{01};f_{00}]$ 的列联表。T' 是频度计数为 $[k_1k_3f_{11};k_2k_3f_{10};k_1k_4f_{01};k_2k_4f_{00}]$ 的列联表，而 k_1，k_2，$k3$，$k4$ 是正常量。

表 7-7　对称度量的性质

符　号	度　量	反　演	零　加	缩　放
ϕ	ϕ 系数	Yes	No	No
α	概率	Yes	No	Yes
κ	Cohen 度量	Yes	No	No
I	兴趣因子	No	No	No
IS	余弦	No	Yes	No
PS	Piatetsky - Shapiro 度量	Yes	No	No
S	集体强度	Yes	No	No
ζ	Jaccard	No	Yes	No
h	全置信度	No	No	No
s	支持度	No	No	No

由表 7-7 可知，只有概率（α）在行和列缩放操作下是不变的。所有其他度量，例如 ϕ 系数、κ、*IS*、兴趣因子和集体强度（S），当列联表的行和列缩放时，它们的值也会发生变化。虽然没有讨论非对称度量（如置信度、J 度量、Gini 指标和信任度）的性质，但很明显，在反

演和行/列缩放操作下，这些度量不可能保持相同的值，不过它们在零加操作下是不变的。

7.7.2　多个二元变量的度量

使用多维列联表，可以扩展到多个变量。例如，表 7-8 显示了 a，b 和 c 的 3 维列联表。表中每个表目 f_{ijk} 都表示包含项 a，b 和 c 的某种组合的事务数。比如，f_{101} 表示包含 a 和 c 但不包含 b 的事务数。另一方面，边缘频率 f_{1+1} 表示包含项 a 和 c 而不管是否包含项 b 的事务数。

表 7-8　一个三维列联表的例子

c	b	$\bar{b}$		$\bar{c}$	b	$\bar{b}$	
a	f_{111}	f_{101}	f_{1+1}	a	f_{110}	f_{100}	f_{1+0}
$\bar{a}$	f_{011}	f_{001}	f_{0+1}	$\bar{a}$	f_{010}	f_{000}	f_{0+0}
	f_{+11}	f_{+01}	f_{++1}		f_{+10}	f_{+00}	f_{++0}

给定一个 k - 项集 $\{i_1,i_2,\cdots,i_k\}$，统计独立性条件可以定义为

$$f_{i_1i_2\cdots i_k}=\frac{f_{i_1+\cdots+}\times f_{+i_2\cdots+}\times\cdots\times f_{++\cdots i_k}}{N^{k-1}} \tag{7-12}$$

利用该定义，可以扩展基于背离统计独立性的客观度量（如兴趣因子（I）和 PS）到多个变量

$$I=\frac{N^{k-1}f_{i_1i_2\cdots i_k}}{f_{i_1+\cdots+}\times f_{+i_2\cdots+}\times\cdots\times f_{++\cdots i_k}} \tag{7-13}$$

$$PS=\frac{f_{i_1i_2\cdots i_k}}{N}-\frac{f_{i_1+\cdots+}\times f_{+i_2\cdots+}\times\cdots\times f_{++\cdots i_k}}{N^k} \tag{7-14}$$

另一种方法是，将客观度量定义为模式中项对之间关联的最大值、最小值或平均值。例如，给定 k - 项集 $X=\{i_1,i_2,\cdots,i_k\}$，可以将 X 的 ϕ 系数定义为 X 中所有项对 (i_p,i_q) 之间的 ϕ 系数的平均值。然而，由于该度量只考虑逐对之间的关联，因此它可能无法捕获模式中的隐含联系。

7.7.3　倾斜支持度分布的影响

许多关联分析算法的性能受输入数据的性质的影响。例如，Apriori 算法的计算复杂度依赖于数据中的项数和事务的平均长度等性质。本节讨论另一种重要性质，该性质对关联分析算法的性能和提取模式的质量具有重要影响。更具体地说，关注具有倾斜支持度分布的数据集，其中大多数项具有较低或中等频率，但是少数项具有很高的频率。

图 7-23 显示了一个呈现这种分布的实际数据集的例子。该数据取自 PUMS（Public Use Microdata Sample）人口普查数据。它包含 49 046 条记录和 2113 个非对称的二元变量。尽管数据集中超过 80% 的项的支持度小于 1%，但是少数项的支持度大于 90%。为了解释倾斜支持度分布对频繁项集挖掘的影响，将所有项按照支持度分为 3 组，即 G_1，G_2 和 G_3。表 7-9 显示了每一组中包含项的数量。

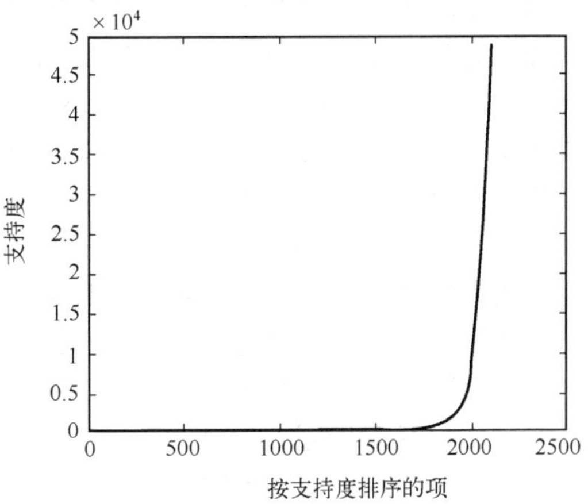

图 7-23　人口普查数据集中项的支持度分布

表 7-9　按照项的支持度将人口普查数据集中的项分组

组	G_1	G_2	G_3
支持度	<1%	1% ~90%	>90%
项的数量	1735	358	20

选择合适的支持度阈值挖掘这样的数据集可能相当棘手。如果阈值太高（如 20%），则可能遗漏涉及 G_1 中较低支持度项的模式。在购物篮数据分析中，这种低支持度的项可能对应那些顾客很少买的昂贵商品（如珠宝），但是它们的模式仍然是零售商十分感兴趣的。相反，如果支持度阈值太低，由于下面的原因，挖掘关联模式将变得非常困难：首先，由于支持度阈值太低，已有的关联分析算法所需的计算量和内存需求都将显著增加；其次，由于支持度阈值太低，提取出的关联模式的数量大幅增加；再次，可能提取出大量的高频率项（如“牛奶”）与低频率项（如“鱼子酱”）相关联的虚假模式，这样的模式称为交叉支持（Cross - Support）模式。由于它们的相关性往往太弱，这些模式多半是虚假的。

交叉支持模式是一个项集 $X=\{i_1,i_2,\cdots,i_k\}$，它的支持度比率为

$$r(X)=\frac{\min[s(i_1),s(i_2),\cdots,s(i_k)]}{\max[s(i_1),s(i_2),\cdots,s(i_k)]} \tag{7-15}$$

这一比率小于用户指定的阈值 h_c。

假设牛奶的支持度是 70%，糖的支持度是 10%，鱼子酱的支持度是 0.04%。给定 $h_c=0.01$，频繁项集 {牛奶，糖，鱼子酱} 是一个交叉支持模式，因为它的支持度比率为

$$r=\frac{\min[0.7,0.1,0.0004]}{\max[0.7,0.1,0.0004]}=\frac{0.0004}{0.7}=0.00058<0.01 \tag{7-16}$$

现有的度量（如支持度和置信度），都不足以消除交叉支持模式。如图 7-24 显示的数据集所示，假定 $h_c=0.3$，项集 $\{p,q\}$、$\{p,r\}$ 和 $\{p,q,r\}$ 是交叉支持模式，因为它们的支持度比率为 0.2，小于阈值 0.3。虽然可以采用较高的支持度阈值（如 20%）来消除交叉支持模式，但是，这样却损失了其他有趣的模式，如强关联项集 $\{q,r\}$，它的支持度为 16.7%。

p	q	r
0	1	1
1	1	1
1	1	1
1	1	1
1	1	1
1	0	0
1	0	0
1	0	0
1	0	0
1	0	0
1	0	0
1	0	0
1	0	0
1	0	0
1	0	0
1	0	0
1	0	0
1	0	0
1	0	0
1	0	0
1	0	0
1	0	0
1	0	0
1	0	0
1	0	0
1	0	0
0	0	0
0	0	0
0	0	0
0	0	0

图 7-24　一个包含 3 个项 p，q 和 r 的事务数据集，其中 p 是高支持度项，q 和 r 是低支持度项

置信度剪裁也无济于事，因为由交叉支持模式提取的规则的置信度可能很高。例如，虽然 $\{p,q\}$ 是一个交叉支持模式，但是规则 $\{q\}\Rightarrow\{p\}$ 的置信度却是 80%。交叉支持模式能够产生高置信度的规则并不奇怪，因为其中的项(p)在数据集中频繁出现。因此，p 在许多包含 q 的事务中出现是意料之中的事。同时，即使 $\{q,r\}$ 不是交叉支持模式，规则 $\{q\}\Rightarrow\{r\}$ 也具有高置信度。这个例子表明，使用置信度度量很难区别从交叉支持模式或非交叉支持模式中提取的规则。

回到前面的例子，注意到由于包含 p 的大部分事务不包含 q，因此规则 $\{p\}\Rightarrow\{q\}$ 的置信度很

低。相反，由模式$\{q,r\}$导出的规则$\{r\}\Rightarrow\{q\}$却有很高的置信度。这一观察暗示，可以通过检查由给定项集提取的最低置信度规则来检测交叉支持模式。

从频繁项集$\{i_1,i_2,\cdots,i_k\}$中得到的最低置信度为

$$\frac{s(\{i_1,i_2,\cdots,i_k\})}{\max[\{s(i_1),s(i_2),\cdots,s(i_k)\}]} \tag{7-17}$$

这个表达式又称为 h 置信度（h - confidence）或全置信度（all - confidence）度量。由于支持度的反单调性，h 置信度度量的分子受限于频繁项集所有项中最小的支持度。换句话说，项集$X=\{i_i,i_2,\cdots,i_k\}$的 h 置信度不超过下面表达式

$$h-confidence(X)\leqslant\frac{\min[s(i_1),s(i_2),\cdots,s(i_k)]}{\max[s(i_1),s(i_2),\cdots,s(i_k)]} \tag{7-18}$$

注意：h 置信度的上界与式（7-15）中支持模式支持度比率(r)的等价性。因为交叉支持模式的支持度比率总是小于h_c，所以这类模式的 h 置信度也一定小于h_c。

因此，通过确保模式的 h 置信度值超过h_c就可以消除交叉支持模式。值得一提的是，使用 h 置信度的好处不仅是消除交叉支持模式，这种度量也是反单调的，即

$$h-confidence(\{i_1,i_2,\cdots,i_k\})\geqslant h-confidence(\{i_1,i_2,\cdots,i_{k+1}\}) \tag{7-19}$$

从而可以将它直接并入挖掘算法。此外，h 置信度能够确保项集中的项之间是强关联的，即超团模式（Hyperclique Pattern）。

7.8 关联分析应用实例

目前，关联分析的应用已经推广到许多领域，只要涉及从大型的数据集中获取知识的问题，关联分析都可能成为有力的工具。概括起来，关联分析的应用领域主要包括 Web 挖掘、文档分析、通信警告分析、网络入侵检测、地球科学和生物信息学等。

7.8.1 关联分析学生成绩

下面对医科大学临床本科的学生成绩进行分析。通过对考试成绩进行挖掘分析，发现有几门课程与将来专业课的成绩密切相关，教师可以应用这些知识指导学生，如重要的基础课应安排较多的时间，从而为将来专业课的学习打好基础；针对关联度较小的课程安排适当的时间，以便学生有效地安排好自己的大学生活。

某医科大学本科学生的成绩库共有 408 条数据。原始表中包含了 4 年中所有基础课和专业课以及实习的成绩。目的是要找出哪些基础课与专业课的成绩之间存在较强的关联，有些无关的项可能会影响挖掘结果。因此，除去凭常识已知的与专业课程关联度不大的课程，如政治经济学等。实习分用一个总平均分表示。经过筛选后，共选择 28 个课程作为分析字段，部分数据显示见表 7-10。

表 7-10　学生成绩表

姓　名	学　号	细胞生物学	有 机 化 学	医用物理学	…
陈路	1100302001	80	85	73	…
王小玲	1100302002	75	70	78	…
…	…	…	…	…	…

7.8.2 数据处理

Apriori 算法只能处理布尔变量，因此在应用算法挖掘关联规则之前，需要先对原始数据进行处理，把数值型数据转换为由项集组成的事务数据库。

首先需要把关系数据库中的数值属性离散化，以便能应用到算法中。离散的过程如下：成绩在 90 分以上记为 1；80 ~90 分记为 2；80 分以下记为 3。

将每门课程编号：如细胞生物学记为 A；有机化学记为 B；医用物理学记为 C，则 A_1 表示细胞生物学在 90 分以上；B_2 表示有机化学在 80 ~ 90 分；C_3 表示医用物理学在 80 分以下……。这样，学生成绩库被转换成包含多个项的表。由于姓名和学分与分析目标无关，也予以剔除。使用一个转换程序，将原始表转换成表 7-11 形式：

表 7-11 离散化的数据

编号	细胞生物学	有机化学	医用物理学	…
1	A_1	B_2	C_3	…
2	A_2	B_3	C_2	…
3	A_3	B_1	C_1	…
…	…	…	…	…

7.8.3 算法的应用

在本例中，挖掘的目标是基础课与专业课之间的关联，因此使用如下形式的规则模板作为约束，只取我们感兴趣的规则，规则模板的形式为

$$P_1 \wedge P_2 \wedge P_3 \cdots \Rightarrow Q_1 \wedge Q_2 \cdots \tag{7-20}$$

其中，$P_i(i=1,2,\cdots,l)$ 和 $Q_j(j=1,2,\cdots,r)$ 是项变量，分别表示基础课与专业课。挖掘过程寻找与给定模板匹配的规则。为找出满足该模板的维间关联规则，我们需要找出所有频繁 P 项集 L_P；还必须有 L_P 中的 L - 项子集的支持度，以计算由 L_P 导出的规则的置信度。

根据表的特点和应用需要，设定最小支持度 min_sup 为 20%，最小置信度 min_conf 为 60%。以 Apriori 算法为基础，用 VC 编程。

在算法的第一次迭代，每个项都是候选 1 - 项集的成员，算法扫描所有事务，对每个项的出现记数。假定最小支持度计数为 2，则确定了频繁 1 - 项集接着产生候选 2 - 项集，依次类推。

Apriori 算法每挖掘一层 L_k 就需要扫描整个数据库一遍。频繁项集包含了 28 个项，那么需要扫描数据库 28 遍，显然效率不高。引入修剪技术来减小候选集 C_k 的大小。该技术基于频繁项集性质的先验知识：频繁项集的所有非空子集也必须是频繁的。那么，如果 C_k 中某个候选项集有一个 $k-1$ 项子集不属于 L_{k-1}，则这个项集可以被修剪掉不再被考虑。

程序运行后得到 54 条规则。选取其中满足式（7-20）的 $P \Rightarrow Q$ 形式，同时满足最小支持度和最小置信度的规则（见表 7-12）。

表 7-12 算法生成的关联规则

编号	规则	支持度（%）	置信度（%）
1	A3 ∧ B3⇒H3	34.5	96.6
2	E3 ∧ F3⇒G3	25.0	66.7
3	H3 ∧ I2⇒J2	22.5	77.2

（续）

编　号	规　则	支持度（%）	置信度（%）
4	$K_3 \wedge L_3 \Rightarrow M_3$	66.2	87.6
5	$N_3 \wedge O_3 \Rightarrow P_3$	32.1	91.6
6	$Q_2 \wedge R_3 \Rightarrow S_3$	20.0	63.0
7	$T_3 \wedge U_3 \Rightarrow V_3$	58.8	74.3
8	$W_3 \wedge X_3 \Rightarrow Y_3$	63.7	86.3
9	$I_3 \Rightarrow Z_2$	43.6	60.0

7.8.4 挖掘结果的分析

规则 1 说明：细胞生物学、有机化学的分数在 80 以下，则组织胚胎学的成绩也在 80 分以下。这条规则的置信度是 96.6%，支持度是 34.5%；该规则与经验相符合，说明组织胚胎学与细胞生物学有较强的关系；规则还表明，有机化学也与组织胚胎学有较大关联，教务部门排课时应考虑将这两门课分别安排在时间上连续的两个学期。

规则 4 说明：病理解剖学、机能实验成绩在 80 分以下，则药理学成绩也在 80 分以下，这条规则的置信度是 87.6%，支持度是 66.2%。

规则 5 说明：病理生理学、诊断学的分数在 80 分以下，则局部解剖学的成绩也在 80 分以下，这条规则的置信度是 91.6%，支持度是 32.1%。

与一般经验不同的是最后一条规则，它表明成绩在 80 分以下，实习成绩在 80 ~ 90 分的学生在全部人数中的比例是 43.6%，成绩在 80 分以下的学生，则实习分数是 80 ~ 90 分，这条规则的置信度是 60%。它说明学习成绩中等的学生，反而在实习中获得较好的成绩。这条规则说明，分数的高低与实习成绩并没有必然的关联。医学作为一门实践性的科学，应注重临床实践能力的培养。如果只注重知识的传授而忽视能力的培养，医学生毕业后就不能很好地适应临床工作的需要。

本例挖掘的规则从一定程度上说明了某些基础课与某些专业课之间的关联，比如某些基础课程学不好，导致某门专业课程分数也较低的规则可信度较高。虽然分数有较大的人为因素，比如某些课程分数普遍较低；但总的来说，挖掘的规则有一定的参考价值。

数据挖掘技术可以应用在教学管理中，作为一种教学管理辅助手段，帮助发现教学中潜在的规律，更好地了解课程的顺序安排和课时安排是否合理、课程之间的关联和关联度有多大，从而为教务部门提供排课的参考依据。应用数据挖掘技术，提高教学管理水平，是一个很有意义的研究方向。在实际应用中应该注意的是：由于最小支持度和最小可信度是主观设定的，这样会出现两种情况：如果取值太小，会生成很多规则，产生很多的意义不大的信息；如果取值过大，又可能错失有价值的信息。因此，在应用中可以通过反复实验，确定一个合理的阈值。

7.9 小结

关联分析用于发现隐藏在大型数据集中的令人感兴趣的联系，所发现的模式通常用关联规则或频繁项集的形式表示。关联规则挖掘的两个步骤：一是频繁项集产生（支持度测试）。其目标是发现满足最小支持度阈值的所有项集，即频繁项集。二是规则产生（置信度测试）。其目标是从上一步发现的频繁项集中提取所有高置信度（大于或等于最小置信度阈值）的关联规则，即强关联规则。Apriori 算法是一种最具影响力的挖掘布尔关联规则频繁项集的算法。

它利用先验性质（频繁项集的所有非空子集也必须是频繁的），通过逐层搜索的迭代方法，将 k-项集用于探索$(k+1)$-项集，来穷尽数据集中的所有频繁项集。两种具有代表性的项集：最大频繁项集（它的直接超集都不是频繁的）和闭频繁项集（一个项集是频繁闭项集，如果它是闭的，并且它的支持度大于或等于最小支持度阈值）。FP-Growth（频繁模式增长）算法是一种不产生候选挖掘频繁项集的方法。它构造一个高度压缩的数据结构（FP 树），压缩原来的事务数据库。与类 Apriori 算法使用产生-测试策略不同，它聚焦于频繁模式（段）增长，避免了高代价的候选产生，可获得更好的效率。

7.10 习题

1. 概述关联规则最常见的分类方法。
2. 简述先验原理的基本思想。
3. 简要说明在频繁模式发现技术中，产生候选项集和不产生候选项集两种技术各自的特点和优缺点。
4. 简述 Apriori 算法频繁项集的产生过程。
5. 说明 Apriori 算法中规则产生过程与频繁项集产生过程的主要不同之处。
6. 简述利用 FP-Growth 算法构造频繁模式树的过程。
7. 简述闭频繁项集的基本概念。

第8章　性能评估和提升

通常情况下，评估数据挖掘模型性能的主要方式是评分函数、成本代价和验证。模型构建的代价通常从成本和复杂度两个角度进行评估。典型的模型成本评价方式为成本评价曲线，如 Lift 曲线、ROC 曲线等。通常情况下，数据挖掘算法和模型的效果还需要结合具体的测试数据进行验证。针对数据挖掘算法和模型的性能提升，本章介绍了云计算和多分类器集成两种典型的方法。

8.1　评分函数

评分函数用函数的形式来评价模型的有用程度。所谓评分函数是指对一个模型或参数结构拟合给定数据集的效果量化，通常表现为把参数和模型拟合起来的最大化或最小化函数。在理想情况下，理想的评分函数应该精确地反映出特定预测模型的效果，即期望模型所带来的真正效益。评分函数的重要性主要体现在学习和泛化两方面。在学习方面，评分函数体现了拟合完满度，即模型如何描述了观察数据。在泛化方面，评分函数也能够尽可能地捕捉泛化性能，即模型如何描述没有见到过的数据。

当然，在应用实践中构建普适的评分函数以客观地评价和度量模型是非常困难的。例如，预测股票市场的回报率时，可能采用预测数据和实际数据的误差平方作为评分函数来训练预测模型。很显然，如果把股市预测模型应用到实际的经济环境中，那么还需要考虑其他诸如经济交易成本、风险、多样性等其他因素对模型的影响。

评分函数可以从 3 个不同的角度进行划分：第一个角度是用于模型的评分函数与用于模式的评分函数之间的差别；第二个角度是预测性评分函数与描述性评分函数之间的差别；第三个角度是用于具有固定复杂度模型的评分函数与用于具有不同复杂度模型的评分函数之间的差别。下面主要从第二个角度对代表性评分函数进行介绍。

8.1.1　预测性评分函数

根据预测值类型，预测性评分函数可以分为针对离散型预测值的评分函数和针对连续型预测值的评分函数两种。当预测的目标值为离散型时，如分类任务中，通常采用离散型预测值评分函数。反之，当预测的目标值为连续型时，则采用连续型预测值评分函数。

1. 离散型预测

假设数据集中每个数据元素由输入向量 $x(i)$ 和目标值 $y(i)$ 组成，$1 \leqslant i \leqslant n$，目标值 $y(i)$ 为离散型。整个数据集合可以表示为 $D = \{(x(1),y(1)),(x(2),y(2)),\cdots,(x(n),y(n))\}$。同时，假设 $f(x(i),\theta)$ 表示使用参数 θ 时模型输出的预测值。

根据假设条件，离散型预测值的评分函数通常为预测值 $f(x(i),\theta)$ 与目标值 $y(i)$ 之间差值的函数。代表性的离散型预测值评分函数是误分类率（又称误差率，或者 0－1 评分函数）

$$S_{SSE}(\theta) = \frac{1}{n}\sum_{i=1}^{n} I(f(x(i),\theta) - y(i)) \tag{8-1}$$

例如，对于分类算法，普遍采用分类错误率来衡量各分类器的性能。然而，在大多数实际问题中，分类器的分类错误率是难以直接获取的，只能计算估计值。错误率估计的偏差定义为真实错误率值减去错误率估计的期望值

$$\text{bias} = \varepsilon - E(\hat{\varepsilon}) \tag{8-2}$$

而错误率估计的方差定义为错误率估计与真实错误率的均方差

$$\text{variance} = E((\varepsilon - E(\hat{\varepsilon}))^2) \tag{8-3}$$

当目标值 $y(i)$ 只有两个可能的离散值时，该分类问题称为二元分类，当目标值 $y(i)$ 取值数目大于2时，该分类问题成为多元分类。二元分类模型是指输出结果只有两种类别的模型，例如：(阳性/阴性)、(有病/没病)、(垃圾邮件/非垃圾邮件)、(敌军/非敌军）等。

下面以二元分类模型为例介绍离散型预测值评分函数。在二元分类模型中，其性能评估函数（可以看作不同的评分函数）有专门定义的术语，见表8-1。

表8-1　二元分类模型性能评估

术　语	含　义
阳性（Positive，P）	正例
阴性（Negative，N）	反例
真阳性（True Positive，TP）	正确的肯定，又被称为命中（Hit）
真阴性（True Negative，TN）	正确的否定，又被称为正确拒绝（Correct Rejection）
伪阳性（False Positive，FP）	错误的肯定，又被称为假警报（False Alarm）、第一型错误
伪阴性（False Negative，FN）	错误的否定，又被称为未命中（Miss），第二型错误
准确率（Accuracy，ACC）	(真阳性 + 真阴性)/总样本数，ACC = (TP + TN)/(P + N)，即准确（分类）率 = 正确预测的正反例个数/总数
错误率（Error Rate）	又称为误分类率，错误率 = 错误预测的正反例个数/总数 = 1 − 准确率
真阳率（True Positive Rate，TPR）	又称为命中率（Hit Rate）、正例的覆盖率、查全率（Recall）、敏感率（Sensitivity），TPR = TP/P = TP/(TP + FN)，即真阳率 = 正确预测到的正例个数/实际正例总数
真阴率（True Negative Rate，Specificity）	又称为负例的覆盖率、特异度（Specificity，SPC），SPC = TN/N = TN/(FP + TN) = 1 − FPR，即真阴率 = 正确预测到的负例个数/实际负例总数
伪阳率（False Positive Rate，FPR）	又称为错误命中率，假警报率（False Alarm Rate），FPR = FP/N = FP/(FP + TN)
阳性预测值（Positive Predicted Value，PPV，PV +）	又称为正例的命中率、查准率（Precision），PPV = TP/(TP + FP)，即阳性预测值 = 正确预测到的正例个数/预测正例总数
阴性预测值（Negative Predicted Value，NPV，PV −）	又称为负例的命中率，NPV = TN/(TN + FN)，即阴性预测值 = 正确预测到的负例个数/预测负例总数
F_1 值	查全率与查准率的调和平均数，$F_1 = 2 \times \text{Recall} \times \text{Precision}/(\text{Recall} + \text{Precision})$

二元分类算法常用的评分函数有准确度、错误率、真阳率、真阴率、阳性预测值、阴性预测值等。假设实际分类预测的结果见表8-2。

则根据表8-1中的公式，计算各项分类算法的评分指标如下：

准确度 = (48 + 229)/(48 + 98 + 25 + 229) = 69.25%。

错误率 = 1 − 69.25% = 30.75%。

真阳率 = 48/(48 + 98) = 32.88%。

阳性预测值 = 48/(48 + 25) = 65.75%。

真阴率 = 229/(25 + 229) = 90.16%。

阴性预测值 = 229/(98 + 229) = 70.03%。

表 8-2　二元分类预测结果

		预　测		总　数
		1	0	
实际	1	True Positive, 48	False Negative, 98	146
	0	False Positive, 25	True Negative, 229	254

相应地，典型的连续型预测值的评分函数是均方误差（Mean - Squared Error, MSE）

$$S_{MSE}(\theta) = \frac{1}{n}\sum_{i=1}^{n}(f(x(i),\theta) - y(i))^2 \tag{8-4}$$

在多元分类（类别数目超过2）中，准确度也同样是一个主要的评价指标。此外，可以通过成对比较方法和“one against rest”（“1 - a - r”）等策略将多元分类问题转化为二元分类问题。

1）成对比较方法。成对比较方法将 $n(n>2)$ 个不同类别的多元分类问题分解为独立的二元分类问题，进行一对一的比较。转化后就有 $n(n-1)$ 个不同的两两比较。在多元分类问题中，成对比较方法通常依次计算生成的每对类别的 ROC 曲线的 AUC 值，然后计算以类分布为基础的 AUC 加权和。

2）“1 - a - r”策略。假设有 k 个不同类别，针对各类别 i，“1 - a - r”策略将原始数据集划分为属于 i 类的正例和不属于 i 类的负例，进而转化成一个二元分类问题。例如，通过该策略就可以将二类 AUC 方法直接扩展到多类评估中。Fawcett 就根据上述思想提出了 F - AUC 方法，即

$$F - AUC = \sum_{i} p(i)\mathrm{AUC}(i,rest) \tag{8-5}$$

其中，$AUC(i,rest)$ 表示对类别 i 采用“1 - a - r”策略时对应二类分类器的 AUC 值，$p(i)$ 表示类别 i 的样本在所有样本中所占比例。$F - AUC$ 方法需要构建 k 个二元分类器，训练速度受到训练样本数目的影响，而类别样本分布的不平衡也会影响二元分类器的训练结果。

针对上面两点不足研究人员提出了改进后的 $B - AUC$ 方法和 $M - AUC$ 方法。$B - AUC$ 方法首先根据各类标签所占比例排序，假设排序结果为 $1 \sim n$，分类时按照排序顺序依次构建二元分类器。针对 $1 \sim n$ 类样本，第 1 次训练以类 1 为正例，而其余类别均作为负例，计算 AUC_1 的取值，分类后将正例样本去除，在剩余类别样本中重复上述过程。也就是说，第 i 次训练时以第 i 类样本为正例，第 $i+1$，$i+2$，…，k 类样本为负例，计算 AUC_i 的值。最终的 AUC 取值为所有二元分类器的 AUC 值加权和。$B - AUC$ 方法只需构建 $k-1$ 个二元分类器，且正例样本去除的策略减少了训练样本的数目，均提高了评估速度。另外，二元分类中按照排序顺序训练样本的小类样本不平衡问题得到了减轻。

$M - AUC$ 方法选择一对一的方式分解多元分类问题，即根据输出矩阵，算出每个成对的子问题上的 AUC 值。假设一个子问题涉及的是第 i 类和第 j 类，则在输出矩阵上可以参照的有两个元素：第 i 行 j 列和第 j 行 i 列。由于没有概率上的互补关系，因此计算出的 AUC 值不一样。$M - AUC$ 方法利用两个 AUC 值的平均作为这两个类的分离程度的度量分类器性能。$M - AUC$ 值的计算公式为

$$AUC=\frac{2}{n(n-1)}\sum_{C_iC_j}AUC(C_i,C_j) \tag{8-6}$$

2. 连续型预测

假设分类器在由 n 个测试数据组成的测试数据集上的连续型预测值为 p_1，p_2，…，p_n，而测试数据的真实取值为 a_1，a_2，…，a_n。在上述假设条件下，连续型预测的评分函数大致有 Mean Squared Error、Root Mean Squared Error、Mean Absolute Error、Relative Squared Error、Root Relative Squared Error、Relative Absolute Error 和 Correlation Coefficient 等。

表 8-3　连续型预测值评分函数

评分函数	含　义	公　式
Mean Squared Error	MSE，均方差，标准差	$\frac{(p_1-a_1)^2+\cdots+(p_n-a_n)^2}{n}$
Root Mean Squared Error	RMSE，均方根误差，均方根	$\sqrt{\frac{(p_1-a_1)^2+\cdots+(p_n-a_n)^2}{n}}$
Mean Absolute Error	绝对误差均值	$\frac{\lvert p_1-a_1\rvert+\cdots+\lvert p_n-a_n\rvert}{n}$
Relative Squared Error	求 n 次预测误差的平方和，然后除以实际值与均值之差的平方和	$\frac{(p_1-a_1)^2+\cdots+(p_n-a_n)^2}{(a_1-\bar{a})^2+\cdots+(a_n-\bar{a})^2}$，$\bar{a}$ 为训练数据上的均值
Root Relative Squared Error	将 Relative Squared Error 开根号	$\sqrt{\frac{(p_1-a_1)^2+\cdots+(p_n-a_n)^2}{(a_1-\bar{a})^2+\cdots+(a_n-\bar{a})^2}}$，$\bar{a}$ 为训练数据上的均值
Relative Absolute Error	将 N 次预测的绝对误差求和，然后除以实际值与均值之差的求和	$\frac{\lvert p_1-a_1\rvert+\cdots+\lvert p_n-a_n\rvert}{\lvert a_1-\bar{a}\rvert+\cdots+\lvert a_n-\bar{a}\rvert}$，$\bar{a}$ 为训练数据上的均值
Correlation Coefficient	相关系数	$S_p=\frac{\sum_i(p_i-\bar{p})^2}{n-1}$ $S_A=\frac{\sum_i(a_i-\bar{a})^2}{n-1}$ $S_{PA}=\frac{\sum_i(p_i-\bar{p})(a_i-\bar{a})}{n-1}$

表 8-3 中，均方差（Mean Square Error，MSE）初始是用作网络性能函数，称为网络的均方误差。均方根误差定义为各测量值误差平方和均值的平方根。在预测性评估中，均方误差是预测值与真值之差平方的期望值。Root Mean Squared Error 即均方根误差，原本用于衡量样本的离散程度的，也就是将 N 次实验中的实验值与平均值之差求和，除以实验次数，再把商开根号。在连续型预测评估中，均方根误差用于衡量预测结果的离散程度。Mean Absolute Error 是 n 次预测绝对误差的均值。其中的绝对误差指的是预测值与实际值之差的绝对值。Relative Absolute Error 就是把 n 次预测的绝对误差求和，然后除以实际值与均值之差的平方和，此值越小，表明预测结果越准确。

相关系数是由著名统计学家卡尔 · 皮尔逊设计的，可以用以反映预测值和实际值之间相关程度。相关系数是按积差方法计算，同样以两变量与各自平均值的离差为基础，通过两个离差相乘来反映两变量之间相关程度，着重研究线性的单相关系数。相关系数 S_{PA} 取值在 -1 和 1 之间。当 $S_{PA}=0$ 时，表示预测结果与真实值不相关；当 $\lvert S_{PA}\rvert=1$ 时，表示预测结果与真实值

完全相关，此时，预测结果与真实值之间具有线性函数关系。当 $|S_{PA}|>0.8$ 时，表示预测结果与真实值高度相关；当 $|S_{PA}|<0.3$ 时，表示预测结果与真实值低度相关；其他情况表示预测结果与真实值中度相关。

8.1.2 描述性评分函数

由于描述模型不存在要预测的“目标”变量，因此与预测模型相比难以明确定义其评分函数。一种基本的描述性评分函数是似然函数。假设 $\hat{p}(x,\theta)$ 表示模型 $\hat{p}$ 取参数 θ 时观察数据点 x 的估计概率。最大似然的基本思想是：模型越准确，那么对观察到数据点的那些 x 值给出的估计概率越高，因此可以把函数 $\hat{p}(x,\theta)$ 看作评价模型在观察点 x 处的评分函数。

如果数据点是独立产生的，那么就可以把各独立数据点的评分函数通过相乘的方式组合起来得到总的似然函数

$$L(\theta) = \prod_{i=1}^{n} \hat{p}(x(i),\theta) \tag{8-7}$$

接着，在总的似然函数上取对数和负数就得到最终的评分函数 $S_L(\theta)$

$$S_L(\theta) = -\log L(\theta) = -\sum_{i=1}^{n} \log \hat{p}(x(i),\theta) \tag{8-8}$$

对 $S_L(\theta)$ 评分函数的直观理解是首先计算各独立数据点的误差项 $-\log\hat{p}(x(i),\theta)$，然后将所有数据点的误差项进行汇总。$S_L(\theta)$ 评分函数衡量了参数 θ 描述数据的程度。

例如，聚类描述模型的评分函数则主要衡量各聚类的紧凑程度和分割程度，即每个聚类应该是紧凑的，而各个聚类间的距离则应该尽可能地远。具体衡量聚类的紧凑程度和分割程度的一种直接方法是观察聚类的聚类内差异和聚类间差异。聚类内差异衡量了聚类的紧凑性或密集度，而聚类间差异衡量了不同聚类间的距离。聚类内差异的一个简单尺度是看聚类 C_k 内各点 $x(i)$ 到其所属聚类中心 r_k 距离的平方和 $wc(C)$

$$wc(C) = \sum_{k=1}^{K} wc(C_k) = \sum_{k=1}^{K} \sum_{x(i)\in C_k} d\,(x(i),r_k)^2 \tag{8-9}$$

而聚类间差异可以定义为聚类中心之间的距离

$$bc(C) = \sum_{1\leqslant j<k\leqslant K} d\,(r_j,r_k)^2 \tag{8-10}$$

衡量聚类 C 总体质量的评分函数可以被定义为 $wc(C)$ 和 $bc(C)$ 的单调组合，如二者之比 $bc(C)/wc(C)$。

再如，K-means 算法就是用每一组内的均值作为聚类中心并用欧氏距离定义，利用聚类内差异最小化的原则来搜索欧氏空间中的聚类 C。K 均值方法的一种简单且应用广泛的评分函数如式（8-11）和式（8-12）所示

$$S_{KSSE}(\theta) = \sum_{k=1}^{K} e_k \tag{8-11}$$

$$e_k = \sum_{i\in C_k} |x(i) - u_k|^2_{\text{cluster}_k \Rightarrow C_k} \tag{8-12}$$

其中，k 表示各聚类，θ 表示聚类模型的参数向量，$\theta=\{u_1,u_2,\cdots,u_k\}$，$u_k$ 表示聚类的中心。

总体而言，评分函数的选择对聚类结构有非常大的影响，不同评分函数产生的聚类结果差别较大。

8.1.3 一致性评价

数据分析的普遍任务是一致性检验，即判断不同的模型或者分析方法在预测结果上是否具

有一致性。事实上，一致性检验在临床实验中已有广泛的应用。最常见的应用是对两个或多个医务工作者对同一病人给出的诊断结论进行一致性检验，英文称为 Interrater Reliability。类似的还有对同一医务工作者多次诊断结论进行的一致性检验，英文称为 Intrarater Reliability。1960 年，Cohen 等研究人员提出采用 Kappa 统计作为评价诊断一致性程度的指标。实践证明，Kappa 统计是一个描述诊断一致性的有效指标，因此在临床试验中得到了广泛应用。

Kappa 统计对不同方法的一致部分进行检验，检验一致部分是否是由偶然因素影响引起的，因此称为一致性检验或 Kappa 检验。*Kappa* 系数表明不同方法测定结果的实际一致率与随机一致率之间的差别是否显著。*Kappa* 系数是反映不同方法一致性程度高低的系数，其计算有带加权和不带加权两种方法。不带加权的计算公式为

$$Kappa = \frac{P_o - P_e}{1 - P_e} \tag{8-13}$$

其中，P_o 表示实际一致率，P_e 表示理论一致率。加权的 *Kappa* 统计计算公式为

$$Kappa_w = \frac{\sum wf_o - wf_e}{n - \sum wf_e} \tag{8-14}$$

其中，$\sum wf_o$ 表示观测得到的一致性频率的加权总和，而 $\sum wf_e$ 表示根据随机概率计算得到的一致性频率的加权总和。

假设二元分类任务中，两种方法 A 和 B 对 39 个测试样本进行分类判断，判断结果分别为 0 和 1。方法 A 判断结果为 1 的测试样本有 24 个，判断结果为零的测试样本有 15 个；方法 B 判断结果为 1 的测试样本有 26 个，判断结果为零的测试样本有 13 个。方法 A 和 B 同时判断为 1 的测试样本有 22 个，同时判断为 0 的测试样本有 11 个。两种方法的二元分类结果见表 8-4。

表 8-4　两种方法的二元分类结果

		方法 B		
		1	0	总数
方法 A	1	22	2	24
	0	4	11	15
	总数	26	13	39

那么，实际一致率 P_o 计算为：$P_o = \frac{22+11}{39} = 0.8462$，理论一致率 P_e 计算为：$P_e = \frac{\frac{26\times24}{39} + \frac{13\times15}{39}}{39} = 0.5385$，*Kappa* 系数计算为：$Kappa = \frac{0.8462-0.5385}{1-0.5385} = 0.67$。当 $Kappa = 1$ 时，表示两分类器的决策完全一致；$Kappa = -1$ 时，表示两分类器的决策完全不一致；$Kappa = 0$ 时，表示分类器的决策与随机分类相同，即分类器没有效果；$Kappa < 0$ 时，表示分类器的决策比随机分类还要差，两分类器判断结果很不一致，在实际应用中无意义。通用的经验法则是：*Kappa* 取值越大越好，当 *Kappa* 大于 0.75 时，表示一致性较好；而当 *Kappa* 小于 0.4 时，表示一致性较差。一般情况下，*Kappa* 指标与分类器的 *AUC* 指标以及正确率是成正相关的。

8.2 成本评价

仅仅对数据挖掘模型的性能进行评价是不够的，还需要综合考虑模型的成本。成本高的模型性能再好，其适用场合也是非常有限的。现有模型的成本评价一般通过成本评价曲线来分析，而构建中的数据挖掘模型则主要通过 cost - sensitive 学习来控制模型成本。

8.2.1 成本评价曲线

常见的成本评价曲线有 Lift 曲线、ROC 曲线、Gains 曲线、Lorenz 曲线等。不同成本评价曲线适用的应用场景略有区别。举例来说，由于 Sensitivity（True Positive Rate，正例覆盖率）在欺诈监控方面更有应用潜力，所以 ROC 曲线更适合。类似地，由于 PV + 在数据库营销方面更有用，Gains 曲线和 Lift 曲线更适合。大多数成本评价曲线都是关于二值响应变量的，而二值响应变量是评价方法发展最快的领域。

1. ROC 曲线

接收者操作特征曲线（Receiver Operating Characteristic Curve，ROC 曲线）原本是一种坐标图式的分析工具，是一种反映阈值遍历时敏感性和特异性连续变量的综合指标。ROC 曲线先是由第二次世界大战中的电子工程师和雷达工程师发明的，用于侦测战场上的敌军飞机、舰船等。之后，ROC 曲线被引入了心理学来进行信号的知觉检测。后来，ROC 分析还广泛用于医学、无线电、生物学、犯罪心理学领域。Spackman 将 ROC 分析应用于机器学习领域，证明了 ROC 曲线在评估和比较学习算法中的价值。因而，ROC 分析在数据挖掘领域也得到了很好的发展。在模型评估中，ROC 曲线可用于选择最佳的预测模型和设定模型中的最佳阈值。

ROC 曲线对应的 X 坐标为假阳率（FPR），Y 坐标为真阳率（TPR）。也就是说，ROC 曲线显示了给定模型的真阳率与假阳率之间的比较评定。给定一个二类问题，ROC 可以对测试集的不同部分，比较模型正确识别的正样本比例和模型将负样本错误标识为正样本的比例之间的关系。ROC 曲线表示的含义是：模型敏感性的增加以假阳率的增加为成本。其中，ROC 曲线的截止点可以是任意点。最理想的 ROC 曲线是与垂直轴一致的曲线。在利用 ROC 曲线进行模型性能比较时，如果一模型的性能优于另一模型，则该模型对应的 ROC 曲线始终位于另一模型的 ROC 曲线的左上方。

从坐标点（0，0）到坐标点（1，1）的对角线将 ROC 空间划分为左上/右下两个区域，在该对角线上方的点代表了一个较好的分类结果（胜过随机分类），而在该对角线下方的点代表了较差的分类结果（劣于随机分类）。完美的预测是一个位于左上角的点，即空间坐标为（0，1）的点。其中，$X=0$ 表示没有伪阳性，$Y=1$ 代表着没有伪阴性，即所有阳性都是真阳性。也就是说，不管分类器输出结果是阳性或阴性，都是 100% 正确。在 ROC 曲线中，一个随机的预测会得到位于从坐标点（0，0）到坐标点（1，1）的对角线（称为随机猜测线）上的一个点。

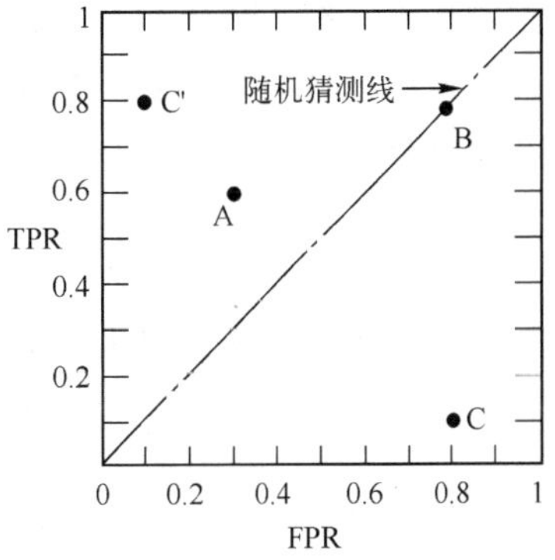

图 8-1 ROC 曲线

以图 8-1 中的 ROC 曲线为例，虚线表示随机猜测线，其中的 A、B、C 和 D 点表示 4 种方法的预测结果。点与随机猜测线的距离和相对位置可以被看作预测能力指标。离左上角越近表明模型的预测准确率越高。离右下角越近表明模型的预测准确率越低。可以看出，A、B、C 三种方法中取得最佳预测结果的是 A 方法；B 方法的结果位于随机猜测线（对角线）上，根据准确率的定义可以推算出其准确率为 50%；方法 C 预测的准确率最差，位于对角线之下，预测结果甚至低于随机分类的 50%。然而，当将方法 C 以（0.5，0.5）为中点作一个镜像转换成方法 C′（每个预测均与方法 C 相反）后，方法 C′的预测准确率得到很大提升，甚至超过方法 A。

在实际应用过程中，经常会出现两条 ROC 曲线交叉的现象，因而难以区分哪个曲线更优，更无法说明两者差距有多大。在这种情况下，研究人员提出了把 *AUC* 值作为 ROC 曲线的全局数字评估标准，即分类器（预测模型）的性能还可以用 ROC 曲线下方的面积（Area under the Curve of ROC，AUC）进行判断。简单地说，AUC 值越大的分类器（模型）的性能越优。

1）当 $AUC=1$ 时，表示分类器或预测模型是完美的，不管设定什么阈值都能得出完美预测。而在实际情况下，一般不存在如此完美的分类器和模型。

2）当 $0.5<AUC<1$ 时，表示分类器或预测模型的性能优于随机猜测，在妥善设定阈值的情况下具有预测价值。

3）当 $AUC=0.5$ 时，表示预测结果与随机猜测一样，模型没有预测价值。

4）当 $AUC<0.5$ 时，表示预测结果比随机猜测还差，但如果总是转换为反预测后就能够超越随机猜测。

与准确率相比，ROC 分析与 AUC 方法作为分类器性能评估方法具有多项优越特性：第一，ROC 曲线的建立或 *AUC* 值的计算中考虑了分类概率。第二，ROC 曲线和 AUC 方法对正例和负例的比例的改变不敏感。也就是说，即使测试集中正例和负例的比例发生了变化，ROC 曲线和 *AUC* 值不会随正负例比例的改变而变化，而准确率、查全率和查准率这样的评价标准则容易受正负例比例改变的影响。第三，ROC 分析和 AUC 方法与所选决策预测阈值相互独立，不受所选决策阈值的限制。

2. Lift 曲线

在 Lift 曲线中，横坐标为 Depth（深度），表示的是预测为正例的占所有样本的比例，即 $depth=(TP+FP)/(P+N)$，纵坐标为 Lift（提升指数），如图 8-2 所示。与 ROC 曲线中的 TPR 和 FPR 相类似，Lift 和 Depth 都受到阈值的影响。

Lift（提升指数）是评估一个预测模型是否有效的一个度量比值。Lift 指数越大，说明模型的运行效果越好。在二元分类模型评估指数中，Lift 曲线侧重的是命中率（PPV），如前述的阳性预测值和阴性预测值。在 Lift 指数计算过程中，我们可以把根据先验概率估计的正例比例作为不使用模型的情况的估计，计算公式为

$$k=\frac{P}{P+N} \tag{8-15}$$

在此基础上定义计算 Lift 指数

$$\text{Lift}=\frac{PPV}{k} \tag{8-16}$$

显然，Lift（提升指数）越大，说明模型的运行效果越好。

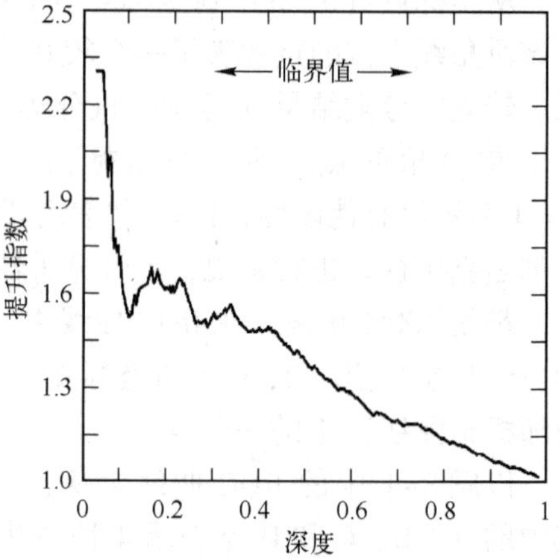

图 8-2 Lift 曲线

当阈值为 0 时，所有样本都被预测为正例，因此 Depth = 1，Lift = 1，意味着模型未发挥提升作用。而随着阈值逐渐增大，被预测为正例的样本数量逐渐减少，即 Depth 减小，同时预测为正例的样本中的真实正例所占比例逐渐增大。当阈值增大至 1 时，没有一个样本被预测为正例，此时 Depth = 0，Lift = 0。由此可见，Lift 与 Depth 存在相反方向变化的关系。

简单的实施案例，假设根据经验 10000 个消费者中有 1000 个是潜在客户，则潜在客户的响应率是 10%。假设通过对 10000 个消费者进行研究，建立 logistic 回归模型进行分类，预测出 1000 个比较积极的消费者。如果这 1000 个消费者中有 300 个的确是潜在客户，则命中率 PPV（PV +）为 30%。Lift 提升指数为 3。

3. Gains 曲线

Gains（增益）曲线与 Lift 曲线非常类似。Lift 曲线表示的是不同阈值下 Lift 和 Depth 的轨迹，而 Gains 曲线表示的是不同阈值下 PPV（PV +）和 Depth 的轨迹。

随着阈值的减小，更多的样本就会被判断为正例，也就是说，Depth（预测成正例的样本在所有样本中所占比例）变大，而 PV +（正确预测到的正例数占预测正例总数的比例）相应减小。因此，当阈值设定得足够小时，几乎所有观测值都会被判定为正例（即 Depth 几乎为 1），那么 PV + 基本上就等于整个数据中的正例比例。

4. Lorenz 曲线

Lorenz 曲线（Lorenz Curve）译为“洛伦兹曲线”或者“劳伦兹曲线”。Lorenz 曲线原本用以研究国民收入在国民之间的分配问题，由统计学家 M. O. 洛伦兹于 20 世纪初提出的。整个洛伦兹曲线的坐标轮廓表现为一个正方形。正方形的底边（即横坐标轴）代表收入获得者在总人口中的百分比，正方形的左边（即纵坐标轴）代表各个百分比人口所获得的收入的百分比。

例如，假设矩形的高表示社会财富的百分比，矩形的宽表示相应财富拥有者所占国家人口的百分比。如果将所有家庭从最贫者到最富者自左向右排列后分为 5 等分，则第一个等分代表收入最低的 20% 的家庭，前两个等分的总和代表收入最低的 40% 的家庭，前 3 个等分的总和代表收入最低的 60% 的家庭，前 4 个等分的总和代表收入最低的 80% 的家庭，5 个等分的总和代表所有家庭。在相应的矩形中，将每一等分的家庭所有拥有的财富的百分比累计起来，并将相应的点画在图中，便得到了 Lorenz 曲线，如图 8-3 所示。

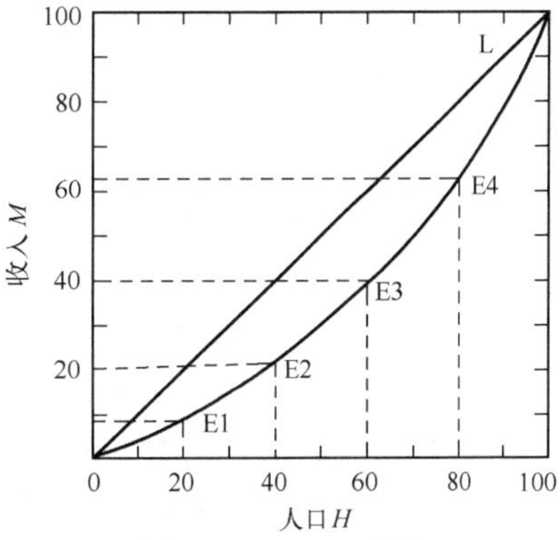

图 8-3　Lorenz 曲线

很显然，如果社会财富是平均分配的，那么 Lorenz 曲线将会是一条对角线。从正方形的左下方顶点（坐标原点）到正方形右上方顶点（对应坐标点（1，1））的对角线为均等线，即收入分配绝对平等线，表示收入分配完全公平，没有一点贫富差异。但是，在现实情况中，实际收入分配曲线（即洛伦兹曲线）在均等线的右下方，表明贫富差异是确实存在的。

在分类模型的性能评估中，Lorenz 曲线是对投入产出的一种衡量，其形状与 ROC 曲线很像，表示随着分类阈值的变化分类性能指标的变化趋势。具体地说，Lorenz 曲线的横轴是 logistic 模型预测值（p）排序后的一系列分位点，纵轴是截止到相应分位点所对应的正例样本在所有正例样本中所占比例。可以认为，Lorenz 曲线的横轴与 Lift 曲线中的深度 Depth 相对应。在二元分类之后，将样本的预测为 1 的概率从大到小排序后，取前百分之几，可以简化成十分位点的形式，如

0%，10%，20%，…，90%，100%，相应点对应的纵坐标就表示对应的真阳率（TPR）。

8.2.2 Cost－Sensitive 学习

代价敏感学习（Cost－Sensitive Learning，CSL）是一种以误分类代价最小为衡量标准的机器学习方法。代价敏感学习借鉴了分类准确率和代价最低权衡的决策理论，如决策树、贝叶斯分类等方法，其目标是追求代价最小化。

一般情况下，数据挖掘领域的分类算法所关注的仅仅是准确率，即如何获取最高的准确率。然而，Cost－Sensitive 学习的主要目标则是使得分类结果的 cost 值最小。传统分类任务均假设：分类算法做出 FN 判断和做出 FP 判断对于实际结果的影响因子是完全相同的，所以不需要对两种类型的误判所占比例加以约束。然而，在实际情况中，这一假设往往是不成立的。例如，银行借贷问题中，需要判断是否贷款申请人的贷款申请是否应该接收。显然，FN 和 FP 判断的比例对银行的影响程度是很不一样的。银行做出 FN 判断，即没有将贷款贷给符合条件的申请人，把符合条件的申请人判别为不符合条件，所造成的损失无疑远小于其做出的 FP 判断，即错误认为一个不符合条件的申请人符合条件而将贷款贷给不符合条件的申请人所造成的损失。

有关代价敏感的类似实例还有恐怖分子识别、危险行为识别，恶性疾病诊断、医疗诊断费用、工业生产代价、通信网络故障排除代价、机器诊断代价等。因此，分类算法不仅仅能够较为准确地对数据集进行分类，还需要能够尽可能地控制由分类错误造成的损失。这就是 Cost－Sensitive 分类算法所研究的问题，不同领域的代价表现形式会有所不同。例如，在医疗诊断领域，代价可以是患者的生命质量等量化因素，而在图像识别领域，代价可以是特定计算任务的占用 CPU 的时间。

假设表 8－5 描述的是银行做出不同决定所造成的不同代价，称之为代价矩阵（Cost Matrix），则分类算法导致的实际损失等于 $|FP| \times C_{01} + |FN| \times C_{10}$。再假设现在有两个分类算法 A 和 B，对于 10 个贷款申请人进行分类，其分类结果分别见表 8-6 和表 8-7。

表 8-5 代价矩阵

		预测	
		1	0
实际	1	C_{11}	$C_{01}=1$
	0	$C_{10}=10$	C_{00}

表 8-6 算法 A

		预测	
		1	0
实际	1	5	2
	0	0	3

表 8-7 算法 B

		预测	
		1	0
实际	1	1	0
	0	4	5

从银行损失的角度来看，A 算法的代价比 B 算法小，更可行。

如上例所示，通常采用代价矩阵来描述待分类数据集上的 cost 信息。代价矩阵为一个 $N \times N$ 的矩阵 C，其中 N 代表待分类数据集中的类别数目。矩阵元素 $C(i, j)$ 表示分类算法将实际属于 j 类的实例分为 i 类所造成的 cost。$i=j$ 代表分类算法正确预测了实例的类别，而 $i \neq j$ 的条目对应不正确的分类结果。代价敏感分类技术在训练分类模型时考虑代价矩阵，以产生代价最低的分类模型。

由于现实情况下 cost 的取值很难确定，代价矩阵往往是由数据集提供者根据自己的经验提供。代价矩阵的赋值一般遵循合理性原则，即错误分类造成的 cost 肯定大于正确分类造成的 cost，$C_{10} > C_{00}$ 且 $C_{01} > C_{11}$。错误分类造成的 cost 可以被看作负面的损失，而正确分类造成的 cost 可以被看作正面的收益。

误分类代价中研究得最多的是常量误分类代价（Constant Error Cost），此外还有条件误分类代价（Conditional Error Cost）。

常量误分类代价指的情况是：代价矩阵的每个元素都为常数。当代价矩阵中对角线元素（即 $Cost(i,j)$ 中 $i=j$ 时）为零，其他非对角线元素为 1 时，总代价等价于错误率；而当代价矩阵中对角线元素为 1，非对角线元素为零时，总代价等价于准确率。

条件误分类代价中的误分类代价则依赖于具体情况，可以依赖于特定样例、时间或其他样例分类情况。在依赖特定样例的分类中，一个分类错误的代价依赖于特定样例的属性。例如，在欺诈检测应用中，漏检一个欺诈实例所付出的代价取决于该特定实例所包含的金钱数额。类似的，在医学诊断领域，错误诊断所付出的代价根据患者的年龄有所不同，根据常识，患者年龄越大，出现误诊所付出的代价越高。在依赖时间的分类中，一个分类错误的代价依赖于时间成本。例如，在时间序列分析领域，误分类代价往往还含有及时性因素。一个误分类代价依赖于其他样例分类结果的例子是文献检索。给定一个特定的主题用于文件检索，将一个搜索引擎返回的结果标记为与主题相关和不相关所付出的代价取决于其他返回结果是否被正确标记。事实上，在工程实践中除了误分类代价，还有测试代价（Cost of Tests）、请教代价（Cost of Teacher）、干涉代价（Cost of Intervention）、多余成绩代价（Cost of Unwanted Achievements）、计算代价（Cost of Computation）、实例代价（Cost of Cases）、人 - 机交互代价（Human - Computer Interaction Cost，HCI Cost）以及不稳定性代价（Cost of Instability）等。

利用 Cost Matrix，Cost - Sensitive 分类问题可以转化为一个优化问题，即对于分类算法 A，为实例 x 寻找到一个类别 i，使得式（8-17）中的 $L(x,i)$ 达到最小值

$$L(x,i) = \sum_j P(j \mid x) c(i,j) \tag{8-17}$$

其中，x 表示一个实例，(x,i) 表示将 x 判断为 i 类，$P(j \mid x)$ 表示算法中获得的 x 属于类别 j 的概率。Cost - Sensitive 分类算法的依据是追寻 cost 最优。对于每个类别 i，$L(x,i)$ 是 x 所有可能的类别的 cost 值的概率和。Cost - Sensitive 分类的目标是最小化对应的 cost 值。在该目标下，Cost - Sensitive 分类算法可能放弃可能性最大的分类结果。

许多现有的分类模型均可以引入代价敏感的思想。例如，在决策树归纳过程中，代价信息可以用于选择进行结点分裂的最好属性，使得选择该属性进行分裂后所得的两个决策树子结点的不纯度最小；也可用于判断子树是否需要剪枝，处理训练记录的权值从而使得分类学习算法收敛到代价最低以及用于修改每一个叶结点上的决策规则等。

根据敏感性学习的不同策略，Cost - Sensitive 学习方法可以划分为两大类。

第一类方法称为 Rescaling，即通过对训练数据集的预处理以提高分类算法对于某些分类结果的敏感性。Rescaling 的主要思想是通过改变训练数据集中各类别的实例数据比例，使得训练得到的分类器对于某类数据具有一定的倾向性，已完成对于非均匀分布的数据集的分类，让新的分类器具有 Cost - Sensitive 的性质。

另一类方法称为 Reweighted，以 cost 为基准修改不同分类在算法中的 Class Membership Probability，以获得具有一定数据倾向性的分类算法。Reweighted 算法的基本思想是将非 Cost - Sensitive 分类算法作为被学习的对象，将非 Cost - Sensitive 分类算法通过机器学习过程获得 Cost - Sensitive 的性质。例如，通过一种集成学习的方式从多个较弱的分类算法的集合中获得一个较好的 Cost - Sensitive 分类算法。

Cost - Based Sampling 和 Rebalance 就属于 Rescaling 类。Cost - Based Sampling 方法由 P. K. Chan 提出，通过 Cost - Based 的采样使得分类算法具有一定的 Cost - Sensitive。Rebalance 方法由 C. Elkan 提出，对训练数据集进行预调整的目标是获得 negative 实例比例为 p^* 的数据集

$$p^* = \frac{c_{10} - c_{00}}{c_{10} - c_{00} + c_{01} - c_{11}} \tag{8-18}$$

$\text{Rescale}_{\text{new}}$算法则是 Rescaling 方法在 multi - class 分类上的拓展。而 MetaCost 和 AdaCost 算法则是 Reweighted 类方法的代表。MetaCost 首先借鉴“Bagging”（装袋）方法来估计预测分类概率。具体地说，MetaCost 通过运行在若干个原训练集的重采样子集之上的若干个目标分类算法的组合，获得目标分类算法在训练集上的预测分类概率。之后，MetaCost 根据 $L(x,i)$ 计算公式，将训练集中的每一个实例重标记为 cost 最优的类别，并且在重标记的训练集上重新运行目标分类算法，从而获得 Cost - Sensitive 分类算法。

AdaCost 算法是 AdaBoost 分类算法的改进。其基本思想是使用若干个较弱的分类器以投票方式集成出一个分类器，各分类器的权值由评价函数调整确定。AdaCost 分类算法能够有效降低分类结果的 cost 值，并且使得训练出来的弱分类器的权值集合能够符合 Cost - Sensitive 的要求。

8.3 复杂度评估

建模的目的可以分为两种基本情况：一种情况下，建模目的是构建一个对数据集合进行概要描述的模型，捕捉数据的主要特征。该种情况下的模型构建技术是以数据压缩和信息理论为基础。另一种情况下，建模目的是从现有数据泛化到可能出现的新数据。尽管实现的理论根据有所不同，理想的评分函数通常是在拟合数据程度和模型简洁性间达到某种折中。折中的评分函数由两个部分组成：一部分（$error(model)$）衡量模型对数据的拟合程度，而另一部分（$penalty(model)$）衡量模型的复杂度（或简洁性）

$$score(model) = error(model) + penalty(model) \tag{8-19}$$

除了上述评分函数外，最短描述长度原则也是一种评价模型复杂度的常用方法。数学家柯尔莫哥洛夫对复杂性作了如下定义：数据序列的算法（描述）复杂度是用于打印出这个序列然后终止的最短二进计算机程序的长度。

最短描述长度（Minimum Description Length，MDL）原则是 Jorma Rissanen 在 1978 年引入的，后来成为信息论和计算机学习理论中的重要概念。最短描述长度原则是奥卡姆剃刀（Occam's Razor）原则“如无必要，勿增实体”形式化后的一种结果，其灵感可追溯到柯尔莫哥洛夫复杂性理论（Kolmogorov Complexity Theory）。

最短描述长度原则将抽象的数据模型看作生成该数据的一段代码，其中模型的代码长度称为数据的描述长度。最短描述长度原则数据建模的基本准则为：能够提供数据良好匹配的简洁模型是最佳模型。对于简洁程度，MDL 给出一种量化的测评方法：数据的总描述长度由数据模型的描述长度以及数据用该模型进行编码的描述长度之和表示。编码的代价表达式为

$$cost(model, data) = cost(model) + cost(data \mid model) \tag{8-20}$$

其中，$cost(model, data)$表示编码的总代价，$cost(model)$表示编码模型的代价，$cost(data \mid model)$表示用模型进行数据编码的代价。

8.4 验证

数据挖掘算法和模型只有经过测试集数据的验证，才能实实在在地比较不同模型之间的差异，并确认其应用的有效性。模型验证的主要方式有交叉验证和 Bootstrap 验证。

8.4.1 交叉验证

交叉验证，有时也称为循环估计，是一种源于统计学的将数据样本切割成较小子集的实用方法。交叉验证先在一个被称为训练集（Training Set）的子集上做训练（分类器或模型），而其他子集则用于确认及验证，称为验证集或测试集（Testing Set）。最终，通常将交叉验证结果进行平滑或者结合其他使用方式，得到一个单一估计。

交叉验证能够充分有效地利用已有数据，对于防止过度学习和欠学习问题非常重要，尤其是在数据量少而后续样本搜集成本高的时候。针对模型进行交叉验证的目的主要是为了验证模型的稳定性。例如，假设分类器或模型有一个或多个未知的参数，并且设这个训练器（模型）与已有样本数据集（训练数据集）匹配。那么交叉验证的过程能够优化模型的参数，使得分类器或模型能够尽可能地与训练数据集匹配。

常见的交叉验证形式有 Holdout 验证、重复随机子抽样验证和 K 折交叉验证（K - fold Cross - Validation）3 种。

如图 8-4 所示，Holdout 验证随机从最初的样本中选出部分作为验证模型的数据，而剩余的就作为训练数据。一般情况下，被选做验证数据的数据少于原本样本的 1/3。严格地说，Holdout 验证并非交叉验证，因为数据并没有交叉使用。

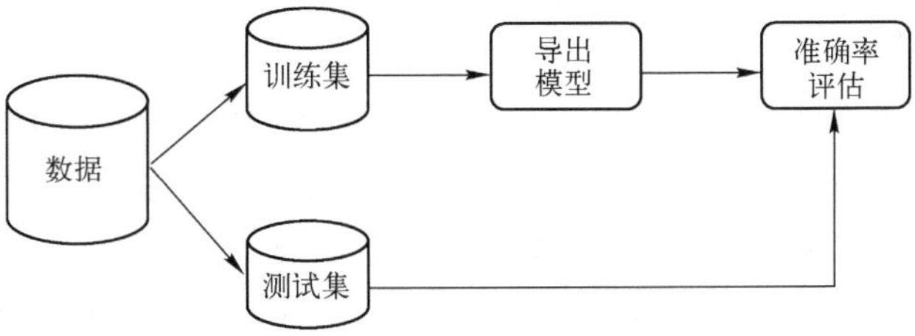

图 8-4　利用 Holdout 验证估计准确率

而重复随机子抽样验证可以被看作 Holdout 验证的改进版。它将初始样本数据集随机的划分为训练集和测试集。对每一个划分，用训练集训练分类器或模型，用测试集评估预测的精确度。进行多次划分后，用均值进行模型有效性估计。重复随机子抽样验证也不一定是交叉验证，因为划分的数据并不一定被交叉使用。

在 K 折交叉验证中，通常将初始采样平均划分成为 K 个子样本。每次验证中，保留一个单独的子样本被作为验证模型的数据，而将其他 $K-1$ 个样本作为训练数据。循环交叉验证 K 次后，每个子样本都被验证一次。K 折交叉验证的优势在于能够同时重复运用随机产生的子样本进行训练和验证。最常见的 K 折交叉验证是 10 折交叉验证。K 折交叉验证中的每一个样本数据都既被用作训练数据也被用作测试数据，这样避免了过度学习和欠学习状态的发生。

留一验证（Leave One Out Cross Validation）指的是只使用原本采样数据中的一项来作为验

证数据，而剩余的数据全部作为训练数据。留一验证循环展开，一直持续到每个样本都被验证过。事实上，留一验证是一种特殊的 K 折交叉验证，其中 K 为原本样本个数。留一验证中的每一个分类器或模型几乎都用所有样本来训练模型，因此最接近原始样本，评估结果比较可靠。另外，评估实验没有随机因素，整个过程是可重复的。但是，留一验证的计算成本相当高，当样本数量非常大时，计算非常耗时。

8.4.2 Bootstrap

1979 年，美国统计学家 Efron 系统地提出了 Bootstrap 重抽样方法。Bootstrap 方法为解决一些传统难题提供了可行的途径，并产生了深远的影响。

采用 Bootstrap 方法对模型进行验证的思想是对原始数据集进行 Bootstrap 重抽样以构建训练数据集。假设原始数据集有 N 条数据，在进行 N 次有放回的 Bootstrap 重抽样后形成了一个新数据集。由于新数据集中有些数据是重复的，即被抽样了不止一次，因此原始数据集中必然存在一些未被抽样的数据。那些未被抽样的数据就作为测试集。基于 Bootstrap 抽样方法构建的数据集，可以进一步对数据挖掘算法的可靠性进行置信区间估计。针对不同的数据特点，Bootstrap 重抽样方法还可以细分为多种类型。

最初的 Bootstrap 重抽样方法针对的是独立同分布的数据集，采用最简单的有放回的随机抽样策略，直到抽样的样本集达到原来样本集的大小。这种方法虽然简单，但是对数据集的分布要求较高，对不满足独立同分布的数据集进行随机抽样有可能导致失败。原始数据集中的数据被抽样作为训练数据集的概率为 $1/N$，而不被抽样为训练数据集的概率为 $1-1/N$。假设 N 的取值足够大，那么某条数据在 N 次 Boostrap 抽样中均没有被抽样作为训练数据集的概率为

$$\left(1-\frac{1}{N}\right)^{N} \approx \mathrm{e}^{-1}=0.368 \tag{8-21}$$

由式（8-21）可知，对于一个数据量足够大的原始数据集，经 N 次 Boostrap 抽样后，形成的测试集大约占原始数据集的 36.8%，形成的训练数据集大约占原始数据集的 63.2%。因此，上述 Bootstrap 重抽样方法也被称为 0.632 Bootstrap。

针对数据中存在依赖关系的数据集，研究人员又提出了分块 Bootstrap（Block Bootstrap）方法。假设数据流共有 N 个时间点，每个时间点的数据用向量 X 表示，并假设该数据的最佳分块长度为 L。将 N 个时间点按顺序拆分为 n 块，表示为 $B_1=(X_1,X_2,\cdots,X_L),\cdots,B_n=(X_{(n-1)L+1},X_{(n-1)L+2},\cdots,X_N)$，针对划分后的数据块进行有放回的重抽样，抽样次数为 N/L，最后将这些抽样得到的数据块连接在一起。

针对数据间的相依结构，还可以采用基于变换的 Bootstrap 方法。其基本思想是将原来的非独立的数据通过一定的函数转换，变成独立同分布的数据集，然后再进行有放回的随机抽样。

8.4.3 模型比较

在比较不同数据挖掘算法和模型性能时，通常可以采用以 T 检验为代表的一些常用统计方法。

T 检验（Student's t test），主要用于样本含量较小（例如 $n<30$），总体标准差 σ 未知的正态分布。

在检验属性（特征）区分两种类别的能力时，T 检验包括下面 5 个步骤：第 1 步，建立虚无假设 H_0：$\mu_1=\mu_2$，即先假定两个算法的性能指标平均值之间没有显著差异。第 2 步，计算统计量 T 值，评断两组样本平均数之间的差异程度，其统计量 T 值的计算公式为

$$T=\frac{\overline{X_1}-\overline{X_2}}{\sqrt{\frac{\sum x_1^2+\sum x_2^2}{n_1+n_2-2}\times\frac{n_1+n_2}{n_1\times n_2}}} \tag{8-22}$$

第 3 步，根据自由度 $df=n_1+n_2-2$，查 T 值表，找出规定的 T 理论值并进行比较。理论值差异的显著水平为 0.01 级或 0.05 级。不同自由度的显著水平理论值记为 $T(df)_{0.01}$ 和 $T(df)_{0.05}$。第 4 步，比较计算得到的值和理论 T 值，推断发生的概率，依据表 8-8 给出的 T 值与差异显著性关系表作出判断。

表 8-8　T 值与差异显著性关系表

T	P 值	差异显著程度
$T\geqslant T(df)_{0.01}$	$P\leqslant 0.01$	差异非常显著
$T\geqslant T(df)_{0.05}$	$P\leqslant 0.05$	差异显著
$T<T(df)_{0.05}$	$P>0.05$	差异不显著

第 5 步，根据以上分析，结合具体情况，作出算法或模型比较的结论。

另一个适用于比较算法和模型性能的统计方法是成对 T 检验。假设两个模型在 n 个不同数据集上进行验证，在每个数据集 $D_i(1\leqslant i\leqslant n)$ 上的准确度分别为 x_{i1} 和 x_{i2}，即构成一对数据。假设 d 表示成对数据之差，即 $d=x_{i1}-x_{i2}(1\leqslant i\leqslant n)$，则成对 T 检验中的 t 统计量和自由度 v 计算公式为

$$t=\frac{\bar{d}}{S_d\sqrt{n}} \tag{8-23}$$

$$v=n-1 \tag{8-24}$$

其中，$\bar{d}$ 表示 d 的均值，S_d 表示 d 的标准差。

8.5　性能提升

数据挖掘算法和模型的性能评估中，算法和模型的效率和准确率是重点。云计算和多分类器集成学习分别是提升数据挖掘算法模型效率和准确率的常用方法。云计算系统采用分布式存储和处理策略。将云计算与现有数据挖掘算法研究和应用结合，已经成为多个行业的共识。多分类器集成学习则有助于克服单个分类器的性能缺陷，提升整体的识别准确率。

8.5.1　效率提升

为了解决海量数据的高性能计算的问题，国内外学者相继提出了基于集群、基于网格、基于 Agent 等各种分布式数据挖掘平台，以提高数据挖掘系统的处理能力。然而，这些分布式数据挖掘平台均有自身难以解决的问题。云计算（Cloud Computing）作为一种新的分布式处理平台，采用大规模并行计算技术，可以更好地解决海量数据挖掘的效率问题。云计算的独特之处就是把普通的服务器或者个人计算机连接起来以获得超级计算机（也称为高性能和高可用性

计算机）的功能，但是具有更低的成本。

基于“计算迁移总是比数据迁移的成本低”（Moving Computation is Cheaper than Moving Data）的思想，云计算技术要求计算结点和存储结点放在一起，并在任务调度时尽量在保存相应输入文件块的设备上分配并执行任务。云计算的策略能够使大部分并行任务都在本地计算机上读取输入数据，进而有效地减少网络数据流量。与传统的静态数据挖掘模式相比，云计算模式具有成本低、容错性强、计算速度快、程序开发便捷、结点增加容易等优点，是数据挖掘中普遍适用较为理想的计算模式，更是从海量数据中找到有用、可理解的知识的有效技术手段。将云计算与现有数据挖掘算法研究和应用结合，已经成为各个行业的研究热点。此外，云计算系统还采用分布式存储方式（将同一份数据存储多个副本）。存放数据以保证数据的高可靠性，为了避免在大规模集群中常见的结点失效现象，除数据副本备份外，云计算系统还提供心跳检测、错误隔离等多种措施来保证数据可靠性。在具体操作时，云计算系统将文件按照一定的数据块大小进行切分，再根据配置将每个文件块存储到数据结点上。

云计算技术在国内外正在飞速发展。国外，亚马逊网络服务（AWS）推出桌面即服务（DaaS）WorkSpaces，进一步扩充云生态系统。此外，亚马逊宣布EMR支持Impala，并推出流计算服务Kinesis。微软在2013年推出Cloud OS云操作系统。IBM在2013年推出基于OpenStack和其他现有云标准的私有云服务，并开发出在多个云之间迁移数据的云存储软件——InterCloud。惠普在2013年推出基于HAVEn大数据分析平台的新的基于云的分析服务。国内，工业和信息化部于2012年5月发布《通信业“十二五”发展规划》，将云计算定位为构建国家级信息基础设施、实现融合创新的关键技术和重点发展方向。在云计算基础产品方面，我国已突破EB级存储系统软、硬件技术和支持亿级任务并发处理的服务器系统技术。同时，互联网企业在大规模云计算操作系统方面取得突破，在弹性计算系统、分布式计算系统、结构化数据存储系统和开放存储系统等方面取得重要进展。

基于云计算技术的数据挖掘过程与传统数据挖掘基本一致，分为数据准备、数据挖掘和结果表达与解释3个阶段。云计算环境下的数据挖掘并行化主要有OpenMP（Open Multi - Processing）、MPI（Message Passing Interface）和MapReduce 3种比较常见的解决方法，它们的对比见表8-9。

表8-9　OpenMP、MPI和MapReduce对比

	OpenMP	MPI	MapReduce
是否共享	是	否	否
扩展性	差，一般适用于超级计算机的计算	一般，扩展性由开发者程序决定，扩展时需要对新增软件进行复杂定制，一般能扩展到几十台计算机	强，扩展性由系统框架决定，一般可以支持上万台计算机的扩展
单位运算速度	高，但是对硬件依赖性较高	较高，很大程度上受开发者实现的影响	一般，基于数据的同步导致性能缺失
实现难度	高	高	简单

OpenMP是一种基于共享内存的多线程并行化方式。OpenMP中的运行实例通过共享内存进行通信，而每个实例相当于一个线程，因此OpenMP大多数时候是运行在单机上的。

MPI是一个计算机直接进行进程交互的消息传递接口规范，其本质是通过计算机之间的消息传递来同步并行计算中各个部分的状态，如传递数据等。MPI中，由开发者控制信息传递的时间和方式。由于在实现中 MPI 需要考虑何时何地传递何种信息以及何种资源或者数据是否被锁定等，该方法实现较为复杂，在很大程度上依赖于开发者的分布式并行经验。

MapReduce 是由 Google 提出的并行化编程模型。MapReduce 模型将程序运行划分为 Map 和 Reduce 两个步骤，其中 Map 过程是一个读取、处理原始数据的过程，然后发送到 Reduce 过程，由 Reduce 过程进行第二次的整理和处理。在 MapReduce 具体实现过程中，用户先指定一个 Map 过程，通过 Map 过程处理输入的 <key，value>对，产生一系列临时 <key，value>对，即中间结果。然后，通过 Reduce 过程来合并临时 <key，value>对集中具有相同key值的 value 部分，最后输出结果。

MapReduce 是基于数据的分布式处理，其中所有运行的细节，如数据分割、任务调度、异常处理、控制信息通信等都由平台自身控制。MapReduce 有效简化了开发者编程时需要考虑的问题，提高了程序开发效率。MapReduce 通过数据进行同步，每个过程都是通过读取存储在网络中的数据进行同步的，而开发者只需将数据的输入/输出数据转换为 MapReduce 中的 key - value 对，就可以实现应用的并行。与 MPI 相比，MapReduce 简化了并行实现的难度，使得没有并行分布式经验的开发者也能够轻易地开发出并行化应用。

Hadoop 作为 MapReduce 的一个 Java 开源实现，只需部署在普通的 PC 上，大大节约了投资成本，并且已经在 Amazon、Facebook、Yahoo、IBM 等大型网站上得到了应用。Hadoop 框架最核心的设计是 MapReduce 和 HDFS（Hadoop Distributed File System）。

上述 3 种方法中，OpenMP 属于共享型，其实施必须进行硬件共享，通常只适合单机运行，如在超级计算机上运行。MPI 和 MapReduce 则属于非共享型，通过网络进行信息传递或者数据传递等实现计算的并行化，在应用上更具备普遍性。MapReduce 解决方案虽然在单位运算速度上不如其他两种解决方案，但是具有强大的扩展性，能够通过不断增加计算资源的以提升整体运行效率。

由于 MapReduce 算法的扩展性优势，国内外学者密切关注如何将经典的数据挖掘算法转换为 MapReduce 模型实现，把整体数据挖掘方案迁移到云计算平台上。虽然云计算平台的海量数据的存储能力和并行计算能力为海量数据挖掘提供了基础，但基于云计算的数据挖掘尚处于研究阶段，成熟的方案尚未提出。

在学术界，基于云计算的数据挖掘已经取得一定进展。据公开文献报道，已经成功转换到 MapReduce 模型的代表性分类算法有 SVM、FP - Growth 算法等。Mahout 等开源项目也一直致力于将传统数据挖掘算法转换为 MapReduce 模型，目前已经实现了多种 MapReduce 挖掘算法，如基于 MapReduce 的 Apriori 算法、基于 MapReduce 的 HDBSCAN 算法等。

（1）基于 MapReduce 的 Apriori 算法研究

当基于 MapReduce 的 Apriori 算法进行海量数据挖掘时，可以通过分析 Apriori 算法和算法流程发现制约其速度的 3 个主要瓶颈：一是传统的 Apriori 算法需要反复扫描事务集来选出频繁 k 项集，非常耗时；二是当频繁 k 项集生成 $k+1$ 项超集时，运算量较大，耗时多；三是在将 $k+1$ 项超集裁剪为 $k+1$ 候选集时，需要对 k 项频繁集多次匹配，存在大量的时间消耗。将传统 Apriori 算法转换为 MapReduce 实现的重点是找出原方法中的关键数据，并将这些数据映射为 MapReduce 的 key 值和 value 值。

针对瓶颈一，可以将 Apriori 算法计算频繁集的过程看作一个词语计数的过程，事务集扫描过程的核心功能是项集统计，因此，可以把项集作为计算和统计阶段的key值，初始化 value

为1。在MapReduce计算过程中，框架通过Map函数将数据集分割成多个子块分发到多个结点上运行计数，然后在Reduce过程进行字数的统计，从而实现该阶段的并行化改进，大大缩短扫描事务集的时间。

针对瓶颈二，当从一个排序后的$k-1$项频繁集中产生k层超集时，只需要将频繁项中只有尾部1项不同的项集进行连接即可，以节省运算量、减轻时间损耗。例如，频繁项集ABC，ABD，BCD在生成4项超集时，只需要将ABC和ABD进行连接，即生成4项超集ABCD。将相同的$k-1$项模式称为主模式，而将由最后一项模式排列产生的2项集称为产生模式，而产生模式组里面的每一项都称为产生模式基，即组成产生模式的子模式。上述例子中，AB是主模式，C和D都是产生模式基，C和D排列生成产生模式CD，主模式+产生模式就构成$k+1$项超集中的一个项集。因此在以MapReduce工作方式生成k项超集的过程中，可以将具有相同主模式的频繁项作为key发送到同一个Reduce中，相应value值就是产生模式基，再由Reduce进行生成新模式，从而实现k项频繁集按照主模式进行分组并行运行、加速产生$k+1$项超集的过程。

针对瓶颈三，在超集裁剪过程中需要对$k+1$项超集中的每一项进行k项匹配，将超集中项Item的pattenn中去除任意一个项，然后检验剩余的k项是否在k项频繁集中，如果没有则将超集项Item删除。当去掉产生模式中任意一个项时，主模式+（产生模式-1）必然在k项频繁集中，因此只需要查看（主模式-1）+产生模式是否在k项频繁集中即可。将所有产生模式相同的超集集合在一个Reduce时，只需要将k项频繁集中以产生模式结尾的子集读入，就可以进行裁剪，就可以大大减少读取k项频繁集所需要的时间空间。例如，由于上例中AB+（CD-D）和AB+(CD-C）必然在长度为3的项频繁集中，因此在进行裁剪时可以直接忽略这两个项集，只需要对比k项频繁集中以产生模式CD结尾的，如（AB-B）+CD和（AB-A）+CD。

（2）基于MapReduce的HDBSCAN算法研究

HDBSCAN算法是DBSCAN算法的改进。与DBSCAN算法类似，HDBSCAN算法同样具有邻域范围Eps和邻域范围内的最少点数MinPts两参数。然而，与DBSCAN采取的“谁先发现归谁所有的策略”不同，HDBSCAN算法引入了层次聚类的思想，在初始簇合并的过程中采用了基于距离的方法处理边界点以提高聚类精度。HDBSCAN算法的边界点合并策略为：当边界点同时落在几个分属不同簇的核心点的Eps邻域内时把该边界点划入离其最近的簇。

HDBSCAN算法主要有初始簇集的生成和基于层次的初始簇合并两大步骤。

1）在初始簇集的生成步骤，HDBSCAN算法随机选择对象集中的任意对象p，检测其Eps邻域，以确定对象p是否为核心对象。如果对象p是一个核心对象，则p及其Eps邻域内的所有对象形成一个初始簇，并为同一初始簇中的所属对象赋予相同的簇标识；如果p不是核心对象，且其Eps邻域内无任何点存在，则标记其为噪声；如果p不是核心对象而其Eps邻域内有其他点存在，则继续判断其Eps邻域内的其他点是否为核心点。如果其Eps邻域内无核心点，将其标记为噪声，否则，标记对象p为边界对象。HDBSCAN算法从对象集中选取没有任何标识的点重复同样的操作，直到数据集中不存在没有标记的点为止。初始簇集的生成步骤完成后，将生成一个噪声集和一个初始簇集。

2）在初始簇合并步骤，算法针对第一阶段生成的初始簇集进行合并操作，主要是判断具有多个簇标识的点是共享核心点还是共享边界点。当两个或多个簇中含有一个或多个共享核心点时，则将这些簇元素合并为一个簇，并为其赋予统一的簇标识。反之，如果其公共点均为共享边界点，则比较该公共点与其 Eps 邻域内核心对象的距离，把公共点划入离其最近的簇中。上述簇合并操作迭代进行，直至所有点都具有唯一的簇标识。

当输入数据量非常庞大时，串行 HDBSCAN 算法中判断某数据点是否是核心点占据了大部分时间，实际上，每个数据点的核心点判断是可以并行的。基于 MapReduce 的 HDBSCAN 算法的并行化策略把输入的由 n 个数据构成的数据集分为 P 块，每一部分的数据量为 n/p，分别分配给 P 个处理器。先由各处理器独立地在各自的子数据集中进行局部聚类，再通过通信输出全局聚类结果。HDBSCAN 算法数据流程如图 8-5 所示。

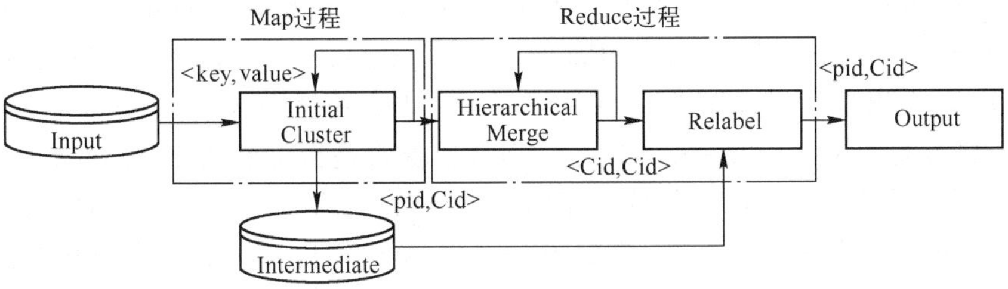

图 8-5　HDBSCAN 算法数据流程

基于 MapReduce 的 HDBSCAN 算法在实现的两个阶段中，每个阶段的数据交换是以 < key, value > 的方式进行。其中，点标识 pid 作为 key 值，（coretag，usedtag，Cid，x，y，z）作为 value 值。Cid 表示类标识，coretag 表示是否是核心点，usedtag 表示是否有过类标识，而 x，y，z 表示该数据点的其他属性。

8.5.2　准确率提升

分类器构建的最终目标是获得尽可能高的识别性能。提升分类器识别性能的传统做法为：对目标问题分别采用不同的分类方法处理，然后选择一个最好的分类器作为最终的解决方案。然而，一些研究人员在实践中发现上述传统做法存在问题，因为对于某个分类器错分的样本，其他分类器有可能得到正确的分类结果，不同分类器之间具有的信息互补性有助于提高识别性能。这就是多分类器集成学习思想的出发点。

集成学习在统计、计算和表示 3 个方面均具有显著的优势。

1）在统计上，分类器的泛化性能存在差异，很可能其中某一些分类器泛化性能很好，另一些泛化性能很差。因此，如果只选择一个分类器对待测样本进行分类就存在一定的风险，而如果同时使用多个分类器，将它们的输出进行综合，可以降低风险。虽然，集成分类系统不一定比其中某个分类器更准确，但是有利于减少或消除因随机选择其中一个不合适的分类器而导致识别率低下的风险。

2）在计算上，为了降低分类器构建的计算复杂度，只能采用一些搜索算法，如爬山搜索算法（Hill - climbing Search）、随机搜索算法（Random Search）等。然而，这些搜索算法很容易陷入“局部最优”（Local Optima）。采用多分类器集成时，由于各子分类器可能在解空间的不同局部区域进行搜索，其最终的搜索结果有可能共同趋向于某个实际最优目标，因此，多分类器集成比只选择单个分类器更容易获得正确的分类结果。

3）在表示上，使用一组线性分类器有利于构造优化的决策边界。例如，当数据集的决策边界是非线性时使用单个线性分类器不可能获得良好的分类效果，而使用一组线性分类器则可能构造一个非线性的决策边界，从而获得更好的泛化性能。

除此之外，分类器集成过程中，可以将大规模数据集划分成适当大小的子集，分别训练子分类器，可以有效地解决使用单个分类器分类带来的复杂性问题。其次，对小规模数据集进行分类时，可以利用重复抽样技术来获得多个数据集分别训练分类器，可以充分有效地利用已有训练样本以获得较高的分类准确度。另外，利用从不同渠道获得的数据集分别训练不同的分类器，能够有效利用不同渠道数据集的不同特征，有助于获取更好的识别效果。

集成学习是一个仍在迅速发展中的研究领域，是指把一系列的分类器集成起来共同解决一个问题。在学术界，集成学习的定义尚未统一。关于集成学习有多种说法，包括分类器集成（Ensemble of Classifiers）、多分类器组合（Combination of Multiple Classifiers）、多分类器融合（Multiple Classifier Fusion）、意见汇总（Consensus Aggregation）、混合专家（Mixture of Experts）等。其中，分类器集成（Ensemble of Classifiers）包含两个分支：分类器融合（Classifier Fusion）和分类器选择（Classifier Selection）。分类器融合是指每个基分类器都对待测样本的类别进行预测，最后的输出结果由各基分类器的分类结果融合而成。分类器选择是指从所有基分类器中选择“性能最优”的一个，并将选中的基分类器的输出作为最终的分类结果。

集成学习的基本思想如图 8-6 所示：在学习阶段，先由原始训练集 T 产生 s 个训练子集，每一个训练子集 $T_i(i=1, 2, ..., s)$ 产生对应的基分类器 h_i。在实际应用阶段，基分类器以某种方式结合在一起组成 $h^* = F(h_1, h_2, ..., h_s)$。测试样本 x 由集成后的学习系统 h^* 进行识别。

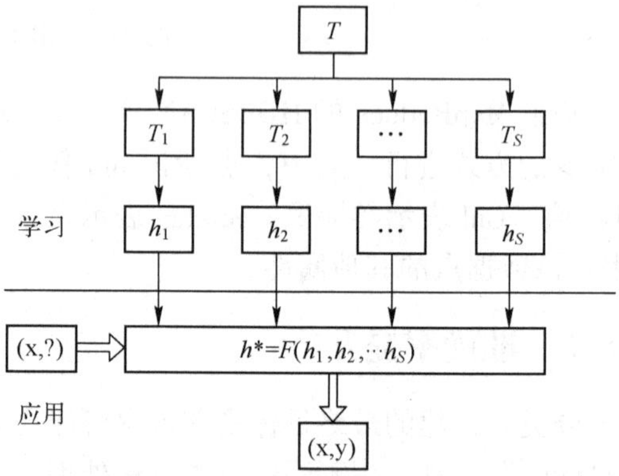

图 8-6　集成学习示意图

研究表明，参与集成的基分类器需要满足多样性和精确性两个特性，才能获得较好的分类器集成效果。

首先，基分类器的分类结果应该具有多样性，因为若用对相同样本犯同样分类错误的成员分类器进行组合，则不能够提高集成分类器的精确度。多样性度量方法大致有十多种，可以分为配对型度量（Pairwise Measures）和非配对型度量（Nonpairwise Measures）两类。配对型多样性度量先计算两两分类器间的差异性，再相加求平均差异性，主要有 Q Statistics Measure、Correlation Coefficient Measure、Disagreement Measure 和 Double Fault Measure 等。非配对型多样性度量一次性计算所有分类器之间的差异性，主要有 Entropy Measure、Kohavi – Wolpert Variance Measure、Interrater Agreement Measure、Diffculty Index Measure、Generalized Diversity Measure、Coincident Failure Diversity Measure 等。

针对多样性要求，研究者已经提出了多种有效的基分类器产生方法，大致有以下几类：第一类是对训练样本的分布进行处理。例如，在训练样本集相同的情况下，采用 Bootstrap 方式随机、重复地为每个分类器产生不同的训练集，再分别利用这些训练集分别生成相应的基分类器。第二类是对训练样本的特征空间进行处理。由于不同特征子集中数据的分布差异较大，因此即使学习算法稳定使用不同特征子集训练得到基分类器也能获得较大的差异。例如，随机子空间方法（Random Subspace）就是从样本完整的特征集中随机抽取部分特征，以构成一系列不同的特征子集，分别用于训练不同的基分类器。第三类是采用不同的学习参数。在使用同一种学习算法来训练基分类器时，可以设定不同的学习参数以获得具有差异性的分类器。例如，在神经网络集成可以通过设定个体学习器中神经元的不同权值或隐藏结点的不同数目，以获得具有差异性的基分类器。第四类是采用不同的学习算法。对于同一组训练样本，使用不同学习算法训练的分类器能够构造出具有差异性的集成系统。第五类是多模式扰动。多模式扰动指的是综合不同模式生成差异性的个体，而不是只使用单一的扰动方式。

其次，基分类器的精确度要满足一定条件，否则集成后的分类器的精确度也不会高。如果空间假设有 L 个分类器，各基分类器的错误分类率为 $\rho < 0.5$ 且相互独立，那么基分类器集成后的分类错误率服从二项分布

$$P_{error} = \sum_{i=\lfloor L/2 \rfloor}^{L} \binom{L}{i} \rho^{i} (1-\rho)^{L-i} \tag{8-25}$$

根据式（8-25）可以得出结论：当分类器数目大于 11 时，采取投票策略的集成分类器出错的概率为 0.026，远远小于单个基分类器出错的概率。

（1）装袋

装袋（Bagging）又称自助聚集（Bootstrap Aggregation），是一种根据均匀概率分布从数据集中重复抽样（有放回的）的技术。

要直观考察装袋如何作为一种提高准确率的方法，可假设你是一个病人，希望根据你的症状做出诊断。你可能选择看多个医生，而不是一个。如果某种诊断比其他诊断出现的次数多，则你可能将它作为最终或最好的诊断。也就是说，最终诊断是根据多数表决做出的，其中每个医生都具有相同的投票权值。现在将医生换成分类器，就可以得到“装袋”的基本思想。直观来讲，更多医生的多数表决比少数医生的多数表决更可靠。

给定 d 个样本的集合 D，装袋过程如下。对于迭代 $i(i=1,2,\ldots,k)$，d 个样本的训练集 D_i 采用有放回抽样，由原始样本集 D 抽取。每个训练集都是一个自助样本。由于使用有放回抽样，D 的某些样本可能不在 D_i 中出现，而其他样本可能出现多次。由每个训练集 D_i 学习，得到一个分类模型 M_i。为了对一个未知样本 X 分类，每个分类器 M_i 返回它的类预测，算作一票。装袋分类器 $M*$ 统计得票，并将得票最高的类赋予 X。通过取给定检验样本的每个预测的平均值，装袋也可以用于连续值的预测。算法如下。

算法：装袋算法——为学习方案创建集成分类模型，其中每个模型给出等权值预测。

输入：

1）D 为 d 个训练样本的集合。

2）k 为集成分类器中的模型数。

3）一种学习方案（如决策树算法、后向传播等）。

输出：集成分类器—复合模型 M^*。

方法：

```
for i = 1 to k do                                  //创建 k 个模型
    通过对 D 有放回抽样,创建自助样本 Di;
    使用 Di 和学习方法导出模型 M *;
end for
```

使用集成分类器对样本 X 分类：

让 k 个模型都对 X 分类并返回多数表决。

装袋分类器的准确率通常显著高于从原训练集 D 导出的单个分类器的准确率。对于噪声数据和过分拟合的影响，它也不会很差并且更强壮。准确率的提高是因为复合模型降低了个体

分类器的方差。

(2) 提升

提升(Boosting)是一个迭代的过程，用来自适应地改变训练样本的分布，使得基分类器聚焦在那些很难分的样本上。与装袋方法不同，提升方法给每一个训练样本赋一个权值，并在每一轮提升过程结束时自动地调整权值。

举例来说，假设你是一位患者，有某些症状。你选择咨询多位医生，而不是一位。假设你根据医生先前的诊断准确率，对每位医生的诊断赋予一个权值。然后，这些加权诊断的集成作为最终的诊断。这就是提升的基本思想。

在提升方法中，每个训练样本被赋予一个权值。训练得到分类器 M_i 之后，更新样本权值，使得其后的分类器 M_i+1 "更关注" M_i 误分类的训练样本。最终提升的分类器 $M*$ 集成每个个体分类器的表决，其中每个分类器投票的权值是其准确率的函数。

AdaBoost(Adaptive Boosting)是一种流行的提升算法。假设数据集 D 包含 d 个有类标记的样本 (X_1, y_1), (X_2, y_2), ..., (X_d, y_d)。其中，y_i 是样本 X_i 的类标号。开始，AdaBoost 赋予每个训练样本相等的权重 1/d。为集成分类器产生 k 个基分类器需要执行算法的其余部分 k 轮。在第 i 轮，从数据集 D 中抽样，形成训练集 D_i。同一个样本可能被选中多次，每个样本被选中的机会由它的权值决定。从训练集 D_i 导出分类器 M_i，并用 D_i 作为测试集计算 M_i 的误差。训练样本的权值根据分类情况进行调整。

如果样本不正确地分类，则其权值增加。如果样本被正确分类，则其权值减少。样本的权值反映了对其分类的困难程度——权值越高，越可能被错误地分类。然后，使用这些权值，为下一轮的分类器产生训练样本。算法如下。

算法： AdaBoost 提升算法——创建分类器的集成。每个给出一个加权投票。

输入：

1) D 为类标记的训练样本集。

2) k 为轮数(每轮产生一个分类器)。

3) 一种分类学习方案。

输出： 一个复合模型。

方法：

```
1)将 D 中每个样本的权值初始化为 1/d;
2) for i = 1 to k do                                  //对于每一轮
3)     根据样本的权值从 D 中有放回抽样,得到 D_i;
4)     使用训练集 D_i 导出模型 M_i;
5)     计算 M_i 的错误率 error(M_i)
6)     if error(M_i) > 0.5 then
7)         转步骤 3)重试;
8)     end if
9)     for D_i 的每个被正确分类的样本do
10)        样本的权值乘以 error(M_i)/(1 - error(M_i));  //更新权值
11)        规范化每个样本的权值;
12)    end for
```

使用集成分类器对样本 X 分类：

1） 将每个类的权值初始化为0；
2） for i = 1 to k do //对于每个分类器
3） $w_i = \log \frac{1 - error(M_i)}{error(M_i)}$；//分类器的投票权值
4） $c = M_i(X)$；//从 M_i 得到 X 的类预测
5） 将 w_i 加到类 c 的权值；
6） endfor
7） 返回具有最大权值的类。

考察该算法涉及的某些数学问题。为了计算模型 M_i 的错误率，求 M_i 误分类 D_i 中的每个样本的加权和，即

$$\mathrm{error}(\mathrm{M_i}) = \sum_{j=1}^{d} \mathrm{w_i} \times \mathrm{err}(\mathrm{X_j}) \tag{8-26}$$

其中，$\mathrm{err}(X_j)$ 是样本 X_j 的误分类误差：如果 X_j 被误分类，则 $\mathrm{err}(X_j)$ 为1；否则，它为0。如果分类器 M_i 的性能太差，错误率超过0.5，则丢弃它，并重新产生新训练集 D_i，由它导出新的 M_i。

M_i 的错误率影响训练样本权值的更新。如果一个样本在第 i 轮正确分类，则其权值乘以 $error(M_i)/(1 - error(M_i))$。一旦所有正确分类样本的权值都被更新，就对所有样本的权值（包括误分类的样本）规范化，使得权值和不变。规范化权值后，误分类样本的权值增加，而正确分类样本的权值减少。

不像装袋将相同的表决权赋予每个分类器，提升方法根据各分类器的分类准确率情况，对每个分类器赋予一个权值。分类器的错误率越低，它的权值就越高。分类器 M_i 的表决权值为

$$\log \frac{1 - error(M_i)}{error(M_i)} \tag{8-27}$$

对于每个测试样本 X，将具有最大权重和的类作为样本 X 的预测类。

与装袋方法相比，提升方法关注误分类样本，因此存在结果复合模型对数据过分拟合的危险。因此，“提升的”结果模型有时可能没有从相同数据导出的单一模型的准确率高。而装袋不太受过分拟合的影响。

（3）随机森林

随机森林（Random Forest）是一种专门为决策树分类器设计的集成方法。由于集成分类器中的每个分类器都是一棵决策树，因此分类器的集合就如同一片“森林”。个体决策树在每个结点使用随机选择的属性进行节点划分。更准确地说，每一棵决策树都依赖于独立抽样，并与森林中所有树具有相同分布的随机向量的值。测试样本分类时，每棵决策树都投票，并且返回得票最多的类。

随机森林可以采用装袋与随机属性选择相结合的方式构建。给定 d 个样本的训练集 D，为集成分类器产生 k 棵决策树的一般过程如下：对于每次迭代 i（$i = 1, 2, \ldots, k$），采用有放回抽样，由 D 产生 d 个样本的训练集 D_i。即每个 D_i 都是 D 的一个自助样本，使得某些样本可能在 D_i 出现多次，而另一些可能不出现。假设 F 表示节点划分的属性数，其取值远小于可用属性数。为了构造决策树分类器 M_i，在每个结点随机选择 F 个属性作为该结点划分的候选属性。使用CART算法的方法来增长树。树增长到最大规模，并且不剪枝。用这种方式，使用随机输入选择形成的随机森林为Forest - RI。

随机森林的另一种形式为Forest - RC，使用输入属性的随机线性组合。Forest - RC不是随

机地选择一个属性子集，而是由已有属性的线性组合创建一些新属性（特征），即一个属性由指定的 L 个原属性组合产生。在每个给定的结点，随机选择 L 个属性，并且以从$[-1,1]$中随机选取的数为系数相加，产生 F 个线性组合，并在其中搜索找到最佳组合。

随机森林的分类准确率可以与 AdaBoost 媲美，同时对错误分类样本和离群点的鲁棒性更强。随着决策树数目增加，森林的泛化误差收敛。因此，过拟合不是问题。随机森林的准确率依赖于个体分类器的实力和它们之间的依赖性。理想情况是保持个体分类器的能力而不是提高它们的相关性。随机森林对每次划分所考虑的属性数很敏感。通常选取 $\log2d+1$ 个属性（一个有趣的现象是，使用单个随机选择的属性可能获得较高的准确率，常常比使用多个属性更高）。由于随机森林在每次划分时只考虑很少的属性，因此在大型数据库上非常有效，可能比装袋和提升方法更快。随机森林给出了变量重要性的内在估计。

8.6 小结

评分函数采用函数的形式评价模型的有用程度。根据预测值类型，预测性评分函数可以分为针对离散型预测值的评分函数和针对连续型预测值的评分函数两种。除了模型的有用程度外，还需要综合考虑模型的成本。现有模型的成本评价一般通过成本评价曲线来分析，常见成本评价曲线包括 Lift 曲线、ROC 曲线、Gains 曲线、Lorenz 曲线等。此外，模型的复杂度也是一个重要评价指标。最短描述长度原则就是一种评价模型复杂度的常用方法。除了上述指标外，数据挖掘算法和模型还需要经过测试集数据的验证，才能实实在在地比较不同模型之间的差异，并确认其应用的有效性。模型验证的主要方式有交叉验证和 Bootstrap 验证。算法和模型的效率和准确率是性能评估的重点，而云计算和多分类器集成分别是提升数据挖掘算法和模型效率和准确率的常用方法。

8.7 习题

1. 二元分类预测结果见表 8-10，计算对应的真阳性、真阴性、伪阳性、伪阴性个数，准确率、错误率、真阳率、真阴率、伪阳率，阳性预测值、阴性预测值和 F_1 值。

表 8-10　二元分类预测结果

		预测		总数
		1	0	
实际	1	True Positive，48	False Negative，98	146
	0	False Positive，25	True Negative，229	254

2. 预测性评分、描述性评分和一致性评价分别适用于什么情况？分别有哪些评价函数？假设在二元分类任务中，两种方法 A 和 B 对 50 个测试样本进行分类判断，判断结果分别为 0 和 1。方法 A 判断结果为 1 的测试样本有 25 个，判断结果为零的测试样本有 25 个。方法 B 判断结果为 1 的测试样本有 37 个，判断结果为零的测试样本有 13 个。方法 A 和 B 同时判断为 1 的测试样本有 23 个，同时判断为 0 的测试样本有 11 个。两种方法分类结果的具体分布见表 8-11，计算两种方法的 *Kappa* 系数。

表 8-11　方法 A 和方法 B 的结果

		方法 B		
		1	0	总数
方法 A	1	23	2	25
	0	14	11	25
	总数	37	13	50

3. 成本评价曲线有哪几种？这些评价曲线之间的区别和联系是什么？分别适用于什么样的应用场合？

4. 交叉验证、Bootstrap 验证和模型比较分别适用于什么情况？分别有哪些具体的验证算法和函数？

5. 除了云计算和多分类器集成外，还有哪些通用的数据挖掘算法和模型性能提升方法？

6. 如果空间假设有 12 个分类器，各基分类器的错误分类率小于 0.3，且相互独立，那么集成后的分类错误率如何？

第 9 章　复杂数据挖掘

传统数据挖掘技术与算法主要针对的是关系型数据。然而，随着数据采集设备和科学技术的发展，越来越多的复杂数据不断涌现。典型的复杂数据有文本数据、图像数据、语音数据、视频数据、网络拓扑数据、网络舆情数据、空间数据和流数据等。这些复杂数据的分析挖掘方法和流程不同于传统关系型数据，其相应的数据源、处理流程和挖掘技术也是各有特点。

9.1　文本数据挖掘

文本挖掘（Text Mining，TM）是指针对非结构化的文本数据进行挖掘提取出有价值的信息，是涉及数据挖掘、机器学习、模式识别、人工智能、统计学、计算机语言学、计算机网络技术、信息学等多个领域的交叉学科。文本挖掘的基本思想是：先利用文本切分技术抽取文本特征，将文本数据转化为能描述文本内容的结构化数据，然后利用聚类、分类技术和关联分析等数据挖掘技术进行分析。文本挖掘的过程主要包括文本的预处理、文本的表示、特征值的抽取、文本的分类、聚类等。目前，文本挖掘主要应用在网络浏览、文本检索、文本分类、文本聚类、文档总结等。

网络化环境下产生的海量文本数据带来了诸多问题和挑战。例如，由于网页间的不断转载，文档冗余严重。再如，信息查找困难，无法精确找出淹没在浩瀚的无序信息汪洋之中的有用信息。同时，信息污染、垃圾邮件以及垃圾短信泛滥，导致“信息爆炸但知识相对匮乏”。传统手工的文本信息提取、标注、分类、过滤和查找方式已经无法满足人们日益增长的信息需求。因此，如何利用自动处理的文本挖掘技术及时、准确地发现有用信息和知识成为一个亟待解决的问题。

文本挖掘不同于信息检索。尽管 Web 搜索引擎部分地解决了信息检索问题，但是检索的精度不高，且效果有限，更不能够开展如主题分析、热点发现等深层次的信息挖掘。著名网站 Kdnuggets 的调查显示，文本挖掘已成为数据挖掘中一个日益重要的研究分支。许多数据挖掘领域内的顶级国际会议都已经设置了文本挖掘的相关专题，如 KDD、VLDB、SIGIR 等。文本挖掘模型结构如图 9-1 所示。

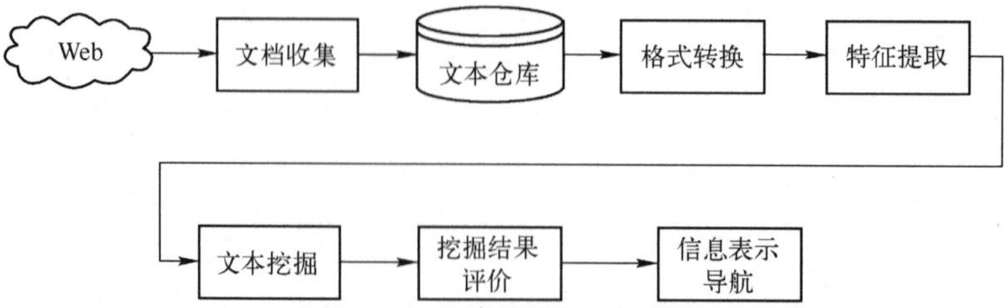

图 9-1　文本挖掘模型结构

与关系数据库中的结构化数据相比，文本具有有限的结构，或者根本就没有结构，因此，现有的数据挖掘技术无法直接应用于文本的挖掘，必须对文本进行预处理，抽取其特征并用结构化的形式保存，作为文本数据的中间表示形式。

9.1.1 文本数据预处理

文本数据的预处理主要包括分词、文本建模、特征选择和特征降维。

1. 分词

中文和英文的分词方法差距较大。中文文本数据表现为字序列形式，词与词之间没有间隔标记，只有经过“分词”处理计算机才能深入分析。中文文本的自动分词是中文信息处理的基础和前提。目前，中文分词方法主要有三大类：基于字符串匹配的分词方法、基于理解的分词方法和基于统计的分词方法。

相对中文文本而言，英文文本预处理非常简单。英文文本中词与词之间用空格分隔，界限分明，无需进行分词处理。但英文文本的词形变化非常丰富，需要额外的词干还原处理，即将文本中发生词形变化的词还原成本来的词干。

评定一种分词方法优劣的标准主要有两条：分词速度和分词精度。其中，分词精度尤其重要。分词之后，除了要建立较为完备的词库，还需要准确消除词语切分中存在的歧义。

2. 文本建模

文本建模是指用特征项（如词条或描述）来代表文本数据。常用的文本特征表示模型包括布尔逻辑模型、向量空间模型、概率模型等。其中，近年来应用较多、效果较好且应用最广泛的文本特征表示模型是向量空间模型（Vector Space Model，VSM），也称为“词袋”法。向量空间模型也是目前文本处理的标准模式。

向量空间模型是一种提取文本高频词以构成特征向量表达文本数据的方法，能够有效地描述词与文档间的频率关系。向量空间模型将每个文本文档 d 看作一组词条（T_1，T_2，...，T_n），每一词条 T_i 都根据其在文档 d 中的重要程度赋予一定的权值 W_i。因此，可以将向量空间看作一个 n 维坐标系，每一篇文档 d 可以映射为由一组词条向量构成的向量空间中的一点。向量空间模型既可以将文档 d 中出现的所有单词作为词条组，也可以将文档 d 中出现的所有短语作为词条组，以提高特征表示的准确性。

虽然向量空间模型是针对复杂烦琐的文本数据最为简便有效的文本表示方法，但也存在不足之处。例如，向量空间模型忽略了词在文本中承担的语法和语义上的作用，同时忽略了词与词之间的顺序关系，减弱了高频词向量表达文本特征的可信度。

3. 特征选择

大部分基于文本的特征选择方法是基于阈值的，选择统计量高于预定义阈值的特征作为参考特征。常用的特征选择统计量有文档频度（Document Frequency，DF）、信息增益（Information Gain，IG）、互信息（Mutual Information，MI）、卡方统计（Chi－Square Statistic，CHI）、优势率（Odds Ratio，OR）等。

4. 特征降维

仅考虑词，而不考虑词的先后顺序、自然段落等的不同语言单元所表达的不同含义时，文本向量空间的维数往往能达到104 甚至 105。为了压缩庞大的文本向量空间，需要进行特征降维。特征选择和特征抽取是两种常用的特征降维方法。

大部分特征选择方法通过构造的评价函数对单个特征进行独立评估，然后按照评估分对所有特征进行排序，最后选取预定数目的若干最佳特征作为特征子集。

特征抽取方法通过特定的映射函数对原始空间进行旋转、伸缩等变换，从而得到一个新的特征空间。在新的特征空间中，每个新特征是多个原特征的加权结果，如通过对近义词和多义词特征的加权，可以形成综合的语义特征。新特征可以更好地表征原始数据在概念或语义上的分布。用于文本分类的特征抽取方法主要有潜在语义索引（Latent Semantic Indexing，LSI）、独立成分分析（Independent Component Analysis，ICA）、非负矩阵分解（Non－Negative Matrix Factorization，NMF）以及线性判别分析（Linear Discriminant Analysis，LDA）等。其中，LSI、ICA 及 NMF 是非监督的特征抽取算法，而 LDA 则是监督的特征抽取算法。

另外，还可以采用奇异值分解等潜在语义分析技术，通过分析特征词之间的语义相关性来减少特征向量的维数，将词与文档的高维表示投影在低维潜在语义空间中。因此，降维后的特征子空间不再仅仅反映词汇出现的频率和分布关系，而是进一步揭示了词与文档之间的语义联系。此外，研究学者还研究了其他语义分析技术。例如，知网开发了知网知识系统描述语言（Knowledge Database Mark－up Language，KDML），以对概念进行更加精细的描述；使用梅家驹等人于 1983 年编纂的《同义词词林》，以分析特征集合中的同义词。

9.1.2 文本数据挖掘技术

文本数据挖掘主要指在文本处理过程中产生高质量的信息。文本数据挖掘方法通常包括分类、聚类、半监督聚类、关联分析和可视化。文本挖掘通常涉及输入文本的处理过程，产生结构化数据，并最终评价和解释输出。

1. 分类

文本分类是文本挖掘中的重要任务之一，其目标是对未知类别的文档进行自动处理，判别它们所属预定义类别集中的一个或多个类别，属于监督学习。通过向量空间模型，文本分类可转换为传统的分类问题，分为训练和测试两个阶段。基于向量空间模型的分类算法包括支持向量机、神经网络、最大平均熵，最近 k 邻法和贝叶斯等。

2. 聚类

文本聚类是聚类方法在文本挖掘领域的应用，是文本挖掘研究中最热门的研究方向之一。文本聚类是指根据文档特征词矢量，将相关文档聚成一类，属于无监督学习。例如，哥伦比亚大学开发的多文档自动文摘系统 Newsblaster 系统每晚从网络上搜集当天的要闻，然后对各种新闻进行聚类，并且针对各类别文本集生成一篇简明扼要的摘要，以供用户浏览。根据文本聚类的结果不同，聚类方法分为层次聚类法和平面聚类法两大类。

一般而言，文本聚类既具有普通聚类方法的特点，又不完全等同于一般的普通聚类。普通聚类通常面对的是结构化数据，如关系数据库，采用的相似度度量方法多是非常明确的定量方法。由于文本聚类处理的是非结构化的文本，因此文本的处理和分析是文本聚类首先面临的挑战。另外，文本集表示为特征向量空间模型后得到的往往是高维稀疏向量，高维稀疏向量之间定义有效相似度是很困难的，这也是文本聚类方法面临的难题。文本聚类系统的结构如图 9-2 所示。

3. 半监督聚类

聚类算法的局限在于生成的文本簇与人们所界定的类别难以一致。大量实验证明聚类生成结果缺乏实际意义。同样地，分类方法需要通过对大量的训练样本进行学习，具有昂贵的标注成本。为了能在有限标注类别样本条件下准确估计大量未标注样本的类别，半监督聚类算法应运而生。半监督聚类算法在少量已标注类别样本提供的监督信息的“指导”下，学习出全部样本或只学习出未标注样本的类别，综合了聚类和分类方法的优点。半监督聚类算法不仅可以避免无监督聚类方法得到无意义聚类的现象，而且也无需像分类问题那样学习大量的标注样本。

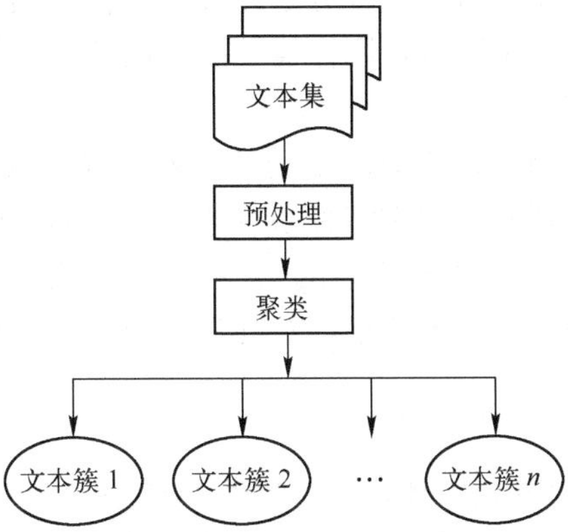

图 9-2　文本聚类系统的结构

4. 关联分析

使用关联规则对文本数据进行分析时，通常需要首先将词与文档矩阵构造成交易事务数据集。关联规则就表达了哪些关键词会频繁地同时出现在文档中。在二值关联规则的挖掘过程中，事务数据库 T 中的每个元素均为 0 或 1，表示某项出现与否。对于词文档矩阵中出现次数大于 1 的元素，在映射的过程中可能需要将其拆分和组合成多条记录，以保留其在词与文档矩阵中原有的统计特性。

5. 可视化

从用户的角度来看，文本挖掘所发现结果的可理解至关重要，提高文本挖掘结果可理解性的方法通常有两种：一种是以生成人类易于理解的自然语言的方式进行呈现，如生成文档摘要；另一种是以图形界面方式展示结果，通过提供相对少量的规则，利用计算机图形学、图像处理等可视化技术将文本挖掘结果直观地展现出来。

9.1.3　文本数据挖掘的应用

文本挖掘的典型应用案例包括生物科技领域的文献挖掘、金融证券领域的股票预测以及 Internet 上的 Web 挖掘、自动问答、主题检测等。国外应用比较成功的文本挖掘系统有 IBM Business Intelligence、KDT、TextVis 等。

国内的文本挖掘研究部分集中在如何充分利用中文文本的特点进行挖掘，如围绕中文文本的处理找到适合中文文本的快速高效方法，从而更好地设计和开发中文文本挖掘应用。国内的文本挖掘典型应用包括 CNKI 的学位论文学术不端行为检测系统、拓尔思的文本检索系统 TRS、香港科技大学的中文自动问答系统等。

文本挖掘技术在专利分析、邮件分析和处理、话题识别与跟踪、数字图书馆和企事业文档管理、信息过滤和个性化推荐等各个专业领域所发挥的作用日益重要。

1. 专利分析

随着世界技术竞争的日益激烈，专利分析得到越来越多国内外企业的青睐。从大量历史专利信息中寻找有用信息有利于为企业的战略决策提供重要支撑。人们通过对专利说明书、专利公报等文档中大量的专利信息进行加工、组合和分析，以寻找可借鉴的竞争情报。然而，专利分类是知识产权部门一项非常繁重的工作，仅靠人工难以及时完成。通过先进的文本挖掘技术，既可以减少审查员的工作量、提高工作效率，也可以有效减少人为分类的不确定性和错误。因此，许多研究人员在机器学习、统计方法以及其他相关领域积极探索适合专利文本分析的文本挖掘方法，以便找到适合不同企业团体需要的有用信息，最终转化成具有统揽全局并具有预测指标作用的情报和知识。

例如，美国国家专利商标局（USPTO）使用的专利分类和查找系统可根据专利申请者提供的相关文字资料确定出新专利所属的类型和涉及的具体应用领域。专利审批者可以将涉及相同应用领域并具有相同类型的所有专利查找出来，与其进行比较，从而确定新专利的价值。该系统可以帮助专利审批人员快速查找与新申请专利相关的所有专利资料，从而大大提高了专利审批的工作效率。

2. 邮件分析和处理

电子邮件是如今人们日常交流的重要形式。邮件的有效过滤、分析和处理对人们的日常交流愈发重要。电子信箱的免费获取以及目前电子邮件无需实名注册的机制使得一个人可以获取多个免费的邮箱而无需提供自已真实的信息，从而导致大量垃圾、广告、不法信息的传播。将这些垃圾信件过滤除去几乎是所有邮件服务器提供商都面临的最大问题。然而到目前为止，误报和漏报仍然是邮件过滤器面临的关键问题。由于邮件内容主要是文本，对邮件的分析和处理同样属于文本挖掘的研究范畴。基于文本挖掘技术对邮件进行分析和过滤是文本挖掘的热点研究方向。

3. 话题识别与跟踪

话题识别与跟踪是支撑网络舆情管控的重要技术，通常以新闻专线、广播、电视等媒体信息流为处理对象。识别和追踪热点话题的发展历程和趋势，对热点话题进行监控，并将涉及热点话题的报道合理地组织起来。聚类以及增量式的聚类算法不仅可以找出关于已知主题的文本，而且能够挖掘新主题、新热点。

4. 数字图书馆和企事业文档管理

图书期刊的数字化比例正日益增大，将自动文本分类技术用于期刊和图书的分类，可以帮助图书管理员快速、准确地对图书资料进行归整，极大地减少了人工工作量。对于许多企事业单位、政府机关而言，文档管理是一项纷繁复杂却又必不可少的工作。采用文本挖掘技术有助于提高文档管理效率，如自动对文档进行聚类划分，对文档进行摘要总结等。

5. 信息过滤和个性化推荐

在信息过滤和个性化推荐服务中，文本聚类可通过对用户浏览器缓存中的网页进行聚类，发现用户的兴趣模式。也可以应用文本聚类技术，对由搜索引擎等工具获取的文档进行组织，或用于引导文档集合浏览。

文本过滤还可以被看作一种二元分类，过滤系统应用文本分类技术根据用户的特定需求将文本流中的文本分成与需求相关和与需求不相关的两类。对终端用户而言，可以用具有文本过滤功能的代理程序来接收原始文本流，如垃圾邮件过滤。对信息提供方而言，可以根据用户需求过滤新闻、广告等信息，然后将用户可能感兴趣的内容发送给用户，从而实现主动信息推送。

9.2 图像数据挖掘

随着数码相机、监视相机、医疗影像系统、卫星遥感系统等图像采集设备的推广应用，采集得到的图像数据量越来越大。与此同时，针对图像数据进行自动分析、获取大量有用信息的需求也日益增加。图像数据挖掘技术就在这种形势下应运而生了。

图像数据挖掘（Image Mining）是指从图像数据中抽取隐含的、先前未知的、潜在有用的知识、图像数据关系的过程，是一个集中了计算机视觉、图像处理、图像检索、数据挖掘、机器学习、模式识别、数据库和人工智能等技术的多学科交叉的研究领域。

图像数据挖掘不同于底层的机器视觉和图像处理技术。机器视觉和图像处理技术关注图片特定特征的处理，而图像数据挖掘抽取的是大量图像集合中的模式和规律。尽管图像数据挖掘和基于内容的图像检索表面上看有点重叠，但是图像数据挖掘远远超过图像检索的范畴，侧重的是探索知识领域的图像模式。

图像信息可划分为像素层、对象层、语义层和知识层4个层次。最底层的是像素层，包含了诸如图像像素和主要图像特征（如颜色、材质及形状）的原始图像信息。目标层次则基于像素层次的特征处理目标物或目标区域信息，对目标物或区域在一定的背景下进行识别。在语义层，高层次的推理和知识发现技术生成语义概念并且探索兴趣模式。知识层整合了从图像数据中发现的相关文字资料和语义关系。进一步挖掘语义和模式之间的相关性，生成现实领域的有用知识。

9.2.1 图像数据的特点和挖掘技术现状

与数值和文本类型数据相比，图像数据更加复杂，相应的处理过程也更加困难。图像数据的特点如下：

首先，图像数据的类型繁多，而每一类型又有多种文件格式，因此，图像处理必须针对具体的图像数据类型、格式和特点进行考虑，相应的处理方法也比较复杂，无法形成统一的标准和流程。

其次，图像文件的尺寸越来越大，这也大大增加了处理难度，难以开发出高效的图像数据库管理系统。仅仅通过对现有大型关系数据库系统进行扩充，不足以解决海量图像的数据处理问题。

最后，图像中含有的信息是隐含的，较文字信息更丰富、也更难以理解。例如，图像信息中包含图像对象的空间关系信息，包括上、下、左、右、分开、相切、相交、包含、环绕等多种较为复杂的空间位置关系。这些关系信息在传统的数据挖掘中是不存在的。图像信息的理解也存在多样性，依赖于图像的表示方法和应用领域知识，而且准确理解图像信息需要图像周围相关内容的支持。

早期的图像数据分析主要是基于关键字的图像检索，需要人工对每幅图像按其内容进行标注，然后将标注信息存到文本数据库中以用于后来的检索。显然，人工标注具有很强的主观性，且随着图像的增多会变得非常困难。

为了克服关键字图像检索的不足，研究人员提出了基于内容的图像检索（Content Based Image Retrieval，CBIR）。CBIR技术通过分析图像的内容，从大量静止或活动视频图像库中查找含有特定物体的图像。CBIR技术融合了图像处理、图像识别和图像数据库等领域的技术成果，可以提供更有效的检索手段。

图像数据挖掘研究尚处在初级阶段，相关的理论和研究方法还不够成熟。就图像数据挖掘模型而言，较为典型的图像数据挖掘模型主要分为两种类型：功能驱动模型（Function - Driven Model）和信息驱动模型（Information - Driven Model）。自2000年第一届多媒体数据挖掘年会（MDM/KDD2000）召开后，图像数据挖掘技术有了较大的发展。

9.2.2 图像数据预处理

图像数据的预处理过程主要包括特征提取、对象识别、多维分析和数据规约等。

1. 特征提取

图像数据的特征提取主要包括视觉特征、统计特征和语义特征。视觉特征是指具有直观意义的图像形状和颜色特征。统计特征是对图像像素、纹理等特征的统计。语义特征描述的是图像对象高层语义信息。特征提取的对象可以是整幅图像，也可以是某个区域的内容对象。图像数据的特征层次如图 9-3 所示。

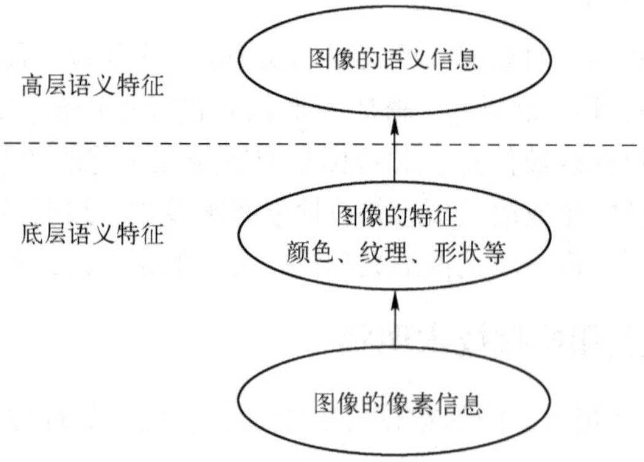

图 9-3　图像数据的特征层次

基于内容的图像数据挖掘用到的视觉特征主要有颜色、纹理、形状、图像字符、空间关系、图像的语义等。视觉特征多采用图像处理技术通过计算获得，主要包括颜色、纹理和形状等。纹理表现的是颜色和密度分布的均匀性，包含了表面结构和其与周围环境关系的重要信息，其描述方法有共现矩阵法、小波变换法等。形状的描述方法有基于边界的傅里叶描述法等。在视觉特征基础上通过人工注释或概念学习方式可以获得更高一层的图像语义特征。

常见的图像数据的统计特征有直方图。例如，颜色可用颜色直方图进行描述——记录了图像对象中每种颜色的像素的比例。图像数据的语义特征包括文本注释、人物、对象、行为、时间、地点、原因等。

2. 对象识别

对象识别指的是从图像中识别出对象及其空间关系，主要涉及图像分割（Image Segmentation）、对象模型的表示及对象识别等关键技术，如图 9-4 所示。图像分割的传统算法有阈值分割法、边缘检测法等。分割后的各图像对象使用唯一标识（ID）、对象类型（TYPE）及其特征描述。

其中，边缘检测法就是通过边缘检测找出具有相同纹理特征的区域或由边缘点组成的闭合曲线围成的区域。大多数边缘检测方法都是查找图像上灰度的不连续点，或灰度变化剧烈的地方，因为在这些边缘点附近，信号具有空间域的高频分量。然而，边缘点附近的信号具有空间域的高频分量，很难与噪声区分开。

3. 多维分析

此外，图像数据预处理还涉及图像数据的多维分析。图像数据多维分析通常采用的是数据立方体的思想和方法。图像数据立方体包含针对图像信息的维和度量，如颜色、纹理等。然而，构造高维的图像数据立方体是很困难的，这是因为许多图像属性是集合值而不是单值。若维度表示的图像属性太细微，会导致立方体的维数太高；若图像的属性粒度过大，则会造成图像数据立方体过于粗糙。

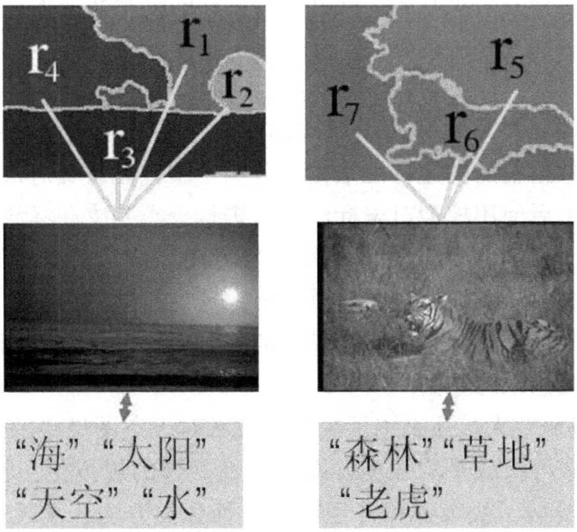

图 9-4　对象识别（C. Faloutsos，2006）

4. 数据规约

数据规约主要包括维规约和数据压缩，其目的是降低图像数据的维数并提高图像数据挖掘的质量和效率。常用的数据规约方法有主成分分析法和特征聚类法。

9.2.3　图像数据挖掘技术

目前，图像数据挖掘主要采用的技术有图像索引和检索、聚类、分类和关联规则挖掘等。

1. 图像索引和检索

图像数据的索引和检索系统主要有两种：基于描述的检索系统和基于内容的检索系统。

基于描述的检索系统先在图像描述之上建立标引，如关键字、标题、尺寸和创建时间等，然后根据建立的上述标引执行对象检索。

基于内容的检索系统则支持基于图像内容的检索，如颜色构成、纹理、形状、对象等。基于描述的检索对于人工的依赖程度过高，人工成本很高，如对图像赋予关键字具有很高的主观性。相比而言，基于内容的检索则具有较高的灵活性和应用前景。商业应用中的 IBM 的 QBIC System 是最知名的图像内容检索系统之一，能够提供颜色、材质和形状以及其组合的文本关键字检索，并使用 R * -tree 作为索引以提高搜索性能。

2. 图像聚类

图像聚类是一种在不依据先验知识的情况下，将无标签图像集合划分成为有含义的簇的方法，常用于挖掘过程的早期阶段。图像聚类的一般过程包括 4 个阶段：第一阶段是图像表示、特征抽取和特征选择；第二阶段是建立适合于特定应用的图像相似度量；第三阶段是图像聚类；第四阶段是完成图像聚类分组，有领域专家对每个图像聚簇进行检查，标注对应的抽象概念。例如，图像中的颜色、纹理和形状是常用的图像特征属性。经过聚类，属于同一类别图像数据之间的相似性尽可能大，而属于不同类别的图像数据之间相似性尽可能小。

C. Z. Zhu 等学者提出基于多关联的模糊聚类法（MCFC，Multi - Context Fuzzy Clustering），

并用于医学图像中脑组织图像的挖掘。RIE HONDA 等人采用了基于 EM 算法的两步自组织映射（Self Organizing Map，SOM）针对台风等天气现象的卫星图像进行聚类，识别出典型的台风模式和类别，以更好地预测台风趋势。此外，Spierenburg 等研究人员应用图像聚类方法来获取大型图像集的主要内容和视频关键帧。

3. 图像分类

基于内容的智能图像分类是从大型图像数据库中挖掘有价值信息的重要方法。图像分类中，首先通过分析训练数据集的描述特征来构造分类模型，其次针对每一类别的样本集进行学习，建立规则或公式，最后使用模型对未标注图像进行分类判决和标注。

在乳腺癌诊断中，研究学者 Osmar 针对胸部 X 光图像应用关联规则分类方法。在运动识别中，Breen 采用了神经网络和领域相关本体的图像分类技术。在图像层次分类中，Vailaya 采用多级二分 Bayes 分类技术。在土地覆盖类型识别中，S. E. Farnklin 等研究人员采用了遥感图像分类技术来指导灰熊栖息地图绘制。

Usama M. Fayyad 等研究人员还采用了决策树技术对天空图像中的星体对象进行分类。他们通过使用分辨率、背景等级或平均强度等图像属性参数的规范化，将分类准确性从 75% 提高到 94% 。此外，他们比较了决策树和神经网络两种分类方法，发现神经网络方法的分类稳定性远不如决策树方法。

4. 半监督学习

遥感图像分层分类算法属于半监督学习方法，目前已应用于遥感图像分类。遥感图像的模式类复杂多样，难以用一个模式划分界面一次性地划分各个模式类。基于尺度空间的分层聚类算法（SSHC）以模拟人眼视觉松弛过程为理论基础，在一定的约束条件下对图像逐步综合。初始状态下样本空间的每个样本属于一个类别，随着尺度空间的由小到大，样本互相聚集融合，直至最后全部归为一个聚焦点，形成随尺度变化的聚类树，最后结合后验的判断条件，进行有条件的选择，使分类规则趋向最优化。

5. 关联规则挖掘

相比传统数据的关联分析，图像数据的关联分析更加复杂。首先，图像的可视化特征、图像对象均可作为关联分析的对象，图像数据中的关联特征更加复杂。其次，图像数据中的对象关联关系更为复杂，可以包含不同层次特征间的关系，如图像低级特征与语义特征、文本信息之间的关系，这就使得关联分析的难度更大。例如，图像对象之间具有空间关系的关联，如相交、包含、上、下、左、右等。

美国加利福尼亚大学伯克利分校（University of California at Berkeley）基于 CBIR 研制了 Blobworld 挖掘系统，实现了一种较为有效的关联规则挖掘方法，能够对二维彩色图像进行关联规则的挖掘。

2002 年，美国加利福尼亚大学圣芭芭拉分校的 Manjunath 教授带领其研究团队基于空间事件立方体对图像对象之间的关联进行了研究，其基本思想是将图像按照一定大小的网格划分成图像片，通过对图像片内容（颜色、纹理）的分析，对图像片的内容进行标注，即先根据大量的图像对象之间的关系建立空间事件立方体，然后对这些图像对象之间的关联规则进行分析和挖掘。

目前的图像数据挖掘系统模型可分为功能驱动模型和信息驱动模型两种。

1. 功能驱动模型

加拿大西蒙弗雷泽大学在原有的关系型数据挖掘系统 DBMiner 以及基于内容的图像检索系

统 C - BIRD 的基础上研发了一个基于图像内容的图像数据挖掘软件原型——多媒体挖掘器（Multimedia - miner）。Multimedia - miner 系统就属于功能驱动模型。Multimedia - miner 系统实现了利用多维分析技术创建多媒体数据立方体、知识的发现（总结型知识、分类知识、关联规则知识等）等功能。系统中的 MM - Associator 模块可以用于挖掘较为简单的与图像尺寸、颜色和描述相关的关联规则。

Multimedia - miner 系统主要由图像采掘器（Excavator）、预处理器（Pre - processor）、检索引擎（Search Engine）、知识发现模块（Knowledge Discovery Module）4 个功能模块组成，如图 9-5 所示。其中，知识发现模块是 Multimedia - miner 系统的核心模块，通过各种图像挖掘技术，对图像集进行特征描述、分类、关联等挖掘，进而发现隐藏于图像之间的模式和关联规则。

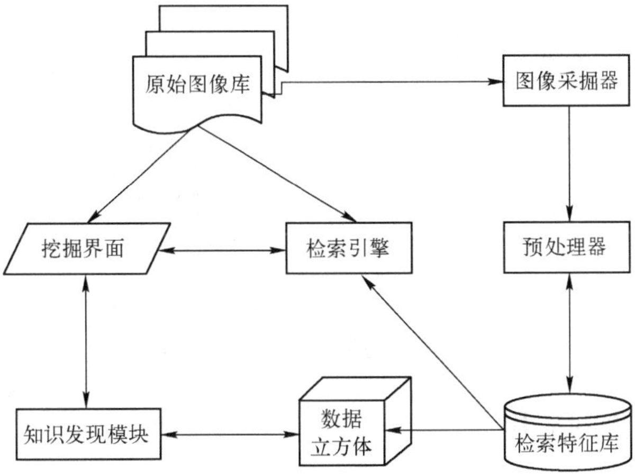

图 9-5　Multimedia - miner 系统的体系结构

2. 信息驱动模型

信息驱动模型将图像表示信息分为 4 个层次，各层次信息在图像数据挖掘中扮演着不同的角色，如图 9-6 所示。

1）像素层主要由原始图像信息组成。（如像素点）。原始图像特征包括颜色、纹理、形状特征以及相关文本信息等。显然，仅仅通过这些低级特征难以取得满意的检索结果，无法满足特定图像对象的检索需求。

2）对象层的主要任务是识别图像对象。通常通过人工构建图像对象模型，并赋予其相应的标签，然后通过对象识别模块实现标签与图像的匹配，进而判断该图像是否含有标签标识的图像对象。对象识别模块主要由模式数据库、特征提取机、推测机和推测证实机等组成。其中，模式数据库主要包括系统中已知的模式，这些模式包含大量有关图像对象的重要特征；特征提取机从像素层中提取有关特征；推测机推测目标图像中子区域与标签相符的可能性程度；推测证实机利用模式数据库证实推测机的推测结果，并确定最有可能相符的对象。

3）语义层从识别出的图像对象中生成高级的语义概念，挖掘抽象概念之间隐藏的关系。常用的语义挖掘技术包括图像聚类、分类、关联规则挖掘等。

4）模式知识层不仅考虑从图像中挖掘出来的信息，还结合领域相关的信息和知识，以进一步挖掘潜在的领域知识和模式，更好地挖掘隐藏于各图像之间领域特定的规则。

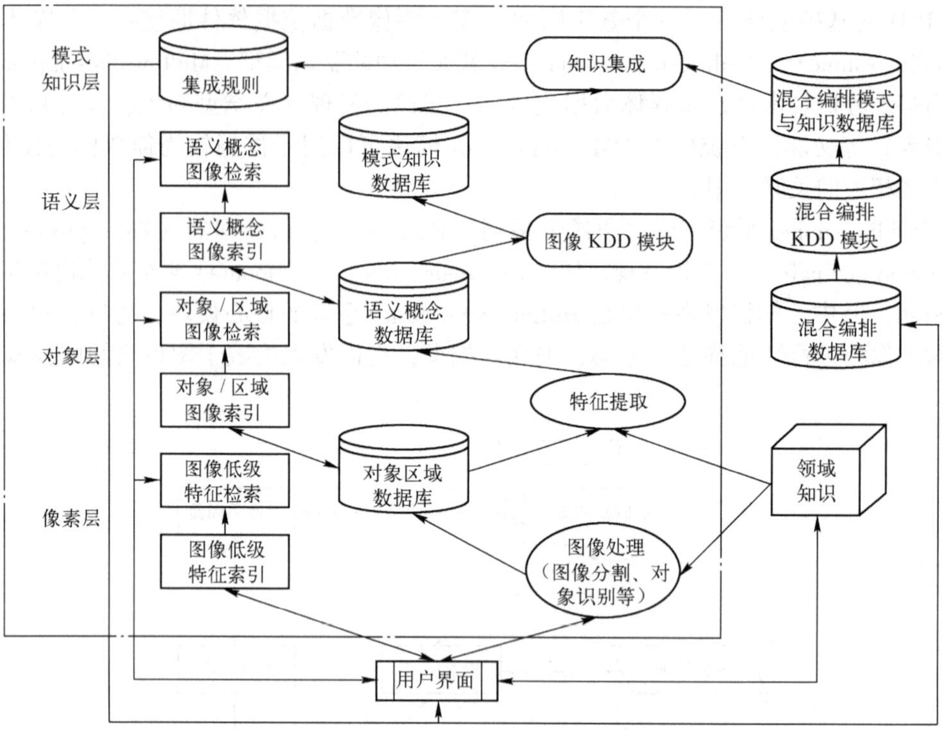

图 9-6　信息驱动模型的体系结构

9.2.4　图像数据挖掘的应用

目前，图像数据挖掘与其他数据（如地面和天气信息）的结合已初步应用于科学研究、农业、医学、生物、气象、资源勘探、自然灾害预测、监测与防灾减灾等领域。图像数据挖掘的主要应用有气象卫星图像挖掘、天文图像识别及火山图像识别等。

1. 气象卫星图像挖掘

2002 年，美国亚拉巴马州立大学亨茨维尔分校数据挖掘研究中心针对气象卫星图像开发了一套地学空间数据挖掘软件原型 ADaM，将所挖掘出的气象知识应用到飓风预报监测、气旋的识别、积云的检测、闪电检测等气象预报中。该研究中心还与美国航空航天局（NASA）合作，将图像数据挖掘技术应用到了全球气候变化的研究工作中。

2. 天文图像识别

20 世纪 90 年代中期，Usama M. Fayyad 提出了挖掘图像数据的理论，使图像数据挖掘思想初见雏形。由他带领的团队研究了多媒体数据挖掘的相关理论和技术，并开发出一套针对天文学图像数据的知识挖掘系统——天体图像目录编辑和分析工具（Sky Image Cataloging and Analysis Tool，SKICAT）。SKICAT 系统采用决策树和统计优化分析等方法对天文图像中的对象进行分类，能够有效识别天文图像中的模糊星体。

3. 火山图像识别

Magellan 通过分析火星表面大约 30 000 个高精度的雷达图像开展了火山识别研究，这是一项手工做约需 10 人年的任务。他研制的识别系统由 3 个基本部分组成：数据聚焦组件、特征抽取组件和分类学习组件。同其他数据聚焦技术一样，数据聚焦组件通过将区域中心像素点的密度与估计的其相邻像素点的密度的平均值作比较，识别出图像中可能包含火山的部分，用于提高系统整体效率。由于采用边缘检测或霍夫变换等传统模式识别方法处理自然数据中的可变性和噪声的能力较差，查找精确描述火山的属性非常困难，因此特征抽取组件将包含火山图像的矩阵分解为特征向量，采用特征值作为火山的描述属性。分类学习方法采用的是决策树，以区别火山和非火山对象。

9.3 语音识别挖掘

随着社会的发展和进步，人们除了要相互之间进行交流外，还要与计算机乃至各种机器设备进行交互。语音识别技术能够提高人机交互效率，把诸如鼠标、键盘操作等费时、费力、费脑的机器操作转变得高效、便捷。在一些危险和繁忙的工作场所，语音识别除了可以提高工作效率，还可以有效减少工作安全隐患。语音数据的处理和挖掘也由此成为无法避免的挑战。目前，语音数据挖掘尚处于初始阶段，即语音识别研究阶段。语音识别研究的目的是让由计算机控制的机器能够听懂人类的语言。

语音识别是指让机器通过识别和理解过程把语音信号转变为相应的文本文件或命令的过程，涉及声学、语言学、语音学、数字信号处理、模式识别等多种学科。语音识别技术的应用领域非常广阔，声控电话、声控玩具、信息查询、语音拨号、家庭服务、计算机控制、工业控制、语音通信系统等都是语音识别技术的应用。

语音识别有广义和狭义两种。广义的语音识别是指从语音信号中提取出任何人们感兴趣内容的技术，不仅仅是文本，还可以是身份信息等其他方面的内容。而狭义的语音识别是指从语音信号中提取出文本内容的技术，将语音数据转换成文本。例如，语音识别在身份认证中根据一段未知的语音来判断说话者是谁，语音信号中的文字内容却并不重要，这就属于广义的语音识别。而语音输入中，语音识别的目的则是得到输入语音表达的文本信息，这就属于狭义的语音识别。根据不同的性能要求、不同的应用范围，语音识别的类型可以有多种划分方法。

按照词汇表大小（即词汇表中所包含词汇量的多少）来划分，语音识别有小词汇表（词汇量小于 100）、中词汇表（词汇量在 100 ~ 1000）和大词汇表（词汇量在 1000 以上）识别 3 类方法。随着语音识别技术的发展、识别系统精度的不断提高以及计算机运算速度和精度的逐步提升，这种划分方法也发生了很大的变化，如中等词汇量语音识别系统以后只能归入小词汇量的语音识别类之中。

按照识别对象来划分，语音识别可以分为孤立词识别、连接词识别和连续语音识别 3 种。孤立词识别（Isolated Word Recognition，IWR）是指待识别的词之间有停顿的识别，包括音节识别、音素识别等。也就是说，孤立词识别中讲话人每次只能说一个词、一个词组（在词汇表中算是一个独立词条）或一条命令。连接词识别（Connected Word Recognition，CWR）是指每次说出词汇表中的若干个词条来进行识别。连接词识别在数据库查询、控制操作系统以及电话、数据库查询中运用得较多。连续语音识别（Continuous Speeeh Recognition，CSR）是指说话人以日常自然的方式讲述并进行识别。目前，连续语音识别技术已逐步走向成熟，将来很可能成为语音识别研究领域和实用系统的主流。

另外，按照讲话人的限定范围来分，语音识别可以分为非特定人语音（Speaker Independent，SI）识别和特定人（Speaker Dependent，SD）语音识别两种。非特定人语音识别的难度较大，很难得到高的识别率，但其通用性好、应用面比较广泛。特定人语音识别在使用前需要由特定人用户输入大量的发音数据进行训练，简单易行且识别率较高，但应用性比较差。

9.3.1 语音数据特点及挖掘技术现状

由于语音数据自身的复杂性，再加上噪声等因素的干扰，语音数据的识别较为困难，具体表现如下：

首先，在连续语音中，各个音节、音素和词之间无明显边界，各个发音单位受不同上下文条件影响，存在协同发音现象。其次，语音词汇表容量很大，因此模板的选取和建立比较困难。再次，由于待识别的语音中存在背景噪声等干扰，原模板匹配方法可能不再适用，需要寻找一种新的替代模板匹配方法。最后，在语音识别时，相同的话由不同的人说，相应的声学特征也会有很大差别。即使是同一个体，在不同的生理、心理状态或时间下，同样的话声学特征也可能有较大差别。

起初，语音识别主要采用模板匹配的方法进行孤立词的识别。最早的语音识别系统是20世纪50年代AT&T贝尔实验室开发的一个孤立词数字识别系统——Audry系统。Audry系统可以识别10个英文数字。

20世纪60年代末70年代初，语音识别取得了实质性进展。当时，计算机技术提供了实现语音识别的硬件和软件基础。此外，动态规划（DTW）技术的使用很好地解决了模板匹配中遇到的模板与待识别语音时间长度不一致的问题，显著提高了语音识别率。另外，线性预测编码（LPC）为语音信号的特征提取提供了一种有效的算法。这一时期语音识别仍主要针对的是特定人、小词汇量的孤立词识别，主要的理论依据是模板匹配原理。

20世纪80年代末，语音识别研究产生巨大突破。随着二层动态规划算法等新技术的提出，语音识别的研究重点转向了连续语音识别。AT&T Bell实验室的Rabiner等科学家开创了隐马尔可夫模型的研究热潮，使统计方法成为语音识别技术的主流。

9.3.2 语音信号预处理

语音信号预处理包括数字化、预加重、分帧、加窗、语音信号处理和特征提取等过程，如图9-7所示。具体内容有语音信号采样、反混叠滤波、A/D变换、自动增益控制、选取语音识别基元以及端点检测等。

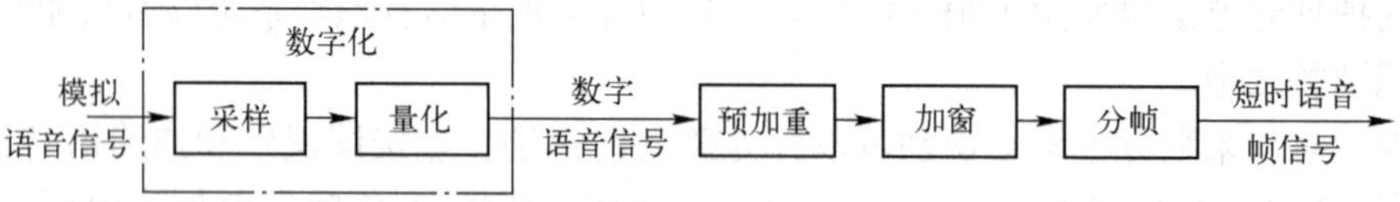

图9-7 语音信号预处理系统框图

1. 数字化

数字化是将连续的模拟信号转换成离散的数字信号的过程，即模数转换（Analog to Digital Conversion，A/D）。模数转换主要包括采样（Sampling）和量化（Quantization）两个步骤。其中，采样是将时间上连续的语音信号离散化为一个样本序列

$$x(n)=x_{\alpha}(nT),\quad -\infty<n<+\infty \tag{9-1}$$

其中，n为整数，T为采样周期，$x_{\alpha}(nT)$为原始模拟语音信号。语音信号主要集中在300～3400 Hz之间。而根据采样定理，采样频率若大于信号的两倍带宽，取样过程中就不会丢失信息，从$x(n)$可以精确地重构原始信号波形。因此，数字化时的采样频率多取8kHz。量化过程是将整个幅度值分割为有限个区间，给落入同一区间的样本都赋予相同的幅度值。量化后的

信号值 $y(n)$ 与原信号 $x(n)$ 之间的差值称为量化噪声，用 $e(n)$ 表示

$$y(n)=x(n)+e(n) \tag{9-2}$$

2. 预加重

受声门激励和口鼻辐射的影响，语音信号的平均功率谱按 6dB/oct 跌落，因此频率越高，语音信号频谱相应的成分越小，语音信号的高频分量幅度较低。预加重的目的就是为了提高语音信号中的高频成分，使得整个信号的频谱在低频至高频的整个频带中比较平坦，同时能抑制随机噪声。

3. 分帧

在分帧过程中，通常采用交叠分段的方法将一段较长的语音信号分成很多帧，每秒的帧数约为 33 帧～100 帧，每帧时长约 30ms。交叠分段的方法可以使帧与帧之间的过渡平滑，连续性较好，同时使连续的两帧之间变化不至于太大。分帧会使得两帧之间有个重叠，前一帧与后一帧的交叠部分称为帧移。尽管语音信号在较长时间内变化很快，表现为一种非平稳过程，但是很短时间内的一段语音信号的变化较小，可以将其看作稳定信号。分帧后，原信号变成分段信号，相当于对时域内的原始信号加上了矩形窗。时域内的原始信号与矩形窗相乘也就相当于频域内信号频谱与矩形窗的傅里叶变换进行卷积。

4. 加窗

加窗过程中常用的窗函数包括矩形窗（Rectangular Window）和汉明窗（Hamming Window）两种。假设 N 为帧长，则矩形窗和汉明窗分别如下所示

矩形窗：

$$w(n)=\begin{cases}1, & 0\leqslant n\leqslant N-1\\ 0, & else\end{cases} \tag{9-3}$$

汉明窗：

$$w(n)=\begin{cases}0.54-0.46\cos[2\pi n/(N-1)], & 0\leqslant n\leqslant N-1\\ 0, & else\end{cases} \tag{9-4}$$

矩形窗和汉明窗的比较结果见表 9-1：

表 9-1　矩形窗和汉明窗的比较

窗　类　型	主瓣宽度	旁瓣峰值	最小阻尼衰减
矩形窗	$4\pi/N$	-13	-21
汉明窗	$8\pi/N$	-41	-53

由此可以看出，矩形窗的主瓣宽度较小，但其旁瓣峰值较高，容易产生严重的泄漏现象，只能用于一些特殊的场合。汉明窗的主瓣宽度比矩形窗的两倍，其旁瓣峰值更低，具有较好的低通特性。窗函数的选择主要从窗口的形状和窗口的长度来考虑：首先，窗函数频谱的主瓣宽度要尽量小，且尽可能使能量集中在主瓣内，以获得较高的频率分辨力；其次，旁瓣峰值要尽量低，以减小泄漏。

5. 语音信号处理和特征提取

语音信号处理主要包括语音信号的数字化、时域分析、频域分析、倒谱分析、线性预测分析等。快速傅里叶变换（Fast Fourier Transformation，FFT）等一系列数字信号处理方法推动了语音信号处理技术的发展，随后产生的线性预测编码技术在语音分析合成和语音应用领域得到了广泛应用。

特征提取也就是特征参数分析，即从语音信号波形中提取能够描述语音信号的本质特征的一组参数。语音特征参数选择的标准主要有两条：一是各同音字特征间的距离要尽可能小，且异音字特征间的距离要尽可能大；二是要考虑特征参数的计算量，应在符合识别率要求的前提下尽可能地减少特征参数的维数，以减少存储量并易于实时实现。

语音信号的特征矢量包括时域特征矢量和变换域特征矢量两大类。在语音识别中，常用的特征参数主要有时域上的能量（如平均能量）、幅度（如共振峰，包括频率、带宽、幅度）、平均过零率等，频域上的线性预测系数（LPC）、线性预测倒谱系数（LPCC）、线谱对参数（LSP）、频谱（包括 10 ~ 30 个通道的滤波器组的平均谱、DFT 线谱、模仿人耳听觉频率特性的 MeL 谱等）、Mel 频率倒谱系数（MFCC）、VQ 矢量等。

LPC 模型假设在短时内对应于某段语音信号的发音系统相对来说是确定不变的，从而将人类的发音系统用一个数学模型来表示。LPC 系数可用来描述在该段很短的时间内的发音系统，即可作为相应的语音信号的特征。

基于滤波器组的 Mel 倒谱系数——MFCC 系数，考虑了人耳的听觉特性的特征参数，将频谱转化为基于 Mel 频标的非线性频谱，然后转换到倒谱域上。在计算过程中，先对信号进行短时傅里叶变换得到其频谱，然后求其频谱幅度的平方（即能量谱），接着使其经过一组上述设计好的带通滤波器，即将频谱幅度取平方后将其与滤波器的参数在每个频率点相乘并求和，最后对滤波器的输出做离散余弦变换，从而得到一组 MFCC 系数。

矢量量化（Vector Quantization，VQ）技术采用一个 K 维矢量来表示一个原来用 K 个标量表征的语音信号的参数帧或波形帧，是一种对矢量进行整体量化的方法。由于 VQ 技术有效利用了各矢量中分量间的各种相互关联的性质，因此 VQ 总是优于标量量化，且矢量维数越多，性能越优越。矢量量化器的作用就是从大量的信号样本中训练出好的码本，码本选择得是否合适直接影响语音信号数字处理系统的处理效果。失真测度（也称距离测度）用于度量用码本重构矢量来表征输入矢量时所产生的误差或失真。语音信号处理中，最常用的失真测度有加权欧氏距离测度、欧氏距离测度、似然比失真测度、Itakura - Saito 距离、识别失真测度等。

9.3.3 语音识别技术

语音识别可以被看作分类技术在语音数据挖掘中的应用。类似于分类技术，语音识别分为两个阶段：第一阶段是系统“学习”或“训练”，即建立进行文法分析的语言模型和识别基本单元的声学模型；第二阶段是“识别”或“测试”，即选择一种合适的识别方法，提取及计算出语音信号的特征参数，然后根据模板匹配算法，按照一定的准则及测度将其与系统模型对比，最后通过判决可以得出系统的识别结果。语音识别原理如图 9-8 所示：

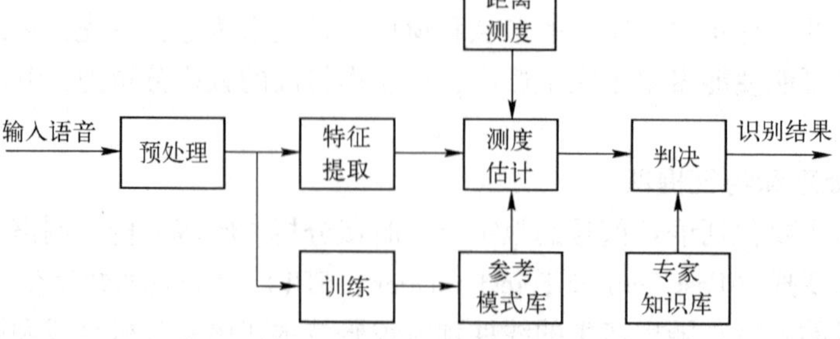

图 9-8　语音识别原理框图

语音识别中应用的常用技术包括动态时间规整、模式匹配和隐马尔可夫模型。

1. 动态时间规整

动态时间规整（Dynamic Time Warping，DTW）是一种将时间规整与失真测度（即距离测度）结合起来的非线性规整技术。动态时间规整寻找起始点和最优路径，使得各交叉点到终止点的路径上所有交叉点的帧总失真（失真度总和）最小。假设参考模板 R 共有 M 帧矢量，待测语音参数 T 共有 N 帧矢量，且 $M \neq N$，则 DTW 的任务是寻找一个时间规整函数 $j = w(i)$，且该函数应满足下式：

$$D = \min_{w(i)} \sum_{i=1}^{M} d[T(i), R(w(i))] \tag{9-5}$$

其中，i 和 j 分别表示待测矢量和参考模板的时间轴，$d[T(i), R(w(i))]$ 表示第 i 帧待测矢量 $T(i)$ 和第 j 帧模板矢量 $R(j)$ 之间的距离测度，D 则表示两矢量之间最优时间规整情况下的匹配路径。

然而，动态时间规整也存在一些问题：首先，动态时间规整没有充分利用语音信号的时序动态信息；其次，动态时间规整需要考虑所有可能的情况才能找出最佳匹配点，因此运算量太大，识别速度慢；最后，动态时间规整的识别性能过于依赖端点检测，而端点检测精度较低对识别率有负面影响。

2. 模式匹配

目前的语音识别系统大多采用模式匹配原理，即要把待测语音的模式与已知语音的参考模式逐一进行比较，选取最佳匹配的参考模式作为识别结果。语音识别系统的基本结构包括特征提取、模式匹配和参考模式库 3 个基本单元。

3. 隐马尔可夫模型

隐马尔可夫模型是在 20 世纪六七十年代提出的，是一种统计模型，本身属于双重随机过程。目前，隐马尔可夫模型已被广泛应用于语音识别的研究。在隐马尔可夫过程中，人们在每一时刻得到的观测值是由所处状态相关的一个随机过程决定的，某一时刻处于什么样的状态由一个随机过程决定，某个状态下能产生什么样的观测值则由另外一个随机过程决定。所谓“隐藏”指的是只能得到观测值，状态后面的随机过程是观测不到的。

隐马尔可夫模型的主要参数包括状态数目、观测值数目、状态转移概率、状态观测概率、初始状态分布等。具体来说，状态转移概率矩阵可分为任意状态可达型和左右型，产生观测值的方式可分为离散型隐马尔可夫模型和连续型隐马尔可夫模型。

常见的隐马尔可夫模型建模单元有整词单元、音节单元、音素单元等。

整词单元建模是对整个词对应的语音信号进行建模，一个词就是一个单元。整词单元建模可以忽略词内的音素受上下文影响而产生的发音变化。但在进行大词汇量的识别任务时，由于词的个数太多，而通常情况下可以获得的训练样本数量有限，因此整词单元建模的效果并不理想。

音节单元由一个或几个音素构成，是听觉能感觉到的基本单位。一个单词可能由好几个音节构成。

音素是人类语言物理上的具体声音，是构成读音的最小单位，例如，英文单词中的一个音标对应的就是一个音素，英文音素共有 48 个。音素单元建模获取的训练数据很多，但是易受一句话中的前后文的影响，而且同一音素在不同上下文、环境下的发音也会有差别。

隐马尔可夫模型进行小词汇量的孤立词识别效果较好，这是因为词汇量不多，且一段语音中每个字的界限都很明显，建模相对简便。另外，隐马尔可夫模型也可以进行连续语音识别。例如，卡耐基梅隆大学（Carnegie Mellon University）研制的 Sphinx 系统是比较典型的高性能连续语音识别系统。IBM 公司于 1997 年开发出了汉语语音识别系统—ViaVoice，又于 1998 年开发出了能识别地方口音（如四川话、广东话、上海话）的语音识别系统—ViaVoice 98，该系统至今仍是最具有代表性的汉语连续语音识别系统之一，基本词汇表有 32000 个词，能扩展到 65000 个词，平均识别率高达 95.6%。

9.3.4 语音识别技术的应用

语音识别在人机交互、语音控制和身份认证 3 个方面得到了广泛应用。

1. 人机交互

利用语音识别技术可以直接将人们输入的语音信号转换为文本，可以代替烦琐耗时的键盘输入，从而大大提高数据输入效率。潜在的人机交互应用包括个人数字助理、工业控制和医疗领域人机交互等。研究人员相信，随着语音识别技术的不断提高，语音在不久的将来一定会成为 PDA 最主要且最佳的人机交互手段。

2. 语音控制

语音识别技术还可实现自动控制功能，控制某个机器设备或者机器人的运行和工作。例如，在手机应用中，通过语音可以实现语音拨号功能，在汽车驾驶中，通过语音可对汽车进行控制。语音控制的实现可以大大提高人们的工作效率。

潜在的语音控制应用有家电遥控、电话语音拨号、智能玩具、汽车的语音控制等。目前，语音拨号功能已经普遍在中、高档移动电话上得以实现，将来普通电话上也会具备语音拨号功能。智能玩具的市场潜力很大，随着语音芯片成本的降低，智能玩具的发展势必更加迅猛。正在研发过程中的智能玩具包括智能娃娃以及具有智能语音锁功能的电子看门狗等。在汽车语音控制中，汽车能够自动识别主人发出的“发动”“停止”“左转”“右转”“加速”“减速”等驾驶命令，以及对门、窗、空调、照明与音响等设备的控制命令。

3. 身份认证

正如指纹识别及人脸识别一样，语音识别技术也可用于身份认证，例如，重要场所使用的门禁系统可以采用语音来进行身份的确认，增强安全防护能力。

9.4 视频数据挖掘

截至 2009 年 6 月，互联网视频共享网站 YouTube 每分钟有 20 余小时的视频数据上传，每日视频的播放数量更是突破 10 亿次。

在视频数据量如此庞大、视频媒介如此复杂的情况下，视频的存储、检索、分析都存在着诸多难题。例如，在视频搜索方面，尽管视频搜索、热门视频推荐、视频收藏等技术能推荐和搜索视频，但是搜索出来的视频数量远远超出了用户所能接受的水平。提高视频搜索效率离不开视频摘要等视频挖掘的关键技术，例如，用户往往需要通过浏览单个视频或者多个视频的摘要来高效理解视频内容，进而决定是否需要继续观看。

所谓视频挖掘（Video Mining，VM）就是从大量视频数据集中发现有效的、新颖的、隐含的、有价值的、可理解的模式（即知识），得出事件的趋向和关联，并为用户提供问题求解层次的辅助能力。

9.4.1　视频数据特点及挖掘技术现状

视频数据的本质是一组连续的图像帧，除了存在时间上的先后关系，其本身并不具有任何结构信息。另外，视频数据所含信息量巨大，而且常伴有音频、文字等其他模态的信息，具有非结构化特性、时空特性、视觉特性、运动特性等，对它进行有效的特征提取和多模态特征之间的融合难度很大。视频数据的复杂异构结构、高维性、视听特性与一般关系数据库中的字符数值型数据挖掘在概念和方法上有着巨大的差别，这给视频数据的存储、处理和管理带来了极大挑战。

有效的视频数据存储和处理的关键是视频信息的结构化，即把结构化的视频输入到数据库中。然而，常规的视频结构化方法仅仅抽取了视频的基本结构，难以描述视频的结构语法和结构语义。具体来讲，视频数据包括视频元数据、视频结构数据、视频语义数据和视频语法数据等四方面内容。

视频元数据包括有关整个视频的信息（如标题、摘要、主题、类型等）以及制作视频的个人信息（如制片人、导演、演员等）。

一般来说，视频结构数据从低到高可以分解成视频帧（Frame）、镜头（Shot）、场景/故事（Scene/Story）、片段（Clip）等多个层次。帧是视频中某一时刻的一张静止图片，是组成视频的最小单元。视频是通过相邻帧的快速连续播放来实现动态效果的。镜头是视频结构化分析的基础，是摄像机在一次录制和停止两个操作之间拍摄下来的一组连续的帧序列。场景/故事由多个有相同事件或空间的连续镜头组成，通常具有一段完整的语义。片段代表了一段原始的视频数据，它包含一个或者多个场景/故事。层次结构中每一个视频层次都可以用一定的属性加以描述。例如，视频节目属性主要包括场景个数和持续时间，场景属性有标题、持续时间、镜头数目、开始镜头、结束镜头等，镜头属性有持续时间、开始帧号、结束帧号、关键帧集合、特征空间等，帧属性有直方图、DC 及 AC 分量图等。

视频语义数据表示视频的语义内容，包括音频数据、镜头内的一组关键帧或运动物体、由字幕得到的文本关键字以及从视频数据中提取的特征向量等。视频语义挖掘是指挖掘出视频帧、视频对象、镜头和场景中包含的含义和事件模式。

视频语法数据主要是指视频结构中镜头、场景、整个视频的构造模式。视频语法挖掘是指从视频基本结构中挖掘出视频单元的构造模式，既探索视频单元和特征的关联，也探索高层视频的低层视频单元之间的关联。

20 世纪 90 年代初，基于内容的视频内容分析和信息检索方面的大量研究已有开展，如早期 IBM 的 QBIC 项目、美国哥伦比亚大学 ADVENT 项目以及卡耐基梅隆大学的 Informedia 项目。这些研究促进了多媒体内容描述标准 MPEG－7 的制定，推动着数据挖掘向着信息的高层次组织和存取方向发展。视频挖掘是一个新兴领域，已成为国内外研究的热点。

美国专利申请法律状态查询数据库已有视频挖掘主题。国内的国防科技大学、清华大学、上海交通大学、英特尔中国研究中心等研究机构已经开展了视频挖掘研究，并得到了国家自然科学基金的支持。现有的视频挖掘研究尝试主要集中在电影、交通监控视频、医学视频、新闻视频等特定的应用领域。在学术界，视觉数据挖掘已经成为 ACM SIGKDD 国际会议的重要研究议题。

国外知名视频挖掘研究组织包括 DIMACS 联合研究小组、日本三菱电子公司 MERL 实验室、Columbia 大学的数字视频与多媒体实验室（DVMMlab）等。DIMACS 联合研究小组研究的是音频挖掘和交叉特征挖掘，他们认为交叉特征挖掘可以根据场景中的视频和语音特征提取出信息、规律、知识，解决人物标识等问题。Columbia 大学的数字视频与多媒体实验室从 2001 年起就开始研究视频语义事件的周期模式挖掘，他们认为视频存在特征层、事件层等多个层次的模式。

国内的视频挖掘研究尚处于起步阶段，主要开展的是视频挖掘框架及技术方面的探索性研究。国防科技大学对新闻视频结构挖掘、语义挖掘、视频摘要和统计、新闻事件发展的时间和空间规律做了探索和研究。武汉大学提出的多媒体数据挖掘原型系统（Media Data Mining Prototype System，MDMP），以多媒体数据库为平台，可以根据用户请求实现基于内容检索和相关数据收集，并建立媒体数据特征立方体，挖掘出隐含规则，且通过图形化用户界面向用户解释获取的知识。

9.4.2 视频数据预处理

视频数据预处理主要包括关键帧提取、镜头切分和特征提取 3 个步骤。

1. 关键帧提取

视频的视觉信息可以被表示成一个图像流序列，其中每一帧是一张图片。由于视频帧的数目非常多，而且相邻的帧之间重复程度很高，因此必须对视频进行结构化处理，即把视频切分成一系列的镜头集合，从每个镜头中抽取一个“关键帧”来表示该镜头。关键帧提取是视频理解、视频摘要生成等更高层次视频处理的基础。

2. 镜头切分

镜头切分就是把将镜头分割开来，还原成一个镜头序列，该过程又称为镜头边界检测。镜头切分的主要目的是为了检测出镜头切换的位置。一般来说，镜头切分有两种形式：一种是骤变方式，就是从一个镜头直接切换到另一个镜头，之间没有任何过渡；另一种是渐变方式，如溶化、淡入、淡出等编辑手法。常用的镜头切分方法包括基于灰度、边缘、直方图、块匹配、聚类、模型、压缩域等多种方法。

3. 特征提取

具体的镜头特征类型包括镜头静态特征（颜色、纹理、形状等）、镜头一般特征（开始时间、结束时间、镜头长度、镜头内容描述等）、镜头运动特征（像机运动、对象运动、内容变化快慢等）以及伴随视频的音频特征等。视频挖掘需要用到视频信息检索的一些技术来解决视频数据的特征提取、内容描述等问题，但并不能深入到“挖掘”的层次。

9.4.3 视频数据挖掘技术

视频挖掘的主要研究范畴包括视频对象分类、视频聚类、视频关联挖掘、趋势分析、视频结构挖掘和视频运动挖掘。

1. 视频分类

视频分类主要有视频对象分类和对象行为分类两种。

视频对象分类就是把一组视频对象（包括镜头、关键帧、场景、提取出的目标对象、文本等）按照相似性分成若干类。视频分类识别是一个具有挑战性的问题。与“静态”图像相比，视频帧分辨率较低，质量较差，经常充满噪声或附带运动模糊。

目前，研究人员提出了大量基于内容的视频对象分类方法和系统，既有低级的、有限检测范围的检测方法，又有高级的、较宽检测范围的类型分类方法。总体而言，视频分类的主要技术包括视频分割方法、视频特征提取和数据处理以及视频分类方法 3 个步骤。

具体的视频对象分类方法包括统计方法、机器学习方法和神经网络方法等。其中，统计方法包括贝叶斯法和非参数法（近邻学习或基于事例的学习）。机器学习方法包括决策树法和规则归纳法等。

对象行为分类方法一般有两大类：跟踪模型方法和稀疏分布的行为部件方法。

跟踪模型方法通常假定预先能将活动主体与背景正确地分割开来，跟踪获取对象的运动轨迹，并在此基础上进行行为识别。由此可见，跟踪模型方法的鲁棒性很大程度上取决于分割和跟踪系统。

行为部件方法通过从视频序列中的特征点上提取时空块来实现行为识别。视频对象的行为可采用单元块作为描述的基本单元，任何一个行为所在区域可以被看作邻近的若干单元块的联合。如此，任何一个行为就可以表示成包含若干个单元块的时空体。在时空体内，可以根据行为自身的特点选取部分时空体进行组合来描述行为。Schuldt 等研究学者设计了一种在三维的 Harris 角点上提取时空块。为了保证行为分类的正确率，行为部件需要分析不同时空块的时空位置关系。

2. 视频聚类

视频聚类是根据视频镜头的颜色直方图、视频对象的运动特征或其他视频语义描述，把一组视频对象按照类别的概念描述分成若干类，从而将相似性高的视频对象划分至同一类。与分类方法不同，聚类的数目预先不确定。与一般聚类不同的是，视频数据聚类具有时间特征，即必须考虑视频的时间特征和运动特征，需要在常规聚类算法中增加时间约束。例如，对于时间相距远的视频单元，它们的相似性会随着时间间距的增大而减弱。

视频摘要生成就是聚类技术的主要应用。视频摘要生成可以只使用单一媒质数据，如在视频文本特征的基础上利用文本分析技术生成基于关键词的摘要，或者在视觉特征的基础上利用视觉分析技术生成基于关键镜头的摘要。视频摘要还可以根据视频表现形式分为由原始视频的关键帧组成的静态视频摘要和由原始视频的图像序列与对应的音频组成的动态视频摘要。

静态摘要主要有标题（Title）、海报（Poster）、故事板（Storyboard）、幻灯片（Slide）等形式。其中，标题是对视频进行简短描述的一个词或一句话，其产生、存储和呈现都十分便捷；海报是目前用得最多的摘要呈现形式，又被称为视频代表帧或视频缩略图，是从原始视频中提取出一张或少量几帧图片再加上视频的一些相关文字信息组成的；故事板对视频进行镜头切分，抽取出所有关键帧之后，按照时间顺序组合成一个列表的静态摘要；幻灯片是将经过抽取出来的几张关键帧形成一张有动画效果的 GIF 图片的静态摘要。

视频摘要生成最常见的一类方法是：先运用聚类方法对视频镜头进行聚类，然后从中挖掘出最能代表原始视频的镜头。视频摘要生成中采用的聚类方法有 k - Means、AP 聚类和多视频摘要生成等。最简单的 k - Means 聚类（或者类似的 k - Medoid 聚类）首先选取特征来表示关键帧，并基于这种特征计算两关键帧之间的相似性，计算出所有关键帧之间的相似性之后，利用 k - Means 聚类将这些帧聚成 k 类。相比 k - Means 方法，AP 聚类方法可以自动确定聚类的数目，并提升图像分类与聚类的效果。多视频摘要生成方法则可以是对文本和视觉两种信息分别进行摘要聚类生成。

3. 视频关联挖掘

视频关联挖掘将视频对象或其特征值看作数据项，从中挖掘出不同视频对象、视频镜头变换以及视频类型之间的关联，以分析其中的语义含义。关联可以是视频关键帧对象之间的，也可以是从高层抽取的诸如导演与电影类型之间的或者高层事件之间的。视频关联规则也可以反映不同视频对象间的高频率模式。视频关联挖掘通过统计归纳和关联等方法，挖掘视频中事件随时间发生的模式，采用的技术利用事件持续的时间、事件发生间隔、事件序列片段等参数和特征，采用事件模式生长、频繁模式等方法来进行挖掘。

4. 趋势分析

常见的趋势模式有长期趋势和趋势变化、循环变动或循环变化以及季节性变动或季节性变化。长期趋势和趋势变化反映为一种趋势线或趋势曲线。确定趋势线或趋势曲线的典型方法是加权平均和最小二乘法。循环变动或循环变化主要指趋势变化的循环性，可以是周期的，也可以不是周期的。季节性变动或季节性变化是指同一或相似的模式，在持续几年的有关月份期间重复出现，反映的是每年重复出现的事件。

5. 视频结构挖掘

视频结构挖掘是指挖掘出视频的高层结构，如场景、幕等，进而得到视频镜头的结构语法和语义。视频基本结构挖掘包括视频镜头分割与关键帧提取、视频镜头特征提取和相似性计算、视频场景构造、音频辅助等。视频结构挖掘通常将视频镜头作为挖掘的基本对象，根据镜头的特征利用分类、聚类挖掘技术，并结合时间约束，将视频镜头组织成具有语义的单元——场景，进而构造出视频的层次结构。场景由一系列相继的镜头组成，是在相同的地点拍摄的具有相同主题的视频内容。

具体地说，视频结构挖掘包括视频基本结构挖掘、视频结构语法挖掘和视频结构语义挖掘。视频基本结构挖掘是指从经过预处理之后的视频数据流中，采用分类、聚类、关联等数据挖掘方法获取视频基本结构模式。视频结构语法挖掘是指从视频基本结构中挖掘出视频单元构造模式的过程，除了探索视频单元和特征的关联，还探索构成高层视频单元的低层视频单元之间的关联，如镜头的构造模式、场景的构造模式和整个视频的构造模式等。视频结构语义挖掘是从视频基本结构中挖掘视频单元的含义以及事件的模式，探索视频单元特征之间的关联，并通过低层特征到高层特征之间的映射来反映视频中包含的概念和事件。

6. 视频运动挖掘

视频运动挖掘是指在运动特征的提取、分析、处理基础上，挖掘视频对象的运动模式、特点以及运动对象之间的关联等，进而获取知识，以支撑实时视频的监控、报警等。

9.4.4 视频数据挖掘的应用

视频数据挖掘主要包括视频结构挖掘和视频语义分析两方面的工作。视频数据挖掘的成果有利于视频的组织与管理、基于内容的个性视频推荐以及完善视频摘要系统。

视频结构挖掘获取的知识有助于实现用户在视频、场景、镜头、关键帧等多个层次对视频的组织与管理。从视频结构中发现的结构语法和结构语义知识可用来指导视频分析和视频处理，提高处理精度；在视频索引中引入视频结构知识有利于提高基于内容视频检索的查准率和回调率。另外，视频结构挖掘获取的视频结构语法和结构语义可以更好地满足人们对视频内容选取的需求，完善视频摘要系统。视频关联语义模式还可以应用到视频推荐系统中，完善在线视频商品的个性推荐，实现基于内容的视频推荐。

视频挖掘的主要应用方向有多媒体挖掘、电影视频挖掘、医学视频结构和事件挖掘、新闻视频挖掘以及体育视频精彩镜头挖掘等。

1. 多媒体挖掘

研究人员在 DBminer 系统和 C - BIRD 系统上研发了 MulitiMediaMiner 原型系统。MultiMediaMiner 通过构建多媒体数据立方体，使得多媒体数据的多维分析变得简便。在数据立方体基础上，MultiMediaMiner 能够挖掘各类知识，如在图像和视频数据库中进行概括、分类和关联分析。MultiMediaMiner 多媒体挖掘原型系统由 MM - Characterizer、MM - Associator 和 MM - Classifier 等三大功能模块组成。MM - Characterizer 模块从多个抽象层次描述多媒体数据的特征，提供多层次的数据观察视角以及上卷和下钻的功能。MM - Associator 模块从图像或视频数据集中挖掘关联规则，能够体现数据集中的频繁模式。MM - Classifier 模块基于已知类标记对多媒体数据分类，同时给出类的描述。

2. 电影视频挖掘

Yuya Matsu 等研究人员通过使用数据挖掘技术，综合考虑镜头的大小（远景、中景和特写）、像机运动（固定、摇动、推拉和镜头的持续时间），采用时间窗挖掘视频中的频繁模式和周期模式，挖掘出了不同导演、视频类型、场景内容的编辑偏好。

德国曼海姆大学的 MoCA 系统实现了电影摘要生成技术。它通过抽取电影片段中最有代表意义的场景来自动生成电影的预告片。通过寻找最大帧差来探测包含重要对象或人物的关键场景。同时，与电影的平均颜色类似的场景也被用到摘要中以表达原视频的某种基调。最后，MoCA 系统将选择出来的所有场景（结局场景除外）通过时间顺序进行组织，得到电影预告片。

3. 医学视频结构和事件挖掘

美国 Purdue 大学的研究人员基于一个视频数据库管理框架和视频内容结构挖掘及事件挖掘的策略研制了一个医学视频结构挖掘工具——ClassMiner。ClassMiner 将视频流分割成物理单元——镜头，并选择出关键帧。接下来利用聚类方法，从下到上地将镜头聚类成镜头组，将镜头组聚类成场景，并构造出场景的组织层级结构。ClassMiner 可以检测各场景是否有人脸和语音对话，能够挖掘诸如对话、陈述和临床手术等事件信息，并在此基础上生成视频摘要，整合获得的视频内容结构和事件，构建一个可伸缩的视频筛选工具，从而实现视频内容结构和事件信息的可视化。ClassMiner 不仅能回答诸如“给出视频中所有病人和医生的对话的镜头”等请求，还实现了视频层次化概要和浏览。

4. 新闻视频挖掘

研究学者 Pan 提出了 VideoGraph——一种利用图的方式来挖掘视频结构的方法。该方法在镜头分割的基础上对镜头进行分组，进而建立图的方式来反映视频的结构特征。VideoGraph 可广泛应用于新闻与广告视频的分类，也可以用于提取关键帧。

卡内基梅隆大学开展了可扩展新闻视频信息挖掘的研究。该项目是美国国家高级研究计划署（ARDA）支持的视频分析与内容开采（VALE）二期项目。其研究目标是开发一些自动从国外新闻视频中检测、提取和汇报感兴趣的运动目标及其模式和行为趋势的系统和工具。

5. 体育视频精彩镜头挖掘

MERL（Mitsubishi Electric Research Laboratories）是日本三菱电子公司的主要研究开发组织。MERL 使用高斯混合模型近似的每个声音类型的 MFCC 特征值和 MPEG - 7 运动行为描述子的组成直方图，这两种音/视频标签的分布状态作为统计值，用一小段时间视频的局部统计值来比较全局统计值，可以检测出正常事件的分离点（也就是异常事件的发生点）。MERL 采用了结合有监督的音频分类和无监督的异常事件挖掘的精确检测技术，并将该技术应用到商业广告词检测、体育精彩片段提取中。

9.5 网络拓扑挖掘

随着信息技术的发展，人们的生产、生活已与网络密不可分。传统的网络拓扑结构图是由网络管理员手工绘制和维护的。然而，随着网络节点个数的动态增长，网络的规模越来越大，拓扑结构越来越复杂，同时网络的不同部分可能由不同的管理机构管理，人工维护成本高时效差，已无法满足网络拓扑管理需求。然而，正确把握网络的拓扑结构对于网络管理、网络安全以及网络规划都具有非常重要的作用，因此研究自动化的网络拓扑挖掘技术已迫在眉睫。

网络拓扑挖掘的目的是获取和维护网络结点的存在信息和它们之间的连接关系，并在此基础上绘制出全局网络拓扑结构图。网络结点包括互连设备（如路由器、网桥、交换机）、终端设备和子网。网络拓扑挖掘是网络管理五大模块——故障管理、性能管理、安全管理、配置管理和计费管理的核心和基础。通过网络拓扑图，网络管理人员可以从全局对整个网络的情况进行整体把握，便捷地进行安装、部署、监测和控制，及时地诊断和解决发现的问题。

网络拓扑挖掘的应用非常广泛。在网络安全中，网络拓扑挖掘尤其重要。正确描绘网络拓扑关系可以及时发现网络中的瓶颈问题，从而及时排查网络隐患。此外，网络拓扑挖掘还可应用于服务器定位、大型网络可视化以及 Internet 拓扑模型构建等方面。在服务器的定位中，可以根据拓扑信息帮助用户确定自身的网络位置，决定服务器的位置，选择合适的 ISP 使得时延最小化、可用带宽最大化。在大型网络的可视化中，网络拓扑信息可以提供用户观察网络及其行为的不同角度。在 Internet 拓扑建模中，网络拓扑信息有助于发现 Internet 建立和运转的模式及规则。网络拓扑信息还可以模拟 Internet 的人工网络，测试新的协议和路由算法。

随着网络技术的发展，大量的集线器被交换机所替代，仅仅发现网络层的拓扑结构已无法满足网络管理的需要，链路层拓扑发现成为不可回避的问题。因此，网络拓扑发现主要分为物理层拓扑发现、数据链路层拓扑发现和网络层拓扑发现。也就是说，网络拓扑发现研究主要集中在 OSI 分层结构中的前 3 层——物理层（第 1 层）、数据链路层（第 2 层）和网络层（第 3 层）。物理层拓扑发现主要是发现网络的物理拓扑，数据链路层拓扑发现和网络层拓扑发现主要是发现网络的逻辑拓扑。

具体地说，物理层拓扑发现主要是发现网络的物理拓扑，包括路由器、交换机以及主机、打印机等的物理连接关系。链路层拓扑发现指的是辨识交换机、集线器和网桥等网络设备的连接关系，是在网络层拓扑发现的基础上得到子网信息后再进行的二级拓扑发现。交换机实质上就是一种多端口的透明网桥，使得以太网的各个子网段（Subsegment）成为独立的冲突域，提高以太网的性能。这些独立的冲突域合称为一个子网（Subnet）。子网内部各网络结点之间通信不需要经过路由器转发。网络层的拓扑是指路由器到路由器、路由器接口到子网的连接关系。网络层拓扑发现技术主要是基于路由器中的路由表辨识出路由器之间以及路由器到子网的连接关系，进而综合推导出整个网络路由器的分布情况。

9.5.1 拓扑发现的技术现状及网络数据的采集

数据链路层拓扑发现的技术尚不成熟，仍处于研究阶段。对此，IETF 定义了 Bridge MIB 库，但是尚没有定义通用的用于获得物理拓扑信息的协议和算法。以贝尔实验室的 Yuri Breitbart、卡耐基梅隆大学的 Bruce Lowekamp、RFID/USN 的 Myunghee Son 为代表的学者们分别提出了各自的基于地址转发表和基于 STP 的数据链路层拓扑发现算法。

互联网数据分析协作联盟（The Cooperative Association for Internet Data Analysis，CAIDA）自 1998 年起就开展了宏观拓扑项目研究，其著名项目有 Ark Project、Macroscopic Topology Project 等，主要研究方向为网络拓扑、网络探测等。此外，Internet Mapping 也是一个知名的拓扑发现项目，可以根据不断变化的信息调整拓扑结构图。

网络层拓扑发现的技术主要包括 Ping、TraceRoute、主动探测、被动探测等。

华盛顿大学、南加州大学、贝尔实验室、康奈尔大学等国外研究机构主要采用 Van Jacobson 开发的 TraceRoute 程序。TraceRoute 具有原理简单、不需要网络管理权限的优点。华盛顿大学还通过位于因特网上的公共 TraceRoute 服务器，开发了 Rocketfuel 工具，用于生成目标 ISP 的地址空间的列表，对列表内的 IP 地址逐个探测，最后将结果融合生成拓扑输出。为了获得和保存长期的因特网的拓扑结构数据，贝尔实验室开展了 IMP 项目研究。在 IMP 项目中，贝尔实验室使用 TraceRoute 来获取网络拓扑数据，用于开展路由变化、分布式拒绝服务（Distributed Denial of Service，DDoS）攻击和图论等方面的研究。

网络层拓扑发现的关键技术是探测技术。加州大学圣地亚哥分校在 CAIDA 项目中开发了 Skitter 等探测程序，并在全球进行部署。Skitter 采用 TraceRoute 和 Ping 方式向事先下发的探测目标地址集中的地址进行探测，获取探测路径，在此基础上综合分析出整个 Internet 基础设施的拓扑数据，并进行可视化输出。南加州大学的 Mercato 项目采用改进的 TraceRoute 探测，即向目的地址发送有限 TTL 值的 UDP 报文，对目的地址采用启发式猜测方法。Mercator 还利用源路由方式来解决交叉链路问题，但由于在 IPv4 网络中，支持源路由功能的路由器很少，因此该方式并不适用于 Internet 网络探测。美国康奈尔大学在 Octopus 项目中对 SNMP、Broadcast Ping 以及 Zone Transfer 机制进行了实验，但是由于需要网络管理权限，其适用范围较小。

国内对大规模网络的网络层拓扑探测大多基于简单网络管理协议（Simple Network Management Protocol，SNMP），需要访问路由器的 MIB 库。然而，Internet 网络中一般无法拥有路由器的访问权限，因此 SNMP 不太适用。

在网络拓扑数据采集过程中，通常首先对目标网络进行扫描探测，发现活动的主机、路由器和交换机；其次针对活动的路由器利用 SNMP 获取路由表中的相关拓扑信息；最后利用 SNMP 网络协议获取交换机中的地址转发表信息和生成树端口状态表信息，并通过 ICMP 获取活动的主机信息。

可用于网络拓扑发现的常用协议包括 ICMP（包括相关的两种技术 Ping 和 TraceRoute）、ARP、SNMP、OSPF、DNS、CDP 等。

（1）ICMP

ICMP（Internet 控制消息协议）是“Internet Control Message Protocol”的缩写，其作用是在 IP 主机、路由器之间传递控制消息，可用于探测网络是否通畅、主机是否可达、网络路由是否可用等网络信息。

Ping 用于验证网络上的两个主机之间的连通性，通过向被探测的目标 IP 发送 ICMP 回显请求报文（Echo Request）和接收 ICMP 回显应答报文（Echo Reply），检测目标主机或者路由器等网络设备的某个端口是否存活。当接收到 Ping 包后，目标主机向源主机回复一个含有延迟等信息的 ICMP 应答包。如果 Ping 一个不存在的主机，则不会收到应答包，只能等待超时时间结束。

ICMP 中的 TraceRoute 工具可以发现从源主机到目标主机之间参与网络路由的所有网络实

体（路由器），也能得到从源主机到这个路径上任何一个路由结点的往返延时。TraceRoute是根据IP头中的TTL（Time to Live）字段，通过递增TTL值来发现网络路径。由于从源主机到目的主机可能存在多条路径，每次用TraceRoute探测的路径也不一定相同，因此，TraceRoute扫描可以发现多条拓扑路径，有助于构建完整的网络拓扑。

ICMP方法可以弥补SNMP方法的不足，且通用性较好；其缺点是会增加目标网络的负载，且被动等待超时也造成时间开销较大。

（2）ARP

地址解析协议（Address Resolution Protocol，ARP）属于网络层协议，用以完成网络层IP地址到链路层MAC地址的映射。所谓地址解析，就是根据已知目的主机IP地址解析其MAC地址。广域网基于IP地址进行通信，局域网则是基于MAC地址进行通信，因此，在局域网的通信过程中，源主机进行数据封装时必须知道目的MAC地址。

为了提高MAC地址查询效率，ARP采用缓存技术来保存最近得到的MAC地址与IP地址的映射关系，数据封装时，先在缓存中查找，找不到则再发送ARP请求。因此，ARP管理一张在缓存里动态更新的地址映射表，维护近期访问过的、与该设备直接相连的终端设备IP地址与物理地址的映射。

（3）SNMP

简单网络管理协议（Simple Network Management Protocol，SNMP）属于应用层协议，主要提供网络管理服务。SNMP采用“管理进程/代理进程”模型来监视和控制网络设备，通过在每个网络结点上设置一个管理信息库（Manage Information Base，MIB），并由结点代理进程负责维护。管理进程通过应用层协议对管理信息库进行访问。

基于SNMP运行网络管理程序的计算机——管理工作站（Network Manage Station，NMS）可以远程管理所有支持这种SNMP的网络设备，包括监视网络状态、修改网络设备配置、接收网络事件警告等。运行代理进程的网络设备可以是路由器、交换机、集线器、主机、网络打印机，甚至不间断电源（UPS）。管理工作站通过向代理进程问询获得网络设备的工作状态信息，处理和响应来自管理工作站的请求，并向管理工作站报告。

基于SNMP协议进行拓扑发现具有较高的效率和准确性，但由于需要网络设备访问权限，只适用于管理域内的拓扑发现。

（4）OSPF

OSPF全称为开放最短路径优先（Open Shortest Path First），属于典型的链路状态路由协议。OSPF是目前内部网关协议中使用最为广泛、性能最优的协议之一。OSPF在同一区域内与其他所有路由器交换链接状态公告（Link State Advertisement，LSA）信息，包含链接的接口、使用的metric（metric是路由算法用以确定到达目的地的最佳路径的计量标准）及其他变量信息。

OSPF采用的是链路状态路由算法（Link State Routing，LSR），其工作原理是：每台路由器都用数据库中的信息构建一个完整的最短路径优先（Shortest Path First，SPF）树，计算通向每个目的网络的最佳路径，并将其添加到路由表中。网络发生变化时，路由器发送链路状态通告LSA，接着重新计算路由。链路状态路由算法要求各台路由器的网络拓扑结构数据库保持一致。

OSPF具有支持中等规模网络、路由收敛快、效率高、占用网络资源少等优点。

（5）DNS

DNS 是域名系统（Domain Name System）的缩写，用于命名组织到域层次结构中的计算机和网络服务。DNS 是由域名解释器和域名服务器组成的。在 Internet 上，域名与 IP 地址是一对一（或者多对一）的关系。域名与 IP 地址的转换工作被称为域名解析，由专门的域名解析器完成。域名服务器维护域内各名字到其 IP 地址的映射关系，理论上能够发现域内的所有主机和路由器设备。

（6）CDP

思科发现协议（Cisco Discovery Protocol，CDP）也是最典型的链路层邻居发现协议之一。CDP 是运行在交换机、路由器系列产品上的 Cisco 公司私有协议，其作用是获取相邻设备的协议地址以及发现这些设备的平台。根据此协议，只有通过 Cisco 的网管软件 CiscoWorks 才能够进行网络拓扑探测。CDP 的另一个优点是与网络层协议相独立，即使网络层配置有错误，CDP 仍可以正常工作。

其他相关的网络协议有路由信息协议（Routing Information Protocal，RIP）和网络测量协议（IP Measurement Protocal，IPMP）等。RIP 是 Internet 中常用的路由协议，由于它采用距离向量算法，因此也称为距离向量协议。其工作原理是：路由器收集所有可到达目的地的不同路径，并且保存有关到达每个目的地的最少站点数的路径信息，同时也把所收集的路由信息用 RIP 通知相邻的其他路由器。因此，通过 RIP 可以获取相关路由表信息，进而分析出路由拓扑。IPMP 是 IETF 于 2003 年提出的一种专门用于网络测量的协议 IPMP 测量报文将会与 IP 报文同等优先级别进行处理，同时由于路由器对它的支持，因此它可以提供路由器级别的性能测量。

9.5.2 基于挖掘技术的网络拓扑发现

网络拓扑发现的主要目的是获取和维护网络设备的存在性信息和它们之间的连接关系信息，并在此基础上得出整个网络的连接状态图。

1. 网络层拓扑发现

根据被测网络的运营者协作与否，网络层拓扑发现分为协作式和非协作式两种，两种拓扑发现的依据都是网络拓扑发现协议。

协作式网络拓扑发现一般假设所有设备必须支持 SNMP 且具有 SNMP 代理，通过 MIB 库中路由表（ipRouteTable）信息构造网络拓扑。在拥有网络管理权限的情况下，网管人员可以通过网络拓扑发现协议快速、高效、准确、完整地获得指定网络区域范围内的拓扑结构。

非协作的 Internet 网络拓扑发现一般是基于 ICMP 的 Ping 和 TraceRoute 的分布式算法。非协作式路由器级拓扑发现表明，如果探测主机数目过少，那么探测出的拓扑图与实际拓扑有很大偏差；如果探索主机数目过多，探测信息量过大，那么会出现类似 DDoS 攻击的情况。

根据发现的范围不同，网络层拓扑发现可分为管理域内拓扑发现和管理域外拓扑发现。

（1）管理域内拓扑发现

管理域内拓扑发现有多种，如基于 SNMP 的、基于 ICMP 的、基于 ARP 的、基于 OSPF 的及基于 DNS 的。

1）基于 SNMP 的管理域内拓扑发现。在支持 SNMP 的路由器、交换机等网路设备中，我们可以根据 MIB 库中路由表信息进行拓扑发现。路由表中保存有网络路由功能所需路由信息，有路由目的网络地址（ipRouteDest）、目的网络网络掩码（ipRouteMask）、下一跳路由器地址（ipRouteNextHop）、路由的端口索引（ipRouteIf index）、路由类型（ipRouteType）等信息。

利用SNMP进行拓扑发现的算法大多遵循以下基本原理：首先，通过SNMP代理访问网络设备的MIB库，通过MIB库中的ipForwarding判断设备是否具有向前转发ip数据包的功能，从而判断设备是否是网关，并结合MIB库中的sysServices变量确定网络设备的类型（路由器、交换机等）。其次，确定网关设备后，根据网关路由表中的ipRouteNextHop采用广度优先或者深度优先遍历算法对整个网络域内的路由器进行遍历搜索，发现网络中的路由器交换机等网络设备。将ipRouteDest和ipRouteMask进行按位“与”运算可获得网络地址，通过ipRouteType的判断可判断连接子网的类型，从而较准确地确定网络中各设备的互连情况。最后，构建整个网络的拓扑结构图。

利用SNMP通过访问网络设备中的MIB库来进行拓扑发现具有较高的效率和准确度，但其前提是具有对网络设备MIB库的访问权限，因此只适用于管理域内的拓扑发现。另外，ipRouteTable赋予路由器每个端口一个IP地址，以IP地址作为记录的索引，会生成大量路由器冗余信息，不能直观反映网络的拓扑结构，可能导致拓扑发现的错误。

2）基于ICMP的管理域内拓扑发现。基于ICMP的管理域内拓扑发现大多遵循以下基本原理：首先，利用对管理域内IP地址列表中的IP地址进行Ping搜索，发现管理域内的存活IP地址，并对存活IP地址列表中的各IP进行TraceRoute探测。其次，对IP地址表中的每个IP地址发送子网掩码请求，从应答报文中获取该IP地址所在的子网掩码，确定对应网络地址，加入子网队列，合并隶属于同一路由器的不同地址。最后，获取管理域中存在的路由器等网络设备以及网络设备之间的拓扑连接关系。

基于ICMP的管理域内拓扑发现方法的优点是原理简单、适用性很强，只要支持TCP/IP的网络都可以采用。其缺点是无法绕过防火墙，且中间路径和连接关系不清晰。如果防火墙禁止ICMP报文通过，那么防火墙后的网络设备就无法被检测出来。在中间路径和连接关系方面，Ping只能发现终端设备，无法发现中间经过的链路。即使TraceRoute发现了中间经过的路由器，也无法确认路由器之间的连接关系，无法发现交换机、集线器等网络设备。另外，Ping和TraceRoute增加了网络流量，也增加了网络负担，可能影响网络状况。

在实际应用中，基于ICMP的管理域内拓扑发现可作为基于SNMP的管理域内拓扑发现的辅助手段，可以针对利用SNMP进行拓扑发现之后仍存在模糊的区域，利用ICMP进一步进行拓扑发现，以使探测结果更加精确。

3）基于ARP的管理域内拓扑发现。ARP表包括了网络设备对应接口地址、表项驻留时间、MAC地址、设备类型以及接口型号等信息。因此，基于ARP来进行管理域内拓扑发现的原理是：读取路由器或者交换机的ARP表，获取与各个以太端口连接的以太局域网中的所有网络设备，再进一步根据这些网络设备中的ARP表进行拓扑发现，最终得出整个网络的拓扑结构。需要用到的ARP信息主要有描述物理地址和IP地址进行映射的ARP表以及指示结点所提供服务的sysServices。

由于ARP表中的网络设备地址都是最近活动的有效设备，没有冗余信息，因此利用ARP的效率比较高。然而，由于ARP请求是广播，无法通过路由器，因此仅适用于局域网的拓扑发现。这一方法的另一个局限是网络设备必须支持ARP。此外，当网络过大时，ARP表中的记录会有延迟，无法及时更新网络中的网络设备信息。一般情况下，基于ARP的管理域内拓扑发现方法仅作为辅助方式。

4）基于 OSPF 的管理域内拓扑发现。基于 OSPF 的拓扑发现方法，主要是通过访问路由器的 OSPF MIB 来获取网络拓扑。OSPF MIB 中的拓扑信息主要保存在表 ospfLsdbTable 和 ospfAreaTable 中。其中，表 ospfAreaTable 描述当前路由器所连接的区域的信息，而表 ospfLsdbTable 描述当前路由器的链路状态数据库。基于 OSPF 的管理域内拓扑发现一般先访问边界路由器的 OSPF MIB 信息，并保存相应的数据信息，然后结合当前路由器的 ospfAreaTable 和 ospfLsdbTable，不断循环判断，直至得出整个网络的拓扑。

利用 OSPF 进行拓扑发现，具有较高的效率，但只适用于支持 OSPF 的网络设备和连接，而 OSPF 涉及的路由部分比较复杂，因此实现起来比较困难。

5）基于 DNS 的管理域内拓扑发现。利用 DNS 的区域传输机制可以查询域名服务器，得到域名到 IP 地址的映射，从而发现域内主机和路由器。利用 DNS 进行拓扑发现有快速、开销小等优点，但是 DNS 数据库中的信息可能和实际不一致，且某些 DNS 服务器不允许区域传输。

（2）管理域外拓扑发现

管理域外拓扑发现主要是基于 TraceRoute 协议的。由于 TraceRoute 协议没有权限限制，因此可以探测出链路上的路由器及其连接关系。大多数管理域外拓扑发现的研究基于 TraceRoute 协议进行探测。

在网络层拓扑发现中，为了提高算法效率、减少结点重复探测概率，Benoit Donnet 于 2005 年提出了 Double Tree 算法。结点重复探测概率主要是指交互冗余（Inter – Monitor Redundancy）和内部冗余（Intra – Monitor Redundancy）。交互冗余是指不同的探测主机重复彼此的工作，重复探测相同的结点，当不同的探测点向同一 IP 目的地址发送探测包时，最后的一段路径会被重复探测，造成冗余。内部冗余是指某个探测主机重复探测相同的结点，当同一个探测点向不同 IP 目的地址发送探测包时，开始的一段路径会被重复探测，造成冗余。

Double Tree 算法主要利用树状路由的特点，假设树的某个结点被探测过，那么该结点到树根的路径一定也被探测过。若 Double Tree 探测到未知结点，就将其添加到探测主机的地址数据库中；若探测到已知结点，则停止树枝的探测。Double Tree 算法同时使用以探测主机为根的树和以目标网络为根的树，当往探测主机方向探测时，使用以探测主机为根的树，以有效地降低内部冗余；而当往目标网络方向探测时，使用以目标网络为根的树，以有效地降低交互冗余。为了同时减少交互冗余和内部冗余，Double Tree 算法选择中间结点作为初始探测点。

2. 链路层

链路层拓扑发现技术尚在发展中，比较具有代表性的是基于生成树协议与地址转发表的综合拓扑发现方法。该方法和网络层拓扑发现方法完全不同，主要根据地址转发表和生成树协议两方面的信息展开。由于交换机硬件的透明性，交换机维护的地址转发表中存储了转发与过滤数据帧的信息，而生成树协议则包含了相邻交换机之间进行的通信信息。

当交换机启动时，其地址转发表是空的。交换机通过分析每个端口收到的进入帧，记录对应的源地址和数据帧到达的相应端口号，并将这些信息保存到 MAC 地址转发表（Forwarding DataBse，FDB）中。当交换机端口收到一个新数据帧时，会将帧头中的目的 MAC 地址与地址转发表中保存的 MAC 地址进行匹配，如果该帧的源 MAC 地址不在地址转发表中，交换机会将源 MAC 地址与接收该帧的端口号记录在地址转发表中。随着交换机不断地接收、转发、过滤数据，通过地址转发表就可了解整个网络的拓扑结构。

生成树协议（Spanning Tree Protocol）是在 IEEE802.1 LAN 桥接标准中定义的一种链路管理协议，为网络提供路径冗余并避免网络环路，在逻辑上裁剪冗余环路、在物理上实现链路备份和路径最优。生成树协议定期发送和接收网桥协议数据单元（Bridge Protocol Data Unit，BPDU）。BPDU 分为配置 BPDU（CONFIG BPDU）和拓扑变化通告 BPDU（TCN BPDU）两种。交换机之间通过配置 BPDU 确定根桥和端口角色，通过传递拓扑变化通告 BPDU 获取网络拓扑变化信息，重新配置网桥以形成新的生成树。生成树协议定义了 3 种端口角色：根端口、指定端口和替代端口，而各端口又有 5 种状态：阻塞状态、监听状态、学习状态、转发状态和不可用状态。只有处于转发状态的端口会出现在生成树上。

以太网中的所有交换机在收到其他交换机发送的 BPDU 后运行生成树算法，阻塞冗余的链路端口，在原始网络拓扑上基于到根交换机具有最小代价的交换机和端口维护和构建生成树。

基于生成树协议与地址转发表的综合拓扑发现算法首先分析生成树端口状态表，以获取交换机之间的连接关系，其次分析综合地址转发表信息，判断不支持 SNMP 的设备，最后根据地址转发表中的信息，得出交换机与路由器、主机之间的连接关系。

9.6 网络舆情挖掘

舆情是指在一定的社会空间内，围绕中介性社会事件的发生、发展和变化，民众对社会管理者产生和持有的社会政治态度，是较多群众关于社会中各种现象、问题所表达的信念、态度、意见和情绪等表现的总和。随着因特网在全球范围内的飞速发展，网络成为承载社会舆情的主要载体之一，网络媒体已被公认为是继报纸、广播、电视之后的“第四媒体”。网络环境下的舆情信息的主要来源有新闻评论、BBS、聊天室、博客、聚合新闻（RSS）。网络舆情表达快捷、信息多元，方式互动，具有传统媒体无法比拟的优势，并有着巨大的社会影响力。

网络舆情的定义尚未统一，国内外研究学者对此提出了各自的观点。有学者认为网络舆情是公众对于公共事务通过信息网络公开表达的具有影响力的意见。有人则认为网络舆情就是在因特网上传播的公众对某一焦点所表现出的有一定影响力的、带倾向性的意见或言论。还有人把网络舆情的内涵确定为网络媒体上形成和传播的公众关于各种社会现象、问题所表达的信念、态度、意见和情绪表现的总和，具有相对的一致性、影响力和持续性，对社会发展及有关事态的进程产生影响，也就是说，只要满足传播形式是以网络媒体为载体，内容是公众发表的集合性意见这两个条件就是网络舆情。本书认为，网络舆情是在因特网上传播、通过对社会焦点问题关注而产生的有一定影响力的共同意见或信念的总和。简而言之，网络舆情就是网络空间的舆论形态，网络舆情是舆论的一种，具备舆论的所有基本特征，但是由于因特网媒介的特殊性、时空的无界性和受众的广泛性，使得网络舆情具备了一些传统舆论所不具备的特点。

网络舆情可以被看作网络对抗中的“超逻辑层次”（或“超技术层次”），即网络空间中面向信息的超逻辑形式的对抗。网络对抗并不总是表现为技术的、逻辑的对抗形式，如国内外敌对势力利用计算机网络进行反动宣传，传播谣言，蛊惑人心，进行情报窃取和情报欺骗，针对敌方军民的心理战等，已经超出了网络技术设计的范畴，属于对网络的管理、监察和控制的问题。这种意义上的网络对抗针对人性的弱点，运用政治、经济、人文、法制、舆论等各种手段，打击对方的意志、意念和认知系统，往往以伪装、谣言、诽谤、恐吓等形式出现。网络舆情的本质是传统的社会行为和舆论在网络上的映射，并最终反作用于社会。通过网络这种特殊的媒体和纽带，网络舆情传播者能够在虚拟的网络空间中更加自由、主动、快捷和便利地发表言论和传播舆情信息，并能够影响现实社会中人的行为。网络舆情的影响如下：

一方面，网络舆情对国家事务、公共事务决策的影响力日益增强。网络舆情能够快速反映社会动态、热点民意、网民心声，能够比较真实地显现民众对现实的情绪态度。

另一方面，网络舆情的开放性特点也使之容易被一些别有用心的人用来散布网络谣言或传播虚假、低级庸俗的信息和言论，一些敌对势力也通过网络制造有害舆论，危害社会治安。

毫无疑问，网络也加大了舆情管理的难度。面对海量、纷繁复杂的舆情信息，传统的舆情信息处理方式效率低下，难以及时消化，难以辨别真假，难以统一处理，更难以提取出有价值的信息并进行深层次的加工，也缺少对动态信息的即时跟踪，缺乏发现机会和风险的能力。政府及相关管理者迫切需要对网络舆情信息进行及时发现、挖掘和分析，才能够把握处理危机事件的最佳时机。由于人工方式难以满足实时性要求，需要采用更高效的信息收集和分析技术，以实时把握网络舆情动态，及时对网络中的热点事件、焦点问题与敏感话题做出反应，进而提高网络突发事件的处理、监管和控制能力。

网络舆情挖掘是新闻学中舆情研究领域中最新的舆情研究方式，是如何有效地对因特网中海量的信息进行信息采集、信息组织、信息分析方法的具体应用。数据挖掘技术对网络舆情信息获取、内容分析、研判、监控与预警等多方面都有极其重要的指导意义。网络舆情系统以自然语言处理技术与数据挖掘技术为基础，采用信息关联分析与共享、先验知识分享与机器自动学习相结合的方式，实现对舆情的综合分析预测。网络舆情系统通常由数据采集和预处理、舆情信息分析和舆情结果上报 3 个基本模块组成。

9.6.1 舆情研究发展现状及舆情特点

美国的舆情研究起步很早，并已在政治、经济、文化多个领域得到了广泛应用。美国的舆情研究特别注重民意和选情的分析和研究，其典型应用是美国国会中期选举和总统选举预测的美国盖瑞普民意测验。

早在 1996 年，美国国防高级研究计划局（DARPA）就意识到需要研究一种在没有人参与情况下自动识别新闻数据流中的话题的技术，即话题检测与跟踪（Topic Detection and Tracking，TDT）技术。话题检测与跟踪技术以新闻专线（Newswire）、广播、电视等媒体信息流为处理对象，将语言形式的数据流分割为不同的新闻报道（News Story），并监控针对新话题的报道，且将涉及各话题的报道以某种方式组织起来呈现给用户。20 世纪 90 年代，美国国防高级研究计划局与卡耐基梅隆大学等研究机构研发出一种针对新闻媒体信息流进行未知话题识别和已知话题跟踪的多语言话题检测与跟踪技术。

相比美国而言，我国的舆情研究起步较晚。随着网络舆情引发的诸如恐怖言论散发、反社会观点蔓延等安全隐患问题，网络舆情研究已经成为迫在眉睫的重要任务。

2008 年 12 月 24 日，方正集团和中国人民大学舆论研究所合建了“人大－方正舆情监测研究基地”，围绕网络舆情的预警分析系统、网络舆情的应对机制研究、网络资讯的内容整合与价值开发、舆情监测的教学与实验等开展了大量研究。2009 年 1 月 11 日，北京交通大学成立网络舆情安全研究中心，该校工、管、经、理、文、法、哲等领域的研究者联合研发网络舆情分析、判断、预测技术，为公共决策等提供依据。

网络舆论主要通过新闻网站、论坛、BBS、博客、微博、微信等进行传播。网络的开放性和虚拟性决定了网络舆论具有以下特性。

1）直接性：通过 BBS、新闻点评和博客网站，网民可以立即发表意见，下情直接上达，民意表达更加畅通。

2）突发性：网络舆论的形成往往非常迅速，热点事件加上一种情绪化的意见就可以成为点燃一片舆论的导火索。

3）偏差性：网络论坛中发言者身份隐蔽，又缺少规则限制和有效监督，很容易成为网民宣泄情绪的空间，因此更容易出现低俗、偏激的言论。

4）平民化：所谓“平民化”是指事件中的主人公大多是现实世界的普通人，而事件本身在传统媒体眼中所呈现的新闻价值也不高。

5）交互性：网民的交互性很强，典型代表如“人肉搜索”。

6）主观性：由于网民在发表态度和意见时倾注了个体的情感、意志与认识等主观性的因素，因此网络舆论带有一定的主观性。

7）自发性：网络舆论是经公众随意自由表达的产物，也是公众自己抒发对事件反映的真实结果。这种自发产生、自发传播及自发接受的特点是传统社会意识形式所不具有的。政府传统媒体自上而下传达的网络舆论是对其自发性特征的利用，并没有改变这一特征本身。

8）广泛性：社会公众的广泛参与使网络舆论主体具有广泛性。网络舆论主体可以是普通的民众，也可以是某些组织或机构，还可以是其他网络媒体，这些媒体在网络载体上畅谈各自的见解与看法，同时也充分表达出不同领域、不同背景、不同阶层各自的意愿。

9）方向性：“舆论总是针对有争论性的问题而发的。如果没有争论、没有倾向性，就不可能成为舆论。”

10）评价性：又被称为方向性或倾向性，是舆论的一个基本而又重要的属性特征。

11）公开性和传播性：网络舆论作为对社会问题的评价和判断，必须以公开的方式来表达。网络舆论的形成和社会作用的发挥都是依赖公开性和传播性才得以实现的。只有凭借舆论的公开性、广泛迅速的传播性，才能使网络舆论在人们的生活中发挥不可估量的导向作用。

9.6.2 网络舆情数据预处理

网络舆情数据挖掘预处理主要包括信息的搜集、清洗、筛选、有序化和量化等步骤。

1. 信息搜集

网络舆情信息搜集主要根据网络页面之间的链接关系，从网络上自动获取页面信息，并且随着链接不断向整个网络扩展来实现。

网络舆情信息搜集可以从一个起始的 URL 集合开始，按照宽度优先、深度优先或启发方式在因特网中循环搜集舆情相关信息；也可以将网络空间按照域名、IP 地址或者国别域名划分为独立的子空间，然后再详细地搜索；还可以按照不同信息类型划分，诸如 HTML 格式、XML 格式、FTP 文件、Word 文档、Newsgroup、MP3 音乐文件、图像文件和多媒体信息等，分别展开搜索。先进的 TRS 全文检索引擎技术就能够提供舆情新闻检索和论坛检索功能，实现了近义词、同音词、拼音检索、热点检索词等智能检索功能。

网络爬虫就是信息搜集的典型工具，它能够实时地从主流网站、论坛以及社区上获取最新的网络数据，并能够把网络数据以 HTML（超文本置标语言）源文件的形式下载和存储。传统的网络爬虫从一个或若干初始 URL 开始获得初始网页上的 URL 列表，在抓取网页的过程中不断从当前网页抽取新的 URL 放入待爬行队列，直到满足系统的停止条件。主题网络爬虫则是按照事先给定的主题分析超链接和已经下载的网页内容，分析当前网页与主题相关度，并预测下一个待抓取的 URL，以尽可能多地爬行、下载与主题相关的网页，同时尽可能少地爬行和下载无关网页。网络爬虫的工作流程如图 9-9 所示。

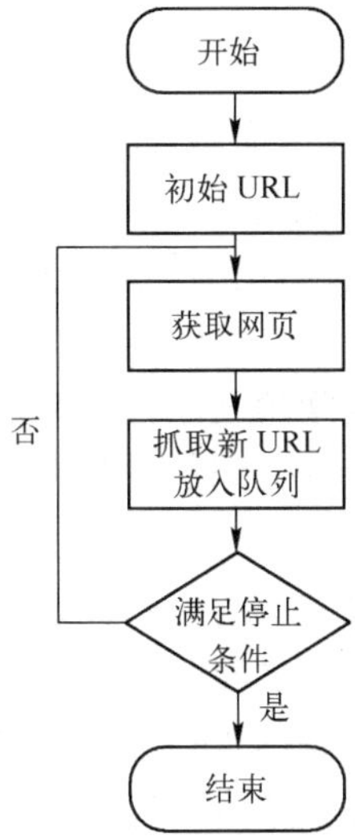

图 9-9　传统网络爬虫的工作流程

2. 信息清理

网络舆情信息清理是指对收集到的海量舆情信息进行格式转换、去重、数据清洗、数据统计等。例如，对于新闻评论，信息清理需要滤除无关的广告信息、网页标记，保存新闻的标题、内容、出处、点击次数、发布时间、评论人、评论内容、评论数量等。对于论坛 BBS，信息清洗需要记录帖子的标题、内容、发布时间、发言人、回帖内容、回帖数量等。信息清洗后形成格式化信息，以便导入数据库、数据仓库和进行下一步处理。

3. 信息筛选

网络舆情信息筛选是指根据网络舆情分析的目的和内容选择相应的筛选标准，对搜集的网络舆情信息进行过滤，剔除那些重复的、陈旧的、来源不可靠的、与相关网络舆情主题不相关的信息。

4. 信息有序化

网络舆情信息有序化是指针对筛选后保留的网络舆情信息，按照主题、外部形式或内容特征进行有序化处理，从不同的角度进行分类，例如，舆情信息可按内容分类、舆情分类、相关人物、相关机构、相关地区、正负面分类等多个不同维度展现，以显示各维度的分类统计信息。

5. 信息量化

网络舆情信息量化是指将分散的或本身不具备量化特征的网络舆情信息进行综合比较打分、编码标引或加权等量化处理，使不同形式的信息得以统一，方便后续的规范化处理。

9.6.3　网络舆情挖掘技术

网络舆情挖掘的关键技术包括分类、聚类、关联规则挖掘、序列模式挖掘等，均属于数据挖掘范畴，并广泛应用于话题识别与跟踪、敏感话题发现、趋势分析、自动摘要等方面。

1. 分类

自动舆情信息分类技术是根据事先定义好的分类准则，借鉴文本分类技术，将网络舆情划分到已知类别中。通过网页内容的分类分析可以把相关主题网页都划分到同一个类别。

2. 聚类

采用基于相似性算法的自动聚类技术，对未知类别的海量舆情信息进行归类，把内容相近的文档自动归为同一类话题或建立新的话题。应用自动聚类技术还可以根据发言时间密集程度、跟帖数量、转贴数量和程度、新闻出处权威度、评论数量等对网络中的敏感话题、热点话题进行自动识别。聚类分析能够帮助人们快速掌握有用的信息，判断当前网络舆情的热点问题。

3. 关联规则挖掘

应用关联规则挖掘可以从时间或空间角度发现网络舆情相关事件的共性发展规律和趋势，可以发掘舆情信息产生者或舆情信息特征之间的关联性，以便追溯舆情信息的来源。

4. 序列模式挖掘

序列模式挖掘侧重于分析舆情信息的前后序列关系，挖掘网络舆情在产生、发展、消亡的过程中的序列模式规律，发现舆情特征集之间隐含的顺序关系，以预测热点事件的发展趋势。

上述网络舆情挖掘的关键技术主要应用于话题识别与跟踪、敏感信息监控、倾向性分析、趋势分析和评估预警等。基于 Web 挖掘的舆情信息分析模型架构如图 9-10 所示。

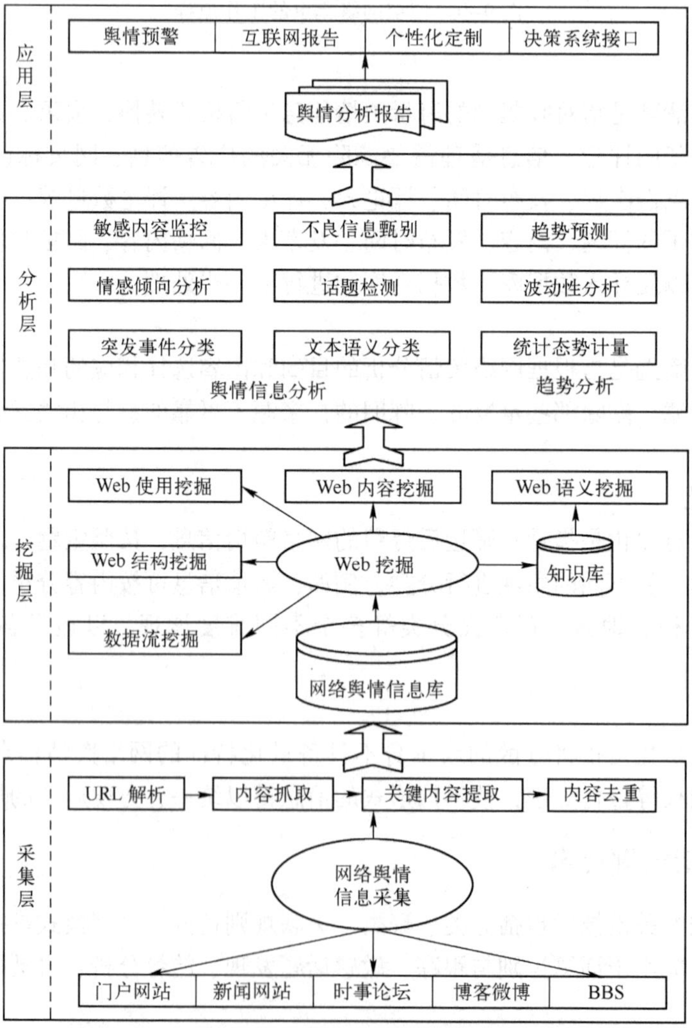

图 9-10　基于 Web 挖掘的舆情信息分析模型架构

1. 话题检测与跟踪

话题检测与跟踪是指在舆情信息的挖掘和分析中，识别和发现热点话题，并对评论较多的话题进行跟踪。话题识别与跟踪主要涉及话题检测、新事件检测、话题跟踪等研究子任务。

（1）话题检测

话题检测（Online Topic Detection，OTD）的主要任务是检测新话题与指定目标主题是否相关，组织系统预先未知的话题，并收集后续相关报道。

静态话题检测中，主题相关性的判别一般有两种方式：一种是根据主题相关的关键词来判别；另一种是通过基于标注的训练文本构建分类器的方法判断页面的主题是否和事先标注的文本类别一致，以完成网页主题相关性的判断。例如，敏感话题发现就属于话题检测的第一种方式。敏感话题发现处理过程主要包括针对当前社会形势总结出目前较为敏感的词汇，建立敏感词库；在此基础上将对网络舆情信息分词结果与敏感词库中的敏感词进行匹配，从而实现当前网络舆情敏感话题的自动发现。

在线话题检测一般采用增量式聚类算法，相应研究主要集中在聚类算法的选择和融合上。在线话题检测将报道流看作一个时间序列，对每篇报道和已有的话题做关联检测，其本质为文本匹配。如果新报道与已有报道的相关性匹配值过低，则认为检测到一个新话题，否则将该报道融入相关已知话题聚类。主题识别技术除了能够分析文章、帖子是否与已有主题相关，还可以在线检测和发现新主题，针对各类主题和倾向性自动生成摘要，总结出热点专题和重点预警事件的分布情况。

研究人员已开展了大量在线话题检测研究。Ron Panka 等采用单遍扫描（Single Pass）聚类算法检测新话题，计算简单、运算速度快，但话题检测性能依赖新闻语料的输入顺序。CMU 尝试采用凝聚层次聚类算法进行检测，但是获得的效果略差于单遍扫描聚类。Papka 对比了不同聚类算法在在线话题检测中的效果并尝试融合各自的优点解决 OTD 问题。然而，以上研究均假设所有报道与相关话题的近似程度在一个层次上，且每篇报道只可能相关于一个话题。为了克服上述局限，研究人员又提出了层次话题检测（Hierarchical Topic Detection，HTD）的概念，提出了凝聚层次聚类（Hierarchical Agglomerative Clustering，HAC）等算法，以解决层次话题检测的问题。

网络热点话题检测除了涉及网络话题识别外，还涉及网络话题热度分析。然而，关于网络话题热度分析，国内外尚未形成统一认识。相应的热度分析方法比较零散，仍处于探索阶段，有根据热点特征进行热点话题识别的，也有基于话题关注度和用户浏览行为构建热点话题发现模型的。

（2）新事件检测

新事件检测（New Event Detection，NED）更侧重于检测新事件，具体地说是侧重于检测出新闻流中关于新话题的第一篇报道。NED 中的主流方法是建立一个在线识别系统（OL－SYS）检验报道流中新出现的事件，计算顺序进入 OL－SYS 系统的各个报道与已知事件模型的相关度，并根据先验阈值判断该报道是否为新事件的首次报道，如果成立，则根据该报道建立新的事件模型，否则将其嵌入已知事件模型。

此外，Jon Kleinberg 提出了文本流突发检测方法。该方法的思路是先利用现有的文本分类技术或话题检测技术对文本分类，再针对某一类特定的文本按照时间顺序定义成为文本序列，利用形式化方法的无穷状态自动机对文本流进行建模，把突发定义为状态之间的转换，并根据文本之间的时间间隔随单位时间文本数量的变化来检测突发事件。假设当突发事件发生时，短时间内与事件相关的文本增多，从而导致文本之间的时间间隔变短，则将此时的状态定义为突发状态（Burst State），否则将其定义为普通状态。文本流突发检测方法在文本流、出版文献应用中取得了很好的效果。

（3）话题跟踪

话题跟踪（Topic Tracking Task，TTT）的目的是监控报道流并发现与已有话题相关的后续报道。话题跟踪主要侧重跟踪与已知热点话题相关的信息片段，跟踪的具体内容包括信息来源、转载量、转载地址、地域分布、信息发布者、倾向性与趋势等。

在话题跟踪任务中，如果已有话题并无明确描述，则需要分析新报道与已有报道在内容上的关联关系与继承关系，或结合特定的领域知识将相关报道进行关联，还可以采用文本分类的方法进行关联判断。

2. 敏感信息监控

敏感信息监控是网络舆情信息挖掘的重要组成部分。及时发现敏感信息，及时对谣言或者不良信息进行处置，避免其扩散，防患于未然，可以在很大程度上避免敏感舆情信息的进一步传播、扩散，减少突发事件的爆发，避免引起严重后果。

3. 倾向性分析

倾向性分析可以大致分为情感信息抽取和倾向性分类两种。其中，情感信息抽取是指按照一定的语法规则，通过句法分析等方法提取情感特征；倾向性分类则是将情感分类转化为文本分类的问题，利用语言学知识或机器学习的方法，对给定的词语、句子、篇章判断其倾向性。目前，倾向性分类主要有语义词典和机器学习两类方法。

基于语义词典的倾向性分析是指利用人工构造由特定的词或其他语言结构构成的知识库进行倾向性分析。语义词典法判别文档语义倾向性的主要依据是文档中所使用的词汇，主要依赖词汇倾向性方面的先验知识。情感语义词典是指人工构造的由特定的词或短语构成的标注了情感倾向的词典，并能够借助词汇语义的倾向性算法增加新词汇，从而不断扩充词典的规模。常用的语义词典主要有 GI、WordNet、SentiwordNet、HowNet 和《同义词辞林》等。

例如，词语倾向性分析可以采用种子集词典方法。假设种子集为 SeedSet = {wp, wn}，其中 wp 指褒义种子词集合，wn 指贬义种子词集合。词语 w 的倾向性可以根据与褒义种子集合中的各褒义词和贬义种子集合中的各贬义词之间相似性之差得到，公式如下所示

$$Polarity(w) = \frac{1}{M}\sum_{m=1}^{M} sim(w, wp_m) - \frac{1}{L}\sum_{l=1}^{L} sim(w, wn_l) \tag{9-6}$$

其中，$wp_m \in WP$，$wn_l \in WN$，M 和 L 表示种子集中褒义词和贬义词的个数。集中褒义词和贬义词的个数。给定一个阈值 $\theta(\theta > 0)$，如果 $Polarity(w) > \theta$，则判断词语 w 是褒义的；如果 $Polarity(w) < -\theta$，则判断词语 w 是贬义的；如果 $|Polarity(w)| \leqslant \theta$，则判断词语 w 是中性的。

基于机器学习的倾向性分析技术是指计算机通过自我学习寻找到训练库中区分文本倾向的知识，并利用该知识进行倾向性分析。相对语义词典方法，机器学习法对专家的专业知识依赖程度低，不需要太多先验知识，自动化程度高，应用价值高。机器学习法注重研究情感特征的有效提取以增强学习能力和判断准确性。基于机器学习的倾向性分析方法包括最近邻、朴素贝叶斯、支持向量机机等算法，自动学习区分文本情感倾向性的知识。此外，国外的 Lin 等学者提出了基于统计模型的机器学习方法，通过分析词的用法来获得文本所反映的观点；Wiebe 等学者针对 WebLog 主题情感分析提出了 Topic - Sentiment Mixture 模

型，捕捉倾向性语义信息。

情感倾向性分析还可以细分为词语级、句子级、段落级以及篇章级等不同粒度。文档情感倾向性分析的基础是判定文档中所用词语的语义倾向性，然后在词语级粒度的情感倾向性分析基础上，实现句子级、篇章级的情感倾向性分析。例如，在词语级倾向性分析中采用条件随机场（Conditional Random Fields，CRFs）对情感词进行识别并判断其极性，而在句子级倾向性分析中采用基于最大熵的文本倾向性判别模型。

4. 趋势分析

网络舆论的演化通常都有一个形成、发展和消亡的过程，可以划分成为3个演化阶段，即初始传播阶段、迅速扩散阶段和消退阶段。趋势分析是指根据从多种来源所获取的网络舆情信息，建立相应的模型，预测不同网络舆论随时间的发展趋势，以便实现对舆论环境的监测与不良倾向的预警。趋势分析的具体内容可以是某个舆论在不同的时间段内人们关注程度的变化，也可以是该主题在不同的时间段内信息区域分布的变化，还可以是转载量与转载网站类型的变化等。

趋势分析涉及的关键技术主要包括序列模式挖掘和关联规则挖掘等。趋势分析可借鉴网络信息计量学工具，采用数字、统计学等各种定量方法对网络舆情信息的组织、存储、分布、传递、相互引证和开发利用等进行定量描述和统计分析，以揭示其数量特征和内在规律。趋势分析可采用热点、重点、焦点、敏点、频点等多种分析模式，以及时把握网络舆情的趋势要点。在分析危机事件演变规律时，研究学者提出了指数型、正态型、泊松型、波动型等多种时间演变模型，也采用了变异数分析、相关分析、托宾模型、GARCH 模型和 EGARCH 模型等多种方法和模型。

5. 评估预警

网络舆情态势的量化评价有助于掌握社会稳定情况和定量分析非物化社会现象。网络舆情评估预警的代表性研究方法有单因素舆情预警的 ARMA 模型、多因素评估的多元线性回归模型以及 NISAC 指数方法。目前，网络舆情态势计量研究仍处于起步阶段。

NISAC 指数方法根据关键词列表定期进行包含关键词的因特网页面数量统计，并换算成关键词关联页面数量指数。由于难以准确地统计出因特网上含有特定关键词的页面数量，因此通常以搜索引擎覆盖的因特网页面空间进行近似。NISAC 指数方法假设搜索引擎的覆盖空间包括大多数的用户常用网站，且搜索引擎覆盖网页分布情况和因特网真实网页分布情况基本一致。通过 NISAC 指数的长期监测与分析，我们可以了解到因特网的舆情态势。

9.7 推荐系统

随着因特网的高速发展，特别是社交网络、云计算和 P2P 应用等技术和服务的迅速普及，因特网信息服务和应用已渗透到人们生活的方方面面，人类社会活动逐渐向因特网虚拟空间活动演变。根据国际电联 ITU 的预测数据统计，截止 2011 年，全球因特网用户数量已达到 24.21 亿人，平均每百人中因特网用户数量已达到 35 人。反过来，用户数量的增长也进一步推进了网络信息服务和应用的发展。

首先，随着因特网信息资源规模的爆炸式增长，虽然搜索引擎可以在关键词层次帮助用户获得信息资源，但其智能化程度较低，无法在知识层面描述用户的信息需求，导致搜索到的信息资源空间仍然较大。用户要从海量信息中获取符合自己需求的信息越发困难，形成了信息过载问题。

其次，随着因特网信息技术的发展，用户已经不仅仅是信息接收的被动角色，而且成为制造并传播信息的主动角色，网络应用功能需求正推动因特网应用模式由传统的一对多的单向服务模式向多对多双向服务形式的转变。

因此，提高用户对信息服务的满意度和忠诚度，迫切需要发展一种“信息找人”的信息推送（Push）服务，而且信息的推送服务能够针对目标用户的长期信息需求和兴趣，实现信息的个性化定制，并根据用户所处的情景（Context）适时地提供给目标用户。

推荐系统是一种智能个性化信息服务系统，可借助用户建模技术对用户的长期信息需求进行描述，并根据用户模型通过一定的智能推荐策略实现有针对性的个性化信息定制。推荐系统能够依据用户的历史兴趣偏好，主动为用户提供符合其需求和兴趣的信息资源。推荐系统可以被看作一种特殊形式的信息过滤（Information Filtering）系统。

推荐系统具有用户需求驱动、主动服务和信息个性化程度高等优点，可有效解决信息过载问题。目前，推荐系统已经在电子商务、在线学习和数字图书馆等领域得到了广泛应用，已成为公认的最有前途的信息个性化技术发展方向。

9.7.1 推荐系统发展现状

推荐系统的研究始于20世纪90年代初期，大量借鉴了认知科学、近似理论、信息检索、预测理论、管理科学以及市场建模等多个领域的知识，且已经成为数据挖掘、机器学习和人机接口领域的热门研究方向。

从事推荐系统研究的国外著名研究团队包括美国明尼苏达大学的 GroupLens 团队、美国纽约大学的 Alexander Tuzhilin 教授团队、美国密歇根大学的 Paul Resnick 教授团队以及微软研究院等。国外的研究团队针对推荐系统及其算法开展了大量的基础研究工作。

事实上，推荐系统在数字信息内容服务、电子商务和数字图书馆等应用领域也得到了广泛应用和实践。例如，淘宝网、当当网、亚马逊等主流电子商务网站都已部署了相应的推荐系统，帮助用户获得个性化的商品信息。

然而，随着近几年网络用户与信息资源规模进一步增长，推荐系统的稀疏性问题和概念漂移问题已成为影响推荐准确性的主要问题，妨碍了推荐系统的进一步推广和应用。传统推荐系统及其算法难以适应用户规模、推荐项目数量和用户历史评分数据的快速增长。

9.7.2 相关技术

在探索信息服务和个性化信息处理的过程中，研究人员在信息过滤技术的基础上提出了以推荐为服务形式的新型信息服务，并实现了推荐系统，极大地提升了个性化信息服务的智能化水平。推荐系统弥补了传统信息过滤服务不能主动发现符合用户信息需求信息的不足，能够在海量信息空间中搜索满足用户需求的信息资源，并以主动推送的形式将信息推送给用户。另外，推荐系统还可借助挖掘技术发现用户自身都可能无法表达的潜在信息需求。推荐系统基本流程如图 9-11 所示。

如图 9-12 所示，推荐系统的功能模块与一般信息过滤系统比较类似，主要由信息处理、推荐算法、用户建模、用户模型、信息表示模型和信息资料库 6 个主要部分构成。按照工作形式，推荐系统可以分为两种：一种是独立作为信息服务系统；另一种是作为宿主信息服务系统的推荐子系统辅助信息、服务系统。

已知：

① 用户集合 U。

② 推荐项目集合 T。

③ R 是用户对项目兴趣度的全序非负整数或实数集合。

④ 效用函数 $u(c,t)$：$U \times T \to R$ 度量活动用户 c 对项目 t 的兴趣度。

目标：

⑤ 对于 $\forall c \in U$，确定使效用函数值最大的项目 $t'_c \in T$，即

$$\forall c \in U,\quad t'_c = \arg\max u(c,t)$$

图 9-11　推荐系统基本流程

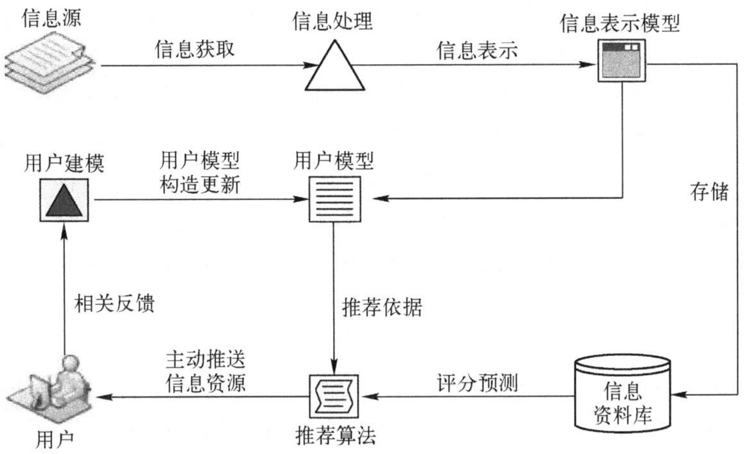

图 9-12　推荐系统功能模块与工作原理

推荐系统的相关技术主要集中在用户建模、信息过滤和推荐算法 3 个方面。

1. 用户建模

在用户建模过程中，首先通过用户识别（User Identification）技术对用户进行身份确认，对用户兴趣信息进行收集。

常用的用户识别技术包括软件代理识别、登录识别、代理服务器识别、用户 Cookie 识别和会话识别等。软件代理识别运行并驻留于客户端系统，能够自动收集用户身份信息，并与服务器进行信息交换。用户 Cookie 识别根据服务器写入客户端浏览器缓存中的 Cookie 实现用户识别。登录识别在用户注册和交互过程中主动登录的条件下能够实现跨会话、跨设备和跨位置地对用户进行识别。代理服务器识别需要用户事先对使用的所有设备都进行代理设置，但在公用设备使用环境中难以保证。会话识别根据服务器分配的逻辑会话标识对多个客户端进行用户的区分，利用客户机与服务器会话的可识别性实现用户识别。

根据时效性的不同，用户模型可以分为静态和动态两种，两者的用户信息收集方式差别较大。静态用户模型一般采用显式用户信息收集方式获取用户兴趣信息，比较适用于结构化信息的推荐。而动态用户模型往往采用隐式用户信息收集方式获取用户兴趣信息，比静态用户模型更加灵活，适用于非结构化或半结构化信息的推荐。但动态用户模型的准确性不如静态用户模型。

其次，对用户信息需求进行描述，形成描述用户兴趣的用户描述（User Profile）。用户描

述既是信息过滤的重要参考依据，也是用户信息需求的重要载体。用户描述模型一般采用与信息资源表示相类似的形式，如 VSM 模型、隐性语义索引（Latent Semantic Indexing，LSI）、贝叶斯网络（Bayes Networks）、语义网络（Semantic Web）、神经网络（Neural Network，NN）和规则等。不同种类的用户模型采用的构建方法不同。

基于内容的推荐系统最广泛采用的用户模型是向量空间模型（Vector Space Model，VSM）。向量空间模型中相应的用户兴趣描述表示为关于内容特征关键字的向量形式，各内容特征按照其在刻画用户兴趣中所起的重要性被赋予不同的权值。基于 VSM 模型表示的用户描述实现方法简单，但由于 VSM 模型的构造完全基于已经观察到的用户兴趣，没有考虑特征之间的语义关联，难以发现用户的潜在兴趣。再如，基于规则的个性化推荐系统通常采用基于特征属性的向量模型进行用户建模。其中的特征一般是用户的人口学分类信息，如年龄、性别、职业和籍贯等。然而，由于大多数商业推荐系统难以获取相应的特征属性信息，基于特征属性的用户模型一般只作为推荐系统的补充模型。

与基于内容的推荐系统不同，协作推荐系统中的用户兴趣信息一般采用用户对项目的评分（Rating）进行描述。用户评分中的评分值可以是离散型的，也可以是连续型的，其大小反映了用户对特定项目的兴趣强度。由于用户评分与信息项目的内容无直接关联，因此，协作推荐系统中的信息项目可以是无法解析的多媒体信息。但是用户在与推荐系统进行交互的过程中，一般只对相对少部分的信息项目进行评分，存在稀疏性问题，难以支撑推荐系统有效工作。

2. 信息过滤

信息过滤的设想是 Luhn 于 1958 年提出的，用于实现“信息的有选择性分发”。20 多年后，Denning 将其中的信息处理设想正式定义为信息过滤。信息过滤技术主要适用于用户信息需求相对不变或变化较慢的情况。信息过滤主要涉及信息内容描述、用户描述和信息过滤 3 个方面。

目前信息过滤的对象大多是文本信息。常用的文本信息内容描述模型有布尔模型（Boolean Model）、概率模型（Probabilistic Model）和向量空间模型（Vector Space Model）。布尔模型通过逻辑布尔表达式对信息内容进行表示。尽管布尔模型实现简单，但表达信息特征的粒度过于粗糙，因此难以表达用户的复杂信息需求，只适用于结构化信息描述。概率模型通过给文档中的特征赋予概率值来表示特征在相关文档或无关文档中出现的概率，并以特征概率值作为检索依据。但概率模型需要消耗大量的计算资源，条件概率的估计较难，一般只适合中小型信息系统。向量空间模型将文档信息内容视为特征空间中的向量，是迄今为止使用最广泛的信息内容表示模型。特征空间中所有特征对于该文档的重要性构成了描述文档内容的特征向量。

与信息检索技术不同，信息过滤技术不是根据用户提供的查询表达式获取用户信息需求，而是通过用户描述模型。信息过滤先对从信息源获得的信息进行处理和分析，然后以特定的信息表示模型将信息存储于本地信息资料库中，并依据用户描述模型过滤信息资料库中不符合用户需求的信息。信息过滤提供给用户的定制信息可以是二元的（相关与不相关），也可以是基于概率的相关性排序。常用的信息过滤方法可以分为认知过滤（Cognitive Filtering）和社会过滤（Social Filtering）两类。

认知过滤在对用户信息需求和信息内容描述的基础上，从内容角度通过二者之间的对比实现信息的过滤，因此又被称为基于内容的过滤（Content - Based Filtering）或者基于属性的过滤（Properties - Based Filtering）。在认知过滤中，信息内容与用户模型的匹配程度一般采用基于统计学的方法来度量，如相关系数（Correlation Coefficient）和夹角余弦（Angle Cosine）。

社会过滤则根据用户个体在特定群体中的组织关系实现信息过滤，也称为协作过滤（Collaborative Filtering，CF）。社会过滤充分利用了群体中不同个体关于信息对象的知识，而不需要对信息内容进行表示和分析。不同用户之间的关联程度是实现社会过滤的主要依据。用户间关联程度的度量方法有简单的调查问卷和用户特征属性表示等。

3. 推荐算法

推荐算法是推荐系统的核心，决定了整个推荐系统的工作方式和推荐策略。推荐算法的性能也直接影响推荐系统的整体性能。推荐算法中大量采用了信息检索、信息过滤、数据挖掘、人工智能和预测理论等相关技术，也是区分不同类型推荐系统的主要依据。

按照推荐策略的不同，推荐算法一般分为内容过滤（Content - Based Filtering，CBF）、协作过滤（Collaborative Filtering，CF）和混合推荐（Hybrid Recommendation，HR）。

（1）内容过滤（CBF）

CBF 算法起源于信息检索技术。CBF 通过对推荐项目内容信息的分析，形成推荐项目内容的资源特征描述。同时，在与用户的交互过程中，CBF 主动记录用户的访问历史，并根据用户已访问资源的内容信息进行用户建模（User Modeling），形成用户基于内容的兴趣特征描述（User Profile）。最后，CBF 通过度量用户兴趣描述与用户未访问项目特征描述之间的相似性，选取与用户兴趣描述最相似的未访问项目作为个性化推荐（只有在内容上与目标用户兴趣模型足够相似的项目才会被推荐）。

（2）协作过滤（CF）

CF 用于发现与特定目标用户兴趣相似的（Like - Minded）邻居用户，从而将邻居用户感兴趣的信息项目推荐给目标用户。

早期的 CF 实验系统需要用户手工完成确定邻居的过程，但随着 CF 在商用信息服务中的普及、系统用户数量的递增以及智能化需求的增长，目前的主流 CF 系统一般通过特定的相似度计算方法来自动实现用户相关性度量，形成了自动协作推荐系统（Automatic Collaborative Recommender System，ACRS）。

根据推荐的策略不同，CF 可分为基于内存（Memory - based）的 CF 和基于模型（Model - based）的 CF 两类。

基于内存的 CF 也称为“基于记忆”的协作推荐或基于启发式（Heuristic - Based）的协作推荐，在内存中通过一定的启发式方法实现评分预测。根据实现推荐的角度，基于内存的 CF 还可以分为基于用户的 CF（User - Based Collaborative Filtering，UBCF）和基于项目的 CF（Item - Based Collaborative Filtering，IBCF）。

基于用户的 CF 是一种基于用户最近邻居（K - Nearest Neighbor，KNN）实现的推荐算法，查找活动用户的邻居用户，并根据邻居的评分对活动用户的未访问项目进行评分预测，把邻居对目标项目的已观测评分作为活动用户关于目标项目评分预测的重要依据。然而，用户相似度计算的时间复杂度较高、用户之间相似度稳定性较差，且需要对用户相似度进行频繁更新，因此基于用户的 CF 不适合在大用户量信息系统应用。

Sarwar 等研究人员提出了基于项目的 CF。项目间相似度（Item - Based Similarity）较之用户间相似度更为稳定，不需要进行相似度的频繁更新。因此，基于项目的 CF 可以从整体上提高推荐系统的计算性能。鉴于推荐准确性和计算性能上的优势，基于项目的 CF 已经在 Amazon 电子商务网站等商业应用中得到推广和实践。

基于模型（Model - Based）的 CF 大量采用了机器学习和数据挖掘算法，对评分数据的潜在复杂模式进行学习。基于模型的 CF 中的常用模型和算法包括贝叶斯网络、聚类算法、回归算法、马尔可夫决策模型和关联规则挖掘等。由于训练和学习时间长，基于模型的 CF 中学习和训练往往是离线的。

由于不同于基于内容的推荐，CF 不依赖信息内容，还能够提供具有一定联想性的推荐，因此 CF 的应用领域更为广泛。然而，由于缺乏评分数据，CF 无法获得新用户的信息需求，无法实现新项目的相似度计算。另外，用户 - 项目评分矩阵的稀疏度过高，这也将影响 CF 的整体准确性。

（3）混合推荐（HR）

为了解决 CBF 和 CF 推荐所存在的问题，可以将两种推荐通过不同的形式进行组合应用，构成基于多种推荐策略和机制的 HR，以取长补短和在整体上提高推荐质量和准确性。CBF 和 CF 既可以在 HR 的不同阶段和层次按不同的形式实现两种推荐策略的组合，也可以在 CBF 或 CF 中引入其他智能信息处理技术。

按照推荐策略的组合方式，HR 可分为加权组合（Weighted Combination）、动态切换（Dynamic Switching）、混合（Mix）、特征组合（Feature Combination）、级联（Cascade）、特征放大（Feature Augmentation）以及元层次组合（Meta - Level Combination）等方式。

具体来讲，加权组合方式的 HR 中，推荐系统同时执行 CBF 和 CF，再通过特定的权值方案将二者的预测评分进行组合，形成整体的预测评分。动态切换方式根据一定的系统评价标准，在 CBF 和 CF 两种推荐之间进行动态地切换，以保证推荐系统当前能处于最佳推荐状态。混合方式同时运行两种推荐，当两种推荐产生的结果不一致时，通过一定的仲裁机制来消除两种推荐的冲突。特征组合方式中，CBF 与 CF 互相使用对方的特性以提高特定推荐的能力。级联方式是一种分阶段推荐的混合方式。特征放大方式与级联模式类似，是将一种推荐结果中的某些特征数据集成至另一种推荐策略中。元层次组合是特征放大模式的推广，是将初级推荐产生的模型整体应用到另外一种推荐中。

9.7.3 推荐系统

国内外推荐系统研究主要围绕敏感信息过滤模板的生成和优化以及被过滤信息的权值计算两方面内容进行，主要应用于文本信息过滤。根据过滤方式的不同，推荐系统的应用分为基于内容过滤的应用、基于协作过滤的应用和混合推荐应用。

1. 基于 CBF 的推荐系统

基于 CBF 的推荐系统在多个因特网应用领域中得到了广泛应用，其典型推荐系统代表包括 Information Lens、LIRA、Letizia、Web Watcher 和 Syskill&Webert。

1985 年，麻省理工学院的 Malone 建立了针对电子邮件过滤的原型系统 Information Lens，采用基于内容的半结构化模板，实现了邮件信息的简单过滤。斯坦福大学的 Balabanovic 等研发了网页推荐智能代理 LIRA，基于内容的搜索规则对因特网进行搜索，将最符合搜索规则的页面推荐给用户，并依据用户的评价反馈对基于内容的搜索规则进行更新，以完善搜索服务，提供更具个性化的搜索内容。麻省理工学院的 Lieberman 实现了针对网页浏览的辅助推荐智能代理 Letizia，通过自动隐式跟踪用户的浏览行为，主动学习用户兴趣模型，并根据用户模型在后台进行网页搜索，将符合用户兴趣模型的网页资源推荐给用户。卡耐基梅隆大学的 Armstrong 等开发了网页浏览路径推荐代理 WebWatcher，根据用户浏览网页所访问的超链接，对超链接信息进行分析，并结合 Agent 的历史推荐浏览路径对用户的浏览行为进行学习并形成基于内容的用户模型，并将与用户模型相匹配的超链接主动推荐给用户。另外，WebWatcher 推荐过程中参考了系统以往的推荐，提高了推荐效率。加州大学的 Pazzani 等人实现了基于内容的推荐系统 Syskill&Webert，借助智能代理记录用户对已浏览网页的评分信息，并通过贝叶斯分类器学习用户兴趣模型，以直接为用户推荐超链接和构造针对搜索引擎的查询语句。

2. 基于 CF 的推荐系统

由于互联网信息资源的多样性，除文本资源外还存在大量基于内容过滤的推荐系统难以解析和描述的信息资源，如图片、视频和音乐等多媒体资源。基于内容过滤的推荐系统的另一个缺点是完全依赖用户的历史行为对用户兴趣进行建模，推荐的往往是与用户兴趣模型非常相似的资源，无法发现用户潜在的兴趣和信息需求，并“刻意”主动地为用户提供具有一定联想性的个性化推荐，从而导致用户信任度和满意度不高。协作过滤（社会过滤或协作推荐）以用户群体的行为或兴趣为基础，能够根据兴趣相似的邻居用户对推荐对象的评价实现对目标用户个体的信息推荐，可以实现具有一定联想性的个性化推荐。相比基于内容过滤，CF 具有两大优点：一是不依赖推荐项目的内容即可实现推荐，具有更广泛的应用范围；二是 CF 算法在推荐过程中体现了用户间的社会性，除了目标用户自身的历史兴趣外还参考了相似用户的历史行为，实现联想性推荐。

基于 CF 的推荐系统包括 Tapestry、ACF 和 GroupLens 等。施乐公司的 Palo Alto 研究中心开发了第一个具有协作过滤特性的邮件推荐系统 Tapestry，可以记录用户对邮件的标注评价信息，不同的用户可以通过使用定制的查询语言 TQL 基于邮件内容和标注信息对邮件进行过滤。卡耐基梅隆大学和莲花公司联合开发了主动协作过滤系统（Active Collaborative Filtering，ACF），并将该系统集成到商用办公系统 Lotus Notes 中，部分实现了数字文档的推荐服务。明尼苏达大学的 GroupLens 研究团队开发了 GroupLens 推荐系统，该系统采用了基于自动协作过滤（Automatic Collaborative Filtering）的推荐方法，并在 Usenet 新闻组服务中得到了应用，奠定了自动推荐系统的基础。

基于 CF 的推荐系统在电子商务领域的应用最为广泛和成功。Amazon 最早应用协作过滤推荐系统，是推荐系统在实际应用中最为成功的案例。根据公开统计，Amazon 网站总销售额中的 35% 都来自推荐系统的推荐。

3. 采用 HR 的推荐系统

除了 CBF 和 CF 外，有的推荐系统采用了两种过滤技术的混合策略。斯坦福大学开发了 Fab 网页推荐系统，这是一种结合了 CBF 与 CF 的 HR 系统。Fab 采用了混合推荐策略：推荐代理根据用户已访问页面的信息内容建立用户基于内容的兴趣描述，然后再将用户描述文件应用于传统的协作过滤中，解决了传统协作过滤的稀疏性问题。

9.8 空间数据挖掘

巨量空间数据集成系统（如 3S，RS，GPS，GIS）、空间数据基础设施、数字地球等地理空间信息学（Geo Information Science）的出现和发展极大地提升了空间数据的生产和传输能力。然而，空间数据的解析能力相对落后，差距反而在加大。目前，由于空间数据分析和挖掘能力的滞后，海量的空间数据无法及时处理，造成了数据灾难，因此，空间数据和信息的处理和挖掘的需求非常迫切。

采用空间数据挖掘技术，以知识指导空间数据利用，才能够充分有效地挖掘和利用空间数据资源中蕴涵的价值。常规的遥感处理理论和方法基本都遵循了数理统计的分析模式，以定性分析为主，且处理数据量有限，仍停留在空间信息处理阶段，尚没有实现从信息到知识的转化。面对“空间数据过量而知识贫乏”的窘迫形势，空间数据挖掘应运而生。空间数据挖掘的应用前景十分广泛，涉及地理信息系统 GIS、气象领域、远程遥感、交通控制、城市规划、环境研究、基于内容的图像检索、军事战略评估等直接关系国民经济与国防军事的重要领域。

空间数据挖掘研究已经逐渐渗透到 GIS、信息融合、遥感、图像数据库、医疗图像处理、导航、机器人等多个空间信息学科，用发现的空间知识推动上述学科的自动化和智能化研究，能更有效地发挥空间数据潜在的价值。

9.8.1 空间数据的特点

空间数据种类多样，包括宇宙数据、地表数据、分子数据等多种类型。与一般数据相比，空间数据具有空间不确定性，包含了拓扑或距离信息，通常按复杂的、多维的空间索引结构进行数据组织。空间数据挖掘的关键技术通常包括空间推理、地理计算和空间知识表示等。

空间数据的最大特点是维数极高。空间数据描述的空间实体种类繁多。每种空间实体均由多个属性来描述，而且空间实体之间、实体属性之间关系复杂，存在着多种空间的或非空间的关系。不仅如此，空间数据的维数仍然在剧增。

空间数据的另一个显著特点是较高的不确定性。在复杂多变的现实世界中，空间实体多相互混杂，通常存在随机性、模糊性、默认性、混沌性和未确定性等多种不确定要素。而目前常用的定性定量的转换方法，如层次分析、量化分析、专家群体打分等，均不能兼顾空间数据的随机性和模糊性。同样地，概率论、GIS 模型和灵敏度分析等一般也都是基于经典的确定集合理论研究确定数据，对空间数据不确定性的研究不足。

9.8.2 空间数据预处理

由于空间数据高维和不确定的特点，其存储、索引和管理策略相当复杂。

早期的 GIS 中，Arcinfo（一个全功能的 GIS 产品）采用了 RDBMS + 文件的结构，将实体的非空间信息与空间信息分开存储管理，但这种方式容易导致 GIS 在空间数据的安全性、共享和一致性维护等方面表现不足。分层体系结构中，所有空间处理操作都在 DBMS 之上进行处理，系统开销较大。Mapinfo、Arcinfo 等系统采用的是对偶结构。对偶结构中，系统将空间数据和属性数据相互分离，并在二者之间建立一种二元结构的关联关系，相应的，系统查询必须分解为空间查询和属性查询。集成结构是在关系数据库管理系统基础上的扩展，并引入了对象机制、用户自定义数据类型、空间索引和查询优化等扩展技术，以支持空间数据的存储管理。

另外，空间数据库管理系统（SDBMS）还采用一种或多种空间索引技术以提高数据文件查询效率。索引文件记录包括数据文件的两个域：码值和页面地址。空间索引方法主要有两类：一类在系统中加入专门的外部空间数据结构，为空间属性提供线形属性功能，如 B 树；另一类使用空间填充曲线，如 Z 序、Hilbert 曲线等，将空间对象映射到标准的一维索引中。

针对空间数据的不确定性，研究人员开展了广泛的研究，其中比较有代表性的是云理论。

云理论是由李德毅教授提出的一种处理不确定性的新理论，广泛用于处理定性概念的随机性和模糊性，由云模型（Cloud Model）、云变换（Cloud Transform）和不确定性推理（Reasoning Under Uncertainty）三部分构成。云理论结合了模糊性和随机性，克服了模糊集理论中隶属函数的固有缺陷。加上虚拟云、云变换等新方法，云理论为空间数据挖掘中的许多基础性关键问题提供了新的解决途径。空间数据挖掘中应用云理论，可进行概念和知识的表达、定量和定性的转化、概念的综合与分解、基于数据的概念和概念层次结构生成、不确定性推理和预测等。

空间数据高维和不确定的特点同样给空间数据的特征选择带来了较大难度。典型的空间数据特征选择方法有 MEFS（Maximum Entropy Feature Selection）。MEFS 是一种从空间数据本身的特性出发的特征选择方法，在基于最大熵原理的基础上，运用互信息和 Z－测试技术进行空间特征选择。实验表明，MEFS 方法不仅能够节约特征提取和分类成本，而且能够提高分类的准确性。

9.8.3 空间数据挖掘技术

空间数据挖掘是指从空间数据库中抽取没有清楚表现出来的隐含的知识和空间关系，并发现其中有用的特征和模式的理论、方法和技术。

1. 空间关系

空间数据挖掘的基础是空间关系描述。空间数据挖掘中的空间关系主要分为空间距离、空间拓扑和空间方位 3 种基本类型。

空间距离描述的是两个实体或事件之间的远近或亲疏程度的概念。常用的距离描述有欧氏距离、曼哈顿距离、棋盘距离及广义距离等，见表 9-2。其中，欧氏距离是最常用的，用以描述两点间的直线最短距离。曼哈顿距离也称为城市区块距离，表示的是欧几里德空间的固定直角坐标系上两点所形成的线段对坐标轴产生投影的距离总和。显然，曼哈顿距离并不是距离不变量，当坐标轴变动时，两点间的曼哈顿距离也会随之改变。棋盘距离是定义在向量空间中的一种距离。两向量之间的棋盘距离定义为各个对应分量差的绝对值的最大值。广义距离是对欧氏距离的扩展，用于描述通达性的变化引起的直线距离的拉伸。

表 9-2 常用空间距离

距离	表达式	坐标变换
欧氏距离	$d_{ij}=\sqrt{(x_i-x_j)^2+(y_i-y_j)^2}$	平移、旋转
曼哈顿距离	$d_{ij}=\lvert x_i-x_j\rvert+\lvert y_i-y_j\rvert$	平移
棋盘距离	$d_{ij}=\max(\lvert x_i-x_j\rvert,\lvert y_i-y_j\rvert)$	平移
广义距离	$d_{ij}=((x_i-x_j)^C+(y_i-y_j)^C)^{1/C}$	平移

毫无疑问，空间拓扑关系是空间数据挖掘研究的核心问题。空间拓扑关系中的拓扑元素主要包括点（结点）、线（链、弧段、边）和面（多边形）三要素，主要的拓扑关系类型有关联、邻接、包含、几何和层次等。所有拓扑关系中，最基本的拓扑关系是关联和邻接。

具体地说，拓扑关系中的关联关系描述的是不同拓扑元素之间的关系，如结点与链、链与多边形等。拓扑关系中的邻接关系描述的是相同拓扑元素之间的关系，如结点与结点、链与链、面与面等。邻接关系借助不同类型的拓扑元素进行描述，如面通过链而邻接。拓扑关系中的包含关系主要描述面与其他拓扑元素之间的关系。如果点、线、面在该面内，则称为被该面包含。拓扑关系中的几何关系描述的是拓扑元素之间的距离关系，如拓扑元素之间距离不超过某一半径的关系。拓扑关系中的层次关系描述的是相同拓扑元素之间的等级关系。此外，空间方位关系定义了目标对象之间的方位。定义点目标之间的关系是定义空间目标方位关系的基础。通过给定参考坐标轴，利用垂直于坐标轴的直线来定义目标间的方位关系。

2. 空间关系描述

Egenhofer 和 Franzosa 以点集拓扑学理论为工具，描述了一切可能的空间对象间的拓扑关系。其基本思想是：点集 A 和 B 之间的拓扑关系可以由它们的内域、外域和边界之间的关系确定，由九交矩阵 R（A，B）表示。其中，∂A、∂B 表示点集 A 和 B 的边界，A^0 和 B^0 表示点集 A 和 B 的内域，A^- 和 B^- 表示点集 A 和 B 的外域。理论上来说，九交模型可以计算出 $2^9 = 512$ 种空间关系。

地理空间中存在众多的地理要素，既包括表示地球表面自然形态的自然地理要素，如地貌、水系、植被和土壤等，也包括人类在生产活动中改造自然界所形成的社会经济要素，如居民地、道路网、通信设备、工农业设施、经济文化和行政标志等。同时，空间要素实体之间的空间关系多样。空间自关联矩阵可用于具体描述空间要素实体之间的综合空间互关联关系，如下所示

$$W = (w_{ij})_{m\times n} = \begin{bmatrix} w_{11} & w_{12} & \cdots & w_{1n} \\ w_{21} & w_{22} & \cdots & w_{2n} \\ \cdots & \cdots & \cdots & \cdots \\ w_{m1} & w_{m2} & \cdots & w_{mn} \end{bmatrix} \tag{9-7}$$

其中，如果实体 i 与实体 j 满足特定的空间关系矩阵，那么元素 w_{ij} 的取值为 1，否则矩阵元素 w_{ij} 的取值为 0。结合空间距离、空间拓扑和空间方位关系，可以定义出不同种类的空间实体关联矩阵。

3. 空间信息模型及其描述

空间数据模型体现了现实世界中空间实体及其相互联系的概念。空间信息模型通常分为空间场模型、空间要素模型和空间网络结构模型 3 种。其中，空间场模型描述了在二维或者三维空间中连续变化的数据，空间要素模型主要描述的是离散对象，空间网络模型则描述了特殊对象之间的交互关系。

空间场模型通常用于表示连续的或无固定形状的概念，如温度场或云区等。空间场模型在计算机中通常是通过栅格数据结构实现的——把基本空间划分成均匀的网格，每个栅格的值一般采用位于这个格子内所有场点的平均值表示。空间场模型采用的其他常用数据结构还包括不规则三角网（Triangulated Irregular Network，TIN）、等高线和点网络。空间场模型有空间框架（Spatial Framework）、场函数（Field Function）和相关的场操作（Field Operation）三部分组成。空间框架是一个有限网格，所有度量都基于这个框架来完成，如地球表面的经度－纬度参照系。场函数 f 将空间框架 F 映射到不同的属性域 A。各种场函数和属性域的选择取决于具体的空间应用。场操作把场的一个子集映射到其他场，常见的场操作有并（+）和复合（o）等。

$$f+g: x \to f(x)+g(x) \tag{9-8}$$

$$fog: x \to f(g(x)) \tag{9-9}$$

空间要素模型体现了空间个体现象之间的关系。空间要素模型把空间信息抽象为明确的、可识别的和相关的对象或实体。一个对象必须符合 3 个条件：可被识别、重要性和特征明显。对象的特征属性可以分为空间属性和非空间属性两类。一个对象可以有多个空间属性。对象通过空间属性与包含它的基本空间进行交互。目前建立 GIS 空间数据库的主要方法就是要素模型。

空间网络结构模型 $G=[Vertex,\{relation\}]$ 描述了结点数据之间多对多的关系。网络结构模型将数据组织成有向图结构，用结点描述数据记录，用连线描述不同结点之间的连通关系。其中，*Vertex* 表示结点数据的有限非空集合，*Relation* 表示两个结点间的关系集合。

4. 聚类技术

随着 GIS 系统的发展，作为数据挖掘的关键技术之一，聚类分析已成为空间数据挖掘的研究热点。

国际上，Tung 等研究人员最早提出空间数据聚类算法 COD_CLARANS，以处理河流、高速公路等阻隔的情况。COD_CLARANS 算法是基于 CLARANS 算法的改进，主要的创新点是用两个点间阻隔距离（Obstructed Distance）代替欧氏距离。COD_CLARANS 算法采用了一种 BSP 二分树的空间数据结构，以有效判断在区域 R 中两点 p 和 q 之间是否相互可视（Visible）以及从点 p 到障碍物的所有可视点。COD_CLARANS 算法还采用了微小聚类技术和用代价更低的平方差函数来提高空间搜索效率。

AUTOCLUST + 算法也是一种代表性的空间聚类算法，是一种基于 Voronoi 图和 Delaunay 三角剖分基础上的空间障碍聚类算法。AUTOCLUST + 算法是 AUTOCLUST 算法的改进版，不需要用户输入参数。

DBCLuC 算法是第一种能够处理障碍物和连接设施的空间聚类算法。DBCLuC 算法的基本思想起源于 DBSCAN 算法。空间障碍聚类 DBRS + 算法也能够处理障碍物和连接设施，而且效率较高。

我国学者杨春成提出了一种满足旋转与平移不变性的线段链形状相似性评价方法，并对评价方法可能产生的影响及程度进行了参数分析。这种方法适用于面状地理实体聚类分析。学者邹亮提出了基于聚类分析方法的模糊地名匹配模型，提出了基于 CURE 聚类方法的求解算法。

5. 分类技术

空间分类是指通过对如地区、高速公路或河流等邻域的空间对象进行分析提取与空间特征相关的分类模式。空间分类与传统基于关系数据库的分类的最大区别在于空间分类需要考虑其邻接对象的非空间属性对待分类空间对象的影响。

国外学者 Koperski 和 Han 提出了空间数据的两步决策分类法。两步决策分类法在查找样本对象的粗略描述后，利用 Relief 算法提取空间谓词，合并空间谓词和非空间谓词形成分类决策知识。我国学者石云等提出了基于粗糙集（Rough Set）的空间数据分类方法，能够较好地反映空间和非空间数据之间的关系，为利用邻近区域中基于非空间属性的聚合值来对空间对象进行分类提供了可行性。空间自回归模型（Spatial Autoregression Model，SAR）和马尔可夫随机域（Markov Random Fields，MRF）也被应用于空间数据分类和预测。

6. 关联分析技术

Koperski 等研究人员将关联分析的概念扩展到空间数据库，并首次提出了在空间数据库中挖掘强空间关联规则的算法。该算法将用户指定的参考特征周边的邻域作为事务，主要应用于与某个布尔空间特征有关的邻域。

空间关联挖掘与事务型和关系数据库的关联规则挖掘类似，其关联规则形如 $A \rightarrow B$（$S\%$，$C\%$）。其中，A 和 B 表示空间和非空间谓词的集合，$S\%$ 表示规则的支持度，$C\%$ 表示规则的可信度。空间谓词主要表示的关系包括距离关系（如靠近、远离）、拓扑关系（相交、重叠、分离）和空间方位关系（右边、西边）等。

图 9-13 是空间数据关联的一个实例。图中的 X 坐标和 Y 坐标描述了原始空间数据中空间

对象的二维分布。空间对象包括房屋、小鸟、老鹰、猫头鹰、树木、篝火等。根据空间邻近关系，在支持度为 9 的限制条件下可挖掘出两个明显的频繁空间关联模式：第一个频繁模式是树木和篝火，出现了十余次；第二个频繁模式是小鸟和房屋，出现了 9 次。

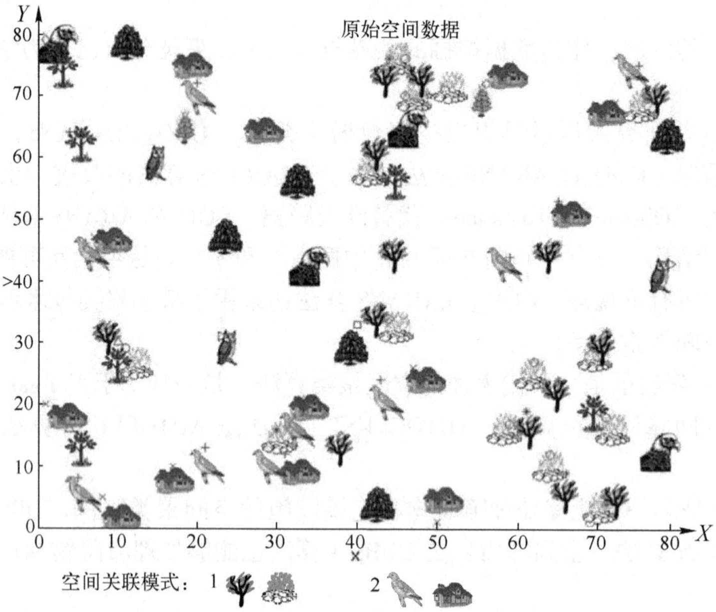

图 9-13　空间数据关联实例

为了便于挖掘多级空间关联规则和进行高效的处理，研究人员提出了空间谓词概念分层的思想，自顶向下，逐步求精。例如，空间谓词的拓扑关系可以用一棵倒置的拓扑树描述，如图 9-14所示。在空间谓词的拓扑关系基础上，可以采用自顶向下的方式来挖掘多概念层空间关联规则，即逐层搜索频繁空间谓词。如果顶层空间谓词是频繁的，则可以在其子层继续挖掘频繁空间谓词，反之就停止挖掘。

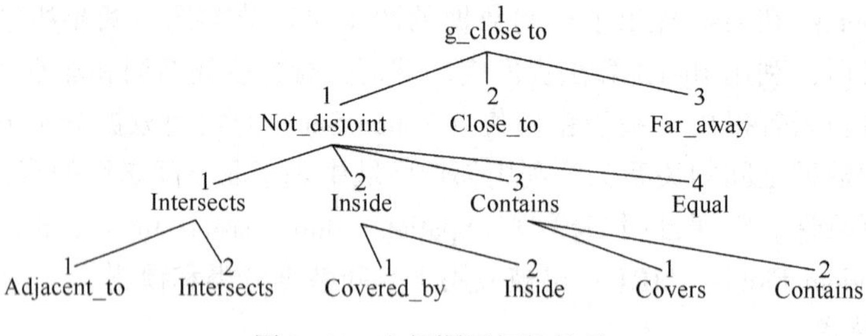

图 9-14　空间谓词拓扑关系

7. 孤立点检测技术

传统的孤立点检测没有区分空间维与非空间维，因此可能导致发现的孤立点没有实际意义，或产生错误的判断。空间孤立点是指空间邻域中非空间属性与其他空间对象明显不同的空间对象。空间孤立点检测可以应用于交通、生态、公共安全、公众健康、气候和基于位置的服务等领域。

空间孤立点的检测方法大致可以分成基于多维属性空间的孤立点检测和基于图的孤立点检测。基于多维属性空间的孤立点检测算法对空间孤立点与其他数据之间的区别进行检验，典型算法有 Scatterplot 和 Moran Scatterplot。基于图的孤立点检测算法在空间数据的可视化基础上，将空间孤立点突出地显示出来以达到检测的效果，典型算法有 Variogram Clouds 和 Pocket Plots。

8. 知识

空间数据挖掘主要挖掘的是反映空间关系的知识。空间数据挖掘出的知识类别主要有普遍的几何知识、空间规则型知识、空间分类和预测型知识、空间聚类和偏差型知识以及空间分布规律知识等 5 类。

（1）普遍的几何知识

普遍的几何知识是指描述某类空间目标的数量、大小、形态等特征的知识。常用的几何知识包括计算和统计出的空间目标几何特征量的最小值、最大值、均值、方差以及特征量统计出的直方图。

（2）空间规则型知识

空间规则型知识主要是指空间关联规则、空间特征规则、空间区分规则、空间同位规则和空间演变规则等。空间关联规则（Spatial Association Rules）主要指空间实体间的相邻、相连、共生和包含等关联规则，如空间实体之间同时出现的内在规律、空间实体的特性数据项之间频繁同时出现的条件规则。空间关联规则可以附加可信度、支持度和兴趣度等不确定性度量。空间特征规则（Spatial Characteristic Rules）汇聚了某类或几类空间实体的几何和属性的一般共性特征。与空间特征规则相反，空间区分规则（Spatial Discriminate Rules）指两类或多类目标间几何的或属性的不同特征，即可以区分不同类目标的特征。空间同位规则（Spatial Co – Location Rules）是指在一个空间特征实例的邻域中推理另一空间特征实例出现的模型。空间同位规则体现了空间对象之间的相关性。空间演变规则（Spatial Evolution Rules）是指空间目标依时间的变化规则，如哪些地区易变，哪些地区不易变，哪些目标易变及怎么变，哪些目标固定不变等。

（3）空间分类和预测型知识

空间分类知识指采用空间分类技术获取的判别空间对象类别的规则，针对的对象类别是离散型的。空间预测知识主要用于预测空间对象的空间属性值，对应的空间属性值是连续型的。

（4）空间聚类和偏差型知识

空间聚类和偏差型知识是指应用空间聚类分析和孤立点检测等挖掘技术获取的知识。

（5）空间分布规律

空间分布规律是指目标在地理空间的分布规律，可细分为垂直向分布规律、水平向分布规律、垂直向和水平向的联合分布规律等。垂直向分布即地物沿高程带的分布。水平向分布是指地物在不同平面区域的分布规律。垂直向和水平向的联合分布是指不同区域中地物沿高程分布规律。

9.8.4 空间数据挖掘工具

目前成熟的空间数据挖掘（SDM）软件工具较少。具有一定代表性的 SDM 系统包括加拿大 Simon Fraser 大学开发的 GeoMiner 系统、支持可视化的空间数据分析工具 Descartes 和 ESRI 公司开发的用于空间数据分析的 ArcView GIS S – PLUS 接口。

GeoMiner 由数据源、挖掘器、用户界面和空间数据库服务器 4 部分构成，实现了地学聚类分析、地学特征化、地学预测、地学关联、地学分类、地学比较和地学模式分析等功能。GeoMiner 含有空间数据挖掘模块、空间数据立方体构建模块和空间联机分析处理模块 3 个关键模块，设计和实现了空间数据挖掘语言（GMQL）及用户接口和空间知识的可视化工具。空间数据挖掘模块能挖掘特征规则、判别规则和空间关联规则。GeoMiner 采用 SAND（Spatial - And - Non - Spatial Database）体系结构，配置了 Maplnfo、ESRI/Oracle SDE、Informix - Illustra 等空间数据服务器。

Descartes 是支持可视化的空间数据分析工具。Descartes 与数据挖掘工具 Kepler 结合使用，能够把传统数据挖掘与可视化表现相结合，实现 C4.5 决策树算法、空间聚类、空间关联规则等挖掘技术。

国内有代表性的 SDM 系统是由中国科技大学开发的 GISMiner。GISMiner 以 MapInfo 为空间数据的管理平台，采用 OLE 的自动化集成方式，主要应用于农业管理。

9.9 数据流挖掘

随着计算机、网络和通信技术的迅猛发展，在商业交易分析、传感器网络、入侵检测、金融信息监控、工业过程控制等众多领域出现了海量连续到达的、潜在无限的数据序列，即数据流。

数据流在时间复杂度、空间复杂度、准确度和自适应性 4 个方面给传统的数据挖掘技术带来了巨大的挑战。数据流挖掘迫切需要满足低时间复杂度（Low Time Complexity）、低空间复杂度（Low Space Complexity）、近似准确度（Approximate Accuracy）以及自适应性（Adaptivity）的要求。

首先，数据流应用系统中，一般都要求实时响应用户要求，连续输出查询结果，处理的时间复杂度必须满足实时要求。其次，数据流算法的空间复杂度要非常小。假设当前时刻数据流的长度为 N，数据流的空间复杂度一般要求在 $O(\log N)$ 之内，以保证数据流算法空间占有量的增长速度远远小于数据流自身规模增长的速度。再次，由于数据流的数据规模大、速率快，且存储有限，对于复杂问题数据流算法返回的近似结果需要将其误差限制在一个预定义的较小范围之内，以保证近似结果的质量。最后，数据流算法必须能够及时监测数据流的动态变化，并能够根据变化来进行自适应的调整。例如，当数据流的流速超过系统的处理能力时，需要进行负载平衡以及对查询操作调度方法进行处理，甚至采用卸载技术来卸掉过多的负载。当数据流的数据分布发生改变时，需要更新当前的数据模式或者生成新的数据模式。

数据流挖掘已经应用在金融管理、网络日志、商品销售分析、交通、网络安全防御、电信数据管理、传感器网络、情报分析、股票交易、电子商务、卫星遥感和科学研究等多个领域。

9.9.1 数据流的特点

数据流主要具有连续、高速、无序、单遍处理和动态等特点。第一个特点是连续性。数据流连续不断地到达，数据总量是无限的，因此存储流中所有数据的代价极大。第二个特点是高速性。数据流到达速率很快，数据流处理速度要求有时会超出系统的负载能力。第三个特点是无序性。数据流到达顺序和处理顺序不受应用系统控制。第四个特点是单遍处理。数据流一经处理，由于内存的限制，除非特意保存，一般不会被再次取出处理，数据流处理后，一般只采用概要数据结构保留其有用的数据。最后一个特点是动态性。数据流的到达速率和数据分布时刻会发生变化。

由于数据流具有数据海量、快速和时变的特点，采用传统的数据库存储方式和数据操作是不切实际的。海量的数据会导致数据库无法正常使用，而数据流中的大部分数据可能很快就会被删除，并不需要永久保存。同时，传统数据存储和操作方式下数据流的更新和查询的效率非常低下。

9.9.2 数据流预处理

流抽样和窗口模型是两种常用的数据流预处理方法。

1. 流抽样

为了避免存储整个数据流，流抽样周期性地对数据流进行随机取样。数据流的抽样方法是抽取小部分能代表数据流基本特征的样本，并根据该样本集合获得近似的查询结果。

流抽样方法可分成均匀抽样（Uniform Sampling）和有偏抽样（Biased Sampling）两种。在均匀抽样方法中，数据流中的各元素以相同的概率被选取到样本集合中。而在有偏抽样方法中，不同元素的入选概率可能不同。代表性的均匀抽样方法有水库抽样方法（Reservoir Sampling）和精确抽样方法（Concise Sampling）。典型的有偏抽样方法是计数抽样方法（Counting Sampling）。

2. 窗口模型

窗口可以被看作数据流输入序列的一个片段，是系统当前进行处理的数据对象。窗口模型的定义通常包括窗口端点的移动方向、窗口大小的量度和更新间隔 3 个方面。

按照窗口端点的移动方向，窗口模型可分为固定窗口（Fixed Window）、滑动窗口（Sliding Window）和界标窗口（Landmark Window）。固定窗口的两个端点均固定，如最先 5 天的交易量。滑动窗口的两个端点同时向前或向后滑动。当新的数据元素抵达时，滑动窗口中最早的数据元素被新数据元素代替，如最近 5 天的货物交易量。界标窗口的一个端点固定，另一个端点向前或向后滑动，如最先 5 天之后累积的交易量。

按照窗口大小的量度，窗口模型可分为逻辑型窗口和物理型窗口。逻辑型窗口模型以时间间隔为参数来定义窗口的大小，如一星期、一年等。物理型窗口模型则以窗口中数据元素的个数来定义窗口的大小。

按照更新间隔，窗口模型可分为主动更新（Active Update）窗口和懒惰更新（Lazy Update）窗口两种。主动更新窗口模型中，每当一个新的元素进入窗口，便认为窗口改变并进行相应的计算处理。懒惰更新则是当窗口中新数据元素的个数大于指定值才认为窗口改变而进行相应的计算处理。

9.9.3 数据流挖掘技术

目前，数据流挖掘（Data Stream Mining）技术主要包括频繁项集挖掘（Frequent Itemset Mining）、聚类（Data Stream Clustering）和分类（Data Stream Classification）等。

1. 频繁项集挖掘

传统的频繁项集挖掘算法，如 Apriori、FP - growth、CLOSET、CHARM 等，难以实现增量式更新，不适合应用于数据流挖掘。并且，上述传统频繁项集挖掘算法是一系列连接操作的集合，需要考虑所有过去和将来的数据，否则项集的计算不能完成。因此，数据流环境中的频繁项集挖掘和频率模式更新非常困难。

数据流环境下的频繁项集挖掘的关键点是如何区别新事务中有价值的信息和旧事务中过时的信息。LossyCounting 算法较好地解决了挖掘数据流中的频繁项集的问题。随着数据流的不断到达，LossyCounting 算法由已知频繁模式逐步生成新的频繁模式。FP - stream 算法是在 FP - growth 算法基础上的提升，它采用了多时间标签窗的概念来区别数据流中不同时间灵敏度的事务。滑动窗口模型也应用于数据流最近频繁项集的挖掘。EstDec 算法采用了字母序的字典树存储模式，根据时间给每个事务赋予权值，以此来区分新旧事务的不同影响力。著名的 GroupTest 算法具有较低的空间复杂度，并且能够以一定的概率输出所有大于一定频数的频繁元素。基于散列的 HCOUNT 算法比 GroupTest 算法更节约空间，能够更好地适应不同数据流规模，且实验结果证明，该算法在精确度、召回率、处理时间上都优于 GroupTest 算法。

2. 聚类

相比传统聚类方法，数据流聚类仍存在诸多挑战。由于数据流随时间不断动态变化，隐含的聚类同样可能随着时间动态地变化，因此导致原先的聚类质量下降。数据流聚类算法必须能够快速、增量式地处理新数据，简洁、自适应地形成和表示聚类信息，并且稳健地处理噪声和异常数据。

典型的数据流聚类算法有 STREAM 和 CluStream。

STREAM 算法基于 K - Means 算法，用质心和权值（聚类中数据个数）表示聚类。STREAM 算法采用批处理方式，每次处理的数据个数受内存大小的限制。STREAM 算法对每一批数据进行分级聚类，最终得到加权的聚类质心集。

CluStream 算法把数据流看作一个随时间变化的过程，而不是一个整体进行聚类分析，具有很强的可扩展性，聚类质量比较高。CluStream 算法不仅能给出整个数据流聚类的结果，还可以给出任意时间范围内的聚类结果，并且能够进行数据流的进化分析。CluStream 算法由在线和离线两部分组成。其中，在线部分采用 micro - cluster 定时存储数据流的摘要信息，增量式地处理和更新数据；而离线部分采用 macro - cluster，通过对在线部分保存的中间结果的再处理得到用户感兴趣的不同时间范围内数据流的聚类结果。为了体现数据流进化的过程又不消耗过多的存储空间，CluStream 算法采用了倾斜时间窗口的概念，用不同的时间粒度对数据流信息进行存储和处理——最近的数据以较细的时间粒度刻画，而较远的数据以较粗的时间粒度刻画。

3. 分类

数据流分类（Data Stream Classification）主要面临着两个新的挑战：一是高速、海量的流数据只能被扫描一次；二是类定义及其中的特征会随着时间变化发生漂移。数据流分类算法通常又是在传统分类算法基础上的改进。

VFDT（Very Fast Decision Tree）算法针对数据流动态构造决策树，通过 Hoeffding bounds 保证构造每一棵子树所使用的数据具有足够的信息，并随着数据的流入不断地增加新的分支或剪去过时的分支。CVFDT（Concept Very Fast Decision Tree）在 VFDT 算法的基础上增加了数据流变化趋势的检测和响应，以更好地实现针对高速时变流数据的分类。类似地，在支持向量机、神经网络、线性回归等传统分类模型基础上，研究人员提出了相应的增量式算法。

9.9.4 数据流挖掘技术的应用

数据流管理已经在多个领域有了应用，而数据流挖掘的应用相对较少。

针对数据流管理构建的数据流管理系统（Data Stream Management System，DSMS）实现了专门针对流数据类型的数据模型、查询机制及其他算法。数据流管理系统在功能上和适用范围上与现代的其他数据库管理系统有所不同，但是在技术上又融合了分布式数据库、内存数据库、主动数据库、时态数据库、实时数据库等不同数据库管理系统技术上的特点。

事实上，国内外许多著名大学和研究机构开发了一些数据流管理系统，并且已经有了一些成功的应用。典型的数据流管理系统有斯坦福大学研发的通用流系统 STREAM，布朗大学、布兰蒂斯大学和麻省理工学院研发的大型流监控系统 Aurora&Borealis，加州大学伯克利分校的电信电话流系统 TelegraphCQ 以及威斯康星州立大学研发的 Niagara 系统。

STREAM 是一个以关系型数据为基础，既能够处理高速数据流，又能够支持多查询任务的通用数据流管理系统，并能够支持 CQL（Continuous Query Language）标准查询语言。STREAM 系统力图在有限资源条件下，通过合理的资源配置方式和多查询优化策略，持续、有效地获取近似查询结果，并确保系统的稳定性。

Aurora 是面向工作流的系统，能够根据定义的 QoS 模型来实现内存管理以及负载均衡，支持连续查询（实时监控）、视图（归档时间序列数据存储管理）和广告查询（历史与当前数据联合处理）3 种查询模式。Borealis 是在 Aurora 基础上构建的第二代分布式数据流系统，通过查询优化组合将多个查询任务联合分配至特定结点中执行以提高查询效率。

TelegraphCQ 是建立在开放式数据库 PostgreSQL 上的数据流管理系统，重点在于自适应查询和共享查询评价。TelegraphCQ 系统既支持数据流在线监控，又支持数据流历史查询。

Niagara 系统是一个用于监控动态目录的执行多个连续查询的系统，支持对分布于网络上的持久性数据进行连续的查询监控。Niagara 系统使用分组连续查询技术，提高了查询求值的效率。

此外，实现数据流管理和挖掘功能的系统还有 AT&T 实验室的分布式网络监控系统 Gigascope 和康奈尔大学的传感器网络 Cougar。

9.10 小结

不同于传统关系型数据，文本数据、图像数据、语音数据、视频数据、网络拓扑数据、网络舆情数据、空间数据和流数据等复杂数据具有非结构化特点，相应的处理流程和挖掘技术也有所不同。然而，分类、聚类、关联分析和异常检测技术仍是上述复杂数据挖掘的关键技术。目前，复杂数据挖掘主要针对的是单一的数据源，如何针对各类不同的复杂数据进行集成挖掘仍是一个难点。

9.11 习题

1. 文本、图像、语音、视频、网络拓扑、网络舆情、空间数据和数据流的数据源特点分别是什么？它们的预处理技术有何异同？其分析挖掘的基本方法和关键技术分别是什么？有何异同？

2. 除了文本、图像、语音、视频、网络拓扑、网络舆情、空间数据和数据流外，还有哪些复杂数据类型具有迫切的分析挖掘需求？请结合具体的应用领域和场景进行阐述。

3. 本章对文本、图像、语音、视频、网络拓扑、网络舆情、空间数据和数据流的分析挖掘进行了总结归纳，除了本章介绍的预处理和分析挖掘方法外，还有没有其他新方法？请分别针对每一种复杂数据进行补充。

4. 文本挖掘与语音挖掘有什么区别和联系？除了本章介绍的方法外，还有什么将文本数据和语音数据进行关联的方法？

5. 语音挖掘和视频挖掘有什么区别和连续？能否对语音数据和视频数据进行联合挖掘？就如何开展联合挖掘你有什么好的建议？

6. 推荐系统的定义是什么？推荐系统与传统分类预测系统的区别是什么？请结合应用实例，指出当前推荐系统在哪些方面存在不足。

7. 实现复杂数据挖掘产业化的主要瓶颈有哪些？哪些方向的复杂数据挖掘研究有助于推进复杂数据挖掘的产业化？

参考文献

[1] K P Soman, Shyam Diwakar, V Ajay. 数据挖掘基础教程 [M]. 范明, 牛常勇, 译. 北京: 机械工业出版社, 2012.

[2] Jiawei Han, Micheline Kamber, Jian Pei. 数据挖掘: 概念与技术 [M]. 范明, 孟小峰, 译. 北京: 机械工业出版社, 2012.

[3] Pang - Ning Tan, Michael Steinbach, Vipin Kumar. 数据挖掘导论 [M]. 范明, 范宏建, 译. 北京: 人民邮电出版社, 2011.

[4] 罗森林, 马俊, 潘丽敏. 数据挖掘理论与技术 [M]. 北京: 电子工业出版社, 2013.

[5] Mehmed Kantardzic. 数据挖掘: 模型、方法和算法 [M]. 2 版. 王晓海, 吴志刚, 译. 北京: 清华大学出版社, 2013.

[6] 陆嘉恒. 大数据挑战与 NoSQL 数据库技术 [M]. 北京: 电子工业出版社, 2013.

[7] Anand Rajaraman, Jeffrey David Ullman. 大数据: 互联网大规模数据挖掘与分布式处理 [M]. 王斌, 译. 北京: 人民邮电出版社, 2012.

[8] Tom White. Hadoop 权威指南 [M]. 周敏奇, 王晓玲, 金澈清, 钱卫宁, 译. 北京: 清华大学出版社, 2011.

[9] 张兴会, 等. 数据仓库与数据挖掘技术 [M]. 北京: 清华大学出版社, 2011.

[10] 罗森林, 马俊, 潘丽敏. 数据挖掘理论与技术 [M]. 北京: 电子工业出版社, 2013.

[11] 梁循. 数据挖掘算法与应用 [M]. 北京: 北京大学出版社, 2006.

[12] 王丽珍, 周丽华, 陈红梅, 肖清. 数据仓库与数据挖掘原理及应用 [M]. 2 版. 北京: 科学出版社, 2009.

[13] 谭建豪, 章兢, 黄耀, 胡章谋. 数据挖掘技术 [M]. 北京: 中国水利水电出版社, 2009.

[14] Bao Junpeng, Shen Junyi, Liu Xiaodong, et al. A Survey on Natural Language Text Copy Detection [J]. Journal of Software, 2003, 14 (10): 1755.

[15] Ye Shaozhi, Wen Jirong, Ma Weiying. A Systematic Study on Parameter Correlation in Large Scale Duplicate Document Detection [J]. Knowledge and Information Systems, 2008, 14 (2): 217 - 232.

[16] Ma Chengqian, Mao Xuguang. Research on Near - duplicate Detection Algorithm Shingling and Simhash [J]. Computer and Digital Engineering, 2009, 37 (1): 15 - 16.

[17] P Indyk. Stable Distributions, Pseudorandom Generators. Embeddings and Data Stream Computation [J]. IEEE. 2000: 189 - 197.

[18] V Chandola, A Banerjee, V Kumar. Anomaly Detection: A Survey [J]. ACM Computing Surveys, 2009, 41: 1 - 58.

[19] V J Hodge, J Austin. A Survey of Outlier Detection Methodologies [J]. Artificial Intelligence Review, 2004, 22: 85 - 126.

[20] M Markou, S Singh. Novelty Detection: A Review—Part 1: Statistical Approaches [J]. Signal Processing, 2003, 83: 2481 - 2497.

[21] M Markou, S Singh. Novelty Detection: A Review—Part 2: Neural Network Based Approaches [J]. Signal Processing, 2003, 83: 2499 - 2521.

[22] X Song, M Wu, C Jermaine, S Ranka. Conditional Anomaly Detection [J]. IEEE Trans. On Knowledge and

Data Engineering, 2007, 19 (5): 631 - 645.
[23] N Ye, Q Chen. An Anomaly Detection Technique Based on a Chi - square Statistic for Detecting Intrusions into Information Systems [J]. Quality and Reliability Engineering International, 2001, 17: 105 - 112.
[24] D Agarwal. Detecting Anomalies in Cross - classified Streams: A Bayesian Approach [J]. Knowl. Inf. Syst., 2006, 11: 29 - 44.
[25] Z He, X Xu, S Deng. Discovering Cluster - based Local Outliers [J]. Pattern Recognition Lett., June 2003, 24: 1641 - 1650.
[26] F Angiulli, C Pizzuti. Outlier Mining in Large High - dimensional Data Sets [J]. IEEE Trans. On Knowledge and Data Engineering, 2005, 17: 203 - 215.
[27] 许高建. 文本挖掘关键技术研究及实现 [D]. 合肥: 合肥工业大学, 2007.
[28] 李芳. 文本挖掘若干关键技术研究 [D]. 北京: 北京化工大学, 2010.
[29] 胡佳妮. 文本挖掘中若干关键问题的研究 [D]. 北京: 北京邮电大学, 2008.
[30] 吕子泉. 基于 Web 的图像数据挖掘研究与应用 [D]. 济南: 山东大学, 2007.
[31] 王迪. 图像数据挖掘的分类算法研究 [D]. 长春: 长春理工大学, 2009.
[32] 王秀景. 语音识别技术研究与实现 [D]. 青岛: 山东科技大学, 2011.
[33] 涂俊辉. 语音识别算法研究及实现 [D]. 上海: 华东师范大学, 2010.
[34] 姜东明. 基于聚类挖掘的视频摘要生成研究 [D] 杭州: 浙江大学, 2010.
[35] 付畅俭. 基于内容的视频结构挖掘方法研究 [D]. 长沙: 国防科学技术大学, 2008.
[36] 丁鲜花. 网络拓扑发现的算法研究与实现 [D]. 西安: 西安电子科技大学, 2010.
[37] 张晓平. 网络拓扑发现技术的研究与实现 [D]. 北京: 北京邮电大学, 2010.
[38] 赵玲. 网络拓扑发现算法的研究 [D]. 长春: 吉林大学, 2011.
[39] 杨勇涛. Web 舆情观点挖掘关键技术研究 [D]. 成都: 电子科技大学, 2009.
[40] 杜阿宁. 互联网舆情信息挖掘方法研究 [D]. 哈尔滨: 哈尔滨工业大学, 2007.
[41] 刘玉国. 基于内容的互联网舆情信息挖掘关键技术研究 [D]. 济南: 山东大学, 2011.
[42] 万源. 基于语义统计分析的网络舆情挖掘技术研究 [D]. 武汉: 武汉理工大学, 2012.
[43] 杨永红. 基于数据挖掘技术的网络舆情研究 [D]. 重庆: 重庆大学, 2010.
[44] 任磊. 推荐系统关键技术研究 [D]. 上海: 华东师范大学, 2012.
[45] 胡彩平. 基于空间自相关的空间数据挖掘若干关键技术的研究 [D]. 南京: 南京航空航天大学, 2007.
[46] 贾俊杰. 空间数据挖掘中若干关键技术研究 [D]. 西安: 长安大学, 2009.
[47] 吴枫. 数据流挖掘若干关键技术研究 [D]. 长沙: 国防科学技术大学, 2009.
[48] 尹志武. 数据流挖掘若干问题的研究 [D]. 上海: 上海交通大学, 2007.